U0363143

新时代“三农”问题研究书系

农村水环境污染解决方案

孙 蕾 谢剑虹 郭佳茵○著

图书在版编目(CIP)数据

农村水环境污染解决方案/孙蕾,谢剑虹,郭佳茵著.—成都:西南财经大学出版社,2023.9
ISBN 978-7-5504-5920-5

Ⅰ.①农… Ⅱ.①孙…②谢…③郭… Ⅲ.①农村—生活污水—污水处理 Ⅳ.①X703

中国国家版本馆 CIP 数据核字(2023)第 165078 号

农村水环境污染解决方案
NONGCUN SHUIHUANJING WURAN JIEJUE FANGAN
孙 蕾 谢剑虹 郭佳茵 著

责任编辑:林 伶
助理编辑:马安妮
责任校对:李 琼
封面设计:何东琳设计工作室
责任印制:朱曼丽

出版发行	西南财经大学出版社(四川省成都市光华村街 55 号)
网　　址	http://cbs.swufe.edu.cn
电子邮件	bookcj@swufe.edu.cn
邮政编码	610074
电　　话	028-87353785
照　　排	四川胜翔数码印务设计有限公司
印　　刷	四川煤田地质制图印务有限责任公司
成品尺寸	170mm×240mm
印　　张	23.25
字　　数	390 千字
版　　次	2023 年 9 月第 1 版
印　　次	2023 年 9 月第 1 次印刷
书　　号	ISBN 978-7-5504-5920-5
定　　价	88.00 元

前言

“三农”问题是关系国计民生的根本性问题。没有农业农村的现代化，就没有国家的现代化。当前，我国发展不平衡不充分问题在农村较为突出。党的十九大提出实施乡村振兴战略，把乡村振兴作为推进城乡社会高度融合、解决我国新时期社会基本矛盾的重要战略。党的二十大报告也指出，全面建设社会主义现代化国家，最艰巨最繁重的任务仍然在农村。农村环境保护是事关广大群众“米袋子”“菜篮子”“水缸子”安全的重大民生问题。近年来，我国农村环境问题日益凸显，农村地区主要污染物排放已经占到全国的“半壁江山”，成为保障国家和区域、流域环境安全的薄弱环节。

《2021年中国生态环境统计年报》显示，全国化学需氧量排放量为2 531.0万吨。其中，工业源（含非重点）废水中化学需氧量排放量为42.3万吨，占1.7%；农业源化学需氧量排放量为1 676.0万吨，占66.2%；生活源污水中化学需氧量排放量为811.8万吨，占32.1%；集中式污染治理设施废水（含渗滤液）中化学需氧量排放量为0.9万吨，占0.04%。从生态环境统计年报的数据看出，农业源排放的化学需氧量占全国总排放量的66%以上，农业源排放的氨氮占全国总排放量的30%左右，农业源排放的总氮占全国总排放量的53%左右，农业源排放的总磷占全国总排放量的78%左右，是水环境污染的主要来源，由此可见农村环境污染控制的紧迫性和重要性。

作者根据长期从事我国农村环境问题研究的体会和经验，参阅了大量当前的国内外农村水环境管理与技术应用的文献资料，借鉴国内外同行专家有关农村水环境管理与治理技术的先进理念、技术和应用案例，重点围绕农村水环境管理政策与制度、农村生活污水处理技术、畜禽养殖和农村面源污染防控技术内容开展研究并撰写了本书，以期能为我国农村水环境管理与治理提供较为完整的参考资料。

本书是关于农村水环境管理与水污染处理技术探索的理论思考和实践总结，是湖南省生态环境厅、湖南省财政厅和湖南省市场监督管理局资助的环保科研项目“湖南省农村生活污水处理设施水污染物排放标准制订”（项目资助文号：湘财行指〔2019〕32号）的研究成果之一。

全书共分10章，内容包括我国农村环境污染现状、农村生活污水排放标准与治理政策、农村生活污水污染防治与收集系统、农村生活污水预处理技术、农村生活污水生物处理技术、农村生活污水处理组合工艺、畜禽养殖污染防治政策与技术、农业面源污染防治技术、农村环境问题对策研究——以湖南省为例、农村生活污水治理对策建议——以湖南省为例。本书可供高职和中职院校以及相关研究人员借鉴和参考。

本书的完稿历时两年多，其间我们多次参加全国或地方农村环境污染与防治技术学术会议及各种研讨会，并得到有关领导和专家的指导，使我们受益匪浅，书中许多观点源于他们的思想。同时，本书在写作过程中参考了该领域诸多专家学者的研究成果，得到很多学者和同行的帮助。西南财经大学出版社的领导和编辑也为本书的出版给予了大力支持。在此，表示真诚的感谢！

由于作者水平有限及时间仓促，书中不足之处在所难免，敬请各位同仁和广大读者批评指正。

孙蕾

2023年5月

目录

1 我国农村环境污染现状

1.1 我国农村水环境污染状况

农业农村农民问题是关系国计民生的根本性问题。没有农业农村的现代化，就没有国家的现代化。当前，我国发展不平衡不充分问题在乡村最为突出，其主要表现之一是农村环境和生态问题比较突出。

我国有近60万个行政村和260多万个自然村，农村在我国社会经济结构中占有重要的地位。我国农村污水体量巨大，并且呈逐步上升的趋势。2018年我国农村污水排放量为230亿立方米，占同期总排水量500亿立方米的46%，其中化学需氧量（COD）、总磷、总氮分别占43%、67%、57%。长期以来，由于农村环保基础设施建设的滞后，全国各地大量未经处理的农村生活污水随意排放，严重威胁土壤、地表水、地下水以及农产品安全，危害群众健康，已经成为环境污染的主要原因，引起了社会的高度关注。与城镇相比，我国农村生活污水处理水平明显低于城镇污水处理水平①。根据《2016年城乡建设统计公报》，2016年年末全国城市污水处理率为93.44%，县城污水处理率为87.38%，而开展生活污水处理的行政村比例仅为20%。从区域分布看，东部地区农村生活污水处理率为28%，明显高于中部地区的15%和西部地区的14%。从分行政区情况看（见图1.1），浙江、上海、江苏、北京、福建5个省（市）农村生活污水处理水平较高，不低于40%；黑龙江、吉林等8个省（区）农村生活污水处理水平较低，不高于10%。根据《2018年城乡建设环境统计年鉴》，2018年

① 王波，郑利杰，王夏辉. 现代农村生活污水治理体系实现路径研究［J］. 环境保护，2020（8）：9-14.

全国城市生活污水处理率为95.49%，县城生活污水处理率为91.16%，相比之下，同期农村生活污水处理率仅为30%左右，低于城镇60多个百分点。

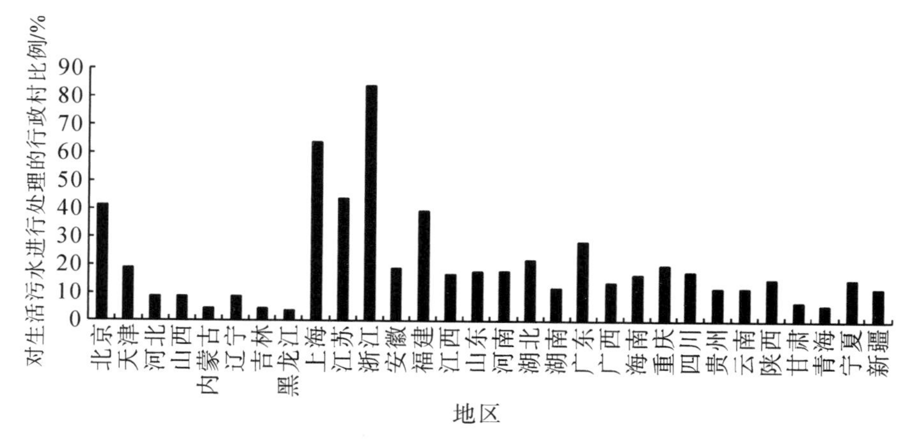

图1.1 全国各行政区生活污水处理行政村比例

和谐发展的要求使农村显现了对公平的基本要求①。当城乡差距进一步拉大，社会财富、人口和资源高度向城市集中，农村作为经济发展和人民生活落后的不和谐音，逐渐引起社会的重视。不和谐所产生的社会不稳定性如果进一步扩大必将影响社会的整体稳定性。作为世界上最大的发展中国家，我国城乡二元结构的特征非常明显。这种二元结构不仅表现在经济领域，也表现在城市和乡村的社会二元结构中。单从环境污染治理和其他公共设施的投入看，我国在这方面的投资几乎全部集中到工业和城市。相比较而言，农村公共设施的投入很少，某种程度上讲，城市经济的快速发展和环境改善的代价是牺牲了农村的环境，表现在资源的过度开发、生态的破坏、城市的大量污染物进入了农村。城市通过向城郊转移工业，促进城市中心区服务业的发展，城区内环境压力小了，却加重了近郊区的污染；通过简单填埋生活垃圾，城区面貌改善了，却加重了城乡接合部的垃圾二次污染；农村的环境威胁不仅来自城市，也来自农村本身。村落内部的人居环境污染问题多年以来一直是环境保护工作的盲区。农村的生活污水除了在很发达的地区得到处理以外，其余地方均就地横流或者随雨水径

① 王凯军，傅涛，李建军．新农村建设中给排水系统不宜简单套用城市理念［C］//环保部农村．中国环保产业协会，2009.

流转移。农村家庭养殖和规模化养殖的粪便基本没有可靠的处理技术。村落的生活垃圾更是随意丢弃。垃圾、污水、畜禽粪便遍布整个村落，其"最好"的清洁方式，莫过于一场大雨的洗涤和冲刷。而冲刷直接造成污染物向水体的转移，已经成为面源污染的重要因素。我国是世界上使用化肥、农药数量较多的国家，雨水冲刷所产生的农业面源污染是水环境污染、湖泊水库富营养化的主要因素。农村所面临的环境压力并不是孤立的。农村的环境恶化，不仅威胁农村本身，也直接威胁城市。近的威胁是侵害了城市的水源，污染了城市的"米袋子""菜篮子"，从而影响人们的健康；远的威胁则是城市大环境的生态恶化，水资源枯竭，使城市经济的发展难以持续。

从环境伦理上讲，富裕地区、富裕阶层在先富起来以后，需要支付环境成本，而目前这种支付是明显不足的。贫困地区和贫困阶层被动地承担着环境污染带来的资源的衰竭、健康的损害，无奈地承受了发展带来的外部环境成本。农民也应该平等地享有国民待遇，因此新农村的环境设施建设也被认为是政府"补课"。在新农村建设中，不仅要解决现存的环境问题，更要全面性、战略性地解决建设中即将出现的各种环境问题。如果不能有效地解决农村环境问题，将大大抵消国家经济增长取得的积极效应。

农村由于污水面广分散、水质复杂等特点，无法像城市一样建设大型集中式生活污水设施，当前急需研发适合本地区自然条件，具有"低能耗、低投资、低成本、高效率和资源化"特点的污水治理技术和实用工程。

1.2 我国农村生活污水排放特征

1.2.1 农村水污染的基本特征

农村水污染主要来自生产生活和固体废弃物污染，农业面源污染，乡镇企业排放。据统计，全国每年产生 80 多亿吨农村生活污水，约为 2 300 万吨/天，生化需氧量（BOD）为 530 万吨/天，COD 为 860 万吨/天，总氮为 96 万吨/天，总磷为 14 万吨/天，其中仅有 19.4%的乡镇生活污水得到集中处理。根据住房和城乡建设部《村庄人居环境现状与问题》调查报告，我国 96%的村庄没有排水渠道和污水处理系统。由于没有配套的排水管道和必要的处理设施，污水就沿排水明沟流入沟塘水库及河流，这种未经处理的废水造成乡村的沟塘、水库呈现严重的富营养化，同时对流经的河流产生严重污染，还对地下水造成破坏。以太湖地区为例，农村生活污水对地表径流中氮、磷污染物的“贡献”已达到 29%和 34%。

除农村生活污水外，畜禽养殖污水不合理排放，农田化肥、农药过度施用，乡镇企业废水排放等加剧了农村水环境的污染。近年来，我国畜禽养殖业发展迅速，但目前畜禽养殖废弃物综合利用率仍不到 60%，畜禽养殖污染问题日益加重。畜禽养殖废水含有大量的氮、磷，是水体富营养化的源头；据统计，我国 14 000 多个规模化畜禽养殖场有 80%左右的污水未经处理外排，年排放总量超过 200 亿吨。据《中国环境年鉴 2015》的数据，我国畜禽养殖业化学需氧量、氨氮的年排放量分别达 1 049. 1 万吨和 58. 0 万吨，分别占全国化学需氧量、氨氮年总排放量的 45. 7%和 24. 3%，占农业源排放量的 95. 2%和 76. 8%。2011—2015 年的数据显示，畜禽养殖业化学需氧量排放量占全国总排放量的比例在上升，已成为部分流域水环境的主要污染来源。我国农村化肥和农药的施用量分别在 4 000 万吨和 130 吨左右，但利用率仅有 30%～40%，大部分肥料和药物在雨水的冲刷下流入地表水或者渗透到地下水，成为农村水环境污染的源头之一。对于乡镇企业（作坊），大多规划不合理、技术装备不足、缺乏污染防治措施等，废水产生量大且不做任何处理的排放，严重污染农村水环境。

广义上农村污水指农村地区居民生产生活和固体废弃物污染，农业面源污染，乡镇企业排放等产生的污水。本书所说的农村污水主要指农村生活污水、农村生产废水，以及化肥、农药施用导致的面源污染。农村生产废水是指农村居民集聚区内各类生产活动所产生的生产废水，主要包括畜禽养殖业、餐饮业、农产品加工业等废水。通常在一个自然村或行政村的地域范围内很难将这两类污水分开，并分别进行单独处理。

农村生活污水指农村（包括自然村、行政村和未达到建制镇标准的乡村集镇）居民生活活动所产生的污水。主要包括冲厕、洗涤、洗浴和厨房等排水，不包括工业废水①。

根据国家《农村生活污染防治技术政策》，村镇污水治理要根据农村不同区位条件、村庄人口聚集程度、污水产生规模，因地制宜采用污染治

① 资料来源：《农村生活污水处理设施水污染物排放控制规范编制工作指南（试行）》。

理与资源利用相结合、工程措施与生态措施相结合、集中与分散相结合的建设模式和处理工艺。推动城镇污水管网向周边村庄延伸覆盖。积极推广低成本、低能耗、易维护、高效率的污水处理技术，鼓励采用生态处理工艺。加强生活污水源头减量和尾水回收利用。以房前屋后河塘沟渠为重点实施清淤疏浚，采取综合措施恢复水生态，逐步消除农村黑臭水体。将农村水环境治理纳入河长制、湖长制管理。

通常集中处理有利于节省建设投资，因此，在农村污水处理中，符合经济接纳范围的村镇污水应就近排入市政排水管网，纳入城市污水处理设施进行集中式的处理。凡是在市政排水管网经济接纳范围以外的，且为村庄管辖区内的农村污水定义为分散性农村污水。对于分散性农村污水要根据其污染源排放途径和特点，因地制宜采取集中和分散处理相结合的方式，其中，分散处理可以一家一户式、多家式、分散集中式的方式进行污水处理。

1.2.2 农村生活污水构成分析

农村生活污水一般来源于以下三个方面：

（1）厨房污水。多以洗碗水、涮锅水、淘米和洗菜水组成。淘米和洗菜水中含有米糠、菜屑等有机物，其他污水中含有大量的动植物脂肪和钠、醋酸、氯、碘等多种元素。由于生活水平的提高，农村肉类食品及油类使用的增加，生活污水的油类成分增加。

（2）生活洗涤污水。洗涤用品的使用使洗涤污水含有大量化学成分。有调查显示，92%的农村家庭一直使用洗衣粉，6%的家庭同时使用洗衣粉和肥皂，只有2%的家庭长期使用肥皂。洗衣粉的大量使用加重了磷负荷问题。

（3）冲厕水。部分农村改水改厕后，使用了抽水马桶，产生了大量的生活污水。部分农村仍在使用旱厕，且有的农户养家畜家禽，产生了冲圈水，粪料还田，粪水溢流。畜禽粪尿所含的氮（N）、磷（P）及BOD等浓度很高，冲洗水中的COD、BOD5和悬浮固体（SS）浓度也很高。资料显示，养殖一头猪和一头牛产生的废水分别是一个人的7倍和22倍。

在各类型的生活用水中，洗衣用水量最大，一般约占了各户总用水量的60%；在人口较少的家庭，则以厨房用水为主。

1.2.3 农村生活污水排水特点

（1）靠近中心镇区的农村经济较发达，耕地较少，农民生活水平较高，部分小型工业企业的废水及生活污水经处理后50%以上直接排入水体。

（2）远离镇区的农村经济主要依靠种植与养殖业。生活污水及养殖废水未经处理直接排放入水体。

（3）多数农村建筑虽然有建设化粪池，但基本无溢流措施，农户将其多用于浇地，剩余污水直接下渗至土壤。

（4）农村排水基本为合流制，分散排水，屋前采用明沟排水，屋后多自然散排。

（5）农村多数分布有池塘、灌溉渠、河涌，住户污水基本散排至附近水体。

（6）生活污水水量具有不均匀、间歇排放的特点，瞬时变化较大，村民用水时段主要集中在上午6:00—8:30，中午10:30—12:30，下午5:30—7:00，晚上7:30—10:00，该时段的排水量约为日平均小时污水排放量的2~3倍。

（7）农村生活污水重金属和有毒有害物质浓度较低，含一定量的氮、磷，可生化性强。

1.2.4 农村生活污水的产生量和水质

为推进农村生活污水治理，住房和城乡建设部组织编制了东北、华北、东南、中南、西南、西北六个地区的《农村生活污水处理技术指南》。其中，东北地区包括黑龙江省、吉林省、辽宁省和内蒙古自治区大部；华北地区包括北京市、天津市、河北省、山西省、山东省大部、河南省北部和内蒙古自治区局部地区；东南地区包括江苏省、上海市、浙江省、福建省、广东省、海南省、山东省南部地区；中南地区包括河南省、湖北省、湖南省、安徽省和江西省；西南地区包括四川省、云南省、贵州省、重庆市、广西壮族自治区和西藏自治区部分地区；西北地区包括陕西省、甘肃省、青海省、宁夏回族自治区、新疆维吾尔自治区和内蒙古自治区西部。

1.2.4.1 东北地区

东北地区区域内既有大兴安岭、长白山等山地，也有东北平原等平原地形；重点流域有辽河和松花江。大部地区气候以干旱、多风，冬季较长而寒冷为主要特征。该区域的农村村落规模通常较小，村落间的距离较远。由于地区差异，各地经济发展水平不同，目前大部分农村尚没有污水处理设施。该区域地理、气候与经济发展特征决定了冬季低温是影响农村生活污水处理技术效能的重要因素。

(1) 用水量

根据《农村生活饮用水量卫生标准》(GB/T 11730—1989)，东北地区集中给水用水量为20~35升/(人·天)，龙头安装到户的用水量为30~40升/(人·天)，有淋浴设施设备的为40~70升/(人·天)。近年来，随着新农村建设的推进，农民生活水平日益提高，部分发达地区农村的用水量已接近城市居民用水量，因此，在确定用水量时可参考表1.1，在调查当地居民的用水现状、生活习惯、经济条件、发展潜力等情况的基础上酌情确定。冬季东北严寒地区基本无淋浴设施、水冲厕所排水。

表1.1 东北地区农村居民生活用水量参考取值

村庄类型	用水量/升·(人·天)$^{-1}$
经济条件好，有水冲厕所、淋浴设施	80~135
经济条件较好，有水冲厕所、淋浴设施	40~90
经济条件一般，无水冲厕所，有简易卫生设施	40~70
无水冲厕所和淋浴设施，主要利用地表水、井水	20~40

(2) 排水量

东北地区村庄生活污水排放量应根据村庄卫生设施水平、排水系统完善程度等因素确定，农村居民的排水量宜根据实地调查结果确定，在没有调查数据的地区，可采取如下方法确定排水量：洗浴和冲厕排水量可按相应用水量的70%~90%计算；洗衣污水按用水量的60%~80%计算（洗衣污水室外泼洒的农户除外）；厨房排水则需要询问村民是否有他用（如喂猪等），如果通过管道排放则按用水量的60%~85%计算。

(3) 水质

东北地区农村生活污水水质随污水来源、有无水冲厕所、季节用水特征等的变化而变化，因此，在确定污水水质时，可参考表 1.2，在调查当地是否有水冲厕所以及厨房排水、淋浴排水水质的基础上酌情确定。

表 1.2　东北地区农村居民生活污水水质参考取值

主要指标	pH 值	SS /mg · L^{-1}	COD /mg · L^{-1}	BOD_5 /mg · L^{-1}	NH_3-N /mg · L^{-1}	TP /mg · L^{-1}
参考取值	6.5~8.0	150~200	200~450	200~300	20~90	2.0~6.5

1.2.4.2　华北地区

华北区域基本为平原和高原地形，气候以干旱、多风、冬季寒冷为主要特征。区域内各地经济发展水平不同，目前大部分农村还没有开展农村生活污水治理工作。华北地区属严重缺水地区，污水处理应与资源化利用结合。同时，应避免污染地下水和地表水；寒冷地区应采用适当的保温措施，保障污水处理设施在冬季正常运行；在黄河、淮河、海河重点流域应采取适当的污水拦截技术以减少入河污染物总量。

（1）用水量

华北农村地区用水类型包括自来水、井水和河水等。近年来，随着新农村建设的推进，农民生活水平日益提高，部分发达地区农村的用水量已接近城市居民用水量。根据《农村生活饮用水量卫生标准》（GB/T 11730—1989）和《农村给水设计规范》（CECS 82：96），应在结合调查当地居民的用水现状、生活习惯、经济条件、发展潜力等情况的基础上酌情确定用水量。华北地区农村居民生活用水量标准可参考表 1.3 中的数值。

表 1.3　华北地区农村居民生活用水量参考取值

村庄类型	用水量/升 ·（人 · 天）$^{-1}$
户内有给水排水卫生设备和淋浴设备	100~145
户内有给水排水卫生设备，无淋浴设备	40~80
户内有给水龙头，无卫生设备	30~50
户内无给水排水设备	20~40

（2）排水量

农村居民的排水量宜根据对村庄卫生设施水平、排水系统的组成和完善程度等因素的实地调查情况确定。对北方地区某些镇村污水排放情况进行调研、计算得出，农村生活污水排水系数为 0.33~0.39，远低于城市居民生活污水的排水系数。其原因是受村民生活习惯的影响，如一部分用过后仍然比较清洁的水被直接再利用，没有排入下水道。因此，华北地区农村生活污水排放量与农户卫生设施水平、用水习惯、排水系统完善程度等因素有关，可根据实测数据确定，或参照表 1.3 中的用水量和表 1.4 中的排水系数确定。

表 1.4　华北地区农村居民生活排水系数参考取值

排水收集特点	排水系数
全部生活污水混合收集进入污水管网	0.8
只收集全部灰水进入污水管网	0.5
只收集部分混合生活污水进入污水管网	0.4
只收集部分灰水进入污水管道	0.2

（3）水质

农村生活日渐城市化，生活污水主要来自农家的厕所冲洗水、厨房洗涤水、洗衣机排水、淋浴排水及其他排水等。华北地区农村生活污水水质随污水来源、有无水冲厕所、季节用水特征等的变化而变化。因此，在确定用水水质时，可参考表 1.5，在调查当地是否使用水冲厕所以及厨房排水和淋浴排水水质的基础上酌情确定。

表 1.5　华北地区农村居民生活污水水质参考取值

主要指标	pH 值	SS /mg·L^{-1}	COD /mg·L^{-1}	BOD_5 /mg·L^{-1}	NH_4^+-N /mg·L^{-1}	TP /mg·L^{-1}
参考取值	6.5~8.0	100~200	200~450	200~300	20~90	2.0~6.5

1.2.4.3　东南地区

区域内年平均气温高、降雨充沛。东南地区是我国工农业生产发达、经济产值和人均收入增长幅度最快的地区之一，GDP 约为全国的 31%，人均 GDP 为全国的 1.5 倍。该地区很多村庄已经达到了小康型村庄的标准，农村的生活水平和方式已经和城市接近，农村居民用水量和农村生活污水的排放量逐年增加，已经成为造成该地区流域水质下降的主要原因之一（如太湖、东江）。该地区水系发达，河网、湖泊密布，河流纵横交错，是国家划定的流域污染控制重点区域。东南地区经济发达，区域内人口密度大，可用作污水处理的土地有限，农村生活污水处理技术的选择上应充分考虑上述特点，做到因地制宜。

（1）用水量

东南地区用水类型包括自来水、井水和河水等。根据《城市居民生活用水量标准》（GB/T 50331—2002）、《农村生活饮用水量卫生标准》（GB/T 11730—1989）、江苏省建设厅文件《农村生活污水处理适用技术指南（2008年试行版）》（苏建村〔2008〕154号）和《上海市农村生活污水治理技术指南（试行）》，结合对该地区典型农村的调查结果，东南地区农村居民日用水量可参考表1.6中的数值。

表1.6　东南地区农村居民日用水量参考值

村庄类型	用水量/升·（人·天）$^{-1}$
经济条件很好，有独立淋浴、水冲厕所、洗衣机，旅游区	120~200
经济条件好，室内卫生设施较齐全，旅游区	90~130
经济条件较好，卫生设施较齐全	80~100
经济条件一般，有简单的卫生设施	60~90
无水冲式厕所和淋浴设备，无自来水	40~70

（2）排水量

农村居民的排水量宜根据实地调查结果确定，在没有调查数据的地区，总排水量可按总用水量的60%~90%估算。各分项排水量可采取如下方法取值：洗浴和冲厕排水量可按相应用水量的70%~90%计算；洗衣污水按用水量的60%~80%计算（洗衣污水室外泼洒的农户除外）；厨房排水则需要询问村民是否有他用（如喂猪等），如果通过管道排放则按用水量的60%~85%计算。

（3）水质

农村居民生活排水的水质宜根据实地调查结果确定，若无当地数据，可参考表1.7和表1.8中对江苏、浙江、上海、广东和福建农村生活污水水质的调查结果。

表 1.7　东南地区农村生活污水水质调查结果　　单位：mg/L

类别		COD	SS	NH_3-N	TN	TP
浙江平原水网1#村	厨房污水 1	10 880	2 304	18.5	63.9	54.1
	化粪池污水	2 370	356	475.0	—	32.4
	厨房污水 2	3 440	368	6.1	26.8	6.5
	厨房污水 3	9 370	1 490	51.2	169.0	50.8
浙江平原水网2#村	生活污水 1	150	102	5.8	7.4	2.7
	生活污水 2	168	132	3.3	4.7	1.3
福建农村	生活污水	100~200	100~200	20~30	30~40	3.0~8.0

表 1.8　东南地区农村生活污水实际工程检测结果

主要指标	pH 值	SS /mg·L^{-1}	BOD_5 /mg·L^{-1}	COD /mg·L^{-1}	NH_3-N /mg·L^{-1}	TP /mg·L^{-1}
江苏工程检测	—	—	—	101	29.0	1.2
江苏工程检测	—	—	—	260	32.0	4.65
江苏工程检测	—	—	—	195	68.0	7.2
浙江工程检测	7.2	142.0	325	655	25.9	—
上海工程检测	—	—	—	293~367	15.1~33.2	2.0~3.6
广东工程检测	—	30.06	116	290	59.8	3.24
建议取值范围	6.5~8.5	100~200	70~300	150~450	20~50	1.5~6.0

注：此建议取值范围是根据东南地区部分农村水质实地调查结果和已有农村生活污水处理工程的进水水质实测值，综合考虑东南地区农村生活污水的排放规律和村民的生活方式给出的经验值，对缺乏调查数据的地区可参考此数值。

1.2.4.4　中南地区

中南地区地形地貌复杂，包括山地、丘陵、岗地和平原等，湖泊多，河流交错纵横。区域内农村人口数量、村镇数目、人口密度均较大，很多行政村位于重要水系（如淮河、巢湖、鄱阳湖、洞庭湖等）流域，大量未经任何处理的农村生活污水直排，对水环境影响较大。该地区经济总量在全国处于中等水平，区域内经济发展不平衡，农民生活方式、生活水平差异较大。

（1）用水量

中南地区用水类型包括自来水、地下井水、河水、池塘水、山泉水和水库水等。用水量宜根据当地的调查结果确定；在没有调查数据的地区，可参考同类地区相关经验。

根据《城市居民生活用水量标准》（GB/T 50331—2002）和《农村生活饮用水量卫生标准》（GB/T 11730—1989），中南地区农村居民日用水量可参考表 1.9 中的数值。

表 1.9　中南地区农村居民日用水量参考值

村庄类型	用水量/升·（人·天）$^{-1}$
经济条件好，有独立淋浴、水冲厕所、洗衣机，旅游区	100～180
经济条件较好，有独立厨房和淋浴设施	60～120
经济条件一般，有简单的卫生设施	50～80
无水冲式厕所和淋浴设备，水井较远，需自挑水	40～60

（2）排水量

中南地区村镇数目多，各区域村庄人口密度差异大，村庄或散户的具体排水量可根据实地调查结果确定。在没有调查数据的地区，可采取如下方法确定排水量：洗浴和冲厕排水量可按相应用水量的 60%～80%计算；洗衣污水排水量按用水量的 70%计算；厨房排水量则需要询问当地村民的厨房排水用途，如是否用于喂猪等，如果通过管道排放则一般按用水量的 60%计算。通过排放系数确定的污水排放量可作为污水处理设施进水流量设计的参考值。

（3）水质

农村居民的排水水质因排水类型不同而差异较大。根据排放地点和水质特征不同，排水类型可分为厕所污水、洗衣污水、厨房污水和洗浴污水等。实际调查与监测结果表明：厕所污水污染物浓度最高，同时有臭味产生；洗衣第一遍污水和厨房洗碗刷锅水的 COD 也很高，可高达 10 000mg/L 以上；对 TP 贡献最大的是厨房的淘米水，其次是含磷洗衣洗涤水；而洗浴、洗澡水相对较干净，各项指标值都较低。

农村生活污水综合排放后的具体水质情况宜根据实地调查结果确定，在没有调查数据的地区，可参考表 1.10 的取值范围。

表 1.10　中南地区农村居民生活污水水质参考取值

主要指标	pH 值	SS /mg·L^{-1}	COD /mg·L^{-1}	BOD_5 /mg·L^{-1}	NH_4^+-N /mg·L^{-1}	TN /mg·L^{-1}	TP /mg·L^{-1}
参考取值	6.5~8.5	100~200	100~300	60~150	20~80	40~100	2.0~7.0

1.2.4.5　西南地区

西南地区地跨全国地势第一、二阶梯，地形复杂，主要有横断山区、云贵高原和四川盆地；主要江河有大渡河、雅砻江、金沙江、澜沧江、怒江、长江并有大量的高原湖泊；西南地区气候类型多样，大部分地区属于亚热带、热带季风气候；地形以丘陵、山地、高原和平原为主。西南地区经济在全国处于中下水平；农村人口众多；少数民族众多，是我国少数民族聚集的地区，定居了我国近八成的少数民族人口。西南地区又是农村水污染控制技术较为薄弱的地区，目前农村生活污水治理主要集中在经济发达的村落和旅游业发达的村落，大部分地区还没有开展农村生活污水治理工作。

(1) 用水量

用水量宜根据当地的调查结果确定。在没有调查数据的地区，可参考同类地区经验或参考表 1.11 推荐的用水量或表 1.12 西南各省的调查结果。

表 1.11　西南地区农村居民生活用水量参考取值

村庄类型	用水量/升·(人·天)$^{-1}$
经济条件好，有水冲厕所、淋浴设施	80~160
经济条件较好，有水冲厕所、淋浴设施	60~120
经济条件一般，无水冲厕所，有简易卫生设施	40~80
无水冲厕所和淋浴设施，主要利用地表水、井水	20~50
游客（住带独立淋浴设施的标间）	150~250
游客（住不带独立淋浴设施的标间）	80~150

注：农村用水量没有具体的标准，仅有《城市居民生活用水量标准》(GB/T 50331—2002) 可供参考，但由于农村自然、经济和生活习惯等的不同，用水量相差很大。因此，根据住房和城乡建设部收集的《村庄污水处理案例集》和编写单位对农村的实地调查结果（见表 1.12），得出表 1.11 的用水量参考值。

表 1.12　西南地区农村用水量调查结果

调查地点	类型	水量范围/$L \cdot d^{-1}$	平均值	备注
西南地区		100~140		GB/T 50331—2002
西南地区		20~180		GB/T 11730—1989
贵州 1	集镇居民		172 L/d	根据水表统计
贵州 2	农村居民		71 L/d	调查结果
四川 1	集镇居民		153 L/d	根据工程计算
四川 2	农村集镇居民		95 L/d	根据工程计算
四川 3	农村居民		60 L/d	根据工程计算
四川 4	农村居民		59 L/d	调查结果
重庆	农村居民		87 L/d	调查结果
广西			120 L/d	调查结果
云南 1	农村居民	6.25-203.75	85 L/d	调查结果
云南 2	外来游客(标间)	140~356	193 L/d	调查结果
云南 3	外来游客(普间)	80~100	85L/d	调查结果
云南 4	餐饮用水		95 $L/(d \cdot 人次)^{-1}$	调查结果

注：表中“标间”指宾馆房间含有独立的卫浴，“普间”指宾馆房间没有独立的卫浴。“餐饮用水”指将餐厅用水量折算为顾客用水量。

（2）排水量

农村居民的排水量宜根据实地调查结果确定，在没有调查数据的地区，可取用水量的60%~90%作为排水量。

（3）水质

西南地区农村居民生活污水水质参考取值如表 1.13 所示。

表 1.13　西南地区农村居民生活污水水质参考取值

主要指标	pH 值	SS /$mg \cdot L^{-1}$	COD /$mg \cdot L^{-1}$	BOD_5 /$mg \cdot L^{-1}$	NH_3-N /$mg \cdot L^{-1}$	TP /$mg \cdot L^{-1}$
参考取值	6.5~8.0	150~200	150~400	100~150	20~50	2.0~6.0

注：表 1.13 根据城市生活排水水质和西南地区农村生活污水处理工程的监测结果得出。

西南地区农村生活污水处理工程进水水质的检测结果如表 1.14 所示。

表 1.14　西南地区农村生活污水处理工程进水水质检测

项目	pH 值	SS /mg·L^{-1}	COD /mg·L^{-1}	BOD_5 /mg·L^{-1}	NH_3-N /mg·L^{-1}	TP /mg·L^{-1}
贵州		150	150~250	60~150	35~50	3~5
云南	7.1~7.3		162~242		28~68	3.9~4.9
四川 1	6~9	150~200	300~350	100~150	20~40	2.0~3.0
四川 2		142.0	355.5	118.0	30.4	2.21
重庆			99~413		14~24	1.1~5.7

1.2.4.6　西北地区

西北地区属于内陆干旱半干旱区，气候特征为年平均降雨量少，蒸发量大，除陕西省外，其他各省份的年降雨量均低于全国平均水平。该地区土地总面积约占全国总面积的 32%，而人口不到全国人口的 8%。其中 70%以上人口居住在农村。各省份国民生产总值和财政收入处于全国下游水平。该地区大多数农村经济欠发达，污水处理配套设施和处理能力较落后。

（1）用水量

西北地区气候干旱，平均气温较低，农村居民生活用水量偏少。大部分村庄居民主要使用旱厕，没有淋浴设施。近年来，随着新农村建设的推进，部分经济条件好的村庄的家庭也有了冲水马桶、洗衣机、淋浴间等卫生设施，接近于城市的用水习惯。依据《农村生活饮用水量卫生标准》（GB/T 11730—1989）和实地抽样调查，并参考《城市居民生活用水量标准》（GB/T 50331—2002），西北地区农村居民生活用水量可参考表 1.15，在调查当地居民的用水现状、生活习惯、经济条件、发展潜力等情况的基础上酌情确定。

表 1.15　西北地区农村居民日用水量参考值

村庄类型	用水量/升·(人·天)$^{-1}$
有自来水、水冲厕所、洗衣机、淋浴间等，用水设施齐全	75~140
有自来水、洗衣机等基本用水设施	50~90
有供水龙头，基本用水设施不完善	30~60
无供水龙头，无基本用水设施	20~35

（2）排水量

西北地区大部分村庄目前仍以旱厕为主，经济条件好、人口集中的村庄的卫生设施较齐全，农村生活污水的排水量宜根据村庄卫生设施水平、排水系统的组成和完善程度等因素实地调查或测量来确定。没有实际资料时，可参考表 1.16，根据排放量占用水量的百分比确定。

表 1.16　西北地区不同村镇生活污水排放情况

村镇居民生活供水和用水设备条件	排放量占用水量的百分比/%
用水设施齐全，黑水和灰水混合收集	70~90
有基本用水设施，收集黑水和部分灰水	50~80
基本用水设施不完善，收集黑水和部分灰水	30~60
基本用水设施不完善，收集部分灰水	30~50
无基本用水设施，污水不收集	基本无排放

（3）水质

农村居民的排水水质因排水类型不同而差异较大，宜根据实地监测确定。若无条件实地监测，可参考同类地区的调查数据，或表 1.17 中的建议取值范围。

表 1.17　西北地区农村居民生活污水水质参考取值

主要指标	COD /mg・L^{-1}	BOD_5 /mg・L^{-1}	SS /mg・L^{-1}	NH_4^+-N /mg・L^{-1}	TP /mg・L^{-1}	pH 值
参考取值	100~400	50~300	100~300	3~50	1~6	6.5~8.5

1.2.4.7　排放要求

农村生活污水的排放要求需满足国家和地方的排放要求；在没有排放要求的农村地区，建议参考表 1.18 按照不同排水用途的排放要求确定。

表 1.18　农村污水排放的相关参照标准

排水用途	直接排放		灌溉用水	渔业用水	景观环境用水
参考标准	《污水综合排放标准》GB 8978—1996	《城镇污水处理厂污染物排放标准》GB 18918—2002	《农田灌溉水质标准》GB 5084—2021	《渔业水质标准》GB 11607—1989	《城市污水再生利用 景观环境用水水质》GB/T 18921—2002

总的来看，我国农村生活污水在质上具有污染物相对较稳定、成分简单、有机污染物含量较低等特点。由于其来源较为简单，农村生活污水主要是农村居民生活当中产生的洗涤用水及厕所冲水，其中COD、氮磷、悬浮物及病菌等为主要污染物，氨氮、总氮、总磷等污染指标浓度总体较低。

农村生活污水在量上具有空间差异大、时间波动显著的特点。根据各地水资源丰缺程度、社会经济水平等的不同，各地生活污水排放量差异较大。干旱缺水的西北地区，人均排污最低的甚至不足5升/天；而在东南沿海地区农村生活污水人均产生量达到70~100升/天，个别地区人均排污甚至高达120升/天。污水排放明显表现为间歇排放且日变化系数较大，一般可达3.0~5.0，污水排放有明显的早中晚三峰特征或早晚双峰特征；同时，季节性变化更为明显，夏季排放量显著高于冬季。冬季时，受大批人口回家过年和春节消费因素的影响，春节前后又有明显的排放峰值。

我国农村生活污水治理刚起步，随着社会主义新农村和美丽乡村建设的推进，才逐步开始展开治理，仍处于探索阶段，农村生活污水处理率总体偏低。近年来，农村生活污水治理发展速度较快，随着农村环境连片整治工作的推进，我国农村生活污水治理工作得到快速发展，尤其是生活污水处理设施增长迅猛。在经济较为发达的江苏省南部地区，镇村级生活污水处理设施已较为完善[①]。2020年，农村生活污水治理率为25.5%，规划2025年农村生活污水治理率将达到40%。

由于地区社会经济的差异和农村建设推进力度的差异，地区间农村生活污水治理进展差异大。以江苏为例，全省镇村生活污水处理设施建设呈梯级发展。在苏南地区，镇级、村级生活污水处理设施建设已比较完善，而苏北地区农村生活污水处理设施还处于建设推进和示范阶段。

---

① 资料来源：《“十四五”土壤、地下水和农村生态环境保护规划》（https://www.gov.cn/zhengce/zhengceku/2022-01/04/5666421/files/3bf48f0ca40e4bca9e9bf14853edefe3.pdf）。

1.3 农业生产环境问题

农业是经济再生产和自然再生产相结合的产业，它与生态环境之间存在密切的关系：一方面，农业生产受到环境的巨大影响与制约；另一方面，农业生产过程也给周边环境带来很大的影响。当前，以农药、化肥的高投入为主要特征的常规农业，为人类提供了丰盛的食物，但同时也带来了一系列严重的环境问题。我国是农业大国，农业在国民经济中占有极其重要的地位。因此，在发展农业的同时，高度重视农业生产给生态环境带来的危害是极其必要的。

农业生产与环境之间是一个矛盾统一体。农业生产依赖于生态环境，与此同时农业本身的生产活动又会或多或少地对周围环境产生影响，当这一影响极大地改变了环境的面貌，并对其产生负面效应时，就酿成了农业生产环境问题①（见图 1.2）。

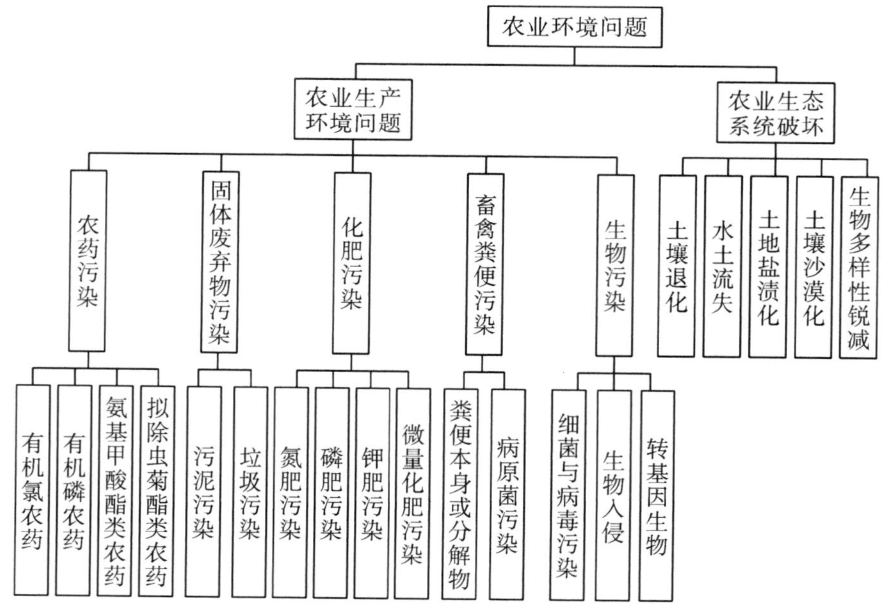

图 1.2 常见的农业环境问题及危害示意图

注：引自 Li 和 Fleck（1972）。

---

① 杨志峰，刘静玲. 环境科学概论［M］. 北京：高等教育出版社，2004.

1.3.1 农药污染

在农业生产中，农药在防治农作物病、虫、害，抑制传染病蔓延，提高农作物单产和劳动生产率等方面都发挥了巨大的作用，但与此同时它给脆弱的生态环境带来不可忽视的负面效应。图 1.3 反映了农药在环境中的循环过程。

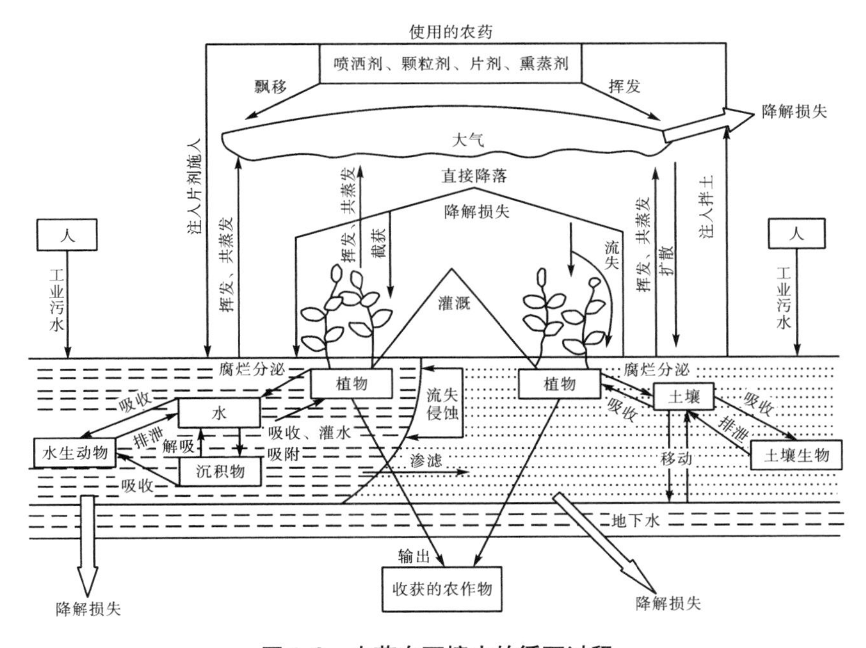

图 1.3 农药在环境中的循环过程

从图 1.3 中，我们可以看出，农药一旦投入生态系统，就不可避免地发生迁移、扩散、残留、富集等化学行为。这一过程势必会污染大气、水体和土壤，并对处于这些介质中的生物体构成危害。更为严重的是，自然界中普遍存在着生物浓缩现象，农药通过食物链的传递，在生物体内逐渐累积，导致食物链顶端的生物（包括人类）体内农药含量越来越高，也就越容易中毒死亡。另外，农药通过对上述生态系统各要素的毒害，使生态系统失去了原有的平衡（最明显的例子就是出现了“害虫越治越多”的现象），导致系统结构变异、功能衰退，生物物种灭绝、生物多样性减少，农业生态系统最终遭到覆灭。下面以几种常用农药为例说明农药所产生的污染及危害。

（1）有机氯农药

有机氯农药是一类氯代芳香烃的衍生物，包括六六六、狄氏剂、DDT等。这类化合物结构稳定、难氧化、难分解、毒性大，易溶于有机溶剂，尤其是脂肪组织中，因此它是高效、高毒、高残留的农药。由于具有上述性质，有机氯农药被大气环境和水径流带到世界的各个角落，现已在南极企鹅体内检测到DDT。另外，进入环境中的有机氯农药由于迁移作用，通过食物的浓度在生物体的脂肪和肝脏中大量富集并危害神经中枢，诱发肝脏酶的改变，还侵犯肾脏引起病变，且毒性难以降解。尤其是DDT具有明显的致癌性能和遗传毒性，会导致胎儿畸形，影响人的寿命和后代健康。1983年起我国已全面禁止使用有机氯农药，但以往积累的农药仍将在相当长的时间内发挥作用。

（2）有机磷农药

有机磷农药是含磷的有机化合物，其化学结构一般含有C-P、C-O-P、C-S-P、C-N-P等，大部分是磷酸酯类或酰胺类化合物，如敌敌畏、1605、马拉硫磷和稻瘟净等。该类化合物有剧毒，较易分解，在环境中残留时间短，在动植物体内不易蓄积，因此常被认为是较安全的农药。但由于这类农药对人畜的高毒性，能抑制人体中的乙酰胆碱酯酶、脂肪族脂酶及丝氨酸蛋白酶，使正常的神经功能被扰乱，引起体内生物化学过程失调，导致呕吐、腹泻、大便失禁和血压升高等症状，最终导致死亡，因此其环境毒性仍然不可忽视。

（3）氨基甲酸酯类农药

该类农药均具有苯基-N-烷基甲酸酯的结构，与有机磷农药一样，都具有抗胆碱酯酶作用，中毒症状也相同。但中毒机制有差别，它的毒性是由胆碱酯酶分子总体的弱可逆结合的抑制而引起的。这类农药在自然环境中易于分解，在动物体内也能迅速代谢，而代谢产物的毒性多数低于其本身的毒性，因此属于低残留农药。但是，这类农药中某些品种的急性毒性较大，如呋喃丹，其口服LD_{50}为8～14 mg/kg，属高毒农药（其经皮LD_{50}为3 400 mg/kg），使用时若不注意安全，有造成人畜急性中毒的危险。另外，还有人认为，该类农药经酶作用后产生的N-羟氨基甲酸酯，可抑制脱氧核糖核酸的交换，产生染色体断裂，是致癌和致畸的潜在因素。

1.3.2 化肥污染

化肥对农业生产的作用相当大，植物从土壤中吸收的所有养分都可以用化学组成的养分来补充。然而，化肥若施用不当，就可能对土壤、大气、水体、农产品以及整个生态系统产生严重的影响和危害。化肥对生态系统的污染为多介质环境污染，由多个介质组成的复杂系统，并且污染物质在各环境介质中发生物理、化学、生物反应，所以污染物在多介质环境中表现出关联性、转移性、循环性。图 1.4 反映了化肥中的营养元素在环境中的迁移转化规律。

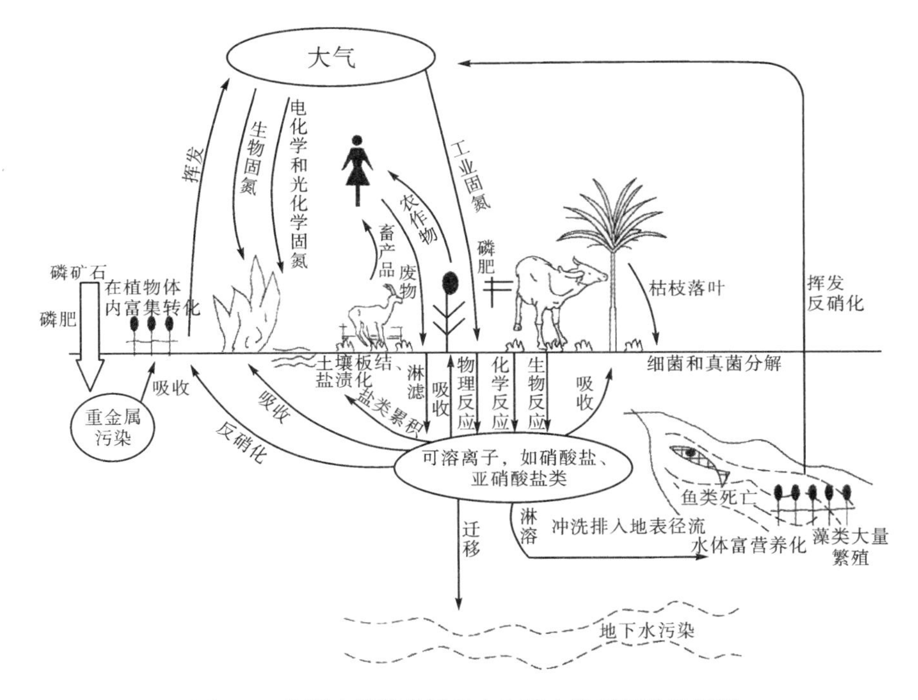

图 1.4　化肥中的营养元素在环境中的迁移转化规律

(1) 氮肥污染

当大量氮肥被不合理地施入土壤之后，由于耗氧作用发生了硝化反应，生成了硝酸根离子。大多数作物与蔬菜吸收的氮素营养主要是这种硝态氮。当硝酸根离子进入植物体内后，迅速被同化，所以在体内累积得不多，但不同植物、不同部位、不同生育期中是有很大差异的。若含硝酸盐浓度高的植物被动物食用，其中的硝酸盐或由硝酸转化的亚硝酸盐会对动物发生毒害作用。此外，硝酸根很容易被淋溶到地下水中造成水体污染；而通过土壤侵蚀和地表径流汇集于水体中的氮又是造成水体富营养化的重要因素。同时，氮肥在土壤中还会发生反硝化作用，生成 N_2 和 N_2O，这种反应主要发生在稻田地区，N_2O 气体会对臭氧层造成破坏，后果严重。图 1.5 反映了氮肥污染带来的环境问题。

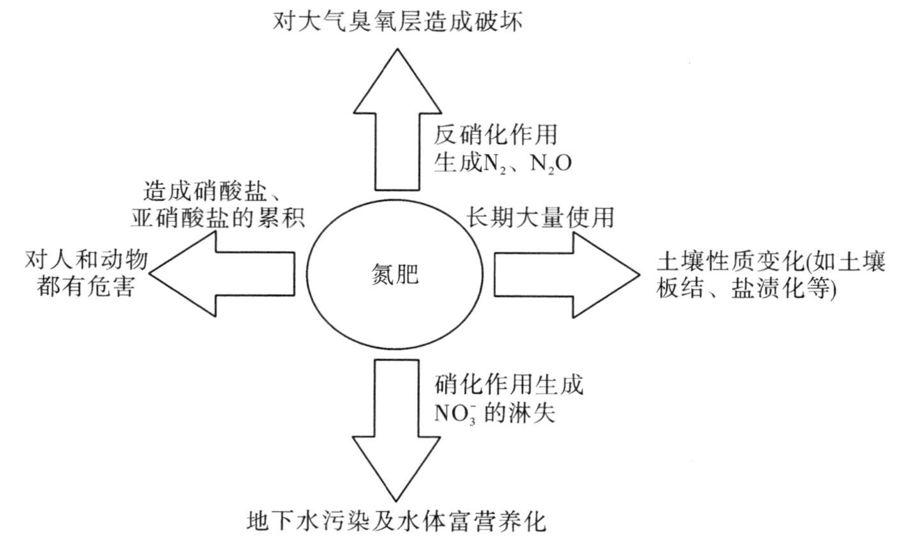

图 1.5　氮肥污染带来的环境问题

（2）磷肥污染

磷肥不易挥发和淋失，对大气和地下水不会造成明显影响。但是磷肥通常会含有多种重金属，对土壤和作物有潜在影响。我国磷矿的含氟量基本上与含磷量呈正比例关系，因此会导致土壤中含氟量升高。磷肥中还含有微量的天然放射性元素，特别是在磷矿周围具有放射性污染的潜在危险，在生产、运输和使用过程中也会对环境产生污染。

（3）钾肥及微量化肥污染

随着农业生产的发展，钾肥和微量化肥日益普及。但如果使用不当，也会对环境造成危害。如硫酸钾使用不当，容易破坏土壤结构，造成土壤板结；如果氯化钾使用不当，则会使土壤中氯离子积累，破坏土壤结构，影响一些作物的产量和品质。而微量元素从缺乏、适宜到过量，范围非常狭窄，使用过量，容易造成土壤污染毒害作物，影响产量和品质。例如作物锌中毒，先表现为叶片失绿，然后发生黄化，进而产生赤褐色斑点，严重时完全枯死。

1.3.3 畜禽粪便污染

用畜禽粪便做肥料在各国均有悠久的历史。我国是农业大国，畜牧业作为我国第一产业的重要组成部分，为经济发展提供了重要支撑。过去50年，我国畜牧业养殖方式从家庭散养向集约化饲养加速转变，畜牧业总产值占比提高了13.3%，但部分地区出现了养殖密度过高、土地畜禽养殖废弃物超负荷等问题，导致环境污染风险骤增。畜禽废弃物经雨水冲刷流入水体，会导致水体富营养化。未经处理的畜禽粪污直接灌溉农田，易造成土壤板结，且有害污染物在土壤中的大量沉积会严重影响作物生长。第二次全国污染源普查测算显示，我国畜禽粪污年产量在30.5亿吨，是2019年工业固体废物产生量的0.86倍。按70%的收集系数计算，年需处理畜禽粪污量达21.35亿吨。

研究表明，畜禽粪便已经成为造成杭州湾污染主要指标（无机氮、总磷、BOD）严重超标的重要原因（见表1.19）。

表1.19 杭州湾主要污染指标来源比重 单位:%

污染来源	畜禽粪便	农业化肥	工业污染	生活污染	其他污染
无机氮	35	40	5	10	10
总磷	21	6	0	14	59
BOD	18	0	17	22	43

畜禽粪便造成污染的原因在于其中的污染物浓度非常高。此外，它还含有大量的蛋白氮、类蛋白氮和氨态氮以及多量的磷和大量病原菌（见表1.20）。因此，当畜禽粪便未经处理直接排入周围环境时，势必会污染土壤、地下水、地表水等环境介质，造成水体富营养化，此外粪便所产生的恶臭气体也是其所产生的污染之一。

（1）污染土壤及地下水。在畜禽粪便堆放或流经的地点，有大量高浓度粪便水渗入土壤，可造成植物一时疯长或使植物根系受损伤，甚至引起植物死亡、粪便水渗入地下，使地下水中硝态氮、硬度和细菌总数都严重超标。

（2）污染地表水，甚至影响饮用水源，危及人类健康。大量畜禽粪便直接或随雨水流入水体，使水体严重富营养化，水质腐败，水生生物死亡。据测定，当畜禽粪便污染流入池塘而使水中氨含量达到或超过0.2 mg/L时，就会对鱼产生毒性。此外畜禽粪便中可能存在的肠道传染病菌和人畜共患的病原体，都会对环境和人体健康产生严重威胁。

表 1.20　畜禽粪尿的理化性质

类别	水分/%	pH 值	悬浮物 /mg · kg^{-1}	BOD /mg · kg^{-1}	COD /mg · kg^{-1}	全氮 /mg · kg^{-1}	氨态氮 /mg · kg^{-1}
牛粪	86.2	7.0	119 000	24 000	196 000	9 430	2 086
猪粪	70.5	7.2	223 000	62 000	35 030	4 664	426
鸡粪	77.5	6.36	132 800	654 000	45 000	14 600	1 150
类别	水分/%	pH 值	悬浮物 /mg · L^{-1}	BOD /mg · L^{-1}	COD /mg · L^{-1}	全氮 /mg · L^{-1}	氨态氮 /mg · L^{-1}
牛尿	94.2	8.3	5 000	3 900	5 997	8 344	320
猪尿	95.5	8.0	4 500	5 000	9 297	7 780	1 082
鸡尿		7.0~9.0	22 000~26 000		8 000~15 000	5 000~6 000	3 000~4 000

注：牛饲料类别为混播牧草，猪、鸡为饲料。

（3）畜禽粪便的恶臭污染。刚排出的畜禽粪便含有 NH_3、H_2S 和胺等有害气体，在未能及时清除或清除后不能及时处理时臭味成倍增加，产生甲基硫醇、二甲二硫醚、甲硫醚、二甲胺及低级脂肪酸等恶臭气体。恶臭气体会对现场及周围人们的健康产生不良影响，如引起精神不振、烦躁、记忆力下降和心理状况不良，也会使畜禽的抗病力和生产力降低。

1.3.4　生物污染

传统意义上的生物污染主要是指细菌、寄生虫卵以及病毒等直接对人体有害或产生有毒物质的生产的污染。在农业生产中，造成这种污染的主要来源是：饲养场排放的畜禽粪便，日常生活污水，以及含有病原体的废弃物，未经处理而随着科技的发展，生物入侵和转基因生物构成了新的生物污染源。

1.3.4.1　生物入侵

生物入侵对农业生态环境和自然资源造成的危害是不可逆转的，它加速了生物多样性的丧失和物种的灭绝。以互花米草（spartina alterniflora loisel）为例，它是一种滩涂草本植物，来源于英国，1979 年被引入我国进行研究和开发。由于它具有耐碱、耐潮汐淹没、繁殖力强、根系发达等特点，曾被认为是保滩护堤、促淤造陆的最佳植物。互花米草每根草有 1 米多高，而且它的根系相当发达，通常是草有多高，根就有多深，一个成年农民使劲拔都拔不出来。它的草籽可随海潮四处漂流，能以每年数千亩

(1 亩≈666.67 平方米，下同）的速度急速蔓延。它导致大片红树林消失，令滩涂中的贝类生物甚至跳跳鱼、蟹类等窒息死亡，使海岸滩涂原来的蛏、蛤、蚶等特殊水产品绝迹，致使沿海滩涂的农民绝收。另外，外来物种一旦入侵成功，要彻底根除非常困难，而控制其危害、扩散和蔓延的费用相当昂贵。在难以预料的情况下，生物入侵不仅会对作物的生长、产量造成危害，还会带来农作物大面积的减产以及高额的防治费用，甚至可能造成个别受害地区的经济崩溃。入侵的外来物种会破坏景观的自然性和完整性，摧毁生态系统，危害动植物多样性，影响遗传多样性。据 1999 年康奈尔大学公布的研究结果，美国生物入侵所造成的直接经济损失每年都达 1 226 亿美元。据我国环保部门的统计，我国每年几种主要外来入侵物种造成的经济损失高达 547 亿元人民币。

1.3.4.2　转基因生物

转基因生物有许多优点，对解决人类未来的粮食需求、提高产品质量等都具有十分重要的意义。然而，转基因生物的出现至今仍没有取得人们的认同，作为非自然进化的产物，这些生物对人类健康和生态环境安全的潜在影响自重组 DNA 技术成功以来就受到广泛的争议。部分专家认为，转基因作物或其野生近缘种可能变为“超级”杂草；可能造成基因逃逸，产生“超级病毒”，危及生物多样性，对人体健康造成负面影响。

1.4　农业生态系统破坏

与其他自然生态系统相比，农业生态系统内的主要优势物种是由人工定向选育获得的，往往保留了那些经济价值高的类群和性状，而物种间、环境间固有的生态合理性被削弱，对环境变异缺乏适应性、表现脆弱。另外，系统内往往种群单一，种质资源贫乏，结构简单，以致内部组成之间联系和制约的内在调控机制受削弱，降低了系统的稳定性，减弱了其抗逆力。同时，目前的常规农业普遍依赖农药、化肥、除草剂等化学品来减少病虫害，保证粮食产量，这也在很大程度上损害了生态系统内长期以来形成的固有的物质循环链，使物种间的相生相克作用丧失，致使农作物产量下降、质量降低，得不偿失。而农业生态系统中的环境要素作为系统中的一分子，也不可避免地受到了破坏，如土壤肥力下降、水土流失、土地沙漠化、土壤退化等。

1.4.1 生物多样性锐减

农业作为直接为人类提供食物的基础性产业，其生物多样性状况在较大程度上影响着农业生产力、农产品质量及人类的食物安全，影响着人类社会的稳定与可持续发展。图 1.6 反映了农业生态系统中生物多样性的组分与功能。但是，日常的农业生产活动如耕作、作物间套种植、放牧、农药化肥的使用以及农业动植物遗传改良（包括外来种引入）等，在提高了农业生产力的同时也影响了农业生态系统中的生物多样性。土地的不合理开发利用导致生境破碎、生物失去了栖息场所，进而造成生物多样性的锐减；大规模的机械耕作导致土壤动植物区系的变化，有时甚至导致物种的彻底消失；农药（除草剂、杀虫剂等）的高度使用使非靶标动植物受到伤害，造成了“害虫越治越多、天敌越治越少”的现象；物种改良、外来种的引入以及远缘外源遗传物质的利用（如远缘杂交和 DNA 导入分子育种）在丰富了遗传多样性的同时导致农作物类型和品种的简单化，一些古老的地方种和农家种等传统资源丢失；等等。

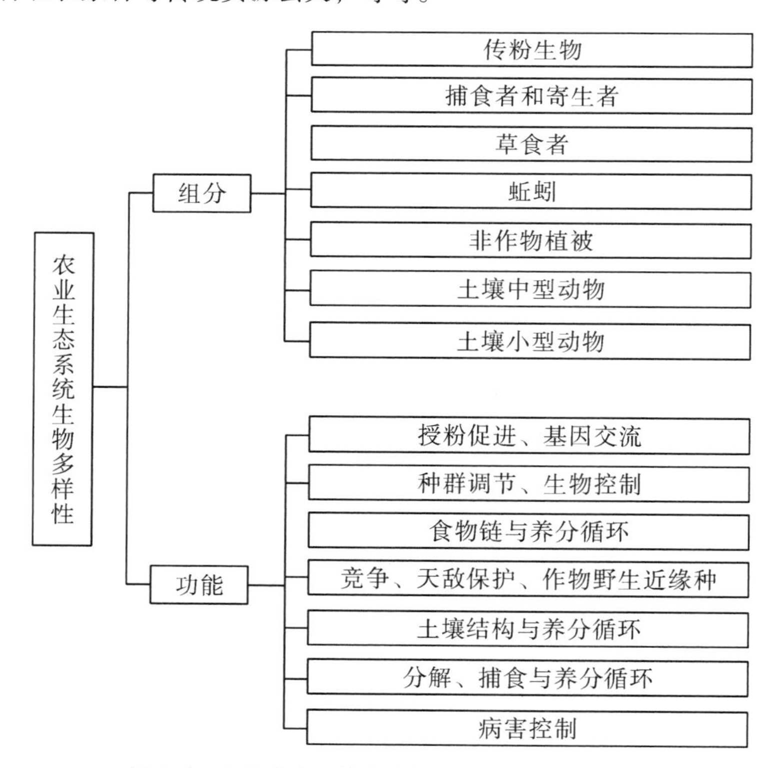

图 1.6 农业生态系统中生物多样性的组分与功能

1.4.2 土壤退化

土壤是土地中与生物生长密不可分的一部分，对于植物生长来说，土壤是土地的核心。土壤退化是土地退化中最重要的，具有生态连锁的退化现象。土壤退化是指在自然环境的基础上，因人类开发利用不当而加速的土壤环境质量和承载力下降的现象和过程。人类最初只是采食土壤上生长的植物产品，仅对土壤生态造成一定影响，对土壤环境的影响较小；在开垦利用土壤作为种植业基地的最初阶段，也仅是破坏了土壤的自然植被和土壤肥力的自然平衡，还可以通过撂荒手段使植被自然恢复或施用有机肥来恢复土壤肥力；但当人类利用土壤过度时，便产生了土壤侵蚀、沙化、盐渍化、沼泽化和肥力下降等土壤退化现象。图 1.7 是土壤退化的分类模式。

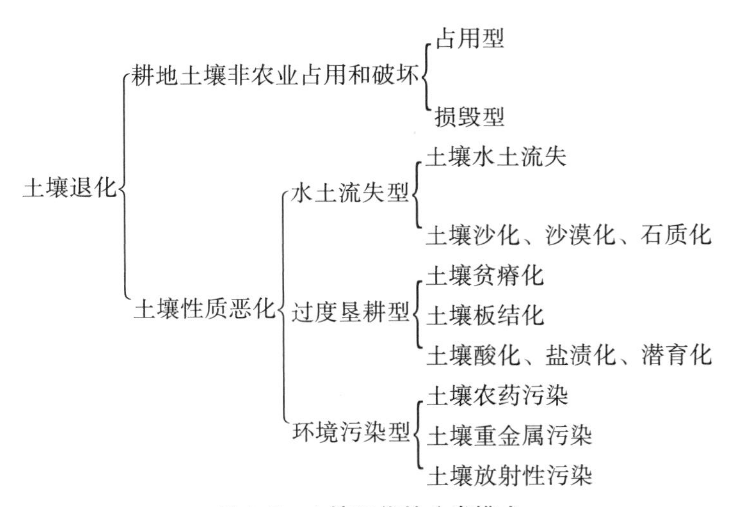

图 1.7 土壤退化的分类模式

1.5 面源污染

1.5.1 面源污染的概念

面源污染又称非点源污染（non-point source pollution），其最早的定义来自美国的《清洁水法修正案》，被定义为：污染物以广域的、分散的、微量的形式进入地表及地下水体。中国科学院南京土壤研究所杨林章博士对面源污染的定义为：溶解的与固体的污染物在不固定的地点，通过降水或融雪冲刷，沿地表径流汇入江、河、湖、海等受体所引起的水体富营养化及其他形式的污染。《辞海》（1999 年版）中将面源污染定义为：在大面积范围内以弥散或大量小点源形式排放污染物造成的，在自然环境（如土壤、水体、大气等）中混入危害人体、降低环境质量或破坏生态平衡的现象。

农业面源污染主要是指，农村地区在农业生产及农民生活过程中产生并未经合理有效处置的污染物，对水环境、土壤、大气以及水产品、种植物等农产品造成的污染。农村面源污染主要是由于在农业生产活动中大量使用农药、化肥、农用薄膜等化学投入品，其中的氮、磷、钾等营养元素以及有毒有害有机和无机污染物质，通过地表径流、土壤渗漏或自然挥发作用，对农村的土地、水体、大气等生态环境造成污染。同时，农业面源污染还表现在农民在日常生活中产生的垃圾、污水和人畜粪便等污染物未经处理排入农村环境，造成农村环境的污染。第一次全国污染源普查资料显示，在我国主要污染物排放量中，农业生产（含畜禽养殖业、水产养殖业与种植业）排放的 COD、N、P 等主要污染物量，已远超过工业与生活污染源，成为污染源之首，其中 COD 排放量占总量的 46%以上，N、P 占 50%以上。

1.5.2 我国农村面源污染现状

农业面源污染是生态环境保护工作的突出难点。随着农业的快速发展，农业面源污染日益演变成为一个共性问题。“十三五”以来，随着化肥农药使用零增长行动、农业农村污染治理攻坚战的实施，农业面源污染防治工作取得积极进展，化肥农药减量增效工作初见成效。化肥农药施用量连续 4 年负增长。据国家统计局数据，2021 年化肥生产量为 7 037 万吨（折纯），农用化肥施用量为 5 912 万吨。我国耕地根底地力偏低，化肥施用对粮食增产的贡献较大，大体在 40%以上。当前我国化肥施用存在四个方面的问题：一是亩均施用量偏高。我国农作物亩均化肥用量为 21.9 千克，远高于世界平均水平（每亩 8 千克），是美国的 2.6 倍，欧盟的 2.5 倍。二是施肥不均衡现象突出。东部经济兴旺地区、长江下游地区和城市郊区的施肥量偏高，蔬菜、果树等附加值较高的经济园艺作物过量施肥比较普遍。三是有机肥资源利用率低。目前，我国有机肥资源总养分约7 000万吨，实际利用率低于40%。其中，畜禽粪便养分还田率为50%左右，农作物秸秆养分还田率为35%左右。四是施肥结构不平衡。重化肥、轻有机肥，重大量元素肥料、轻中微量元素肥料，重氮肥、轻磷钾肥的“三重三轻”问题突出。传统人工施肥方式仍然占主导地位，化肥撒施、表施现象比较普遍，机械施肥仅占主要农作物种植面积的30%左右。

近年来，化学农药使用的总用量持续下降。2011—2019年农药使用总量（折百量）由31.3万吨下降到26.3万吨（见图1.8）。各大类使用量各有变化：2011—2019年杀虫剂、杀菌剂、除草剂三大类使用量合计占比由96.0%下降到94.5%；其中，杀虫剂占比由40%下降到27%，杀菌剂占比由24%增长到26%~27%，除草剂占比由31%增长到41%；此外，封闭除草、拌种药剂类的农药品种使用量上升明显。

高效、低毒、低残留农药成为主打农药。2013—2019年，微毒、低毒农药新登记数量占年度新登记总量的年均值为96.6%，其中有3年达到了100%。

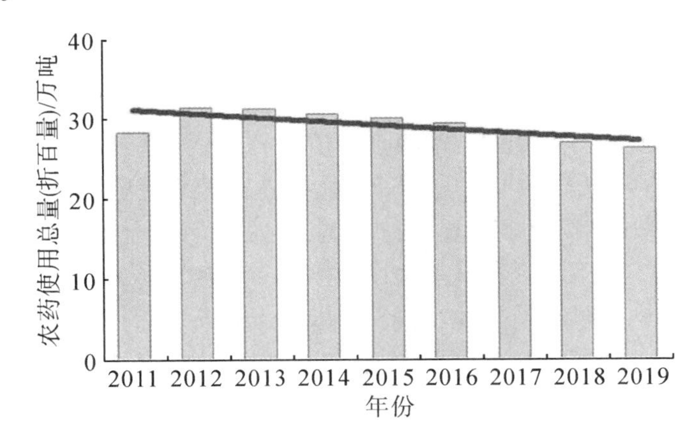

图1.8　2011—2019年我国农药使用总量情况

2015年起，随着农业农村部“到2020年实现化肥、农药使用量零增长”政策的实施，特别是高毒有机磷农药品种（其中绝大部分为杀虫剂）被逐步淘汰，农药总产量稳步下降。国家统计局数据显示，2020年农药行业规模以上企业化学农药原药（折100%）产量为214.8万吨，同比减少4.4%。其中，除草剂产量为100.4万吨，同比增长6%，占农药总产量的46.8%；杀虫剂产量为30.2万吨，同比减少7.6%，占农药总产量的14%；

杀菌剂产量为 11. 5 万吨，同比减少 22. 7%，占农药总产量的 5. 3%。

畜禽养殖业对水环境的主要环境危害是水质污染，畜禽养殖场污水中含有大量的污染物质，其污水生化指标极高，如猪粪尿混合排出物的 COD 值最高可达 81 g/L，BOD 为 17~32 g/L，NH_3-N 浓度为 2. 5~4. 0 g/L；1 个采用人工清粪的万头猪场每天产生 COD 16~18 g/L 的污水达 60 多吨。高浓度畜禽有机废水排入江河湖泊中会造成水体富营养化；畜禽废水排入鱼塘及河流中使对有机物污染敏感的水生生物逐渐死亡，严重威胁水产业的发展。此外，其有毒、有害成分易进入并严重污染地下水，使地下水溶解氧含量减少，水质中有毒成分增多，严重时使水体发黑、变臭，失去其使用价值，而畜禽粪便污染的地下水极难治理恢复，将造成较持久性的污染。

2020 年，我国畜禽养殖业每年产生 38 亿吨粪便，相当于每个人摊分 2. 7 吨粪便。其中，畜禽直接排泄的粪便约 18 亿吨，养殖过程产生的污水量约 20 亿吨。从不同畜种来看，生猪是大头，全国生猪粪污年产生量约 18 亿吨，占总量的 47%；牛粪污年产生量约 14 亿吨，占总量的 37%，其中奶牛 4 亿吨、肉牛 10 亿吨；家禽粪污年产生量约 6 亿吨，占总量的 16%。由于成本的制约，大量的动物粪便得不到有效处理，造成环境污染。

以长江流域为例，长江经济带 11 个省份的第二次全国污染源普查数据显示，农业面源化学需氧量、总氮、总磷排放量分别占长江经济带该污染物总排放量的 45. 1%、48. 0%、66. 6%，农业面源成为区域污染物的主要来源。长江流域气候温暖，复种指数高，化肥、农药施用量处于高位①。据统计，2020 年长江经济带化肥施用量达 1 684. 55 万吨，化肥施用强度为 282. 52 kg/hm^2，是国际安全施用水平（225 kg/hm^2）的 1. 26 倍。化肥施用量居高不下以及不合理的施肥方式，造成集约化农区氮磷流失严重，稻田周边水塘及河湖水体富营养化。同时，长江流域也是我国生猪和淡水水产品的主产区，畜禽养殖造成的总磷排放量占流域农业面源总磷排放总量的 68%，是面源污染的重要来源；淡水池塘养殖分布广泛，产量占全国池塘养殖产量的 60%以上，但污染处理设施配套不完善，养殖尾水不达标排放造成的环境风险大。汛期水质变化明显，农业面源排放的污染物随降雨径流进入地表水体，成为汛期长江流域水环境污染的重要原因。

---

① 赵健，籍瑶，刘玥，等. 长江流域农业面源污染现状、问题与对策 [J]. 环境保护，2022，50 (17)：30-32.

2020 年全国水稻、小麦、玉米三大粮食作物化肥利用率达 40. 2%，农药利用率达 40. 6%，秸秆综合利用率、农膜回收率分别达到 86. 7%、80%。畜禽养殖污染防治水平持续提高，全国畜禽粪污综合利用率达到 75%，规模养殖场粪污处理设施装备配套率达到 95%。但我国农业面源污染防治工作仍任重道远，源头防控压力大。第二次全国污染源普查结果表明，我国农业源污染物排放总量仍处于高位，农业源化学需氧量、总氮和总磷排放量分别占水污染物排放总量的 49. 8%、46. 5%、67. 2%，在维护国家粮食安全的背景下，农业面源污染防治工作的形势依然严峻。

2 农村生活污水排放标准与治理政策

2.1 国外农村生活污水排放标准

2.1.1 美国相关标准

美国城市化历史较长，乡村卫生建设起步较早，而且乡村居民都比较富裕，总的来说美国乡村污水处理水平比较高。因此，在污水排放要求方面，美国乡村和城市使用相同的排放标准，即达到美国《联邦水污染防治法》规定的二级处理的出水限值（见表 2.1）就进行排放，渗入土壤。

表 2.1 美国生活污水二级处理排放标准

项目	月平均	周平均
BOD_5/mg·L^{-1}	30	45
TSS/mg·L^{-1}	30	45
pH 值	6~9	6~9
BOD_5、TSS 去除率/%	85	—

2.1.2 欧盟相关标准

欧盟按照当量人口规模，分级规定生活污水排放限值，具体规定见表 2.2。

表 2.2　欧盟生活污水处理排放标准　　单位：mg/L

<table>
<tr><th>人口当量</th><th>SS</th><th>COD</th><th>BOD_5</th><th>总氮</th><th>总磷</th></tr>
<tr><td>2 000~10 000</td><td>60</td><td rowspan="3">125</td><td rowspan="3">25</td><td>—</td><td>—</td></tr>
<tr><td>10 001~100 000</td><td rowspan="2">35</td><td>15</td><td>2</td></tr>
<tr><td>>100 000</td><td>10</td><td>1</td></tr>
</table>

注：总氮、总磷为环境敏感地区控制水体藻类生长标准。

欧盟各成员国可按照《水框架指令》(water framework directive，WFD)的规定依据本国实际情况制定生活污水排放限值，确保水质目标的实现。德国、丹麦的生活污水处理排放标准分别如表 2.3 和表 2.4 所示。

表 2.3　德国生活污水处理排放标准（24 h 混合样）　单位：mg/L

人口当量	COD	BOD	NH_3-N	TP	TN
未满 1 000	150	40	—	—	—
1 000~5 000	110	25	—	—	—
5 001~20 000	90	20	10	—	18
20 001~100 000	90	20	10	2	18
100 000 以上	75	15	10	1	18

表 2.4　丹麦生活污水处理排放标准　　单位：mg/L

人口当量	BOD	TP	TN
15 000 以上	15	1.5	8
5 000~15 000	—	1.5	—
未满 5 000	15	1.5	8

2.1.3　日本相关标准

日本建立了一套不同于城市的农村生活污水治理法律体系：城市（人口>5 万人或人口密度>40 人/公顷的地区）适用《下水道法》，农村地区主要适用《净化槽法》。《净化槽法》中污水排放标准的限值是按净化槽处理工艺而定的。净化槽在日本主要有三种类型，分别为单独处理净化槽、合并处理净化槽和深度处理净化槽。目前，日本的深度处理净化槽技术已较为成熟，出水水质可达到：BOD 在 10 mg/L 以下，COD 在 15 mg/L 以下，TN 在 10 mg/L 以下，TP 在 1 mg/L 以下。

2.1.4 新西兰相关标准

新西兰与我国都正处于农村生活污水治理的探索阶段，并且都尚缺乏对农村生活污水处理系统运行维护的监管，都还未对此制定明确的强制责任。因此，新西兰的农村生活污水处理实践对我国有较强的借鉴作用。目前，新西兰约有 27 万个就地污水处理系统，大部分的就地污水处理系统为成熟的化粪池。但由于某些原因，这些污水处理系统的运行失败率在 15%~50%。针对上述问题，新西兰出台了一些针对就地污水处理系统的技术标准，如针对就地生活污水管理的澳大利亚/新西兰联合标准（AS/NZS 1547：2000）和奥克兰区域议会的“污水就地处理系统：设计和管理”（TP58）。这些技术标准的出台对新西兰农村生活污水治理起到了重要的促进作用。

2.2 我国农村生活污水排放标准

目前，我国农村生活污水治理的相关法律主要分布在《中华人民共和国环境保护法》《中华人民共和国水污染防治法》等的有关条款中，表述多为原则性的，不够详尽。尽管也有地方率先在农村生活污水处理设施管理方面开展地方性法规试点，如《浙江省农村生活污水处理设施管理条例》，但多数地方尚未开展相关地方性法规的研究工作，未从立法层面明确治理要求、政府责任和村民义务等。

严格意义来说，2011 年以前，我国还没有统一的农村生活污水处理排放标准，仅在北京、浙江、江苏、湖北等省份出台的地方农村生活污水处理实用技术指南、技术导则等规定中有相关标准。农村生活污水排放参照执行已有的水污染物排放标准，包括《污水综合排放标准》（GB 8978—1996）、《畜禽养殖业污染物排放标准》（GB 18596—2001）、《城镇污水处理厂污染物排放标准》（GB 18918—2002）等，这些标准基本为行业标准，其中仅《城镇污水处理厂污染物排放标准》中从“基本控制项目最高允许排放浓度”“部分一类污染物最高允许排放浓度”和“选择控制项目最高允许排放浓度”三个方面对居民小区和工业企业内独立的生活污水处理设施污染物的排放标准进行了规定。

2011 年，宁夏回族自治区发布了《农村生活污水排放标准》(DB 64/T 700—2011)，该标准将农村生活污水污染物标准值分为三级，一级为直接排入《地表水环境质量标准》(GB 3838—2002）中的Ⅲ类功能水域（划定的饮用水水源保护区和游泳区除外）和湖、库等封闭或半封闭水域；二级为直接排放及回用为杂用水；三级为回用农田灌溉。控制性污染物主要包括：pH 值、COD、BOD_5、SS、总磷、总氮、氨氮、粪大肠菌群数等。

2013 年，山西省发布了地方标准《山西省农村生活污水处理设施污染物排放标准》(DB 14/726—2013)。该标准结合山西省农村生活污水治理状况，规定农村地区设计规模不大于 500 m^3/d 的生活污水处理设施水污染物的排放分为一级、二级和三级标准，分别对应不同的排放水体类别。控制性污染物主要包括：COD、BOD_5、SS、总磷、总氮、氨氮、阴离子表面活性剂、粪大肠菌群数等［各项指标均等同或略宽于《城镇污水处理厂污染物排放标准》(GB 18918—2002）中相应级别的标准值］。

2015 年，河北省发布了地方标准《农村生活污水排放标准》(DB 13/2171—2015)。该标准未规定污水处理设施的规模，但依据农村的经济状况、基础设施、自然环境条件，把农村划分为发达型、较发达型以及欠发达型三种类型，并执行相应的水质指标。控制性污染物主要包括 pH 值、色度、COD、BOD_5、SS、总磷、总氮、氨氮、阴离子表面活性剂、动植物油、粪大肠菌群数等［一级标准等同于《城镇污水处理厂污染物排放标准》(GB 18918—2002）中的一级标准值］。

2015 年，浙江省发布了地方标准《农村生活污水处理设施水污染物排放标准》(DB 33/ 973—2015)。该标准将农村生活污水污染物标准值分为一级标准、二级标准，控制性污染物主要包括 pH 值、COD、SS、总磷、氨氮、动植物油、粪大肠菌群数等。

2018 年 9 月，生态环境部办公厅、住房和城乡建设部办公厅以环办水体函〔2018〕1083 号联合发布了《关于加快制定地方农村生活污水处理排放标准的通知》，通知明确了农村生活污水治理排放标准制定的总体思路和框架，提出了总体要求，明确了适用范围等，并要求 2019 年 6 月底前完成。已制定地方农村生活污水处理排放标准的，要根据本通知要求抓紧修订或完善。地方农村生活污水处理排放标准由省（区、市）依法按程序组织制定和公布实施。

2.2.1 总体要求

农村生活污水治理，要以改善农村人居环境为核心，坚持从实际出发，因地制宜采用污染治理与资源利用相结合、工程措施与生态措施相结合、集中与分散相结合的建设模式和处理工艺。推动城镇污水管网向周边村庄延伸覆盖。积极推广易维护、低成本、低能耗的污水处理技术，鼓励采用生态处理工艺。加强生活污水源头减量和尾水回收利用。充分利用现有的沼气池等粪污处理设施，强化改厕与农村生活污水治理的有效衔接，采取适当方式对厕所粪污进行无害化处理或资源化利用，严禁未经处理的厕所粪污直排环境。

农村生活污水处理排放标准的制定，要根据农村不同区位条件、村庄人口聚集程度、污水产生规模、排放去向和人居环境改善需求，按照分区分级、宽严相济、回用优先、注重实效、便于监管的原则，分类确定控制指标和排放限值。

2.2.2 适用范围

农村生活污水就近纳入城镇污水管网的，执行《污水排入城镇下水道水质标准》（GB/T 31962—2015）。500 m^3/d 以上规模（含 500 m^3/d）的农村生活污水处理设施可参照执行《城镇污水处理厂污染物排放标准》（GB 18918—2002）。农村生活污水处理排放标准原则上适用于处理规模在 500 m^3/d 以下的农村生活污水处理设施污染物排放管理，各地可根据实际情况进一步确定具体处理规模标准。

2.2.3 分类确定控制指标和排放限值

农村生活污水处理设施出水排放去向可分为直接排入水体、间接排入水体、出水回用三类。

出水直接排入环境功能明确的水体，控制指标和排放限值应根据水体的功能要求和保护目标确定。出水直接排入 II 类和 III 类水体的，污染物控制指标至少应包括化学需氧量（COD_{Cr}）、pH 值、悬浮物（SS）、氨氮（NH_3-N）等；出水直接排入Ⅳ类和Ⅴ类水体的，污染物控制指标至少应包括化学需氧量（COD_{Cr}）、pH 值、悬浮物（SS）等。出水排入封闭水体或超标因子为氮磷的不达标水体的，控制指标除上述指标外应增加总氮（TN）和总磷（TP）。出水直接排入村庄附近池塘等环境功能未明确的小微水体的，控制指标和排放限值的确定，应保证该受纳水体不发生黑臭。

出水流经沟渠、自然湿地等间接排入水体的，可适当放宽排放限值。

出水回用于农业灌溉或其他用途时，应执行国家或地方相应的回用水水质标准。

各省份可在上述要求的基础上，结合污水处理规模、水环境现状等实际情况，合理制定地方排放标准，并明确监测、实施与监督等要求。

2.2.4 部分省份农村生活污水排放标准

截至 2021 年，全国已有 30 个省份发布了《农村生活污水处理设施水污染物排放标准》，其中部分省份的《农村生活污水处理设施水污染物排放标准》尚在征求意见过程中。表 2.5 列出了 30 个省份关于农村生活污水处理排放的地方标准。

表 2.5 部分省份有关农村生活污水处理排放的地方标准

区域	省份	标准名称	标准号
东北地区（3 个）	黑龙江	《农村生活污水处理设施水污染物排放标准》	DB 23/2456—2019
	吉林	《农村生活污水处理设施水污染物排放标准》	DB 22/3094—2020
	辽宁	《农村生活污水处理设施水污染物排放标准》	DB 21/3176—2019
东南地区（6 个）	江苏	《农村生活污水处理设施水污染物排放标准》	DB 32/3462—2020
	上海	《农村生活污水处理设施水污染物排放标准》	DB 31/T 1163—2019
	浙江	《农村生活污水处理设施水污染物排放标准》	DB 33/973—2015
	福建	《农村生活污水处理设施水污染物排放标准》	DB 35/1869—2019
	广东	《农村生活污水处理排放标准》	DB 44/2208—2019
	海南	《农村生活污水处理设施水污染物排放标准》	DB 46/483—2019

表2.5(续)

区域	省份	标准名称	标准号
华北地区（6个）	北京	《农村生活污水处理设施水污染物排放标准》	DB 11/1612—2019
	天津	《农村生活污水处理设施水污染物排放标准》	DB 12/889—2019
	河北	《农村生活污水排放标准》	DB 13/2171—2020
	山西	《农村生活污水处理设施水污染物排放标准》	DB 14/726—2019
	山东	《农村生活污水处理处置设施水污染物排放标准》	DB 37/3693—2019
	内蒙古	《农村生活污水处理设施污染物排放标准(试行)》	DB HJ/001—2020
西北地区（5个）	陕西	《农村生活污水处理设施水污染物排放标准》	DB 61/1227—2018
	甘肃	《农村生活污水处理设施水污染物排放标准》	DB 62/4014—2019
	青海	《农村生活污水处理排放标准》	DB 63/1777—2020
	宁夏	《农村生活污水处理设施水污染物排放标准》	DB 64/T 700—2020
	新疆	《农村生活污水处理排放标准》	DB 65 4275—2019
西南地区（5个）	四川	《农村生活污水处理设施水污染物排放标准》	DB 51/2626—2019
	云南	《农村生活污水处理设施水污染物排放标准》	DB 53/T 953—2019
	贵州	《农村生活污水处理水污染物排放标准》	DB 52/1424—2019
	重庆	《农村生活污水集中处理设施污染物排放标准》	DB 50/848—2018
	广西	《农村生活污水处理设施水污染物排放标准》	DB 45/2413—2021
中南地区（5个）	河南	《农村生活污水处理设施水污染物排放标准》	DB 41/1820—2019
	湖北	《农村生活污水处理设施水污染物排放标准》	DB 42/1537—2019
	湖南	《农村生活污水处理设施水污染物排放标准》	DB 43/1665—2019
	安徽	《农村生活污水处理设施水污染物排放标准》	DB 34/3527—2019
	江西	《农村生活污水处理设施水污染物排放标准》	DB 36/1102—2019

注：笔者根据各省环保部门的网站中的数据整理。

2.2.4.1 出水排入地表水Ⅱ和Ⅲ类功能水域

部分地区农村生活污水出水排入《地表水环境质量标准》（GB 3838—2002）地表水Ⅱ和Ⅲ类功能水域的排放标准浓度限值如表 2.6 所示。

表 2.6 部分地区农村生活污水出水排入地表水Ⅱ和Ⅲ类功能水域的排放标准浓度限值

控制指标	GB 18918 一级 A	GB 18918 一级 B	GB 18918 二级	GB 18918 三级	黑龙江	吉林	辽宁（10~500 m^3/d，<10 m^3/d）	江苏（≥50 m^3/d，<50 m^3/d）	上海	浙江（重要水系源头、重要湖库水区等、水环境容量较小的平原河网地区的新建设施）	福建	广东（包括所有功能明确水体）	海南（Ⅲ类和湖库封闭或半封闭水体）	山东	北京（规模≥50 m^3/d 且< 500 m^3/d 一级 A，规模 ≥ 5 m^3/d 且 <50 m^3/d 一级 B）
pH 值/无量纲	6~9														
悬浮物（SS）$/mg \cdot L^{-1}$	10	20	30	60	20	20	20，30	20	10	20	20	20	20	20	15
五日生化需氧量（BOD_5）$/mg \cdot L^{-1}$	10	20	30	60	—	—	—	—	—	—	—	—	—	—	6
化学需氧量（COD_{Cr}）$/mg \cdot L^{-1}$	50	60	100	120	60	60	60，100	60	50	60	60	60	60	60	30
氨氮（NH_3-N）（以 N 计）$/mg \cdot L^{-1}$	5（8）	8（15）	25（30）	—	8（15）	8（15）	8（15）25（30）	8（15）	8	15	8	8（15 为水温≤12 ℃）	8	8（15）	1.5（2.5），12 月1日至3月31 日执行括号内的排放限值
总氮（TN）（以 N 计）$/mg \cdot L^{-1}$	15	-20	—	—	20	20	20，—	20，30（封闭水体或TN超标）	15	—	20（湖泊等封闭水体或 TN 超标）	20（封闭水体或 TN 超标）	20	20（封闭水体或 TN 超标）	15（一级 A）20（一级 B）
总磷（TP）（以 P 计）$/mg \cdot L^{-1}$	0.5	1	3	5	1	1	2，3	1，3（封闭水体或 TP 超标）	1	2	1（湖泊等封闭水体或 TP 超标）	1（封闭水体或 TP 超标）	1	1.5（封闭水体或 TP 超标）	0.3（一级 A）0.5（一级 B）
动植物油 $/mg \cdot L^{-1}$	1	3	5	20	3	3	3，5	3（接纳了餐饮废水）	1（含乡村旅游）	3（仅针对含农家乐废水的处理设施）	3（接纳了餐饮废水）	3（含餐饮服务的农村旅游项目废水）	3（含农家乐等餐饮服务排水）	5（提供餐饮服务的农村旅游项目）	0.5
粪大肠菌群 $/个 \cdot 升^{-1}$	1 000	10 000	10 000	—	—	—	—	—	—	10 000	—	—	10 000	10 000（规模≥100 m^3/d，且出水直排Ⅲ类水）	—
阴离子表面活性剂 $/mg \cdot L^{-1}$	0.5	1	3	5	—	—	—	—	0.5（含乡村旅游）	—	—	—	—	—	—

表2.6(续)

控制指标	天津[排入沟渠、池塘等水功能区划未明确水体且规模在50(含)~500(不含)m³/d的处理设施]	河北(排入湖泊、水库等封闭、半封闭水域;排入Ⅲ类水体或GB 3097二类海域且规模≥100 m³/d)	山西(含排入湖泊、水库等封闭或半封闭水域)	内蒙古(含排入湖泊、水库等封闭或半封闭水域)	陕西(排入具有饮用水源功能,湖库岸边外延2 km范围内执行特别排放限值,排入地表水Ⅱ和Ⅲ类功能水域)	甘肃[排入功能未明水体且规模在55(含)~500(不含)m³/d]	青海[排入功能未明水体且规模100(含)~350(不含)m³/d]	宁夏[规模50(含)~500(不含)m³/d]	重庆[直接排入长江干流、乌江干流、嘉陵江干流、湖泊水库、未达到水环境功能类别的水体,或排入其他水体且规模在100(含)~500(不含)m³/d;直接排入长江干流、乌江干流、嘉陵江干流、湖泊水库、未达到水环境功能类别的水且规模小于100 m³/d]
pH值/无量纲	6~9								
悬浮物(SS)/mg·L⁻¹	20	10	20	20	20,20	20	15	20,30	30
化学需氧量(COD_{Cr})/mg·L⁻¹	50	50	50	60	60,80	60	60	60,100	80
氨氮(NH_3-N)(以N计)/mg·L⁻¹	5(8) 每年11月1日至次年3月31日执行括号内的排放限值	5(8)	5(8)	8(15)	15,15	8(15)	8(10)	10(15),15(20)	20
总氮(TN)(以N计)/mg·L⁻¹	20	15	20	20	20,—	20	1.5(封闭水体或TP超标)	20,30	—
总磷(TP)(以P计)/mg·L⁻¹	1.0	0.5	1.5	1.5	2,2	2	20(封闭水体或TN超标)	2,3	3.0
动植物油/mg·L⁻¹	3 (针对含农家乐废水的农村生活污水处理设施)	1 (仅适用于含餐饮服务行业排水的设施)	3	—	5,5	3 (含农家乐、饭店餐饮废水)	3 (接纳了农家乐等餐饮服务及农村旅游项目排水)	3,5 (接纳了含餐饮服务的农村旅游项目排水)	5
粪大肠菌群/个·升⁻¹	—	1 000	—	—	—	—	—	—	—
阴离子表面活性剂/mg·L⁻¹	—	—	—	—	—	—	1 (接纳了农家乐等餐饮服务及农村旅游项目排水)	—	—
备注	直接排入Ⅲ类、Ⅳ类、Ⅴ类功能水体的,化学需氧量、氨氮、总磷应符合相应水功能区水环境质量标准限值;出水直接排入GB 3097海水二类、三类、四类功能海域的,化学需氧量、氨氮、总磷应符合GB 3838地表水Ⅴ类水环境质量标准限值	—	—	—	—	—	—	—	直接排入是指生活污水集中处理设施的排放口距受纳水体的距离在2 km以内

表2.6(续)

控制指标	新疆［排入Ⅲ类功能水域，划定的饮用水水源保护区和游泳区除外；排入封闭、半封闭水域及稀释能力较小的河、湖、库与村庄附近池塘等环境功能未明确的小微水体，增加总磷（以P计）指标，限值不高于1.5 mg/L；排入Ⅳ类功能水域规模不小于100 m^3/d］	四川［规模在20（含）~500（不含）m^3/d］	云南［规模5 m^3/d以上（含）且直接排入湖泊等封闭、半封闭等环境敏感区水域执行一级标准的A标准；出水直接排入Ⅱ、Ⅲ类功能水域的执行一级标准的B标准］	贵州［出水直接排入Ⅲ类、Ⅳ类及Ⅴ类等功能水域且规模大于10 m^3/d（含）的处理设施］	广西［规模5 m^3/d以上（含）且出水排入Ⅲ类功能水域、海水二类海域（珍稀水产养殖区除外）］	河南（出水直接排入Ⅱ、Ⅲ类水体和湖、库等封闭水体）	湖北［规模在100（含）~500（不含）m^3/d的处理设施；规模5（含）~100（不含）m^3/d的处理设施且出水排入Ⅱ、Ⅲ类功能水域；处理设施位于Ⅱ、Ⅲ类功能的湖泊保护区外围500 m，Ⅱ、Ⅲ类功能的江河岸线外缘50 m范围内，不区分规模和出水排放去向］	湖南［出水排入Ⅲ类功能水域且规模在10（不含）~500（不含）m^3/d］	安徽［出水排入Ⅲ类功能水域且规模大于100（含）m^3/d］	江西［出水排入Ⅱ类、Ⅲ类水体，已列入国家水质较好湖泊名录或具有饮用水功能的重点湖库等封闭或半封闭水域时且规模大于5 m^3/d（含）；出水排入环境功能未明确的水体时，处理规模大于50（含）m^3/d］
pH/无量纲	6~9									
悬浮物（SS）/$mg \cdot L^{-1}$	20	20	20,20	20	20	20	20	20	20	20
化学需氧量（COD_{Cr}）/$mg \cdot L^{-1}$	60	60	60,60	60	60	60	60	60	50	60
氨氮（NH3-N）（以N计）/$mg \cdot L^{-1}$	8(15)	8(15)	8(15)	8(15)	8(15)	8(15)	8(15)	8(15)	8(15)	8(15)
总氮（TN）（以N计）/$mg \cdot L^{-1}$	20	20	20,20（出水直接排入氮磷不达标水体）	20（排入封闭、半封闭水体或地方生态环境行政主管部门认为需要进行富营养化控制的水域）	20（排入封闭水体或氮不达标水体）	20	20（出水排入具有明确环境功能要求的封闭水体、出水排入有考核要求且氮不达标水体）	20（出水排入封闭水体或超标因子为氮磷的不达标水体）	20（出水排入湖、库等封闭水体或超标因子为氮磷的不达标水体）	20
总磷（TP）（以P计）/$mg \cdot L^{-1}$	—	1.5	1,1（出水直接排入氮磷不达标水体）	2（针对含提供餐饮服务的农村旅游项目生活污水的处理设施）	1.5（排入除稀释能力较小的、封闭或半封闭以外的水体）	1	1（出水排入具有明确环境功能要求的封闭水体、出水排入有考核要求且磷不达标水体）	1（出水排入封闭水体或超标因子为氮磷的不达标水体）	1（出水排入湖、库等封闭水体或超标因子为氮磷的不达标水体）	1
动植物油/$mg \cdot L^{-1}$	3（针对含农村提供餐饮服务的污水处理设施）	3（含提供餐饮服务的农村旅游项目生活污水的处理设施）	3（进水含餐饮服务的农村生活污水处理设施）	3（针对含提供餐饮服务的农村旅游项目生活污水的处理设施）	3（对含提供餐饮服务的农村旅游项目生活污水）	3	3（有乡村旅馆饭店餐饮废水排入处理设施）	3（含餐饮服务的农村污水处理设施）	3（含餐饮服务的农村污水处理设施）	3（针对含农家乐餐饮污水的处理设施）
粪大肠菌群/个·升$^{-1}$	10 000	—	—	—	—	—	—	—	10 000	—
阴离子表面活性剂/$mg \cdot L^{-1}$	—	—	—	—	—	—	—	—	—	—

注：括号外数值为水温>12 ℃时的控制指标，括号内数值为水温≤12 ℃时的控制指标。

从表2.6可以看出，除北京、天津的标准浓度限值明显严于一级B标准浓度限值外，其他地方均与一级B标准浓度限值相当或比之宽松。

2.2.4.2　出水排入地表水Ⅳ和Ⅴ类功能水域

部分地区农村生活污水出水排入《地表水环境质量标准》（GB 3838—2002）地表水Ⅳ和Ⅴ类功能水域的排放标准浓度限值如表2.7所示。

2.2.4.3　出水排入其他水体

部分地区农村生活污水出水排入《地表水环境质量标准》（GB 3838—2002）其他水体的（环境功能未明确等）排放标准浓度限值如表2.8所示。一般情况下，出水直接排入村庄附近池塘等水体的，氨氮还应执行严格浓度限值。

从表2.8可以看出，除北京、天津等少数地区严于三级标准之外，部分地区与三级标准相当或无相应控制值，因此，出水直接排入村庄附近池塘等环境功能未明确的小微水体的基本控制指标浓度值不宜高于三级标准浓度限值。要保证该受纳水体不发生黑臭，根据《城市黑臭水体整治工作指南》，NH_3-N（以N计）值参考一级B标准浓度限值。有TN（以N计）控制要求的，其值参考一级B标准浓度限值；有TP（以P计）控制要求的，其值参考二级标准浓度限值；有动植物油控制要求的，其值参考二级标准浓度限值。

2.2.4.4　出水流经自然湿地等间接排入水体

出水流经自然湿地等间接排入《地表水环境质量标准》（GB 3838—2002）地表水Ⅲ类功能水体执行表2.6规定的二级标准，同时，自然湿地等出水应满足受纳水体的污染物排放控制要求。

出水流经自然湿地等间接排入《地表水环境质量标准》（GB 3838—2002）地表水Ⅳ类、Ⅴ类功能水体执行表2.7规定的三级标准，同时，自然湿地等出水应满足受纳水体的污染物排放控制要求。

2.2.4.5　农村生活污水回用于农田灌溉

与城市相比，农村生产区域和生活区域基本融合，农业生产需要适当的氮、磷等影响元素，农村生活污水经处理后所含的氮、磷元素和有机质正是农作物所必需的营养物质，且重金属等有害物质含量较低，经过处理后可就近资源化利用，减少化肥、农药的施用，减轻水环境富营养化风险，形成生态循环产业链。

表 2.7 部分地区农村生活污水出水排入地表水Ⅳ和Ⅴ类功能水域的排放标准浓度限值

控制指标	黑龙江（30~500 m^3/d，≤30 m^3/d）	吉林（50~500 m^3/d，≤50 m^3/d）	辽宁（10~500 m^3/d，<10 m^3/d）	江苏	上海	浙江（位于其他地区）	福建［20 m^3/d（含）~500 m^3/d，包括池塘等未明确功能水体］	广东	海南（其他水环境功能明确水体和功能未明确但规模≥5 m^3/d）	山东（规模≥50 m^3/d，排入Ⅳ和Ⅴ类功能水域以及其他未划定水环境功能区的水域、沟渠、自然湿地）	北京［出水排入其他水体，50 m^3/d≤规模<500 m^3/d（二级 A），5 m^3/d≤规模<50 m^3/d（二级 B）］	天津（执行 GB 18918 二级标准）	河北（排入Ⅳ类、Ⅴ类水体或 GB 3097 三、四类海域以及排入沟渠、水塘等水功能区划未明确水体且规模<100 m^3/d）
pH 值/无量纲	6~9												
悬浮物（SS）/mg·L^{-1}	30,50	30,50	30,50	30	20	—	30,50	—	30	20	20,20	30	30
五日生化需氧量（BOD_5）/mg·L^{-1}	—	—	—	—	—	—	—	—	—	—	10,20	30	—
化学需氧量（COD_{Cr}）/mg·L^{-1}	100,120	100,120	100,120	100	60	—	100,120	—	80	60	50,60	100	100
氨氮（NH_3-N）（以 N 计）/mg·L^{-1}	—,15	25（30）	25（30）	15	15	—	25（15 为出水排入黑臭水体控制指标）	—	20	8（15）	5（8），8（15）12 月 1 日至 3 月 31 日执行括号内的排放限值	25（30）	15
总氮（TN）（以 N 计）/mg·L^{-1}	35,35	35	—	30（封闭水体或 TN超标）	25	—	—	—	—	20（封闭水体或 TN 超标）	—	—	30
总磷（TP）（以 P 计）/mg·L^{-1}	3,5	3,5	3,—	3（封闭水体或 TP超标）	2	—	3,—	—	3	1.5（封闭水体或 TP 超标）	0.5,1.0	3	3
动植物油 /mg·L^{-1}	5,20	5,20	5,10	5（接纳了餐饮废水）	3（含乡村旅游）	—	5（接纳了餐饮废水）	—	5（接纳了含农家乐等餐饮服务排水）	5（提供餐饮服务的农村旅游项目）	3.0	5	5（含餐饮服务行业排水）
粪大肠菌群/个·$升^{-1}$	—	—	—	—	—	—	—	—	—	10 000（规模≥100 m^3/d，且出水直排Ⅲ类水）	—	10 000	10 000
阴离子表面活性剂/mg·L^{-1}	—	—	—	—	1（含乡村旅游）	—	—	—	—	—	—	2	—

表2.7(续)

控制指标	山西(规模>100 m^3/d,规模≤100 m^3/d)	内蒙古[排入地表水Ⅳ和Ⅴ类功能水域或规模≥30 m^3/d(含)且排入功能未明水体或流经自然湿地等间接排入Ⅱ和Ⅲ类功能水域]	陕西	甘肃[排入功能未明水体,且5 m^3/d≤规模<55 m^3/d,或流经自然湿地等间接排入Ⅱ和Ⅲ类功能水体]	青海[排入功能未明水体,且20 m^3/d≤规模<100 m^3/d)	宁夏(300 m^3/d≤规模<500 m^3/d,50 m^3/d≤规模<300 m^3/d或排入Ⅳ和Ⅴ类附近池塘等封闭水体且规模<50 m^3/d)	新疆[排入Ⅳ类功能水域且规模在10(含)~100 m^3/d;排入Ⅴ类功能水域及其他功能未明确水域,不小于100 m^3/d]	四川[规模在20(含)~500 m^3/d(不含);排入其他功能未明确水域,规模在100(含)~500 m^3/d(不含)]	云南[规模5 m^3/d以上(含5 m^3/d)且出水直接排入Ⅳ、Ⅴ类功能水域]	贵州[出水直接排入Ⅲ类、Ⅳ类及Ⅴ类等功能水域且规模小于10 m^3/d(不含);出水经沟渠、自然湿地等间接排入Ⅲ类、Ⅳ类及Ⅴ类等功能水域;出水直接排入村庄附近环境功能未明确水体且规模大于10 m^3/d(含)的处理设施]	重庆(排入其他水体且规模小于100 m^3/d)	广西[规模<5 m^3/d且出水排入Ⅲ类功能水域,海水二类海域(珍稀水产养殖区除外);规模≥5 m^3/d且出水排入Ⅳ类、Ⅴ类功能水域,海水三类、四类海域和其他未划定水环境功能区的水域、沟渠、池塘和自然湿地等]	河南(出水直接排入Ⅳ、Ⅴ类水体和水环境功能未明确的池塘等封闭水体)
pH值/无量纲	6~9												
悬浮物(SS)/$mg \cdot L^{-1}$	20,30	30	30	30	20	20,30,40	25	30	30	30	50	30	30
化学需氧量(COD_{Cr})/$mg \cdot L^{-1}$	50,60	100	150	100	80	60,100,120	60	80	100	100	100	100	80
氨氮(NH_3-N)(以N计)/$mg \cdot L^{-1}$	5(8),8(15)	15	—	15(25)	8(15)	10(15) 15(20) 20(25)	8(15)	15	15(20)(出水直接排入氮磷不达标水体时)	15	25	15	15(20)
总氮(TN)(以N计)/$mg \cdot L^{-1}$	20,30	—	—	—	—	20,30,—	20	—	—	30(排入封闭、半封闭水体或地方生态环境行政主管部门认为需要进行富营养化控制的水域)	—	—	—
总磷(TP)(以P计)/$mg \cdot L^{-1}$	1.5,3	3	3,—	3	3(封闭水体或TP超标)	2,3,—	—	3	3(出水直接排入氮磷不达标水体时)	3(针对含提供餐饮服务的农村旅游项目生活污水的处理设施)	4.0	3(排入除稀释能力较小的、封闭或半封闭以外的水体)	2
动植物油/$mg \cdot L^{-1}$	3,5	—	10	5(含农家乐、饭店餐饮废水)	5(接纳了农家乐等餐饮服务及农村旅游项目排水)	3,5,10(接纳了含餐饮服务农村旅游项目排水)	5(针对含农村提供餐饮服务污水的处理设施)	5(针对含农村提供餐饮服务污水的处理设施)	5(含提供餐饮服务的农村旅游项目生活污水的处理设施)	5(针对含提供餐饮服务的农村旅游项目生活污水的处理设施)	10	5(对含提供餐饮服务的农村旅游项目生活污水)	5
阴离子表面活性剂/$mg \cdot L^{-1}$	—	—	—	—	2(接纳了农家乐等餐饮服务及农村旅游项目排水)	—	—	—	—	—	—	—	—

表2.7(续)

控制指标	湖北 [规模在 5 m^3/d(含)~100 m^3/d(不含)且出水排入地表水Ⅳ、Ⅴ类功能水域或出水排入小微水体]	湖南 [出水排入Ⅲ类功能水域且规模在 10 m^3/d(不含);出水排入Ⅳ和Ⅴ类功能水域且规模在 10(不含)~500 m^3/d(含)]	安徽 [出水排入Ⅲ类功能水域且规模在 5(含)~100 m^3/d(不含);出水排入Ⅳ和Ⅴ类功能水域且规模大于 100 m^3/d(含)]	江西 [出水排入Ⅳ类、VI类水体且规模大于 5 m^3/d(含);出水排入环境功能未明确的水体且规模在 5(含)~50 m^3/d(不含)]
pH 值/无量纲	6~9			
悬浮物(SS)/$mg \cdot L^{-1}$	30	30	30	30
化学需氧量(COD_{Cr})/$mg \cdot L^{-1}$	100	100	60	100
氨氮(NH_3-N)(以 N 计)/$mg \cdot L^{-1}$	8(15)	25(30)	15(25)	25(30)
总氮(TN)(以 N 计)/$mg \cdot L^{-1}$	25(出水排入具有明确环境功能要求的封闭水体、出水排入有考核要求且氮不达标水体)	—	30(出水排入湖、库等封闭水体或超标因子为氮磷的不达标水体)	—
总磷(TP)(以 P 计)/$mg \cdot L^{-1}$	3(出水排入具有明确环境功能要求的封闭水体、出水排入有考核要求且磷不达标水体)	3(出水排入封闭水体或超标因子为氮磷的不达标水体)	3(出水排入湖、库等封闭水体或超标因子为氮磷的不达标水体)	3
动植物油/$mg \cdot L^{-1}$	5(有乡村旅馆饭店餐饮废水排入处理设施)	5(含餐饮服务的农村污水处理设施)	5(含餐饮服务的农村污水处理设施)	5(针对含农家乐餐饮污水)
阴离子表面活性剂/$mg \cdot L^{-1}$	—	—	—	—

注:括号外数值为水温>12 ℃时的控制指标,括号内数值为水温≤12 ℃时的控制指标。

表 2.8 部分地区农村生活污水出水排入其他水体的排放标准浓度限值

控制指标	黑龙江	吉林	辽宁（50~500 m^3/d，≤50 m^3/d）	江苏（≥50m^3/d，<50 m^3/d）	上海	浙江（位于其他地区）	福建	广东（≥20 m^3/d，<20 m^3/d）	海南（功能未明确且规模<5 m^3/d；出水回用但无相应的回用标准）	山东（规模<50 m^3/d 排入Ⅳ和Ⅴ类功能水域和其他未划定水环境功能区的水域、沟渠、自然湿地）	北京（规模< 5 m^3/d）	山西
pH 值/无量纲	6~9											
悬浮物（SS）/mg · L^{-1}	50	50	30，50	30，50	20	30	—	30，50	60	30	30	50
五日生化需氧量（BOD_5）/mg · L^{-1}	—	—	—	—	—	—	—	—	—	—	30	—
化学需氧量（COD_{Cr}）/mg · L^{-1}	120	120	100	100，120	60	100	—	70，100	120	100	100	80
氨氮（NH_3-N）（以 N 计）/mg · L^{-1}	15	25（30）	25（30）	15，25	15	25	—	15，25	25	15（20）	25	15（20）
总氮（TN）（以 N 计）/mg · L^{-1}	35	35	—	30 封闭水体或 TN 超标，—	25	—	—	—	—	—	—	—
总磷（TP）（以 P 计）/mg · L^{-1}	5	5	3，—	3（封闭水体或 TP 超标），—	2	3	—	—	—	—	—	—
动植物油 /mg · L^{-1}	20	20	5	5，20（接纳了餐饮废水）	3（含乡村旅游）	5（仅针对含农家乐废水的处理设施执行）	—	5（接纳了餐饮服务的农村旅游项目废水）	20	10（提供餐饮服务的农村旅游项目）	—	10
阴离子表面活性剂 /mg · L^{-1}	—	—	—	—	1（含乡村旅游）	—	—	—	—	—	—	—
粪大肠菌群 /个 · 升$^{-1}$	—	—	—	—	—	10 000	—	—	—	—	—	—

表2.8(续)

控制指标	甘肃 (规模<5 m^3/d,或尾水用于旱作农田灌溉;尾水用于旱作农田灌溉)	青海 [处理规模小<20 m^3/d或排入周边无受纳地表水体、地下水位较深且易于蒸发的环境(如荒漠、无耕作功能的滩地等)]	宁夏 [规模在50(含)~500 m^3/d,或排入功能未明水体附近池塘等封闭水体且规模<300 m^3/d,规模<50 m^3/d]	新疆 (排入Ⅳ类功能水域规模小于10 m^3/d;排入Ⅴ类功能水域及其他功能未明确水域规模小于100 m^3/d)	四川 [规模< 20 m^3/d;排入功能未明确水域且规模在20(含)~ 100(不含)m^3/d]	云南 [处理规模在5 m^3/d以下(不含5 m^3/d);处理规模在5 m^3/d以上(含5 m^3/d)且出水直接排入村庄附近池塘等环境功能未明确水体的;出水间接排入水体的]	贵州 [出水直接排入村庄附近环境功能未明确水体且规模小于10(不含)m^3/d的处理设施]
pH/无量纲	6-9				5.5~8.5	6-9	
悬浮物(SS) /mg·L^{-1}	50;100	30	30,40	30	40	50	50
化学需氧量(COD_{Cr}) /mg·L^{-1}	120;200	120	100,120	100	100	120	120
氨氮(NH_3-N)(以N计) /mg·L^{-1}	25(30); —	10(15)	25(30)	25(30)	25	15(20) (出水直接排入村庄附近池塘等环境功能未明确水体时)	25
总氮(TN)(以N计) /mg·L^{-1}	—	—	—	—	—	—	—
总磷(TP)(以P计) /mg·L^{-1}	—	5 (封闭水体或TP超标)	3,—	—	4	—	—
动植物油 /mg·L^{-1}	15;—	15 (接纳了农家乐等餐饮服务及农村旅游项目排水)	5,10 (接纳了含餐饮服务农村旅游项目排水)	5 (针对含农村提供餐饮服务污水的处理设施)	10 (针对含农村提供餐饮服务污水的处理设施)	20 (含提供餐饮服务的农村旅游项目生活污水的处理设施)	10 (针对含提供餐饮服务的农村旅游项目生活污水的处理设施)
阴离子表面活性剂 /mg·L^{-1}	—	5 (接纳了农家乐等餐饮服务及农村旅游项目排水)	—,—	—	—	—	
备注					岷江、沱江流域重点控制区域内规模20 m^3/d(含)以上的对应所列标准上调一级(最高不得超过一级标准)		

表2.8(续)

控制指标	广西 (规模<5 m^3/d 且出水排入Ⅳ类、Ⅴ类功能水域、海水三类、四类海域和其他未划定水环境功能区的水域、沟渠、池塘和自然湿地等)	河南 [出水排入沟渠、自然湿地和其他水环境功能未明确水体等;规模小于10(含)m^3/d 的新建农村生活污水处理设施]	湖北 [规模小于5(不含)m^3/d 的处理设施]	湖南 [出水排入Ⅳ和Ⅴ类功能水域且规模在10(不含)m^3/d;出水排入村庄附近池塘等环境功能不明水体]	安徽 [出水排入Ⅳ和Ⅴ类功能水域或未划定水环境功能区的水域、沟渠、自然湿地且规模在5(含)~100 m^3/d;出水排入村庄附近池塘等环境功能不明水体;规模小于5(不含)m^3/d]	江西 [出水流经自然湿地等间接排入水体且规模在5(含)~50(不含)m^3/d;规模小于5(不含)m^3/d]
pH/无量纲	6-9					
悬浮物(SS)/$mg \cdot L^{-1}$	50	50	50	50	50	50
化学需氧量(COD_{Cr})/$mg \cdot L^{-1}$	120	100	120	120	100	120
氨氮(NH_3-N)(以N计)/$mg \cdot L^{-1}$	15(排入稀释能力较小的、封闭或半封闭的水体),25(排入除稀释能力较小的、封闭或半封闭以外的水体)	20(25)	25(30)	25(30)	25(30)	25(30)
总氮(TN)(以N计)/$mg \cdot L^{-1}$	—	—	—	—	—	—
总磷(TP)(以P计)/$mg \cdot L^{-1}$	5 (排入除稀释能力较小的、封闭或半封闭以外的水体)	—	—		—	—
动植物油/$mg \cdot L^{-1}$	20 (含提供餐饮服务的农村旅游项目生活污水)	5	10 (有乡村旅馆饭店餐饮废水排入处理设施)	5 (含餐饮服务的农村污水处理设施)	5 (含餐饮服务的农村污水处理设施)	—
阴离子表面活性剂/$mg \cdot L^{-1}$	—		—		—	

2.3 我国农村生活污水治理政策法规与技术标准体系

2.3.1 国家政策法规

我国关于农村环境管理与治理的相关政策如表 2.9 所示。

表 2.9 我国关于农村环境管理与治理的相关政策

年份	文件	相关要求
2005	《国务院关于落实科学发展观加强环境保护的决定》(国发〔2005〕39 号)	以防治土壤污染为重点,加强农村环境保护,结合社会主义新农村建设,实施农村小康环保行动计划。合理使用农药、化肥,防治农用薄膜对耕地的污染;积极发展节水农业与生态农业,加大规模化养殖业污染治理力度。推进农村改水、改厕工作,搞好作物秸秆等资源化利用,积极发展农村沼气,妥善处理生活垃圾和污水,解决农村环境“脏、乱、差”问题,创建环境优美乡镇、文明生态村。发展县域经济要选择适合本地区资源优势和环境容量的特色产业,防止污染向农村转移
2006	《中共中央 国务院关于推进社会主义新农村建设的若干意见》(中发〔2006〕1 号)	改善社会主义新农村建设的物质条件,必须加强农村基础设施建设。从 2006 年起,大幅度增加农村沼气建设投资规模,有条件的地方,要加快普及户用沼气,支持养殖场建设大中型沼气。以沼气池建设带动农村改圈、改厕、改厨。加强村庄规划和人居环境治理。引导和帮助农民切实解决住宅与畜禽圈舍混杂问题,搞好农村污水、垃圾治理,改善农村环境卫生
2006	《农业部关于实施“九大行动”的意见》(农发〔2006〕2 号)	实施社会主义新农村建设示范行动。推进农村基础设施建设,改善农民饮水。实现村容村貌整洁,适宜农户全部使用洁净新能源,人畜粪便和生活污水治理率达到 80%以上的目标任务
2006	《中华人民共和国国民经济和社会发展第十一个五年规划纲要》	建设社会主义新农村:加快资源节约、污染治理等技术的研发和推广。科学使用化肥、农药和农膜,积极发展农村沼气,开展全国土壤污染现状调查,综合治理土壤污染。防治农药、化肥和农膜等面源污染,加强规模化养殖场污染治理。推进农村生活垃圾和污水处理,改善环境卫生和村容村貌。禁止工业固体废物、危险废物、城镇垃圾及其他污染物向农村转移
2002	《全国环境优美乡镇考核标准(试行)》	城镇建成区优美乡镇生活污水集中处理率≥70%,规模化畜禽养场粪便综合利用率≥90%,规模化畜禽养场污水排放达标率≥85%,生活垃圾无害化处理率≥90%,农用化肥施用强度≤280 千克/公顷,折纯,主要农产品农药残留合格率≥85%,水土流失治理度≥70%,农作物秸秆综合利用率≥95%
2006	《国家农村小康环保行动计划》(环发〔2006〕151 号)	围绕全面建设小康社会的总体目标,强化农村环境综合整治,坚持因地制宜、重点突破,以试点示范为先导,用 15 年左右的时间,基本解决农村“脏、乱、差”问题,有效遏制农村环境污染加剧趋势,改善农村生活与生产环境,建设“清洁水源、清洁家园、清洁田园”的社会主义新农村,为全面建设小康社会提供环境安全保障。到 2010 年,初步解决农村环境“脏、乱、差”问题,农村地区工业企业污染防治取得阶段性成效,农村饮用水环境得到改善,规模化畜禽养殖污染得到基本控制,建设 500 个工业企业污染治理示范工程。基本完成全国 1 万个行政村的农村生活垃圾收运—处理系统、生活污水处理设施示范建设,东、中、西部分别完成 4 000 个、3 500 个、2 500 个示范工程建设。建设 500 个规模化畜禽养殖污染防治示范工程。建设 10 处土壤污染防治与修复示范工程。建设 600 处农村饮用水源地污染治理示范工程

表2.9(续)

年份	文件	相关要求
2007	《关于加强农村环境保护工作的意见》(国办发〔2007〕63号)	农村环保的基本原则:统筹规划,突出重点;因地制宜,分类指导;依靠科技,创新机制;政府主导,公众参与。到2010年,农村环境污染加剧的趋势有所控制,农村饮用水水源地环境质量有所改善;摸清全国土壤污染与农业污染源状况,农业面源污染防治取得一定进展,测土配方施肥技术覆盖率与高效、低毒、低残留农药使用率提高10%以上,农村畜禽粪便、农作物秸秆的资源化利用率以及生活垃圾和污水的处理率均提高10%以上;农村改水、改厕工作顺利推进,农村卫生厕所普及率达到65%,严重的农村环境健康危害得到有效控制。到2015年,农村人居环境和生态状况明显改善,农业和农村面源污染加剧的势头得到遏制,农村环境监管能力和公众环保意识明显提高,农村环境与经济、社会协调发展。 大力推进农村生活污染治理。因地制宜开展农村生活污水、垃圾污染治理。逐步推进县域污水和垃圾处理设施的统一规划、统一建设、统一管理。有条件的小城镇和规模较大村庄应建设污水处理设施,城市周边村镇的污水可纳入城市污水收集管网,对居住比较分散、经济条件较差村庄的生活污水,可采取分散式、低成本、易管理的方式进行处理。逐步推广户分类、村收集、乡运输、县处理的方式,提高垃圾无害化处理水平。加强粪便的无害化处理,按照国家农村户厕卫生标准,推广无害化卫生厕所。把农村污染治理和废弃物资源化利用同发展清洁能源结合起来,大力发展农村户用沼气,综合利用作物秸秆,推广"猪—沼—果""四位(沼气池、畜禽舍、厕所、日光温室)一体"等能源生态模式,推行秸秆机械化还田、秸秆气化、秸秆发电等措施,逐步改善农村能源结构。 根据水体承载能力,确定水产养殖方式,控制水库、湖泊网箱养殖规模。加强水产养殖污染的监管,禁止在一级饮用水水源保护区内从事网箱、围栏养殖;禁止向库区及其支流水体投放化肥和动物性饲料。 控制农业面源污染。综合采取技术、工程措施,控制农业面源污染。提高农业面源污染的监测能力。大力推广测土配方施肥技术,科学施肥,积极引导和鼓励农民使用生物农药或高效、低毒、低残留农药,推广病虫草害综合防治、生物防治和精准施药等技术。进行种植业结构调整与布局优化,在高污染风险区优先种植需肥量低、环境效益突出的农作物。推行田间合理灌排,发展节水农业
2009	《关于实行"以奖促治"加快解决突出的农村环境问题的实施方案》(国办发〔2009〕11号)	整治内容。"以奖促治"政策的实施,原则上以建制村为基本治理单元。重点支持农村饮用水水源地保护、生活污水和垃圾处理、畜禽养殖污染和历史遗留的农村工矿污染治理、农业面源污染和土壤污染防治等与村庄环境质量改善密切相关的整治措施。 成效要求。农村集中式饮用水水源地划定了水源保护区,在分散式饮用水水源地建设了截污设施,水质监测得到加强,依法取缔了保护区内的排污口,无污染事件发生。采取集中和分散相结合的方式,妥善处理了农村生活垃圾和生活污水,并确保治理设施长期稳定运行和达标排放。通过生产有机肥、还田等方式,有效治理了规模化畜禽养殖污染,对分散养殖户进行人畜分离,养殖废弃物得到集中处理;对历史遗留农村工矿污染采取工程治理措施,消除了隐患。推广化肥、农药污染小的生产方式,建立了有机食品基地;在污灌区、基本农田等区域,开展了污染土壤修复示范工程,保障食品安全

表2.9(续)

年份	文件	相关要求
2011	《国家环境保护"十二五"规划》(国发〔2011〕42号)	提高农村环境保护工作水平。保障农村饮用水安全。开展农村饮用水水源地调查评估,推进农村饮用水水源保护区或保护范围的划定工作。强化饮用水水源环境综合整治。建立和完善农村饮用水水源地环境监管体系,加大执法检查力度。开展环境保护宣传教育,提高农村居民水源保护意识。在有条件的地区推行城乡供水一体化。提高农村生活污水和垃圾处理水平。鼓励乡镇和规模较大村庄建设集中式污水处理设施,将城市周边村镇的污水纳入城市污水收集管网统一处理,居住分散的村庄要推进分散式、低成本、易维护的污水处理设施建设。加强农村生活垃圾的收集、转运、处置设施建设,统筹建设城市和县城周边的村镇无害化处理设施和收运系统;交通不便的地区要探索就地处理模式,引导农村生活垃圾实现源头分类、就地减量、资源化利用。提高农村种植、养殖业污染防治水平。引导农民使用生物农药或高效、低毒、低残留农药,农药包装应进行无害化处理。大力推进测土配方施肥。推动生态农业和有机农业发展。加强废弃农膜、秸秆等农业生产废弃物资源化利用。开展水产养殖污染调查,减少太湖、巢湖、洪泽湖等湖泊的水产养殖面积和投饵数量。改善重点区域农村环境质量。实行农村环境综合整治目标责任制,实施农村清洁工程,开发推广适用的综合整治模式与技术,着力解决环境污染问题突出的村庄和集镇,到2015年,完成6万个建制村的环境综合整治任务。优化农村地区工业发展布局,严格工业项目环境准入,防止城市和工业污染向农村转移。对农村地区化工、电镀等企业搬迁和关停后的遗留污染要进行综合治理
2011	《中华人民共和国国民经济和社会发展第十二个五年规划纲要》	改善农村生产生活条件。按照推进城乡经济社会发展一体化的要求,搞好社会主义新农村建设规划,加强农村基础设施建设和公共服务,推进农村环境综合整治。大力发展沼气、作物秸秆及林业废弃物利用等生物质能。推进农村环境综合整治。治理农药、化肥和农膜等面源污染,全面推进畜禽养殖污染防治。加强农村饮用水水源地保护、农村河道综合整治和水污染综合治理。强化土壤污染防治监督管理。实施农村清洁工程,加快推动农村垃圾集中处理,开展农村环境集中连片整治。严格禁止城市和工业污染向农村扩散。农业灌溉用水有效利用系数由"十一五"的0.5提高到"十二五"的0.55。采取集中供水、分散供水、城镇供水管网向农村延伸等方式,全面解决3亿农村居民安全饮用水问题。建设户用沼气、小型沼气、大中型沼气工程和沼气服务体系,使50%以上适宜农户用上沼气
2012	《"十二五"全国城镇污水处理及再生利用设施建设规划》(国办发〔2012〕24号)	2015年设市城市达到85%[直辖市、省会城市和计划单列市 城区实现污水全部收集和处理,地级市处理率85%,县级市(含县城)处理率达到70%],建制镇污水处理率达到30%。再生水利用率15%,管网规模32.5万公里,污水处理规模20 805万立方米/日,升级改造规模新增2 611万立方米/日,污泥处理处置规模新增518万吨/日。再生水规模达到3 885万立方米/日,其中新增2 675万立方米/日
2014	《中华人民共和国环境保护法》(2014年4月24日第十二届全国人民代表大会常务委员会第八次会议修订)	各级人民政府应当加强对农业环境的保护,促进农业环境保护新技术的使用,加强对农业污染源的监测预警,统筹有关部门采取措施,防治土壤污染和土地沙化、盐渍化、贫瘠化、石漠化、地面沉降以及防治植被破坏、水土流失、水体富营养化、水源枯竭、种源灭绝等生态失调现象。各级人民政府应当在财政预算中安排资金,支持农村饮用水水源地保护、生活污水和其他废弃物处理、畜禽养殖和屠宰污染防治、土壤污染防治和农村工矿污染治理等环境保护工作

表2.9(续)

年份	文件	相关要求
2014	《国务院办公厅关于改善农村人居环境的指导意见》国办发〔2014〕25号	突出重点,循序渐进改善农村人居环境,加快农村环境综合整治,重点治理农村垃圾和污水。推行县域农村垃圾和污水治理的统一规划、统一建设、统一管理,有条件的地方推进城镇垃圾污水处理设施和服务向农村延伸。城镇较远且人口较多的村庄,可建设村级污水集中处理设施,人口较少的村庄可建设户用污水处理设施。大力开展生态清洁型小流域建设,整乡整村推进农村河道综合治理。建立村庄道路、供排水、垃圾和污水处理、沼气、河道等公用设施的长效管护制度,逐步实现城乡管理一体化
2015	《水污染防治行动计划》(国发〔2015〕17号)	推进农业农村污染防治。防治畜禽养殖污染。自2016年起,新建、改建、扩建规模化畜禽养殖场(小区)要实施雨污分流、粪便污水资源化利用。控制农业面源污染。制定实施全国农业面源污染综合防治方案。推广低毒、低残留农药使用补助试点经验,开展农作物病虫害绿色防控和统防统治。实行测土配方施肥,推广精准施肥技术和机具。完善高标准农田建设、土地开发整理等标准规范,明确环保要求,新建高标准农田要达到相关环保要求。敏感区域和大中型灌区,要利用现有沟、塘、窖等,配置水生植物群落、格栅和透水坝,建设生态沟渠、污水净化塘、地表径流集蓄池等设施,净化农田排水及地表径流。到2020年,测土配方施肥技术推广覆盖率达到90%以上,化肥利用率提高到40%以上,农作物病虫害统防统治覆盖率达到40%以上。调整种植业结构与布局。在缺水地区试行退地减水。地下水易受污染地区要优先种植需肥需药量低、环境效益突出的农作物。2018年底前,对3 300万亩灌溉面积实施综合治理,退减水量37亿立方米以上。加快农村环境综合整治。以县级行政区域为单元,实行农村污水处理统一规划、统一建设、统一管理,有条件的地区积极推进城镇污水处理设施和服务向农村延伸。深化"以奖促治"政策,实施农村清洁工程,开展河道清淤疏浚,推进农村环境连片整治。到2020年,新增完成环境综合整治的建制村13万个。发展农业节水。推广渠道防渗、管道输水、喷灌、微灌等节水灌溉技术,完善灌溉用水计量设施。到2020年,大型灌区、重点中型灌区续建配套和节水改造任务基本完成,全国节水灌溉工程面积达到7亿亩左右,农田灌溉水有效利用系数达到0.55以上
2015	《生态文明体制改革总体方案》	坚持城乡环境治理体系统一。加大生态环境保护工作对农村地区的覆盖,建立健全农村环境治理体制机制,加大对农村污染防治设施建设和资金投入力度。建立农村环境治理体制机制。建立以绿色生态为导向的农业补贴制度,加快制定和完善相关技术标准和规范,加快推进化肥、农药、农膜减量化以及畜禽养殖废弃物资源化和无害化,鼓励生产使用可降解农膜。完善农作物秸秆综合利用制度。健全化肥农药包装物、农膜回收贮运加工网络。采取财政和村集体补贴、住户付费、社会资本参与的投入运营机制,加强农村污水和垃圾处理等环保设施建设。采取政府购买服务等多种扶持措施,培育发展各种形式的农业面源污染治理、农村污水垃圾处理市场主体。强化县乡两级政府的环境保护职责,加强环境监管能力建设。财政支农资金的使用要统筹考虑增强农业综合生产能力和防治农村污染

表2.9(续)

年份	文件	相关要求
2016	《"十三五"生态环境保护规划》(国发〔2016〕65号)	继续推进农村环境综合整治。整县推进农村污水处理统一规划、建设、管理。积极推进城镇污水、垃圾处理设施和服务向农村延伸,开展农村厕所无害化改造。继续实施农村清洁工程,开展河道清淤疏浚。到2020年,新增完成环境综合整治建制村13万个。大力推进畜禽养殖污染防治。划定禁止建设畜禽规模养殖场(小区)区域,加强分区分类管理,以废弃物资源化利用为途径,整县推进畜禽养殖污染防治。养殖密集区推行粪污集中处理和资源化综合利用。2017年底前,各地区依法关闭或搬迁禁养区内的畜禽养殖场(小区)和养殖专业户。大力支持畜禽规模养殖场(小区)标准化改造和建设。打好农业面源污染治理攻坚战。优化调整农业结构和布局,推广资源节约型农业清洁生产技术,推动资源节约型、环境友好型、生态保育型农业发展。建设生态沟渠、污水净化塘、地表径流集蓄池等设施,净化农田排水及地表径流。实施环水有机农业行动计划。推进健康生态养殖。研究建立农药使用环境影响后评价制度,制定农药包装废弃物回收处理办法。到2020年,实现化肥农药使用量零增长,化肥利用率提高到40%以上,农膜回收率达到80%以上
2017	《中华人民共和国水污染防治法》第二次修订	第五十二条　国家支持农村污水、垃圾处理设施的建设,推进农村污水、垃圾集中处理。 第五十六条　国家支持畜禽养殖场、养殖小区建设畜禽粪便、废水的综合利用或者无害化处理设施。畜禽养殖场、养殖小区应当保证其畜禽粪便、废水的综合利用或者无害化处理设施正常运转,保证污水达标排放,防止污染水环境。畜禽散养密集区所在地县、乡级人民政府应当组织对畜禽粪便污水进行分户收集、集中处理利用。 第五十七条　从事水产养殖应当保护水域生态环境,科学确定养殖密度,合理投饵和使用药物,防止污染水环境。 第五十八条　农田灌溉用水应当符合相应的水质标准,防止污染土壤、地下水和农产品。禁止向农田灌溉渠道排放工业废水或者医疗污水。向农田灌溉渠道排放城镇污水以及未综合利用的畜禽养殖废水、农产品加工废水的,应当保证其下游最近的灌溉取水点的水质符合农田灌溉水质标准
2018	《农村人居环境整治三年行动方案》	引导农村新建住房配套建设无害化卫生厕所,人口规模较大村庄配套建设公共厕所。加强改厕与农村生活污水治理的有效衔接。鼓励各地结合实际,将厕所粪污、畜禽养殖废弃物一并处理并资源化利用。梯次推进农村生活污水治理。根据农村不同区位条件、村庄人口聚集程度、污水产生规模,因地制宜采用污染治理与资源利用相结合、工程措施与生态措施相结合、集中与分散相结合的建设模式和处理工艺。推动城镇污水管网向周边村庄延伸覆盖。积极推广低成本、低能耗、易维护、高效率的污水处理技术,鼓励采用生态处理工艺。加强生活污水源头减量和尾水回收利用。以房前屋后河塘沟渠为重点实施清淤疏浚,采取综合措施恢复水生态,逐步消除农村黑臭水体。将农村水环境治理纳入河长制、湖长制管理。创新政府支持方式,采取以奖代补、先建后补、以工代赈等多种方式,充分发挥政府投资撬动作用,提高资金使用效率

表2.9(续)

年份	文件	相关要求
2018	《农业农村污染治理攻坚战行动计划》(环土壤〔2018〕143号)	通过三年攻坚,乡村绿色发展加快推进,农村生态环境明显好转,农业农村污染治理工作体制机制基本形成,农业农村环境监管明显加强,农村居民参与农业农村环境保护的积极性和主动性显著增强。到2020年,实现"一保两治三减四提升":"一保",即保护农村饮用水水源,农村饮水安全更有保障;"两治",即治理农村生活垃圾和污水,实现村庄环境干净整洁有序;"三减",即减少化肥、农药使用量和农业用水总量;"四提升",即提升主要由农业面源污染造成的超标水体水质、农业废弃物综合利用率、环境监管能力和农村居民参与度。加快农村饮用水水源调查评估和保护区划定。县级及以上地方人民政府要结合当地实际情况,组织有关部门开展农村饮用水水源环境状况调查评估和保护区的划定,2020年底前完成供水人口在10 000人或日供水1 000吨以上的饮用水水源调查评估和保护区划定工作。农村饮用水水源保护区的边界要设立地理界标、警示标志或宣传牌。将饮用水水源保护要求和村民应承担的保护责任纳入村规民约。梯次推进农村生活污水治理。各省(区、市)要区分排水方式、排放去向等,加快制修订农村生活污水处理排放标准,筛选农村生活污水治理实用技术和设施设备,采用适合本地区的污水治理技术和模式。以县级行政区域为单位,实行农村生活污水处理统一规划、统一建设、统一管理。到2020年,确保新增完成13万个建制村的环境综合整治任务。开展协同治理,推动城镇污水处理设施和服务向农村延伸,加强改厕与农村生活污水治理的有效衔接,将农村水环境治理纳入河长制、湖长制管理。保障农村污染治理设施长效运行。地方各级人民政府应结合本地实际,制定管理办法,明确设施管理主体,建立资金保障机制,加强管护队伍建设,建立监督管理机制,保障已建成的农村生活垃圾污水处理设施正常运行。开展经常性的排查,对设施不能正常运行的,提出限期整改要求,逾期未整改到位的,应通报批评或约谈相关负责人。对新建污染治理设施,建设及运行维护资金没有保障的,不得安排资金和项目。推进养殖生产清洁化和产业模式生态化。优化调整畜禽养殖布局,推进畜禽养殖标准化示范创建升级。持续推进化肥、农药减量增效。化水产养殖空间布局,依法科学划定禁止养殖区、限制养殖区和养殖区。深入推进测土配方施肥和农作物病虫害统防统治与全程绿色防控。到2020年,全国主要农作物化肥农药使用量实现负增长,化肥、农药利用率均达到40%以上,测土配方施肥技术覆盖率达到90%以上,全国主要农作物绿色防控覆盖率达到30%以上、主要农作物病虫害专业化统防统治覆盖率达到40%以上,鄱阳湖和洞庭湖周边地区化肥、农药使用量比2015年减少10%以上。加强秸秆、农膜废弃物资源化利用。到2020年,全国农膜回收率达到80%以上。大力推进种植产业模式生态化。发展节水农业,实施"华北节水压采、西北节水增效、东北节水增粮、南方节水减排"战略,加强节水灌溉工程建设和节水改造。到2020年,基本完成大型灌区、重点中型灌区续建配套和节水改造任务,农业灌溉用水量控制在3 720亿立方米以内,农田灌溉水有效利用系数达到0.55以上,有效减少农田退水对水体的污染。开展涉镉等重金属重点行业企业排查整治。以耕地重金属污染问题突出区域和铅、锌、铜等有色金属采选及冶炼集中区域为重点,聚焦涉镉等重金属重点行业企业,开展排查整治行动,切断污染物进入农田的途径。对难以有效切断重金属污染途径,且土壤重金属污染严重、农产品重金属超标问题突出的耕地,要及时划入严格管控类,实施严格管控措施,降低农产品镉等重金属超标风险

表2.9(续)

年份	文件	相关要求
2018	《乡村振兴战略规划(2018—2022年)》	集中治理农业环境突出问题。深入实施土壤污染防治行动计划,开展土壤污染状况详查,积极推进重金属污染耕地等受污染耕地分类管理和安全利用,有序推进治理与修复。加强重有色金属矿区污染综合整治。加强农业面源污染综合防治。加大地下水超采治理,控制地下水漏斗区、地表水过度利用区用水总量。严格工业和城镇污染处理、达标排放,建立监测体系,强化经常性执法监管制度建设,推动环境监测、执法向农村延伸,严禁未经达标处理的城镇污水和其他污染物进入农业农村。全国节水灌溉面积达到6.5亿亩,其中高效节水灌溉面积达到4亿亩。集中支持500个左右养殖大县开展畜禽养殖综合利用率提高到75%以上。主要农作物化肥、农药利用率达到40%以上,制定农兽药残留限量标准总数达到1.2万项,覆盖所有批准使用的农兽药品种和相应农产品。有条件的地区积极推进城镇污水处理设施和服务向农村延伸,离城镇较远、人口密集的村庄建设污水处理设施集中处理,人口较少的村庄推广建设户用污水处理设施。开展生活污水源头减量和尾水回收利用。鼓励具备条件的地区采用人工湿地、氧化塘等生态处理模式。开展乡村湿地保护恢复和综合治理工作,整治乡村湿地小区。采取综合措施,逐步消除农村黑臭水体
2019	中央农村工作领导小组办公室 农业农村部 生态环境部 住房城乡建设部 水利部 科技部 国家发展改革委 财政部 银保监会《关于推进农村生活污水治理的指导意见》(中农发〔2019〕14号)	到2020年,东部地区、中西部城市近郊区等有基础、有条件的地区,农村生活污水治理率明显提高,村庄内污水横流、乱排乱放情况基本消除,运维管护机制基本建立;中西部有较好基础、基本具备条件的地区,农村生活污水乱排乱放得到有效管控,治理初见成效;地处偏远、经济欠发达等地区,农村生活污水乱排乱放现象明显减少。政府主导、社会参与。农村生活污水治理设施建设由政府主导,采取地方财政补助、村集体负担、村民适当缴费或出工出力等方式建立长效管护机制。通过政府和社会资本合作等方式,吸引社会资本参与农村生活污水治理。生态为本、绿色发展。牢固树立绿色发展理念,结合农田灌溉回用、生态保护修复、环境景观建设等,推进水资源循环利用,实现农村生活污水治理与生态农业发展、农村生态文明建设有机衔接。合理选择技术模式。因地制宜采用污染治理与资源利用相结合、工程措施与生态措施相结合、集中与分散相结合的建设模式和处理工艺。有条件的地区推进城镇污水处理设施和服务向城镇近郊的农村延伸,离城镇生活污水管网较远、人口密集且不具备利用条件的村庄,可建设集中处理设施实现达标排放。人口较少的村庄,以卫生厕所改造为重点推进农村生活污水治理,在杜绝化粪池出水直排基础上,就地就近实现农田利用。重点生态功能区、饮用水水源保护区严禁农村生活污水未经处理直接排放。积极推广低成本、低能耗、易维护、高效率的污水处理技术,鼓励具备条件的地区采用以渔净水、人工湿地、氧化塘等生态处理模式。开展典型示范,培育一批农村生活污水治理示范县、示范村,总结推广一批适合不同村庄规模、不同经济条件、不同地理位置的典型模式。促进生产生活用水循环利用。探索将高标准农田建设、农田水利建设与农村生活污水治理相结合,统一规划、一体设计,在确保农业用水安全的前提下,实现农业农村水资源的良性循环。鼓励通过栽植水生植物和建设植物隔离带,对农田沟渠、塘堰等灌排系统进行生态化改造。鼓励农户利用房前屋后小菜园、小果园、小花园等,实现就地回用。畅通厕所粪污经无害化处理后就地就近还田渠道,鼓励各地探索堆肥等方式,推动厕所粪污资源化利用。推进农村黑臭水体治理。按照分级管理、分类治理、分期推进的思路,采取控源截污、垃圾清理、清淤疏浚、水体净化等综合措施恢复水生态。建立健全符合农村实际的生活垃圾收集处置体系,避免因垃圾随意倾倒、长年堆积、处理不当等造成水体污染。推进畜禽养殖废弃物资源化利用,大力推动清洁养殖,加快推进肥料化利用,推广"截污建池、收运还田"等低成本、易操作、见效快的粪污治理和资源化利用方式,实现畜禽养殖废弃物源头减量、终端有效利用。实施农村清洁河道行动,建设生态清洁型小流域,鼓励河湖长制向农村延伸

表2.9(续)

年份	文件	相关要求
2019	《国务院关于促进乡村产业振兴的指导意见》(国发〔2019〕12号)	守耕地和生态保护红线,节约资源,保护环境,促进农村生产生活生态协调发展。推动科技、业态和模式创新,提高乡村产业质量效益。强化资源保护利用。大力发展节地节能节水等资源节约型产业。建设农业绿色发展先行区。国家明令淘汰的落后产能、列入国家禁止类产业目录的、污染环境的项目,不得进入乡村。推进种养循环一体化,支持秸秆和畜禽粪污资源化利用。推进加工副产物综合利用
2019	《关于推进农村黑臭水体治理工作的指导意见》	从"查、治、管"三方面,按照"摸清底数—试点示范—全面完成"分阶段推进。到2020年,以打基础为重点,建立规章制度,完成排查,启动试点示范。2019—2020年,根据各地农村自然条件、经济发展水平、污染成因、前期工作基础等方面,筛选农村黑臭水体治理试点示范县30~50个。到2025年,形成一批可复制、可推广的农村黑臭水体治理模式,加快推进农村黑臭水体治理工作。到2035年,基本消除我国农村黑臭水体。以房前屋后河塘沟渠和群众反映强烈的黑臭水体为重点,狠抓污水垃圾、畜禽粪污、农业面源和内源污染治理。选择通过典型区域开展试点示范,深入实践,总结凝练,形成模式,以点带面推进农村黑臭水体治理。综合考虑当地经济发展水平、污水规模和农民需求等,合理选择技术成熟可靠,投资小,见效快,管理方便、操作简单、运行稳定、易于推广的农村黑臭水体治理技术和设施设备。制定标准规范、积极推进排查。综合分析黑臭水体的污染成因,采取控源截污、清淤疏浚、水体净化等措施进行综合治理。控源截污方面,根据实际情况,统筹推进农村黑臭水体治理与农村生活污水、畜禽粪污、水产养殖污染、种植业面源污染、改厕等治理工作,强化治理措施衔接整合,从源头控制水体黑臭。清淤疏浚方面,综合评估农村黑臭水体水质和底泥状况,合理制定清淤疏浚方案。加强淤泥清理、排放、运输、处置的全过程管理,避免产生二次污染。水体净化方面,依照村庄规划,对拟搬迁撤并空心村和过于分散、条件恶劣、生态脆弱的村庄,鼓励通过生态净化消除农村黑臭水体。通过推进退耕还林还草还湿、退田还河还湖和水源涵养林建设,采用生态净化手段,促进农村水生态系统健康良性发展。因地制宜推进水体水系连通,增强渠道、河道、池塘等水体流动性及自净能力。适时组织实施试点示范评估。强化运维管理机制,健全农村黑臭水体治理设施第三方运维机制,鼓励专业化、市场化治理和运行管护

表2.9(续)

年份	文件	相关要求
2020	市场监管总局、生态环境部、住房城乡建设部、水利部、农业农村部、国家卫生健康委、林草局等七部门印发《关于推动农村人居环境标准体系建设的指导意见》(国市监标技函〔2020〕207号)	健全农村人居环境标准化管理、分工负责、共同推进的工作机制。统筹协调,相互配合。统筹考虑农村厕所革命、农村生活垃圾治理、农村生活污水治理、村容村貌提升等农村人居环境整体有关任务的关键要素关系,协调农村人居环境标准体系与其他领域标准体系关系相互配合,协调推进。设施设备标准。加快编制农村分散式生活污水处理设施、农村小型一体化生活污水处理设备等标准。建设验收标准。开展农村生活污水处理设施建设施工、竣工验收等方面标准制修订工作,加快制订农村排水工程技术规程、人工湿地污水处理工程技术规范、氧化塘污水处理工程技术规范、土壤渗滤系统处理工程技术规范,管理管护标准。开展农村生活污水资源化利用等方面的标准制修订工作,加快编制农村生活污水治理设施运行维护指南等。加强技术支撑。鼓励高校、科研单位、团体、企业开展农村人居环境整治关键技术、工艺和设备研发,以科技创新推动标准创新。 农村人居环境标准体系框架 综合通用:通则;术语与符号;分类与编码;协同处理;环境评价;综合治理 农村厕所:卫生;设施设备(化(贮)粪池、冲水设备、便器、粪污抽排设备、粪污处理设备、厕屋及附属设施);建设验收(水冲式卫生厕所、拿水冲式卫生厕所、粪污处理中心);管理管护(运行维护、监测评估、粪污处理、资源化利用) 农村生活垃圾:分类收集(场所建设、收集管理);收运转运(设施设备、作业服务);处理处置(设施设备、运行维护、资源化利用);监测评价(监测方法、效果评价) 农村生活污水:设施设备(收集设施设备、处理设施设备、附属设施设备、集成设施设备);建设验收(建设施工、竣工验收);管理管护(收集处理、运行维护、监测管理、排放限值、检测方法、资源化利用、效果评价) 农村村容村貌:农村水系(整治、改造、管护);村庄绿化(规划设计、养护);村庄公共照明(建设施工、规制设计、管理维护);农村公共空间;村庄保洁

表2.9(续)

年份	文件	相关要求
2021	《农业面源污染治理与监督指导实施方案(试行)》(环办土壤〔2021〕8号)	基本原则:统筹农业面源污染防治工作,以化肥农药减量化、规模以下畜禽养殖污染治理为重点内容,以防控农业面源污染对土壤和水生态环境影响为目标,以长江经济带和黄河流域为重点,兼顾珠江、松花江、淮河、海河、辽河等流域,在干流和重要支流沿线、南水北调东线中线、湖库汇水区、饮用水水源地等环境敏感区(以下简称“重点区域”),强化农业面源污染防治。在典型流域、海域、区域开展农业面源污染治理监管试点示范,形成易复制、可推广的治理模式和管理措施,探索建立农业面源污染监测评估体系。 主要任务:深入推进农业面源污染防治:在种植业面源污染突出区域,实施化肥农药减量增效行动,优化生产布局,推进“源头减量—循环利用—过程拦截—末端治理”工程。建立农业面源污染防治技术库。按照全要素治理、菜单式遴选的原则,以种植、规模以下畜禽养殖、水产养殖等污染防治为重点,根据污染类型和主要成因,分区分类建立农业面源污染防治技术库。总结试点示范成果和各地经验做法,形成一批农业面源污染治理模式,由点及面,逐步形成产业化、规模化效应。 完善农业面源污染防治政策机制:适时评估并完善农业面源污染防治与监督监测相关标准。指导各地制定种植业污染治理、水产养殖尾水排放等标准规范。以促进畜禽粪污资源化利用为导向,健全畜禽养殖污染治理标准体系,加强养殖场户环境监督管理。农田灌溉用水、水产养殖用水、畜禽粪污肥料化利用应执行相应标准,防止污染土壤、地下水和农产品。完善农业面源污染防治设施用电用地政策,落实有机肥产品生产销售、化肥农药减量、有机肥替代化肥等补贴和税收减免政策。对开展畜禽粪肥运输、施用等社会化服务组织,按规定予以支持。优先将畜禽、水产养殖、秸秆农膜等废弃物处理和资源化利用装备等支持农业绿色发展的机具列入农机购置补贴目录。探索开展“点源—面源”排污交易试点。加密布设农业面源污染监控点,重点在大中型灌区、有污水灌溉历史的典型灌区进行农田灌溉用水和出水水质长期监测,掌握农业面源污染物产生和排放情况。开展畜禽粪肥还田利用全链条监测,分析评估养分和有害物质转化规律。制定农业面源污染环境监测技术规范,加强农业污染源、入水体污染物浓度与流量监测、受纳水体水质和流量监测,构建全国农业面源污染环境监测“一张网”
2021	《关于推进污水资源化利用的指导意见》(发改环资〔2021〕13号)	稳妥推进农业农村污水资源化利用。积极探索符合农村实际、低成本的农村生活污水治理技术和模式。根据区域位置、人口聚集度选用分户处理、村组处理和纳入城镇污水管网等收集处理方式,推广工程和生态相结合的模块化工艺技术,推动农村生活污水就近就地资源化利用。推广种养结合、以用促治方式,采用经济适用的肥料化、能源化处理工艺技术促进畜禽粪污资源化利用,鼓励渔业养殖尾水循环利用。实施农业农村污水以用促治工程。逐步建设完善农业污水收集处理再利用设施,处理达标后实现就近灌溉回用。以规模化畜禽养殖场为重点,探索完善运行机制,开展畜禽粪污资源化利用,促进种养结合农牧循环发展,到2025年全国畜禽粪污综合利用率达到80%以上。在长江经济带、京津冀、珠三角等有条件的地区开展渔业养殖尾水的资源化利用,以池塘养殖为重点,开展水产养殖尾水治理,实现循环利用、达标排放

表2.9(续)

年份	文件	相关要求
2021	《农村人居环境整治提升五年行动方案(2021—2025年)》	扎实推进农村厕所革命。切实提高改厕质量。科学选择改厕技术模式,宜水则水、宜旱则旱。技术模式应至少经过一个周期试点试验,成熟后再逐步推开。严格执行标准,把标准贯穿于农村改厕全过程。在水冲式厕所改造中积极推广节水型、少水型水冲设施。加快研发干旱和寒冷地区卫生厕所适用技术和产品。加强生产流通领域农村改厕产品质量监管,把好农村改厕产品采购质量关,强化施工质量监管。 加强厕所粪污无害化处理与资源化利用。加强农村厕所革命与生活污水治理有机衔接,因地制宜推进厕所粪污分散处理、集中处理与纳入污水管网统一处理,鼓励联户、联村、村镇一体处理。鼓励有条件的地区积极推动卫生厕所改造与生活污水治理一体化建设,暂时无法同步建设的应为后期建设预留空间。积极推进农村厕所粪污资源化利用,统筹使用畜禽粪污资源化利用设施设备,逐步推动厕所粪污就地就农消纳、综合利用。 加快推进农村生活污水治理。分区分类推进治理。优先治理京津冀、长江经济带、粤港澳大湾区、黄河流域及水质需改善控制单元等区域,重点整治水源保护区和城乡接合部、乡镇政府驻地、中心村、旅游风景区等人口居住集中区域农村生活污水。开展平原、山地、丘陵、缺水、高寒和生态环境敏感等典型地区农村生活污水治理试点,以资源化利用、可持续治理为导向,选择符合农村实际的生活污水治理技术,优先推广运行费用低、管护简便的治理技术,鼓励居住分散地区探索采用人工湿地、土壤渗滤等生态处理技术,积极推进农村生活污水资源化利用。 加强农村黑臭水体治理。摸清全国农村黑臭水体底数,建立治理台账,明确治理优先序。开展农村黑臭水体治理试点,以房前屋后河塘沟渠和群众反映强烈的黑臭水体为重点,采取控源截污、清淤疏浚、生态修复、水体净化等措施综合治理,基本消除较大面积黑臭水体,形成一批可复制可推广的治理模式。鼓励河长制湖长制体系向村级延伸,建立健全促进水质改善的长效运行维护机制。 健全农村人居环境长效管护机制。明确地方政府和职责部门、运行管理单位责任,基本建立有制度、有标准、有队伍、有经费、有监督的村庄人居环境长效管护机制。利用好公益性岗位,合理设置农村人居环境整治管护队伍,优先聘用符合条件的农村低收入人员。明确农村人居环境基础设施产权归属,建立健全设施建设管护标准规范等制度,推动农村厕所、生活污水垃圾处理设施设备和村庄保洁等一体化运行管护。有条件的地区可以依法探索建立农村厕所粪污清掏、农村生活污水垃圾处理农户付费制度,以及农村人居环境基础设施运行管护社会化服务体系和服务费市场化形成机制,逐步建立农户合理付费、村级组织统筹、政府适当补助的运行管护经费保障制度,合理确定农户付费分担比例。 加强财政投入保障。完善地方为主、中央适当奖补的政府投入机制,继续安排中央预算内投资,按计划实施农村厕所革命整村推进财政奖补政策,保障农村环境整治资金投入。地方各级政府要保障农村人居环境整治基础设施建设和运行资金,统筹安排土地出让收入用于改善农村人居环境,鼓励各地通过发行地方政府债券等方式用于符合条件的农村人居环境建设项目。县级可按规定统筹整合改善农村人居环境相关资金和项目,逐村集中建设。通过政府和社会资本合作等模式,调动社会力量积极参与投资收益较好、市场化程度较高的农村人居环境基础设施建设和运行管护项目

表2.9(续)

年份	文件	相关要求
2021	《中共中央 国务院关于深入打好污染防治攻坚战的意见》	持续打好农业农村污染治理攻坚战。注重统筹规划、有效衔接,因地制宜推进农村厕所革命、生活污水治理、生活垃圾治理,基本消除较大面积的农村黑臭水体,改善农村人居环境。实施化肥农药减量增效行动和农膜回收行动。加强种养结合,整县推进畜禽粪污资源化利用。规范工厂化水产养殖尾水排污口设置,在水产养殖主产区推进养殖尾水治理。到 2025 年,农村生活污水治理率达到 40%,化肥农药利用率达到 43%,全国畜禽粪污综合利用率达到 80%以上。深入推进农用地土壤污染防治和安全利用。实施农用地土壤镉等重金属污染源头防治行动。到 2025 年,受污染耕地安全利用率达到 93%左右。实施环境基础设施补短板行动。构建集污水、垃圾、固体废物、危险废物、医疗废物处理处置设施和监测监管能力于一体的环境基础设施体系,形成由城市向建制镇和乡村延伸覆盖的环境基础设施网络。开展污水处理厂差别化精准提标。优先推广运行费用低、管护简便的农村生活污水治理技术,加强农村生活污水处理设施长效化运行维护
2021	《"十四五"土壤、地下水和农村生态环境保护规划》	深化农业农村环境治理。推进农业面源污染防治,新增完成 8 万个行政村环境整治任务,加大农村生活污水治理力度,稳步解决"垃圾围村"、农村黑臭水体等突出环境问题。开展大中型灌区等典型地区农田灌溉用水和退水水质监测。鼓励以循环利用与生态净化相结合的方式治理农田退水。 到 2025 年,全国主要农作物化肥农药使用量减少,利用率均达到 43%以上。到 2025 年,秸秆综合利用率达到 86%以上,农膜回收率达到 85%。到 2025 年,全国畜禽粪污综合利用率达到 80%以上。科学划定水产养殖禁止、限制、允许养殖区。建立农村黑臭水体国家监管清单,科学实施控源截污、清淤疏浚、生态修复、水体净化等措施,实现"标本兼治"。2025 年,基本消除较大面积农村黑臭水体。到 2025 年,东部地区和城市近郊区等有基础、有条件地区农村生活污水治理率达到 55%左右,中西部基础条件较好地区达到 25%左右,地处偏远、经济欠发达地区农村生活污水治理水平有新提升
2021	《"十四五"重点流域水环境综合治理规划》(发改地区〔2021〕1933 号)	切实削减入湖污染负荷。加强主要入湖河道整治,构建环湖截污系统,加大氮磷等主要污染物防控力度。提升湖区城乡生活污水和垃圾处理能力,优化种养业布局和结构,逐步提升农业绿色发展水平。在洞庭湖、鄱阳湖、乌梁素海等大力发展高效生态农业。加强农业面源污染治理,防治畜禽养殖污染。推进污染较重河流和城乡黑臭水体综合治理,加强入河排污口整治。以保护修复长江生态环境为首要目标,推进长江上中下游、江河湖库、左右岸、干支流协同治理。以三峡库区及上游、沱江、乌江等为重点,加强总磷污染防治,推进府河、螳螂川、南淝河等重污染河流综合治理。以汉江、乌江、嘉陵江、赣江等支流和鄱阳湖、洞庭湖等湖泊为重点,加强农业面源污染防治,加快发展循环农业,强化周边畜禽养殖管理。以河套平原、汾渭平原、引黄灌区、乌梁素海、东平湖等为重点,开展农田退水污染综合治理,加大农业面源污染治理力度,提高农业用水效率。加大农业农村污染防治力度。结合人居环境整治,有序推进农村环保基础设施建设,提高已建设施运行水平。鼓励有条件的地区先行先试,适度优化种植结构,开展规模化种植业、养殖业污染防治试点,探索符合种植业特点的农业面源污染治理模式。规划工业化水产养殖尾水排污口设置,在水产养殖主产区推进养殖尾水治理

表2.9(续)

年份	文件	相关要求
2021	《"十四五"推进农业农村现代化规划》(国发〔2021〕25号)	农村基础设施建设取得新进展。乡村建设行动取得积极成效,村庄布局进一步优化,农村生活设施不断改善,城乡基本公共服务均等化水平稳步提升。农村生态环境明显改善。农村人居环境整体提升,农业面源污染得到有效遏制,化肥、农药使用量持续减少,资源利用效率稳步提高,农村生产生活方式绿色低碳转型取得积极进展。畜禽粪污综合利用率大于80%。 因地制宜推进农村厕所革命。加强中西部地区农村户用厕所改造,引导新改户用厕所入院入室。合理规划布局农村公共厕所,加快建设乡村景区旅游厕所。加快干旱、寒冷地区卫生厕所适用技术和产品研发。推进农村厕所革命与生活污水治理有机衔接,鼓励联户、联村、村镇一体处理。鼓励各地探索推行政府定标准、农户自愿按标准改厕、政府验收合格后按规定补助到户的奖补模式。完善农村厕所建设管理制度,严格落实工程质量责任制。 梯次推进农村生活污水治理。以县域为基本单元,以乡镇政府驻地和中心村为重点梯次推进农村生活污水治理,基本消除较大面积的农村黑臭水体。采用符合农村实际的污水处理模式和工艺,优先推广运行费用低、管护简便的治理技术,积极探索资源化利用方式。有条件的地区统筹城乡生活污水处理设施建设和管护。整体提升村容村貌。深入开展村庄清洁和绿化行动,实现村庄公共空间及庭院房屋、村庄周边干净整洁。提高农房设计水平和建设质量。建立健全农村人居环境建设和管护长效机制,全面建立村庄保洁制度,有条件的地区推广城乡环卫一体化第三方治理
2022	《农业农村污染治理攻坚战行动方案(2021—2025年)》(环土壤〔2022〕8号)	分区分类治理生活污水。以解决农村生活污水等突出问题为重点,提高农村环境整治成效和覆盖水平。推动县域农村生活污水治理统筹规划、建设和运行,与供水、改厕、水系整治、农房道路建设、农业生产、文旅开发等一体推进,有效衔接。2022年6月底前,将县域农村生活污水治理专项规划(或方案)向社会公开并按年度实施。做好户用污水收集系统和公共污水收集系统的配套衔接,合理选择排水体制和收集系统建设方式,确保污水有效收集。在生态环境敏感的地区,可采用污水处理标准严格的高级治理模式;在居住较为集中、环境要求较高的地区,可采用集中处理为主的常规治理模式;在居住分散、干旱缺水的非环境敏感区,结合厕所粪污无害化处理和资源化利用,可采用分散处理为主的简单治理模式。优先推广运行费用低、管护简便的污水治理技术,鼓励居住分散地区采用生态处理技术,可通过黑灰水分类收集处理、与畜禽粪污协同治理、建设人工湿地等方式处理污水,达到资源化利用要求后,用于庭院美化、村庄绿化等。2023年底前,省级相关部门筛选建立适合本地区的农村生活污水治理模式和技术工艺。督促各地完成现有农村生活污水收集处理设施运行情况排查,对设施停运破损、管网未配套、处理能力不符合实际需求、出水水质不达标等非正常运行的设施制定改造方案,有序完成整改,提高设施正常运行率。到2025年,东部地区、中西部城市近郊区等有基础、有条件的地区,农村生活污水治理率达到55%左右;中西部有较好基础、基本具备条件的地区,农村生活污水治理率达到25%左右;地处偏远、经济欠发达地区,农村生活污水治理水平有新提升。建立农村黑臭水体国家监管清单,优先整治面积较大、群众反映强烈的水体,实行"拉条挂账、逐一销号",稳步消除较大面积的农村黑臭水体。针对黑臭水体问题成因,以控源截污为根本,综合采取清淤疏浚、生态修复、水体净化等措施。将农村黑臭水体整治与生活污水、垃圾、种植、养殖等污染统筹治理,将治理对象、目标、时序协同一致,确保治理成效。对垃圾坑、粪污塘、废弃鱼塘等淤积严重的水体进行底泥污染调查评估,采取必要的清淤疏浚措施。对清淤产生的底泥,经无害化处理后,可通过绿化等方式合理利用,禁止随意倾倒。根据水体的集雨、调蓄、纳污、净化、生态、景观等功能,科学选择生态修复措施,对于季节性断流、干涸水体,慎用浮水、沉水植物进行生态修复。对于滞流、缓流水体,采取必要的水系连通和人工增氧等措施。深入推进化肥减量增效。到2025年,主要农作物测土配方施肥技术覆盖率稳定在90%以上。持续推进农药减量控害。到2025年,主要农作物病虫害绿色防控及统防统治覆盖率分别达到55%和45%。严格畜禽养殖污染防治监管。组织各地依法编制实施畜禽养殖污染防治规划,到2023年,畜牧大县率先完成规划编制。到2025年,畜禽规模养殖场建立粪污资源化利用计划和台账,粪污处理设施装备配套率稳定在97%以上

表2.9(续)

年份	文件	相关要求
2023	《国家农业绿色发展先行区整建制全要素全链条推进农业面源污染综合防治实施方案》	到2025年,在先行区率先建成一批整建制全要素全链条推进农业面源污染综合防治基地,创新一套整建制全要素全链条推进农业面源污染综合防治机制,引领带动区域农业绿色发展水平整体提升。投入品使用减量增效。科学施肥施药技术集成应用,统配统施、统防统治服务模式普遍推行,主要农作物化肥、农药利用率均达到45%以上。农业废弃物有效利用。秸秆、农膜和畜禽粪污收集、储运、利用体系逐步健全,市场化机制加快构建,畜禽粪污综合利用率达到82%以上,秸秆综合利用率达到88%以上,废旧农膜回收率达到87%以上。生态循环模式初步形成。农业产地环境明显改善,种养循环、农牧结合更加紧密,绿色生产方式加快推广,农业发展全面绿色转型取得明显进展。 推进农业面源污染末端治理。治理农田退水。重点在南方水网区和河套灌区的先行区,因地制宜建设农田氮磷生态拦截沟渠系统,充分利用农田周边退养鱼塘、废弃坑塘建设生态湿地,构建农田退水排放生态缓冲区,有效拦截农田排水中氮磷物质。治理养殖尾水。在水产养殖量大的先行区,推行复合人工湿地、"三池两坝"、池塘底排污等尾水处理方式,发展池塘"鱼菜共生"综合种养,实现水产养殖尾水达标排放和循环利用。治理农村生活污水。科学合理建设农村生活污水收集和处理设施,推行运行费用低、管护简便的污水治理技术,鼓励居住分散地区建设生态处理设施,探索推进生活污水与畜禽粪污、厕污、农产品加工废水等协同治理

2.3.2 国家技术标准

为推进农村生活污水规范治理,原环境保护部于2010年发布了《农村生活污染控制技术规范》(HJ 574—2010),2013年发布了《农村生活污水处理项目建设与投资指南》;住房和城乡建设部2010年发布了我国东北、华北、东南、中南、西南和西北六大地区的农村生活污水处理技术指南,并在2019年进一步出台《农村生活污水处理工程技术标准》(GB/T 51347—2019);2020年,农业农村部办公厅、国家卫生健康委办公厅和生态环境部办公厅联合发布了《农村厕所粪污无害化处理与资源化利用指南》。以上技术规范、指南或标准初步构成了我国农村生活污水处理技术指南体系,为各地区农村生活污水处理提供了规范性的指导。我国关于农村水环境污染控制的技术标准如表2.10所示。

表 2.10 我国关于农村水环境污染控制的技术标准

<table>
<tr><th>年份</th><th>文件</th><th>相关内容</th></tr>
<tr><td>2008</td><td>《村庄整治技术规范》(GB 50445—2008)</td><td>污水处理设施：有条件的村庄，应联村或单村建设污水处理站。并应符合下列规定：雨污分流时，将污水输送至污水处理站进行处理；雨污合流时，将合流污水输送至污水处理站进行处理；在污水处理站前，宜设置截流井，排除雨季的合流污水；污水处理站可采用人工湿地、生物滤池或稳定塘等生化处理技术，也可根据当地条件，采用其他有工程实例或成熟经验的处理技术。村庄污水处理站应选址在夏季主导风向下方、村庄水系下游，并应靠近受纳水体或农田灌溉区。村庄的工业废水和养殖业污水经过处理达到现行国家标准《污水综合排放标准》(GB 8978—1996) 的要求后，可输送至村庄污水处理站进行处理。污水处理站出水应符合现行国家标准《城镇污水处理厂污染物排放标准》(GB 18918—2002) 的有关规定；污水处理站出水用于农田灌溉时，应符合现行国家标准《农田灌溉水质标准》(GB 5084—2005) 的有关规定。人工湿地适合处理纯生活污水或雨污合流污水，占地面积较大，宜采用二级串联。生物滤池的平面形状宜采用圆形或矩形。填料应质坚、耐腐蚀、高强度、比表面积大、空隙率高，宜采用碎石、卵石、炉渣、焦炭等无机滤料。地理环境适合且技术条件允许时，村庄污水可考虑采用荒地、废地以及坑塘、洼地等稳定塘处理系统。用作二级处理的稳定塘系统，处理规模不宜大于 5 000 m^3/d</td></tr>
<tr><td>2008</td><td>《镇(乡)村排水工程技术规程》(CJJ 124—2008)</td><td>管道的最小管径和最小设计坡度宜按下表规定取值。
<table>
<tr><th>管别</th><th>位置</th><th>最小管径/mm</th><th>最小设计坡度</th></tr>
<tr><td rowspan="2">污水管</td><td>在街坊和厂区内</td><td>200</td><td>0. 004</td></tr>
<tr><td>在街道下</td><td>300</td><td>0. 003</td></tr>
<tr><td>雨水管和合流管</td><td>—</td><td>300</td><td>0. 003</td></tr>
<tr><td>雨水口连接管</td><td>—</td><td>200</td><td>0. 01</td></tr>
</table>
雨水管道和合流管道应按满流计算。污水管道应按非满流计算，其最大设计充满度应按下表规定取值。
<table>
<tr><th>管径或渠高/mm</th><th>最大设计充满度</th></tr>
<tr><td>200~300</td><td>0. 60</td></tr>
<tr><td>350~450</td><td>0. 70</td></tr>
<tr><td>500~900</td><td>0. 75</td></tr>
</table>
管道宜埋设在非机动车道下。管道的最小覆土深度应根据外部荷载、管材强度和土壤冰冻情况等条件确定。在机动车道下不宜小于 0. 7 m；在绿化带下或庭院内的管道覆土深度可酌情减小，但不宜小于 0 . 4 m。
当采用管道排水时，宜采用基础简单、接口方便、施工快捷的管道。位于机动车道下的塑料管，其环刚度不宜小于 8 kN/m^2；位于非机动车道下、绿化带下、庭院内的塑料管，其环刚度不宜小于 4 kN/m^2。
直线管段检查井的最大间距宜按下表规定取值。当采用先进的疏通方法或具备先进的疏通工具时，最大间距可适当加大。
<table>
<tr><th rowspan="2">管径或暗渠净高/mm</th><th colspan="2">检查井最大间距/m</th></tr>
<tr><th>污水管道</th><th>雨水管道或合流管道</th></tr>
<tr><td>200~300</td><td>20</td><td>30</td></tr>
<tr><td>350~450</td><td>30</td><td>40</td></tr>
<tr><td>500~900</td><td>40</td><td>50</td></tr>
</table>
检查井宜采用砖砌井、条石井、钢筋混凝土井、钢筋混凝土预制井或非混凝土材质整体预制井。污水检查井应进行防渗漏处理。
雨水管道检查井宜设置沉泥槽。
排水管渠与其他地下管线(或构筑物)水平和垂直的最小净距宜符合《城市工程管线综合规划规范》(GB 50289—1998)、《室外排水设计规范》(GB 50014—2006) 及国家现行有关标准的规定</td></tr>
</table>

表2.10(续)

<table>
<tr><th>年份</th><th>文件</th><th>相关内容</th></tr>
<tr><td>2010</td><td>《农村生活污染防治技术政策》(环发〔2010〕20号)</td><td>农村生活污染防治的技术路线是在源头削减、污染控制与资源化利用的基础上，遵循分散处理为主、分散处理与集中处理相结合的原则，对粪便和生活杂排水实行分离并进行处理，实现粪便和污水的无害化和资源化利用。在沼气池推广较好的地区，应将已建成的大量沼气池与生活污染物的处理和利用相结合，采用污水、粪便和垃圾厌氧发酵，沼气能源利用及沼液、沼渣农业利用的新型农村生活污染治理技术路线。加强饮用水水源地保护区、自然保护区、风景名胜区、重点流域等环境敏感区域的农村生活污染防治。对环境敏感区域内的农村生活污水，须按照功能区水体相关要求及排放标准处理达标后方可排放。
研发适合农村实际的生活污染防治技术及设备，开展农村生活污染防治新技术、新工艺的开发、示范与推广；鼓励通过“以奖代补”“以奖促治”等多种途径加大农村生活污染防治资金投入；鼓励建立农村生活污染防治专业化、社会化技术服务机构，完善县（市）、镇、村一体化农村生活污染防治技术服务体系，鼓励专业技术服务机构运营维护农村污染防治设施</td></tr>
<tr><td>2010</td><td>《农村生活污染控制技术规范》(HJ 574—2010)</td><td>农村分类：
(1) 发达型农村：经济状况好［人均纯收入>6 000元/(人·年)］，基础设备完备，住宅建设集中、整齐、有一定比例楼房的集镇或村庄。
(2) 较发达型农村：经济状况较好［人均纯收入3 500~6 000元/(人·年)］，有一定基础设备或具备一定发展潜力，住宅建设相对集中、整齐，以平房为主的集镇或村庄。
(3) 欠发达型农村：经济状况较差［人均纯收入<3 500元/(人·年)］，基础设施不完备，住宅建设分散，以平房为主的集镇或村庄。
控制技术：
(1) 源头控制技术，其技术路线如下： 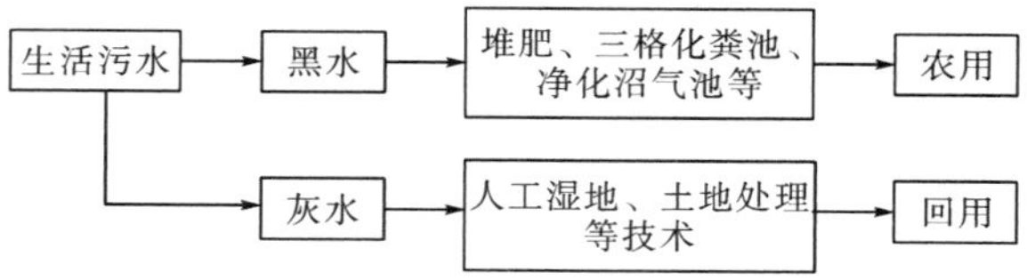
生活污水 → 黑水 → 堆肥、三格化粪池、净化沼气池等 → 农用
生活污水 → 灰水 → 人工湿地、土地处理等技术 → 回用
(2) 户用沼气池技术
(3) 低能耗分散式污水处理技术（人工湿地、土地处理、稳定塘、净化沼气池）
(4) 集中污水处理技术（传统活性污泥法、氧化沟、生物接触氧化法）</td></tr>
<tr><td>2013</td><td>《村镇生活污染防治最佳可行技术指南（试行）》(HJ-BAT-9)</td><td>村镇生活污水的污染负荷：
村镇生活污水水量的确定。村镇居民人均生活污水量［升/(人·天)］见下表：
<table>
<tr><th rowspan="2">类型</th><th rowspan="2">黑水</th><th colspan="2">灰水</th><th rowspan="2">生活污水(黑水、灰水的混合水)</th></tr>
<tr><th>南方</th><th>北方</th></tr>
<tr><td>村庄（人口≤5 000人）</td><td>20</td><td>45~110</td><td>35~80</td><td>80</td></tr>
<tr><td>村镇（人口5 000~10 000人）</td><td>30</td><td>85~160</td><td>70~125</td><td>100</td></tr>
</table>
村镇生活污水水质的确定。污水水质应按实测值确定，无实测条件时可参考同类型污水水质资料或按照下表的参数估算［单位：升/(人·天)］。
<table>
<tr><th rowspan="2">类型</th><th rowspan="2">黑水</th><th colspan="2">灰水</th><th rowspan="2">生活污水（黑水、灰水的混合水）</th></tr>
<tr><th>南方</th><th>北方</th></tr>
<tr><td>COD</td><td>1 000~2 000</td><td>150~250</td><td>200~350</td><td>205</td></tr>
<tr><td>NH_3-N</td><td>120~180</td><td>7~25</td><td>10~40</td><td>50</td></tr>
<tr><td>TP</td><td>20~60</td><td>0.3~4</td><td>2~7</td><td>5.5</td></tr>
</table></td></tr>
</table>

表2.10(续)

年份	文件	相关内容
		村镇生活污水收集系统： 1. 庭院污水单独收集系统：庭院污水收集系统是最基本的污水收集单元。通常人口在5人以下的家庭，污水量通常不大于0.5 m^3/d。将厕所化粪池（上清液）和厨房、洗衣、洗浴等排放的污水统一收集，并排放至设在庭院内的污水处理设施。庭院污水单独收集系统参见下图。 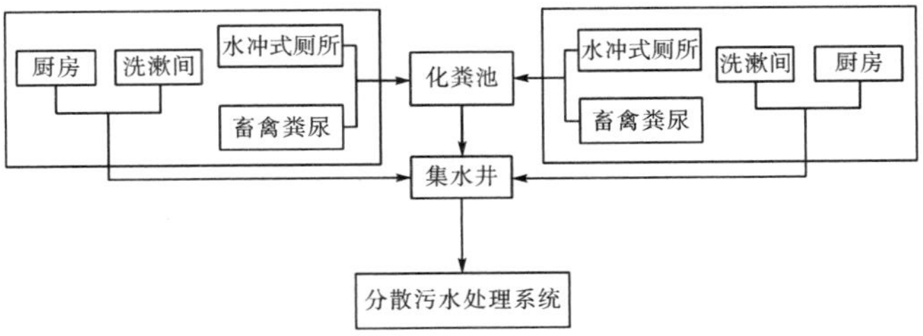 厨房 洗漱间 水冲式厕所 畜禽粪尿 化粪池 水冲式厕所 畜禽粪尿 洗漱间 厨房 集水井 分散污水处理系统 2. 多户连片污水分散收集系统：为降低污水收集系统的建设投资，本着“因地制宜”的污水收集方针，将相互毗邻的农户，在庭院污水收集的基础上，根据村镇庭院的空间分布情况和地势坡度条件，将各户的污水用管道或沟渠成片收集。 多户连片污水分散收集意味着可实行多户连片污水的分散处理，多户连片的污水分散处理设施宜就地布置在村民聚居点或村落的附近。多户连片污水收集系统收集的污水量通常宜在0.5 m^3/d以上，服务人口通常宜在5~50人，服务家庭数宜在2~10户或根据农户地理地形位置在10户以上的一定范围内。多户连片分散收集系统适用于布局分散的村镇中相对集中分布的聚居点或村落。多户连片污水分散收集系统见下图。 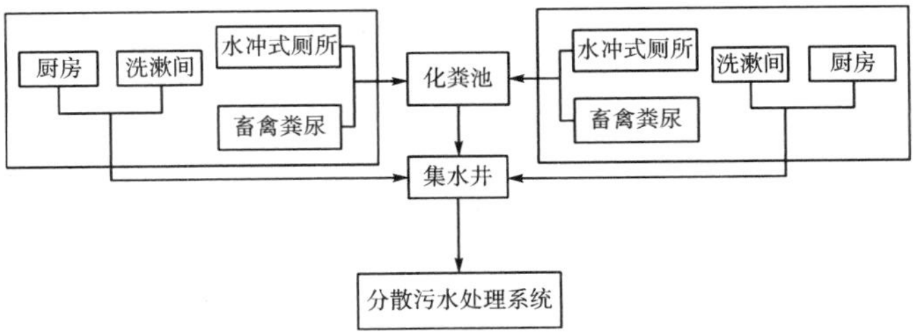 厨房 洗漱间 水冲式厕所 畜禽粪尿 化粪池 水冲式厕所 畜禽粪尿 洗漱间 厨房 集水井 分散污水处理系统 3. 污水集中收集系统：集中式污水收集系统是将全村污水进行集中收集后统一处理的污水收集类型，依据村庄或村镇的规模或居住人口数量，村庄污水集中收集规模通常为：服务人口50~5 000人，服务家庭10~1 000户，污水收集量5~500 m^3/d；村镇污水收集规模通常为：服务人口5 000~10 000人，服务家庭1 000~5 000户，污水收集量500~1 000 m^3/d。村镇建设集中式污水收集系统，宜在庭院收集的基础上，将农户的污水排至村镇公共排水系统进行收集，再排至污水集中处理系统进行处理。集中式污水收集系统宜在北方平原地区或非水网的南方平原地区、村镇居民居住集中且人口相对密集的村镇采用。村镇污水的集中收集与处理系统应因地制宜，灵活布置，审慎决策。应根据本地区自然地理情况，尽可能减少管网长度，简化污水收集系统，节省管网建设资金。污水集中收集系统见下图

表2.10(续)

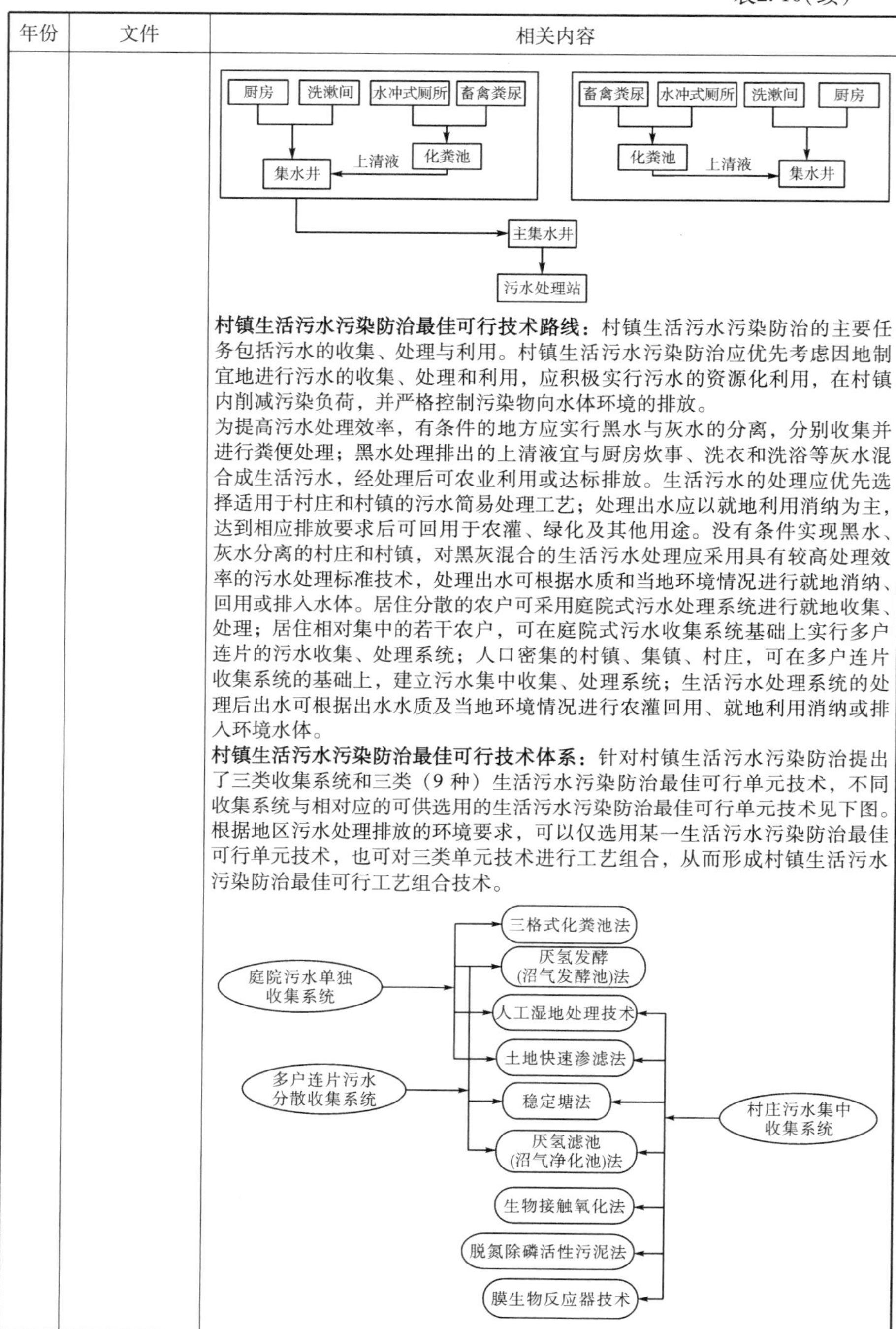

年份	文件	相关内容
		村镇生活污水污染防治最佳可行技术路线：村镇生活污水污染防治的主要任务包括污水的收集、处理与利用。村镇生活污水污染防治应优先考虑因地制宜地进行污水的收集、处理和利用，应积极实行污水的资源化利用，在村镇内削减污染负荷，并严格控制污染物向水体环境的排放。 为提高污水处理效率，有条件的地方应实行黑水与灰水的分离，分别收集并进行粪便处理；黑水处理排出的上清液宜与厨房炊事、洗衣和洗浴等灰水混合成生活污水，经处理后可农业利用或达标排放。生活污水的处理应优先选择适用于村庄和村镇的污水简易处理工艺；处理出水应以就地利用消纳为主，达到相应排放要求后可回用于农灌、绿化及其他用途。没有条件实现黑水、灰水分离的村庄和村镇，对黑灰混合的生活污水处理应采用具有较高处理效率的污水处理标准技术，处理出水可根据水质和当地环境情况进行就地消纳、回用或排入水体。居住分散的农户可采用庭院式污水处理系统进行就地收集、处理；居住相对集中的若干农户，可在庭院式污水收集系统基础上实行多户连片的污水收集、处理系统；人口密集的村镇、集镇、村庄，可在多户连片收集系统的基础上，建立污水集中收集、处理系统；生活污水处理系统的处理后出水可根据出水水质及当地环境情况进行农灌回用、就地利用消纳或排入环境水体。 **村镇生活污水污染防治最佳可行技术体系：**针对村镇生活污水污染防治提出了三类收集系统和三类（9 种）生活污水污染防治最佳可行单元技术，不同收集系统与相对应的可供选用的生活污水污染防治最佳可行单元技术见下图。根据地区污水处理排放的环境要求，可以仅选用某一生活污水污染防治最佳可行单元技术，也可对三类单元技术进行工艺组合，从而形成村镇生活污水污染防治最佳可行工艺组合技术。

表2.10(续)

年份	文件	相关内容
2013	《农村环境连片整治技术指南》	**技术模式选取：**农村环境连片整治用于解决区域性农村环境问题，可采取集中式、分散式或集中与分散相结合的技术模式。遵循“源头控制、资源化利用优先”的思路，按照工艺成熟、经济实用、易于管理、运行投入低的原则，综合考虑项目区域的自然气候、地形地貌、经济发展、人口规模等因素，因地制宜地选取适用技术模式。污水收集系统建设，需考虑以下因素：①污水排放量≤0.5 m^3/d、服务人口在5人以下的农户，适宜采用庭院收集系统；污水排放量≤10 m^3/d，服务人口100人以下的农村适宜采用分散收集系统；地形坡度≤0.5%，污水排放量≤3 000 m^3/d，服务人口30 000人以上的平原地区宜采用集中收集系统。②人口分散、气候干旱或半干旱、经济欠发达的地区，可采用边沟和自然沟渠输送；人口密集、经济发达、建有污水排放基础设施的地区，可采取合流制收集污水。③位于城市市政污水处理系统服务半径以内的村庄，可建设污水收集管网，纳入市政污水处理系统统一处理。④收集系统建设投资与污水处理厂（站）建设投资比例高于2.5∶1的地区，原则上不宜建设集中收集管网。同时，污水收集系统需合理利用现有沟渠和排水系统。污水处理设施建设，需考虑以下因素：①村庄布局紧凑、人口居住集中的平原地区，宜建设污水处理厂（站）、大型人工湿地等集中处理设施，其中服务人口大于30 000人的集中处理系统，宜建设采用活性污泥法、生物膜法等工艺的市政污水处理设施，服务人口小于30 000人的集中处理系统，宜建设人工湿地等处理设施。②布局分散且单村人口规模较大的地区，适宜以单村为单位建设氧化塘、中型人工湿地等处理设施。③布局分散且单村人口规模较小的地区，适宜建设无（微）动力的庭院式小型湿地、污水净化池、小型净化槽等分散处理设施。土地资源充足的村庄，可选取土地渗滤处理技术模式。④丘陵或山区，宜依托自然地形，采用单户、联户和集中处理结合的技术模式。 **畜禽养殖污染连片治理项目：**畜禽养殖密集区域或养殖专业村，应优先采取“养殖入区（园）”的集约化养殖方式，采用“厌氧处理+还田”“堆肥+废水处理”和生物发酵床等技术模式，对粪便和废水资源化利用或处理。养殖户相对分散或交通不便的地区，畜禽粪便适宜采用小型堆肥处理模式，养殖废水通过沼气处理，或者结合生活污水处理设施进行厌氧消化处理后还田。土地（包括耕地、园地、林地、草地等）充足的地区，应优先采用堆肥等“种养结合”技术模式，对废弃物资源化、无害化处理后进入农田生产系统。土地消纳能力不足的地区，适宜采用生产有机肥的模式，建立畜禽粪便收集、运输体系和区域性有机肥生产中心。在推行养殖废弃物干湿分离的基础上，养殖户的废水采用“化粪池+氧化塘（人工湿地）”的处理模式，养殖场（小区）的废水采用上流式厌氧污泥床（UASB）、升流式固体厌氧反应器（USR）、连续搅拌反应器（CSTR）、塞流式反应器（PFR）等达标处理模式。规模化畜禽养殖场、散养户并存的集中养殖区域，应依托规模较大的畜禽养殖场已建治污设施，建立完善区域废弃物收集、运输和废弃物处理系统。 **集中式处理模式：**①采用多村共建共享处理设施模式的集中连片治理项目，主要建设污水处理厂（站）、大型人工湿地等集中处理设施。污水收集管网管材宜使用缸瓦管、混凝土管等，管径应不小于300 mm，每隔30~50 m应设置污水检查井。②处理设施的建设选址应综合考虑村庄布局、管网建设投资等，尽可能降低建设成本。人工湿地建设需充分利用现有沟渠、水塘，并铺设防渗系统，填料材质应就近选取。污水收集管网布设应符合地形变化，合理利用现有沟渠，沿主要道路铺设。③采用多村共建共享模式，应适当增加污水提升泵站数量。东部、中部、西部地区管网建设密度应分别不低于4 km/km^2、3 km/km^2、2 km/km^2。④干旱、半干旱地区宜采用合流制排水体系，南方地区宜采用雨污分流制排水体系。污水管道优先考虑自流排水，依据

表2.10(续)

年份	文件	相关内容
		地形坡度铺设，坡度不小于0.3%。污水管道的最小覆土厚度应根据外部荷载和管材强度等条件确定，在机动车道下应不小于0.7 m，在绿化带或庭院内不小于0.4 m，北方农村地区管道铺设深度应大于土壤冰冻线深度。当污水收集系统不能实现全程重力自流时，应在需要提升的管渠段建污水泵站，建设位置应尽量靠近污水处理设施，集水池可利用现有坑塘，集水池坡底向集水坑的坡度不小于10%。⑤污泥处理处置系统应与区域市政污水处理厂污泥处理处置系统统一建设，采用污泥厌氧消化处理达到城镇污水处理厂污泥处置无害化标准后排放或综合利用。污泥产生量较大时，亦可建设区域性污泥收集和处理处置中心。污泥处理处置包括污泥脱水、污泥干化、污泥消化、污泥堆肥、污泥消毒等。 **分散式处理模式：**①综合考虑地形条件、人口规模、经济水平等因素，结合沼气、卫生厕所、化粪池等建设，对区域农村生活污水分散式处理设施建设实施统一规划、设计、实施。②采用污水资源化利用的项目，应与农田水利灌溉系统、排洪系统建设相结合，充分利用现有管道、沟渠和池塘，亦可配套建设污水农田回灌的水质深度处理系统。污水收集系统按照地形条件确定，入户管道管径一般应大于75 mm，支管管径大于200 mm。③以单户或多户为治理单元的项目，宜建设小型人工湿地、污水净化沼气池、氧化塘等，并与三格式化粪池、沼气池配套建设。④针对流域水环境保护的连片污水处理项目，污水处理后需根据水环境功能要求达到相应的排放标准，可建设水质深度处理设施，并结合流域农业面源污染防治项目统筹建设。 **畜禽养殖污染治理遵循：**“资源化、减量化、无害化”原则，优先推荐种养结合、场户结合的治理模式。沼气工程须建设沼渣、沼液处理设施，充分利用附近农田进行消纳。 **集中式治理模式：**①区域内已建有大型规模化畜禽养殖场的项目，应依托养殖场建设粪便堆肥设施和收集设施，养殖散户配备干湿分离机。废水处理应建设厌氧处理设施，亦可依托现有户用沼气池和污水沼气净化池等改造建设。②采用“养殖入区（园）”治理模式的项目，按照可供利用的土地面积和产业化运作条件，选择建设大中型沼气处理设施或“堆肥+废水处理”设施。③采用区域治理设施共建共享模式的项目，重点建设以堆肥厂为核心的粪便收集、集中处理设施和以户用沼气（沼气净化池）为主的废水分散处理设施。堆料场容积一般需能容纳10天以上粪便量，同时必须建设防雨、防泄漏设施；贮存塘容积按照计划收集进入堆肥厂的粪便量、日收集粪便量、降雨情况等确定。受发酵场地、时间、运输等因素限制，一般应至少设置容纳6个月产生量的贮存设施；发酵池采用一次性发酵工艺的，发酵周期不宜少于30天；采用二次性发酵工艺的，一级发酵和二级发酵的发酵时间均不宜少于10天，实际堆肥时间根据C/N、湿度、添加剂等确定。 **分散式治理模式：**以单户或多户为治理单元的畜禽养殖污染治理项目，主要是配置粪便清扫工具、收集车、户用沼气池（沼气净化池）、小型堆肥设备等。 **农村生活污水连片处理项目运维：**污水处理厂（站）、大型人工湿地等集中式治污设施建成后，要明确资产归属和权责划分，并对治污设施进行固定资产登记，应委托专业技术服务机构或专门人员统一负责日常运营、维护和管理。化粪池、小型湿地、氧化塘等分散治理设施一般可由农户自行负责日常管理，项目管理单位定期委派专业技术人员进行指导和维护。经济欠发达地区一般可采用“政府补贴”为主的方式保障治污设施初期运行经费，逐步摸索建立适合本地区的运行管理模式；经济较发达地区可采用“政府补贴+适当收费”的方式，并可充分利用市场机制，委托专业公司负责设施运营。配备格栅、泵

表2.10(续)

<table>
<tr><th>年份</th><th>文件</th><th>相关内容</th></tr>
<tr><td></td><td></td><td>房、曝气等动力设备的项目，需对设备进行定期检修，保障设备稳定、安全运行。建设人工湿地、土地渗滤系统的项目，需及时清理堵塞、淤积等问题。
畜禽养殖污染连片治理项目运维：建设分户或联户沼气处理设施的村庄，应聘请专业技术人员定期检查产气池、储气池等设施设备，及时更换破损配件，确保设施正常运行。
区域畜禽粪便收集处理中心建成后，可委托专业运营公司进行管理，确保治污设施长效稳定运行。依托大型规模化畜禽养殖场治污设施的连片治理项目，项目管理部门要与畜禽养殖场签订协议，确保连片治理区域内养殖散户产生的畜禽粪便得到有效处理</td></tr>
<tr><td>2013</td><td>《农村生活污水处理项目建设与投资指南》(环发〔2013〕130号)</td><td>应根据村落和农户的分布，因地制宜地规划排水系统和污水处理系统，尽量避免长距离排水管道的建设。污水收集系统建设投资与污水处理厂（站）建设投资的比例原则上不超过2.5∶1。水量的确定农村生活污水排放量应按生活用水量的40%~90%计算。农村地区居民生活污水量参考值见下表。
<table>
<tr><th rowspan="2">类型</th><th colspan="2">生活污水/升·(人·天)$^{-1}$</th></tr>
<tr><th>南方</th><th>北方</th></tr>
<tr><td>村庄（人口≤5 000人）</td><td>45~110</td><td>35~80</td></tr>
<tr><td>村镇（人口5 000~30 000人）</td><td>85~160</td><td>70~125</td></tr>
</table>
建设要求：农村排水管材可用塑料管、缸瓦管和混凝土管等。管网布设应符合地形变化，取短捷路线，污水干管沿主要道路布设。污水管道尽量考虑自流排水，依据地形坡度铺设，坡度不小于0.003。
根据人口数量和人均用水量计算污水排放量，并估算管径。当污水收集系统不能实现全程重力自流时，可在需要提升的管渠段建污水泵站。泵站的位置应尽量靠近污水处理设施。泵站集水池可利用现有坑塘，集水池坡底向集水坑的坡度不宜小于0.1。污水收集系统须配套突发事件防范和应急设施，泵房及集水池应按有关规定做应急设计。农村污水收集系统的设计及建设应符合GB 50445—2008、GB 50014—2006、CJJ 124—2008的相关规定。
投资估算指标
基础设施建设投资：农村生活污水收集管网投资参考标准见下表。
<table>
<tr><th rowspan="2">项目</th><th rowspan="2">管径/mm</th><th rowspan="2">总价投资额/元·米$^{-1}$</th><th colspan="2">投资比例/%</th></tr>
<tr><th>材料费</th><th>人工费</th></tr>
<tr><td rowspan="2">入户管</td><td>75</td><td>20~35</td><td>60</td><td>40</td></tr>
<tr><td>100</td><td>30~45</td><td>65</td><td>35</td></tr>
<tr><td rowspan="3">收集支管</td><td>200</td><td>50~130</td><td>80</td><td>20</td></tr>
<tr><td>300</td><td>150~250</td><td>85</td><td>15</td></tr>
<tr><td>400</td><td>200~350</td><td>90</td><td>10</td></tr>
<tr><td rowspan="3">收集干管</td><td>600</td><td>600~850</td><td>90</td><td>10</td></tr>
<tr><td>800</td><td>950~1 250</td><td>90</td><td>10</td></tr>
<tr><td>1 000</td><td>1 100~1 550</td><td>90</td><td>10</td></tr>
</table>
注：管网投资中包含检查井、沉沙井建设费用。本指南中，各投资参考标准表中参考价格核算的基准年为2010年，各表指标可根据不同时间、地点、人工、材料价格变动，调整后使用。东部经济发达地区人工费可上调10%~30%，西部经济落后地区人工费可下调10%~30%</td></tr>
</table>

表2.10(续)

年份	文件	相关内容

农村生活污水泵站投资参考标准见下表。

项目	水量/$m^3 \cdot h^{-1}$	投资额/万元	投资比例/%		
			材料费	设备费	人工费
含人工格栅	<10	6~8.5	20	70	10
	11~20	10~15	29	62	9
含机械格栅	21~50	21~30	29	65	6
	51~100	27~38	31	62	7
	101~200	39~55	36	58	6
	201~300	48~72	32	61	7
	301~400	60~80	36	58	6

运行维护管理费用：运行费用为0.05~0.25元/吨水，主要包括泵站电费、泵站及管道维修费、人工维护费。

投资估算指标：污水处理厂（站）投资估算标准

基础设施建设投资：农村集中污水处理厂（站）基础设施建设总投资参考标准（含预处理系统、生化处理系统及辅助配套系统）见下表。

工艺	出水标准（GB 18918—2002）	吨水投资/元			
		处理规模 <100 m^3/d	处理规模 101~500 m^3/d	处理规模 501~1 000 m^3/d	处理规模 1 001~5 000 m^3/d
传统活性污泥法	一级B	3 500~4 300	3 100~3 800	2 800~3 500	2 400~3 100
	二级	3 100~4 000	2 800~3 500	2 400~3 200	2 100~2 600
A/O法	一级B	3 600~4 500	3 200~3 900	2 900~3 600	2 500~3 200
	二级	3 200~4 200	2 900~3 600	2 500~3 300	2 200~2 700
A^2/O法	一级B	3 800~4 700	3 200~4 000	3 100~3 600	2 500~3 200
	二级	3 100~4 000	3 000~3 800	2 700~3 300	2 400~2 900
氧化沟法	一级B	3 600~4 500	3 200~4 000	2 900~3 600	2 500~3 300
	二级	3 200~4 200	2 900~3 600	2 500~3 500	2 200~3 000
生物接触氧化法	一级B	3 600~4 500	3 200~4 000	2 900~3 600	2 500~3 200
	二级	3 200~4 200	2 900~3 600	2 500~3 500	2 200~2 500
SBR法	一级B	3 600~4 500	3 200~4 000	2 900~3 600	2 500~3 200
	二级	3 200~4 200	2 900~3 600	2 500~3 200	2 200~2 500
MBR法	一级B	4 500~5 500	4 200~5 300	3 800~4 500	3 000~4 000
	二级	4 200~5 200	4 000~5 000	3 500~4 500	2 800~3 500

注：污水处理厂（站）总投资中应包括出水排放口及辅助设施建设费用，如遇需长距离输排水的情况，可参考收集系统投资标准。

农村集中污水处理厂（站）投资参考比例见下表（单位:%）。

总投资	材料费	设备费	人工费
100	35~50	30~45	15~25

表2.10（续）

年份	文件	相关内容

运行维护管理费用：农村集中污水处理厂（站）运行费用参考标准见下表。

工艺	出水标准（GB 18918—2002）	吨水运行费用/元			
		处理规模 <100 m³/d	处理规模 101～500 m³/d	处理规模 501～1 000 m³/d	处理规模 1 001～5 000 m³/d
传统活性污泥法	一级 B	0.7～1.1	0.6～0.8	0.7～0.8	0.6～0.8
	二级	0.6～0.9	0.6～0.8	0.6～0.7	0.5～0.6
A/O 法	一级 B	0.8～1.2	0.7～0.8	0.7～0.8	0.6～0.8
	二级	0.8～1.0	0.7～0.8	0.6～0.7	0.5～0.6
A^2/O 法	一级 B	1.0～1.3	0.8～1.0	0.7～0.8	0.7～0.8
	二级	0.8～1.0	0.7～0.8	0.7～0.8	0.6～0.7
氧化沟法	一级 B	0.8～1.0	0.7～0.8	0.7～0.8	0.6～0.7
	二级	0.7～0.9	0.7～0.8	0.7～0.8	0.5～0.7
生物接触氧化法	一级 B	0.8～1.0	0.7～0.8	0.7～0.8	0.6～0.7
	二级	0.8～0.9	0.7～0.8	0.7～0.8	0.6～0.7
SBR 法	一级 B	0.8～1.0	0.7～0.8	0.7～0.8	0.6～0.8
	二级	0.7～0.8	0.6～0.8	0.6～0.7	0.5～0.6
MBR 法	一级 B	1.0～1.3	0.8～1.0	0.7～0.8	0.6～0.8
	二级	1.0～1.0	0.8～0.9	0.7～0.8	0.6～0.7

注：运行维护费用参考标准东部地区可上调 10%，西部地区可下调 10%；北方寒冷地区，需采暖防寒蝉措施的，可上调 20%。

大型人工湿地投资估算标准

基础设施建设投资。农村污水处理人工湿地基础设施建设投资参考标准（含预处理系统及人工湿地系统）见下表。

类型	出水标准（GB 18918—2002）	吨水投资/元			
		处理规模 <100 m³/d	处理规模 101～500 m³/d	处理规模 501～1 000 m³/d	处理规模 1 001～5 000 m³/d
表面流人工湿地	一级 B	2 200～3 000	2 000～2 800	1 800～2 500	1 500～2 100
	二级	1 500～2 100	1 300～1 800	1 200～1 700	1 000～1 400
水平潜流人工湿地	一级 B	3 000～4 200	2 500～3 500	2 200～3 000	2 000～2 800
	二级	2 200～3 000	2 000～2 800	1 800～2 500	1 500～2 100
垂直潜流人工湿地	一级 B	3 200～4 500	2 800～3 900	2 500～3 500	2 200～3 000
	二级	2 800～3 900	2 500～3 500	2 000～2 800	1 700～2 400

农村污水处理人工湿地投资参考比例见下表（单位:%）。

总投资	材料费	设备费	人工费
100	35～50	30～45	15～25

运行维护管理费用：人工湿地运行费用一般为 0.25～0.80 元/吨水，主要包括材料费、人工费和设备费等。

污泥处理处置投资估算指标

基础设施建设投资：农村污泥处理处置基础设施建设投资参考标准见下表。

工艺	吨水投资/元			
	处理规模 <100 m³/d（按水量计）	处理规模 101～500 m³/d（按水量计）	处理规模 501～1 000 m³/d（按水量计）	处理规模 1 001～5 000 m³/d（按水量计）
污泥脱水	520～1 300	260～520	220～260	160～220
污泥干化	260～520	240～260	190～240	130～190
污泥消化	390～650	390～580	350～520	320～490
污泥堆肥	160～190	130～160	100～130	90～100

表2.10(续)

年份	文件	相关内容
		运行维护管理费用：污泥脱水运行费用为 0.5~2.0 元/吨污泥，污泥干化运行费用为 0.5~2.0 元/吨污泥，污泥消化运行费用为 2.0~8.0 元/吨污泥，堆肥处理运行费用为 80.0~120.0 元/吨干污泥。 **农村生活污水分散处理项目建设内容：** 小型人工湿地：包括前处理（三格化粪池、沼气池等）、湿地池体、填料、植物和布水系统。采用小型人工湿地处理生活污水，其建设面积与服务人口比例为 0.1~4.0 平方米/人。 土地处理：土地处理根据污水的投配方式及处理过程的不同，可以分为慢速渗滤、快速渗滤、地表漫流和地下渗滤四种类型。主要建设内容包括污水预处理、土地渗滤床、防渗层、种植植物和出水收集井等。采用土地处理系统处理生活污水，其建设面积与服务人口比例为 0.36~4.50 平方米/人。 稳定塘：稳定塘主要是利用天然池塘，经过人工适当修整，并设置围堤和防渗层。在常规稳定塘的基础上，可向塘内投加生物膜填料，添加鼓风曝气装置，或设置前置厌氧塘等提高处理效果。采用稳定塘系统处理生活污水，其建设面积与服务人口比例为 0.8~1.6 平方米/人。 净化沼气池：生活污水净化沼气池主要建设内容包括池体和设备。池体包括预处理区、前处理区、后处理区，其中预处理区包括格栅井和沉砂池，前处理区由两个立式圆柱形沼气池组成，后处理区为上流式过滤器。工艺设备主要为过滤板，过滤板上需投放填料，主要包括卵石、碎石、粗砂、木炭等。净化沼气池建设应按照 NY/T 1702—2009 的有关要求进行。 其他小型污水处理装置：主要为一体化生活污水处理装置，通常采用序批式活性污泥法（SBR）、膜生物反应器（MBR）、周期循环活性污泥法（CASS）等工艺，以内充填料的地下管道式或折流式反应器装置为处理设备。 **投资估算指标** 基础设施建设投资：农村生活污水分散式处理工程基础设施建设投资参考标准见下表。

工艺	吨水投资/元			
	处理规模 <1 m^3/d	处理规模 2~4 m^3/d	处理规模 5~9 m^3/d	处理规模 >10 m^3/d
小型人工湿地	2 800~3 700	2 600~3 300	2 600~3 200	2 300~2 900
土地处理	2 600~3 300	2 200~2 900	2 000~2 600	2 000~2 400
稳定塘	2 300~3 300	2 300~2 600	2 000~2 400	1 900~2 400
净化沼气池	2 600~5 200	2 600~3 900	1 900~3 300	600~2 000
小型一体化污水处理装置	32 000~39 000	19 500~28 000	13 000~22 000	11 000~15 000

运行维护管理费用：小型人工湿地运行费用低于 0.1 元/吨水，土地处理运行费用低于 0.2 元/吨水，稳定塘运行费用低于 0.1 元/吨水，净化沼气池运行费低于 0.2 元/吨污水，小型一体化装置运行费用为 0.1~0.8 元/吨水

表2.10(续)

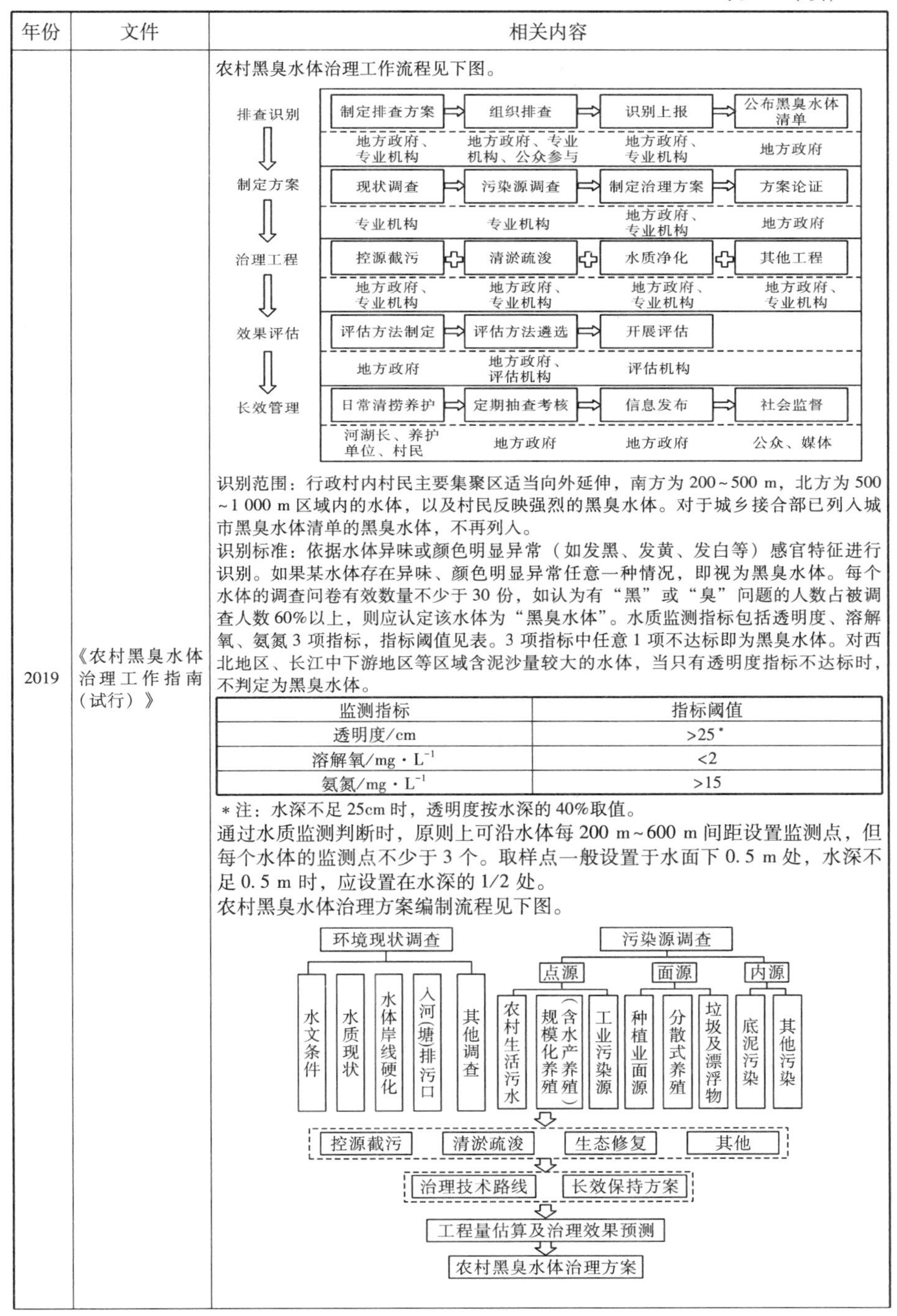

<table>
<tr><th>年份</th><th>文件</th><th>相关内容</th></tr>
<tr><td>2019</td><td>《农村黑臭水体治理工作指南(试行)》</td><td>
农村黑臭水体治理工作流程见下图。

识别范围：行政村内村民主要集聚区适当向外延伸，南方为200~500 m，北方为500~1 000 m区域内的水体，以及村民反映强烈的黑臭水体。对于城乡接合部已列入城市黑臭水体清单的黑臭水体，不再列入。
识别标准：依据水体异味或颜色明显异常（如发黑、发黄、发白等）感官特征进行识别。如果某水体存在异味、颜色明显异常任意一种情况，即视为黑臭水体。每个水体的调查问卷有效数量不少于30份，如认为有“黑”或“臭”问题的人数占被调查人数60%以上，则应认定该水体为“黑臭水体”。水质监测指标包括透明度、溶解氧、氨氮3项指标，指标阈值见表。3项指标中任意1项不达标即为黑臭水体。对西北地区、长江中下游地区等区域含泥沙量较大的水体，当只有透明度指标不达标时，不判定为黑臭水体。
<table>
<tr><th>监测指标</th><th>指标阈值</th></tr>
<tr><td>透明度/cm</td><td>>25*</td></tr>
<tr><td>溶解氧/mg·L^{-1}</td><td><2</td></tr>
<tr><td>氨氮/mg·L^{-1}</td><td>>15</td></tr>
</table>
*注：水深不足25cm时，透明度按水深的40%取值。
通过水质监测判断时，原则上可沿水体每200 m~600 m间距设置监测点，但每个水体的监测点不少于3个。取样点一般设置于水面下0.5 m处，水深不足0.5 m时，应设置在水深的1/2处。
农村黑臭水体治理方案编制流程见下图。

</td></tr>
</table>

表2.10(续)

<table>
<tr><th>年份</th><th>文件</th><th>相关内容</th></tr>
<tr><td></td><td></td><td>对造成农村黑臭水体的污染源，如生活污水、垃圾、畜禽粪污等，优先采取资源化利用措施，降低治污成本。已消除黑臭，且水质满足农田灌溉水质要求的水体，可进行资源化利用，满足农业用水、用肥要求。审慎采取投加化学药剂和生物制剂等治理技术，强化技术安全性评估，避免对水环境和水生态造成不利影响和二次污染。主要使用水冲式厕所的地区，农村改厕与污水治理要做到一体化建设；主要使用传统旱厕和无水式厕所的地区，做好粪污无害化处理和资源化利用。优先考虑通过种养结合、种养平衡实现畜禽粪污腐熟后作为肥料就地就近还田利用。确实不能利用的，要经过处理做到达标排放，配套土地消纳能力与养殖规模不匹配的地区，鼓励建立畜禽粪污收集运输体系和区域性处理中心。将畜禽规模养殖场纳入重点污染源管理，根据污染防治需要，配套建设畜禽粪污贮存、处理、利用设施，鼓励散养密集区实行畜禽粪污分户收集、集中处理。科学划定水产养殖禁养区、限养区和养殖区，优化水产养殖生产布局，大力发展生态健康养殖模式。推进网箱粪污残饵收集等环保设备升级改造，依法拆除非法网箱围网养殖。实施池塘标准化改造，完善循环水和进排水处理设施，支持生态沟渠、生态塘、人工湿地等尾水处理设施升级改造，推动养殖尾水资源化利用或达标排放。采取测土配方施肥、调整化肥使用结构、改进施肥方式、有机肥替代化肥等途径，实现化肥减量。推进高效低毒低残留农药替代高毒高残留农药、大中型高效药械替代小型低效药械，推行精准科学施药和病虫害统防统治，实现农药减量。采用生态沟渠、植物隔离条带、净化塘、地表径流集蓄池等设施减缓农田氮磷流失，减少农田退水对水体环境的直接污染。推进秸秆全过程资源化利用，优先就地还田。对于黑臭严重的水体，为快速降低黑臭水体的内源污染负荷，避免其他治理措施实施后，底泥污染物向水体释放，可采取机械清淤和水力清淤等方式，工程中需考虑水体原有黑臭水的存储和净化措施，杜绝采用三面光河道水体硬化方式开展黑臭水体治理。清淤前，需做好底泥污染调查，明确疏浚范围和深度；根据当地气候和降雨特征，合理选择底泥清淤季节；清淤工作应尽量减少对水生生物生长的影响；清淤后回水水质应满足“不黑臭”的指标要求。底泥运输和处理处置难度较大，存在二次污染风险，需要按规定安全处理处置</td></tr>
<tr><td>2019</td><td>《农村生活污水处理工程技术标准(GB/T 51347—2019)》(中华人民共和国住房和城乡建设部公告2019年第100号)</td><td>农村生活污水处理主要有分户污水处理、村庄集中污水处理、纳入城镇污水管网处理三种方式，并应按管网铺设条件、排水去向、纳入市政管网的条件、经济条件和管理水平等确定污水处理方式。农村生活污水水质应根据实地调查数据确定。当缺乏调查数据时，设计水质宜根据当地人口规模、用水现况、生活习惯、经济条件、地区规划等确定或根据其他类似地区排水水质确定。当农户未设置化粪池时，可按数值确定。
<table>
<tr><th>主要指标</th><th>COD /mg·L^{-1}</th><th>BOD_5 /mg·L^{-1}</th><th>氨氮 /mg·L^{-1}</th><th>TN /mg·L^{-1}</th><th>TP /mg·L^{-1}</th><th>SS /mg·L^{-1}</th><th>pH 值</th></tr>
<tr><td>建议取值范围</td><td>150~400</td><td>100~200</td><td>20~40</td><td>20~50</td><td>2.0~7.0</td><td>100~200</td><td>6.5~8.5</td></tr>
</table>
农村生活污水收集宜采用分流制。农村活污水收集及排放系统应包括农户庭院内的户用污水收集系统、农户庭院外的污水收集系统和污水处理设施出水排放系统。农户庭院污水收集系统应包含排水管、检查井等设施。厕所污水和生活杂排水宜分开收集并资源化。当采用村庄集中污水处理或纳入城镇污水管网时，厕所粪便污水应先排入化粪池，再流入排水管；厨房和洗浴污水可直接进入排水管（沟）。在厨房和浴室下水道前宜安装清扫口，出庭院前应设置检查井。庭院外污水收集系统应包括接户管、支管、干管、检查井和提升泵站等设施。污水管网应根据村落的格局、地形地貌等因素合理敷设。农村排水系统宜采用预制化检查井。
农村生活污水处理宜采用生物膜法（厌氧生物膜池、生物接触氧化池、生物滤池、生物转盘等）、活性污泥法（生活污泥法、氧化沟活性污泥法、膜生物反应器等）、自然生物处理（人工湿地、稳定塘等）和物理化学方法（格栅、沉砂池、调节池和化学法除磷等）。分户处理可采用预制化装置。厕所污水可采用就地处理或区域集中处理后资源化利用。生活杂排水单独处理可采用自然生物处理后资源化利用</td></tr>
</table>

表2.10(续)

<table>
<tr><th>年份</th><th>文件</th><th>相关内容</th></tr>
<tr><td></td><td>《农村生活污水人工湿地处理工程建设技术规范(T/CSF 007—2022)</td><td>
农村生活污水设计水量应根据村庄污水现状量、常住人口规模、人员流动情况、村庄近远期规划等因素确定,也可根据下表确定。
<table>
<tr><th>村庄类型</th><th>生活用水定额/升·(人·天)$^{-1}$</th></tr>
<tr><td>有水冲厕所,有淋浴设施</td><td>100~180</td></tr>
<tr><td>有水冲厕所,无淋浴设施</td><td>60~120</td></tr>
<tr><td>无水冲厕所,有淋浴设施</td><td>50~80</td></tr>
<tr><td>无水冲厕所,无淋浴设施</td><td>40~60</td></tr>
<tr><td colspan="2">排放系数取40%~80%</td></tr>
<tr><td colspan="2">污水设计水量=生活用水定额×村庄人数×排放系数</td></tr>
</table>
农村生活污水收集模式应根据居民居住分布及污水量情况确定。当片区污水量大于等于5 m^3/d且居住较为集中时,宜铺设污水收集管网将居民生活污水收集至人工湿地进行集中处理;当片区污水量小于5 m^3/d时,宜根据现场情况,采用单户、多联户分散收集并建设小型人工湿地就地处理。
人工湿地处理系统可由一个湿地单元构成,也可由多个湿地单元并联、串联或混合等构成。人工湿地进水水质应满足下表的要求,当不满足时污水应经过预处理或预处理-强化处理后方可进入人工湿地进行处理,其设计应符合GB/T 51347及CJJ 124的相关规定。人工湿地进水水质要求如下表所示。
单位:mg/L
<table>
<tr><th>人工湿地类型</th><th>五日生化需氧量</th><th>化学需氧量</th><th>悬浮物</th><th>氨氮</th><th>总磷</th></tr>
<tr><td>表面流人工湿地</td><td>≤50</td><td>≤125</td><td>≤100</td><td>≤10</td><td>≤3</td></tr>
<tr><td>水平潜流人工湿地</td><td>≤80</td><td>≤200</td><td>≤60</td><td>≤25</td><td>≤5</td></tr>
<tr><td>垂直潜流人工湿地</td><td>≤80</td><td>≤200</td><td>≤80</td><td>≤25</td><td>≤5</td></tr>
</table>
人工湿地处理的工艺应主要根据进水水质、所在区域的气候条件和排放标准确定,同时兼顾场地条件、投资规模和经济条件等因素。
人工湿地类型主要包括表面流人工湿地、水平潜流人工湿地、垂直潜流人工湿地(上行、下行)三种类型。当出水标准要求较高、土地使用受限时,宜采用水平潜流或垂直潜流人工湿地。当以去除有机物和氨氮为主时,宜采用下行垂直潜流人工湿地。当对总氮去除有较高要求时,可采用下行-上行垂直潜流人工湿地、下行垂直潜流-水平潜流人工湿地、水平潜流-下行垂直潜流人工湿地等组合工艺。
预处理:预处理系统的设计主要针对悬浮物和含油物质,其应满足以下要求:①去除悬浮物,悬浮物浓度宜低于100 mg/L;②进水中含油量大于50 mg/L时,应有隔油措施。
强化处理:当进水中有机物含量较高、出水标准要求较严时,应选用以好氧生物处理为主的强化处理工艺。当进水中氮、磷含量较高,出水标准要求较严时,应选用具备除磷脱氮类型的强化处理工艺。
人工湿地单元的长宽比宜符合下列规定:①表面流人工湿地宜大于3:1;②水平潜流人工湿地宜为3:1~10:1,长度宜为20 m~50 m;③垂直潜流人工湿地宜为1:1~3:1。
人工湿地系统应主要包括预处理/强化处理设施(工艺)、人工湿地主体设施和配套设施等。①人工湿地预处理设施应主要包括格栅渠(池)、隔油池、沉淀池、沉砂池、调节池、厌氧池等。②人工湿地强化处理工艺应主要包括接触氧化、序批式活性污泥法(SBR)、厌氧(缺氧)好氧工艺(A/O)、厌氧-缺氧-好氧工艺(AAO)、膜生物反应器(MBR)等。③人工湿地主体设施应包括配水系统、主体池体、基质、湿地植物、集水系统等。④配套设施包括场站道路、围栏、绿化、电气系统等
</td></tr>
</table>

3 农村生活污水污染防治与收集系统

农村生活污水污染防治的主要任务包括污水的收集、处理与利用。农村生活污水污染防治应优先考虑因地制宜地进行污水的收集、处理和利用，应积极实行污水的资源化利用，在村镇内削减污染负荷，并严格控制污染物向水体环境的排放。为提高污水处理效率，有条件的地方应实行黑水与灰水的分离，分别收集并进行粪便处理。

3.1 农村生活污水污染防治技术路线

农村生活污水污染防治技术路线有以下几类：

（1）农村雨水宜利用边沟和自然沟渠等进行收集和排放，通过坑塘、洼地等地表水体或自然入渗进入当地水循环系统。鼓励将处理后的雨水回用于农田灌溉等。

（2）对于人口密集、经济发达并且建有污水排放基础设施的农村，宜采取合流制或截流式合流制；对于人口相对分散、干旱半干旱地区、经济欠发达的农村，可采用边沟和自然沟渠输送，也可采用合流制。

（3）在没有建设集中污水处理设施的农村，不宜推广使用水冲厕所，避免造成污水直接集中排放，在上述地区鼓励推广非水冲式卫生厕所。

（4）对于分散居住的农户，鼓励采用低能耗小型分散式污水处理；在土地资源相对丰富、气候条件适宜的农村，鼓励采用集中自然处理；人口密集、污水排放相对集中的村落，宜采用集中处理。

（5）对于以户为单元就地排放的生活污水，宜根据不同情况采用庭院式小型湿地、沼气净化池和小型净化槽等处理技术和设施。

（6）鼓励采用粪便与生活杂排水分离的新型生态排水处理系统。宜采用沼气池处理粪便，采用氧化塘、湿地、快速渗滤及一体化装置等技术处理生活杂排水。

（7）对于经济发达、人口密集并建有完善排水体制的村落，应建设集中式污水处理设施，宜采用活性污泥法、生物膜法和人工湿地等二级生物处理技术。

（8）对于处理后的污水，宜利用洼地、农田等进一步净化、储存和利用，不得直接排入环境敏感区域内的水体。

（9）鼓励采用沼气池厕所、堆肥式、粪尿分集式等生态卫生厕所。在水冲厕所后，鼓励采用沼气净化池和户用沼气池等方式处理粪便污水，产生的沼气应加以利用。

（10）污水处理设施产生的污泥、沼液及沼渣等可作为农肥施用，在当地环境容量范围内，鼓励以就地消纳为主，实现资源化利用，禁止随意丢弃堆放，避免二次污染。

（11）小规模畜禽散养户应实现人畜分离。鼓励采用沼气池处理人畜粪便，并实施“一池三改”，推广“四位一体”等农业生态模式。

3.2 农村生活污水污染防治规划与设计

3.2.1 规划范围

以县级行政区为单元编制农村生活污水治理专项规划，治理范围应覆盖县域内的全部村庄。

3.2.2 规划目标

根据本地实际，提出专项规划期限内的规划目标。规划目标要定性与定量相结合，同时考虑乡村人居环境治理目标，农业农村污染治理攻坚战目标做到可操作、可统计、可核实。

近期目标以重点治理区域的村庄为主，远期目标延伸至县域内所有村庄。规划指标可包括受益村庄数、受益人口数、治理覆盖率、出水资源化利用率、出水排放处理率、监测覆盖率、政府投资比例、社会投资比例、第三方运维比例、黑臭水体消除比例和饮用水安全达标率等。地方可根据实际情况，选择设定具有地方特色的指标，不局限于以上指标限制。

3.2.3 规划原则

农村生活污水治理是系统工程，宜以区级行政区域为单元，实行统一规划和建设、分步实施，合理处理近期与远期、集中与分散、排放与利用的关系。农村生活污水治理应根据水功能区划的要求，与区域总体规划、污水专业规划、郊野单元规划、农村及农业等相关规划相衔接。农村生活污水处理设施位置和用地的选择应符合国家有关规定，并有利于农村生活污水处理设施的建设和运维管理，减少对周边环境的影响。农村生活污水治理应根据市政府数字化转型的要求，建立综合管理平台。农村生活污水治理应注重绿色、生态、节能、低碳和资源化利用，符合国家碳达峰、碳中和的要求。农村生活污水治理应遵循“因地制宜、工艺成熟、水质达标、资源利用、建管并重、智慧运维”的原则。

3.2.4 水量与水质

（1）居民生活污水量

农村居民生活污水量应根据村内的统计数据确定，在无统计数据的情况下，可根据居民生活用水定额来估算确定。结合建筑物内部给排水设施水平等因素，居民生活污水量可按当地采用的用水定额的60%~90%来计算。设计水量应与当地排水系统普及程度相适应。

参考《镇（乡）村给水工程技术规程》(CJJ 123—2008)，农村居民生活用水定额如表3.1所示。

表3.1 农村居民生活用水定额

给水设备类型	社区类别	最高日用水量/升·(人·天)$^{-1}$	时变化系数
从集中给水龙头取水	村庄	20~50	3.5~2.0
	镇（乡）	20~60	2.5~2.0
户内有给水龙头、无卫生设备	村庄	30~70	3.0~1.8
	镇（乡）	40~90	2.0~1.8
户内有给水排水卫生设备、无淋浴设备	村庄	40~100	2.5~1.5
	镇（乡）	85~130	1.8~1.5

表3.1(续)

给水设备类型	社区类别	最高日用水量/升·(人·天)$^{-1}$	时变化系数
户内有给水排水卫生设备、无淋浴设备	村庄	130~190	2.0~1.4
	镇（乡）	130~190	1.7~1.4

注：分散式给水系统生活用水定额为干旱地区 10~20 升/(人·天)；半干旱地区 20~30 升/(人·天)；半湿润或湿润地区 30~50 升/(人·天)。

（2）家庭圈养型畜禽养殖污水量

根据实际产生的废水水量确定，没有实测数据的可参考《畜禽养殖业污染物排放标准》(GB 18596—2001)，具体如表 3.2 所示。

表 3.2　家庭圈养型畜禽养殖污水量　　单位：mg/L

养殖种类	COD_{Cr}	NH_3-N	TN	TP
猪（水冲粪）	15 000~25 000	400~650	500~800	80~150
鸡（水冲粪）	5 000~6 500	200~300	300~450	20~40
牛（干清粪）	800~1 500	40~60	60~80	15~25

（3）合流污水水质

对于由居民生活污水、家庭圈养型畜禽养殖污水和雨水组成的合流污水，其具体水质可根据各类污水比例及其水质通过加权方式进行估算确定。

农村生活污水的污染负荷的计算也可依据《村镇生活污染防治最佳可行技术指南（试行）》(HJ-BAT-9）确定，具体如表 3.3 所示。

表 3.3　村镇居民人均生活污水量　　单位：升/(人·天)

类型	黑水	灰水		生活污水（黑水、灰水的混合水）
		南方	北方	
村庄（人口≤5 000 人）	20	45~110	35~80	80
村镇（人口 5 000~10 000 人）	30	85~160	70~125	100

住房和城乡建设部发布的《分地区农村生活污水处理技术指南》提出，东北、华北、西北、东南、中南、西南六大区域不同地理条件下的农村生活污水水质参考范围（见表 3.4）。

表 3.4　分地区农村生活污水水质

地区	pH 值	SS /mg・L^{-1}	BOD_5 /mg・L^{-1}	COD /mg・L^{-1}	NH_3-N /mg・L^{-1}	TP /mg・L^{-1}
东北地区	6.5~8	150~200	200~300	200~450	20~90	2~6.5
华北地区	6.5~8	100~200	200~300	200~450	20~90	2~6.5
西北地区	6.5~8.5	100~300	50~300	100~400	30~50	1~6
东南地区	6.5~8.5	100~200	70~300	150~450	20~50	1.5~6
中南地区	6.5~8.5	100~200	60~150	100~300	20~80	2~7
西南地区	6.5~8	150~200	100~150	150~400	20~50	2~6

农村生活污水中污染物包括有机质、洗涤剂成分、氮磷营养成分、细菌、病毒等，具有日变化系数大、污水浓度变化比较大、间歇排放等特点。村镇区设计综合生活污水量应根据实地调查数据确定。当缺乏实地调查数据时，设计污水量可根据人口规模和居民综合生活污水定额确定。综合生活污水定额应根据当地采用的相关用水定额，结合建筑物内部给排水设施水平等因素确定，可按当地相关用水定额的70%~90%采用，并且应统筹考虑镇所辖农村生活污水的处理需求。此外，气候条件也会影响居民生活污水定额和综合生活污水定额。干旱地区水资源紧张，水的重复利用率较高，较清洁的洗涤水可作为绿化浇洒水、道路和广场冲洗水，得以进入镇区污水收集和处理系统的污水量相对较小。因此干旱地区的污水定额较低，可取上述范围的低值。农村生活污水综合生活污水量总变化系数参考《镇（乡）村排水工程技术规程》(见表 3.5)。

表 3.5　农村生活污水综合生活污水量总变化系数

污水平均日流量/L・s^{-1}	5	15	40	70	100
总变化系数	2.5	2.2	1.9	1.8	1.6

注：①当污水平均日流量为中间数值时，总变化系数可用内插法求得。②当污水平均日流量大于 100 L/s 时，总变化系数应按现行国家标准《室外排水设计规范》(GB 50014—2006) 执行。③当居住区有实际生活污水量变化资料时，可采用实际数据。

3.3 农村生活污水收集系统

3.3.1 农村排水体制的选择

（1）排水体制的选择应结合当地经济发展条件、自然地理条件、居民生活习惯、原有排水设施以及污水处理和利用等因素进行综合考虑确定。

（2）我国农村生活污水工作启动较早，投入较大，但在前期的建设过程中发现存在重收集系统轻处理设施和重建设轻管理的现象。许多工程建设完善、移交村集体进行管理之后，大部分未能有效运营。建而不管的现象普遍存在。因此，在农村生活污水工作开展过程中，要有效解决上述存在的问题，收集系统与处理设施并重，管网建设与处理设施建设需同步进行，避免处理设施闲置或进水浓度太低，浪费投资和资源。

（3）农村粪便污水应优先考虑用作农肥，不得直接排放，必须经沼气池或化粪池处理；经沼气池或化粪池处理后的熟污泥可用作农肥。

（4）新建村庄宜采用分流制，污水经污水管道进入污水处理设施进行处理，雨水通过沟渠或地表径流排放。

（5）经济条件好的、有工业基础的村庄可采用有雨污排水系统的完全分流制。

（6）经济条件一般且已经采用合流制的村庄，近期宜采用截流式合流制，在进入处理设施前的主干管上设置截流井或其他的截流措施，晴天的污水和下雨初期的雨水混合输送到污水处理设施，经处理后排放；混合污水超过截流管的输送能力后，截流井截流部分雨污混合污水溢流排入水体。远期有条件的村庄应逐步改造为分流制。

（7）同一乡、镇、村可采用不同的排水体制。

（8）农村经营活动污水（农家乐）等所排放的废水中污染物与生活污水差别较大，在排入管道前，应进行必要的处理，达到《污水排入城镇下水道水质标准》（GB/T 31962—2015）后才能排入，并确保污水处理设施的处理效果。

3.3.2 雨水和污水收集系统

排水宜采用雨污分流，统一排放。条件不具备时，可采用雨污合流，但应逐步实现分流。雨污分流时的雨水就近排入村庄水系，雨污分流时的污水、雨污合流时的合流污水应输送至污水处理站进行处理，或排入村庄水系的低质水体。

（1）雨水收集与排放

雨水应有序排放，雨水沟渠可与道路边沟结合。污水应有序暗流排放，可采用排水管道或暗渠。雨水和污水管渠均按重力流计算。排水沟渠沿道路敷设，应尽量避免穿越广场、公共绿地等，避免与排洪沟、铁路等障碍物交叉。

雨水收集系统整治应符合下列规定：雨水排放可根据当地条件，采用明沟或暗渠收集方式；雨水沟渠应充分利用地形，及时就近排入池塘、河流或湖泊等水体，并应定时清理维护，防止被生活垃圾、淤泥淤积堵塞；雨水排水沟渠的纵坡不应小于 0.3%，雨水沟渠的宽度及深度应根据各地降雨量确定，沟渠底部宽度不宜小于 150 mm，深度不宜小于 120 mm；雨水排水沟渠砌筑可选用混凝土或砖石、条石等地方材料；南方多雨地区房屋四周应设置排水沟渠；北方地区房屋外墙外地坪应设置散水，宽度不应小于 0.5 m，外墙勒脚高度不应低于 0.45 m，一般采用石材、水泥等材料砌筑；特殊干旱地区房屋四周可用黏土夯实排水；有条件的村庄，宜采用管道收集生活污水，应根据人口数量和人均用水量计算污水总量，并估算管径，管径不应小于 150 mm。

设计暴雨强度，应采用当地或邻近气象条件相似地区的暴雨强度公式计算。雨水管渠的设计重现期，应根据汇水地区性质、地形特点和气候特征等因素确定，可选用 1~3 年。短期积水即可能引起严重后果的地区，可选用 3~5 年。合流管渠的设计重现期可适当高于同一情况下分流制雨水管渠的设计重现期。

采用推理公式法时，雨水管渠的雨水设计流量应按式（3.1）计算：

$$Q_s = q\Psi F \tag{3.1}$$

式中：Q_s——雨水设计流量（L/s）；

q——设计暴雨强度［L/（s·hm^2）］；

Ψ——综合径流系数；

F——汇水面积（hm^2）。

设计暴雨强度，应按式（3.2）计算：

$$q = \frac{167A_1(1 + C\lg P)}{(t + b)^n} \tag{3.2}$$

式中：q——设计暴雨强度 [L/ (s·hm^2)]；

P——设计重现期（年）；

t——降雨历时（min）；

A_1，C，b，n——参数，根据统计方法进行计算确定。

具有20年以上自动雨量记录的地区，排水系统设计暴雨强度公式应采用年最大值法。

雨水管渠的降雨历时，应按式（3.3）计算：

$$t = t_1 + t_2 \tag{3.3}$$

式中：t——降雨历时（min）；

t_1——地面集水时间（min），应根据汇水距离、地形坡度和地面种类通过计算确定，宜采用5~15 min；

t_2——管渠内雨水流行时间（min）。

村镇区旱流污水设计流量，应按式（3.4）计算：

$$Q_{dr} = Q_d + Q_m + Q_u \tag{3.4}$$

式中：Q_{dr}——旱季设计流量（L/s）；

Q_d——设计综合生活污水量（L/s）；

Q_m——设计工业废水量（L/s）；

Q_u——入渗地下水量（L/s），在地下水位较高地区，应考虑。

（2）农村生活污水收集模式的选择

农村生活污水收集模式应根据农村地理环境、自然条件、经济水平、环境目标要求等实际情况出发，以单户、自然村、行政村、镇为单位进行污水收集，并以不同的技术方法进行处理。农村生活污水收集基本模式如表3.6所示。

表3.6　农村生活污水收集基本模式

序号	农村基本条件	污水收集模式
1	经济状况好，基础设施完备，住宅建设集中，有一定比例的楼房的集镇式村庄	以敷设管道为主，沟渠为辅
2	经济状况较好，有一定基础设施，住宅建设相对集中，以平房为主的集镇或村庄	以截污管道和沟渠相结合
3	经济条件较差，基础设施不完备，住宅建设分散，以平房为主的集镇或村庄	以边沟和自然沟渠收集为主
4	新农村建设集中点	建设完善的管网系统

考虑到村镇区污水处理系统规模较小，镇区城镇化程度一般不如城市，因此，污水干管和污水厂可不考虑预留受污染雨水的处理能力，与现行国家标准《室外排水设计标准》（GB 50014—2021）的规定有所区别。

（3）农村生活污水收集管渠

①污水收集分区和范围。农村生活污水收集应以自然村为单位进行逐一规划，根据农村的自然地势、污水重力流动为原则划分分区范围，应避免或减少设置中途提升泵。

②合理确定截流倍数。农村生活污水截流倍数一般按≤1 考虑。

③污水收集管渠的布置。对于长期形成的自然村庄，依地形地貌进行管渠的布置，尽量利用村庄的边沟、自然沟渠以及管道相结合的方式进行敷设。对新规划建设新农村居住区，应结合基础设施建设进行排水管网规划。污水收集管渠型式如图 3. 1 所示。

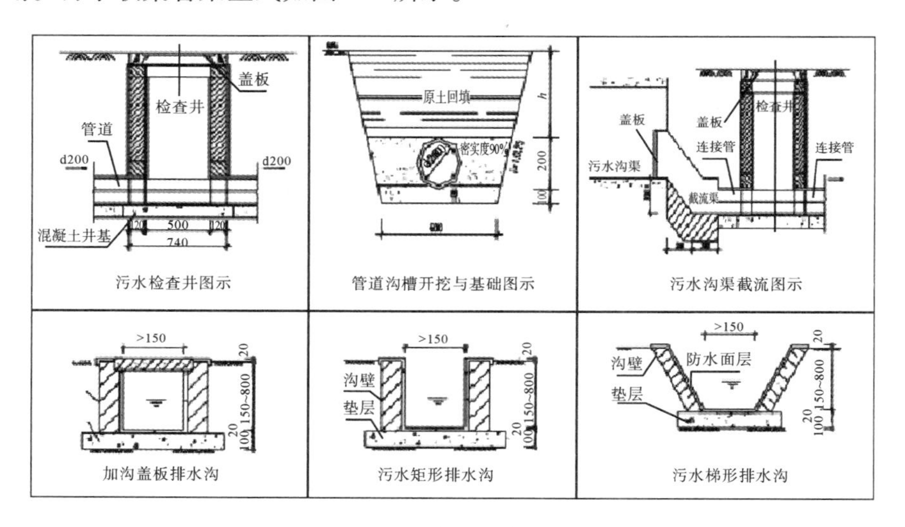

图 3. 1　污水收集管渠型式

污水管道管径一般不宜小于 200 mm，最小设计坡度 0. 4%，卫生间冲厕排水管径不宜小于 100 mm，坡度宜取 0. 7% ~ 1. 0%；生活洗涤水排放管管径不宜小于 50 mm，坡度不宜小于 2. 5%；管道在车行道下埋深不宜小于 0. 7 m。长距离输送污水管道和暗渠应设检查井，检查井设置间距为 30 ~ 50 m。明渠和盖板渠的底宽，不宜小于 0. 15 m。用砖或混凝土块铺砌的明渠可采用 1 ∶ 0. 75 ~ 1 ∶ 1 的边坡。

镇区合流管渠的截流倍数 n_0 应根据合流污水的水质、设计水量、排放水体的卫生要求、水文、气候、排水区域大小和经济条件等因素经计算确定，一般可选用1~2。由于镇区的取水口可能就在镇域范围内，同样排水口也不可能设置得很远。当采用合流制排水时，暴雨初期排出的合流污水会在短期内污染水环境，引起较严重的后果，因此，特别重要地区如饮用水源保护区截流倍数宜大于3。

污水管道宜依据地形坡度铺设，距离建筑物外墙应大于2.5 m，距离树木中心应大于1.5 m，管材可选用混凝土管、陶土管、塑料管等多种地方材料。污水管道应设置检查井。管道布置应遵循接管短、弯头少、排水通畅、便于维护、外观整洁的原则。管道设计可按现行标准《建筑给水排水设计标准》（GB 50015—2019）的有关规定执行。

室内排水器具应设置室内存水弯，水封高度不应小于50 mm。庭院内洗涤池的下水预留管应与地下污水收集管采用密闭方式连接，并高于地面20 cm以上，防止周边雨水汇入。

农户接户井前的室外管道在交汇、转弯、跌落、管径改变及直线管段大于20 m时，应设置检查井或检查口。接户井宜选用预制化成品，应便于清掏，并设有醒目标识。

农村居民住宅厕所污水和生活杂排水应分开收集。厕所污水和农户散养畜禽污水应先经化粪池处理，厨房排水宜设置隔油池。化粪池宜采用成品化粪池，可设置多个开口以便于日常清掏，并设置防虫和通风装置。化粪池容积应包括污泥贮存容积，污水在化粪池中停留时间不宜小于12 h。

（4）农村生活污水收集管材的选择

目前，常见的污水输送管材有钢筋混凝土管、UPVC双壁波纹管、玻璃钢管、HDPE管四种。各种常规管材的技术性能与综合造价比较如表3.7所示。

经济状况好、城乡集镇区、管网集中、环境目标要求高、排水量大的情形，可采用UPVC双壁波纹管、HDPE管相结合。

经济状况较好、城乡集镇区、管网较集中、环境目标要求较高、排水量较大的情形，可采用钢筋混凝土管、玻璃钢管、UPVC双壁波纹管。

经济状况较差、管网分散、排水量不大的村镇，可采用钢筋混凝土管。

表 3.7　常规管材的技术性能与综合造价比较

项目	钢筋混凝土管	UPVC 双壁波纹管	玻璃钢管	HDPE 管
管道性质	刚性管	柔性管	柔性管	柔性管
管道粗糙系数	0.014	0.009	0.009	0.009
D300 管最小坡度	0.003	0.002	0.002	0.002
管道适合埋设深度/m	<12	<4	<6	<6
等长等径管道埋深	大	小	小	小
结构、理化性能	刚性好、不易变形，不均匀沉降性能差，不耐冲击，受压易破损，易漏水，易堵塞，不耐腐，耐寒性差	柔性好、易变形，均匀沉降性能好，耐冲击，不易漏水，不易堵塞，耐磨性好，耐腐、耐寒性好	柔性好、变形量较小，均匀沉降性能好，耐冲击，不易漏水，不易堵塞，耐磨性好，耐腐、耐寒性好	柔性好、均匀沉降性能好，不易漏水，耐磨损
软土地基管基类型	混凝土基础	砂砾基础	砂砾基础	砂砾基础
运输、施工难易程度	重、搬运和施工难	轻、搬运和施工容易	轻、搬运和施工容易	轻、搬运和施工容易
比较适合的施工范围	大管径、顶管	小管径、开挖	小管径、开挖	大管径、开挖
污水系统所需泵站数	多	少	少	少
污水管材综合造价	小管相当、大管低	小管相当、大管较高	中小管相当、大管高	中大管高

3.3.3　污水输送系统

（1）管道

管渠一般使用年限较长，改建困难，如仅根据当前需要设计，不考虑规划，在发展过程中会造成被动和浪费；但是管渠系统的基建投资和维护费用都很高，同时镇区预测的不确定性比城镇大，因而设计期限不宜过长。综合考虑，雨水管渠断面尺寸应按远期规划规定流量设计，污水管道断面应按规划期内的最高日最高时规定流量设计，按现状水量复核，并考虑镇区远景发展的需要①。

雨水管渠和合流管道应按满流计算，污水管道应按非满流计算，其最大设计充满度应按表 3. 8 的规定取值。

表 3. 8　管道的最大设计充满度

管径或渠高/mm	最大设计充满度
200~300	0. 60
350~450	0. 70
500~900	0. 75

管道的最小直径和最小设计坡度宜按表 3. 9 的规定取值。

表 3. 9　管道的最小直径和最小设计坡度

类别	位置	最小直径/mm	最小设计坡度
污水管	在街坊和厂区内	200	0. 01
	在街道下	300	0. 005
雨水管和合流管	—	300	0. 004
雨水口连接管	—	200	0. 01

注：管道坡度不能满足上述要求时，可酌情减小，但应采取防淤、清淤措施。

由于人口规模和经济原因，且镇区内部对排水管渠的疏通养护水平不及城镇地区，污水收集范围较小，可以适当增加管渠坡度，以减少污泥淤积。

由于村镇区经济能力有限，排水管渠宜采取浅埋形式。但在确定管道覆土厚度时，必须考虑以下因素：管材的质量；外部荷载情况；筑路时的临时荷载；此外，冰冻地区还须考虑冰冻深度的影响。如管道覆土厚度不能满足以上规定，应对管道采取加固措施，确保管道安全。当采用管道排水时，宜采用基础简单、接口方便、施工快捷的管道。管道宜埋设在非机动车道下。管道的最小覆土深度应根据外部荷载、管材强度和土壤冰冻情况等条件确定。在机动车道下不宜小于 0. 7 m，在非机动车道、田埂或绿化带下的管道覆土深度可酌情减小，但不宜小于 0. 4 m。位于机动车道下

① 中华人民共和国住房和城乡建设部. 镇（乡）村排水工程技术规程（CJJ 124—2008）[S]. 北京：中华人民共和国住房和城乡建设部，2008.

的塑料管，其环刚度不宜小于 8 kN/m²；位于非机动车道下、田埂或绿化带下的塑料管，其环刚度不宜小于 4 kN/m²。采用重力流时，应尽量依靠地形坡度收集污水，节约污水收集运行费用，污水管道及其坡度宜根据排水量及流速确定。污水收集管道最大设计充满度为 0.5，干管最小管径为 DN200。敷设重力流污水收集管道有困难的地区，可采用正压（负压）收集系统，也可采用组合方式。

纳入城镇污水管网处理时，应测定接入点处城镇污水管网最高水位，通过沿线水头分析，对难以接入或有倒灌风险的地区，在距离接入点最近的中途输送泵末端应设置高位井，下游农户污水应在该泵站前接入。管道的其他设计要求可按现行国家和地方标准的有关规定执行。

（2）检查井

在室外管道交汇、转弯、跌落、管径改变、坡度改变及直线管段上，每隔一定距离处应设置检查井，管道和检查井应采用柔性连接方式。为防止渗漏、提高工程质量、加快建设进度，检查井宜采用成品检查井，材质包括钢筋混凝土材质和非钢筋混凝土材质，应和管道材质保持一致。成品检查井的布置应尽量避免现场切割成品管道，因为管道切割后接口施工很难保证严密，容易造成地下水渗入。根据《国务院办公厅关于进一步推进墙体材料革新和推广节能建筑的通知》（国发办〔2005〕33 号）的要求，为保护耕地资源，到 2010 年底所有城市禁止使用实心黏土砖。因此，砖砌检查井不得使用实心黏土砖。为了防止污水渗漏污染地下水和地下水位高的地区地下水入渗，污水和合流污水检查井应进行严密性试验。

因镇区排水管道的养护水平较低，为了减小养护难度，检查井的间距不宜太大。直线管段检查井的最大间距宜按表 3.10 的规定取值。当采用先进的疏通方法或具备先进的疏通工具时，最大间距可适当加大。

根据现行国家标准《给水排水管道工程施工及验收规范》（GB 50268—2008）的有关规定，压力和无压管道都要在安装完成后进行管道功能性试验，包括水压和严密性试验（闭水、闭气试验）。污水、合流污水管道和湿陷土、膨胀土、流砂地区的雨水管道以及附属构筑物应保证其严密性，并进行严密性试验。

表 3.10　直线管段检查井的最大间距

管径或渠净高/mm	检查井最大间距/m	
	污水管道	雨水管道或合流管道
200~300	20	30
350~450	30	40
500~900	40	50

沉泥槽有截留进入雨水管道的粗重物体的作用。村镇区的道路路面等级较低，泥砂、小颗粒碎石等容易随水流入雨水口。部分镇区居民可能还从事着农业生产，有时会占用部分市政道路从事农业生产，如晾晒农作物等。为了避免泥砂、小颗粒碎石、散落的农作物、飘落的树叶等杂物流入管道后沉积，阻塞雨水排水管道，规定雨水管道的检查井宜设置沉泥槽。

合流制排水系统截流井的溢流水位，应在设计洪水位或受纳管道设计水位以上，当不能满足要求时，应设置闸门等防倒灌设施。沿河道设置的截流井应设置防止河水倒灌装置。

截流井内宜设流量控制设施。在我国大部分地区，当合流制排水系统雨水为自排时，采用的截流方式大多为重力截流，即截流的污水通过重力排入截流管和下游污水系统，这种方式较为经济，但是不宜控制各个截流井的截流量，在雨量较大或下游污水系统负荷不足时，系统下游的截流量往往会超过上游，从而造成上游的混合污水大量排放，且污水系统的进水浓度被大幅降低。随着我国水环境治理力度的加大，对截流设施定量控制的要求越来越高，有条件的地区采用泵截流的方式；有的地区采用浮球控制调流阀来控制截流量，从而保障系统中每个截流井的截流效能得到充分发挥，避免了大量外来水通过截流井进入污水系统。

排水管渠与其他地下管线（或构筑物）水平和垂直的最小净距宜符合现行国家标准《城市工程管线综合规划规范》(GB 50289—2016)、《室外排水设计标准》(GB 50014—2021) 等的有关规定。

(3) 泵站

污水泵站的设计流量，应按泵站进水总管的最高日最高时流量计算确定。雨水泵站的设计流量，应按泵站进水总管的设计流量确定。合流污水泵站的设计流量，应按下列公式计算：

泵站后设污水截流装置时，应按本章 3.3.2 节公式（3.4）计算。

泵站前设污水截流装置时，雨水部分和污水部分应分别按下列公式计算：

①雨水部分

$$Q_p = Q_s - n_0 \left(Q_d + Q_m\right) \tag{3.5}$$

②污水部分

$$Q_p = \left(n_0 + 1\right)\left(Q_d + Q_m\right) \tag{3.6}$$

式中：Q_p——泵站设计流量（m^3/s）；

Q_s——雨水设计流量（m^3/s）；

n_0——截流倍数；

Q_d——设计综合生活污水量（m^3/s）；

Q_m——设计工业废水量（m^3/s）。

污水泵和合流污水泵的设计扬程，应根据设计流量时的集水池水位与出水管渠水位差、水泵管路系统的水头损失以及安全水头确定。雨水泵的设计扬程，应根据设计流量时的集水池水位与受纳水体平均水位差和水泵管路系统的水头损失确定。

供电负荷等级应根据对供电可靠性的要求和中断供电在环境、经济上所造成损失或影响程度来划分。若突然中断供电，造成较大环境、经济损失，给居民生活带来较大影响者，应采用二级负荷等级设计。对于镇排水泵站，可采用三级负荷等级设计，对于重要地区的泵站，宜按二级负荷等级设计。

污水、合流污水泵站的格栅井和污水敞开部分有臭气逸出，会影响周围环境。因此，对位于居民区和重要地区的泵站，宜设置臭气收集和处理装置。目前，我国应用的臭气处理装置有生物除臭、活性炭除臭和化学除臭等。

潜水泵站占地面积小、操作管理方便、运行成本低，因此，排水泵站宜采用潜水泵。当采用干式泵站，且地下式水泵间有顶板结构时，其自然通风条件较差，宜设置机械送排风系统，排除可能产生的有害气体和泵房内的余热、余湿，以保障操作人员的生命安全和健康。通风换气次数一般为5~10次/小时，通风换气体积以地面为界。这在现行国家标准《室外排水设计标准》（GB 50014—2021）中也有规定，但在检修时，应设临时送排风设施，通风次数不应小于5次/小时。

对远离居民点并有人值守的泵站，宜设置值班室（在泵房内单独隔开一间，供值班人员工作、休息等用）和工作人员的生活设施。

排水泵站应设置清洗设施，以便平时清洗集水池和吊出时的潜水泵。在规模较小、用地紧张、不允许存在地面建筑的情况下，可采用一体化预制泵站。一体化预制泵站在欧洲有超过60年的使用历史，目前一体化预制泵站的应用已遍布全球。一体化预制泵站可采用全地下式安装，它有设备集成度高、施工周期短等特点，近年来在我国市政给水排水和内涝防治中广泛使用。例如，江西省海绵城市试点城市萍乡市西门内涝1号一体化轴流预制泵站项目设计规模为4.6 m^3/s，采用2个单筒并联，每个筒的规模分别为2.3 m^3/s。

（4）集水池和潜水泵站

集水池前宜通过沉砂池沉积泥砂，并通过格栅拦截大块的悬浮和漂浮的污物，以保护水泵叶轮和管配件，避免堵塞和磨损，保证水泵正常运行。

集水池宜和格栅井合建，其优点为布置紧凑，占地少，起吊设备可共用。合建的集水池宜采用半封闭式，闸门和格栅处敞开，其余部分加盖板封闭，以减少污染。

集水池宜由集水坑和配水区等组成。潜水泵站的水泵电机机组在集水池内，成为水下的泵室。水泵吸水口的底部有集水坑，集水池的进水侧有配水区或前池。

集水池的设计水位和有效容积应符合下列规定：①集水池的最高设计水位应根据泵站的性质分别计算，雨水泵站按进水管满流计算，与进水管管顶相平；污水泵站按进水管充满度计算，与进水管的水面相平。②集水池的最高设计水位和最低设计水位之间的容积为集水池有效容积。如有效容积过小，则水泵开启频繁；如有效容积过大，则工程造价增加。集水池有效容积不应小于单台潜水泵5 min的出水量。应根据当前电机启闭次数要求，对水泵开停的进行限制，污水泵站应控制单台泵开停次数不宜大于6次/小时。一体化泵站可以根据设备性能确定。③潜水泵站的最低设计水位应满足潜水泵的最小淹没深度要求，否则会吸入空气，引起汽蚀或过热等问题，影响泵站正常运行。

由于潜水泵调换方便，备用泵可以就位安装，也可以库存备用。根据现行国家标准《室外排水设计标准》（GB 50014—2021）的规定，当工作泵台数不大于4台时，备用泵应为1台；在此情况下宜库存备用，以减少土建规模，节省投资。

潜水泵房的集水池可不设通风装置，但检修时应设临时送排风设施，排除可能产生的有害气体以及泵房内的余热、余湿，以保障操作人员的生命安全和健康，换气次数不宜小于 5 次/小时。

机组外缘和集水池壁的净距应根据设备技术参数确定，并应大于 0.2 m，两机组外缘之间的净距应大于 0.2 m，以满足安全防护和操作、检修的需要，并确保配件在检修时能够拆卸。

此外，为利于清池时排空，集水池坡向集水坑的坡度不宜小于 0.1。为了保障潜水泵安装和检修，集水池上宜采用盖板，盖板上宜设吊装孔、人孔和通风孔。

4 农村生活污水预处理技术

农村生活污水预处理技术属于污水处理一级处理工艺，其中包含的预处理单元主要有户用清扫井、化粪池、格栅、泵房抽升和调节池、隔油池、沉砂池和沉淀池。其中，调节池仅在水质和水量波动较大（一般为有工业废水汇入的情况）时使用。下面对户用清扫井、格栅、调节池、隔油池和沉淀池进行简要介绍。

（1）户用清扫井。户用清扫井属于户内设施，一般设置在厨房出水端与接户检查井之间，离厨房较近，主要用于对普通农户厨房出水的隔油和隔渣，从每家每户污水收集的前端去除部分污染物，以减少管网堵塞，从而减轻终端处理压力。接户井的设计可参照隔油池，一般是长宽高为0.3~0.5 m的塑料井或土建井，或者直径为0.3~0.5 m的圆井，内置隔渣板或隔渣栏。

（2）格栅。在格栅井里放置格栅，可阻拦污水中的垃圾并分离污物，实现高效、简单地拦截、收集污水中的垃圾。农村生活污水中的垃圾被格栅井阻拦后需要打捞起来统一进行收集处理。在设计上，格栅栅条的间隙可分为3级：细格栅的间隙为4~10 mm；中格栅的间隙15~25 mm；粗格栅的间隙为40 mm以上。格栅间隙的有效总面积，一般按流速0.8~1.0 m/s计算，最大流量时流速可高至1.2~1.4 m/s。人工清除栅渣时，格栅间隙的有效总面积不应小于进水管渠有效断面面积的2倍；用机械清除栅渣时，格栅间隙的有效总面积不应小于进水管渠有效断面面积的1.2倍。格栅前渠道内的水流速度一般采用0.4~0.9 m/s，格栅的水头损失为0.1~0.4 m，格栅倾斜角一般采用45°~80°。同时，应根据格栅选型，配套设计格栅池。格栅池上必须设置工作台，其高度应比格栅设计的最高水位高0.5 m，并且工作台上应该设有安全设施和冲洗设施。

（3）调节池。调节池是用来调节进、出水流量的构筑物，主要起调节水量和水质的作用，也可以调节污水 pH 值、水温以及预曝气，还可用作事故排水池。当采用分散治理模式时，水量较小，不需要设置污水调节池。调节池的容积可根据实际污水量和水质的变化进行计算和校核，应不小于 0.5 天的设计水量。水质、水量变化很大的，有条件的可采取回流的方式均化水质。调节池水力停留时间一般不宜小于 12 小时。调节池应设置人孔、通风管等，且应具有沉砂功能。人口迁移和农业生产加工等对污水处理设施产生影响的，可设置专用调蓄池。

（4）隔油池。隔油池的作用是分离、收集餐饮污水中的固体污染物和油脂，由其处理后的污水再排入污水管。农家乐、民宿餐饮产生的污水经过滤隔渣，再经过三格式隔油池沉淀悬浮杂物和油水分离的工艺处理后，进入管网或农村生活污水处理设施。在实际操作中，严禁泔水进入餐饮污水隔油处理系统。隔油池的设计应综合考虑餐饮污水排水量、水力停留时间、池内水流流速、池内有效容积等因素，各项技术参数指标应按照《建筑给水排水设计标准》（GB 50015—2019）、《餐饮废水隔油器》（CJ/T 295—2015）、《饮食业环境保护技术规范》（HJ 554—2010）等标准设计。隔油池的设计应因户定案。设计单位应根据农家乐、民宿经营户的厨房面积、餐厅面积，以及就餐人数来计算排水量，并对实际排放餐饮污水情况进行调查核实。隔油池可以视情况现场构筑，亦可购买成品，可根据实际使用情况采用地上式、地埋式、半埋式等安装方式。隔油池应进行防渗处理和满水试验，确保隔油池在稳定运行中无污水渗漏。隔油池的废弃物应优先考虑资源化回收和利用，可纳入餐厨垃圾处理系统进行集中处置。

（5）沉淀池。按工艺布置的不同，沉淀池可分为初次沉淀池和二次沉淀池。初次沉淀池处理的对象是悬浮物质，它同时可去除部分生化需氧量（BOD_5），可改善生物处理构筑物的运行条件，并降低其 BOD_5 负荷。按池内水流方向的不同，沉淀池可分为平流式沉淀池、竖流式沉淀池、辐流式沉淀池和斜流式沉淀池 4 种。对于 5 个人口当量的单个家庭处理系统，沉淀池的总体积必须达到 2 m^3。对于较大的系统，沉淀池扩大的体积应该与处理的人口当量成正比。沉淀池的个数或分格不应少于 2 个，一般按同时工作设计，容积应按池前工作水泵的最大设计出水量计算，自流进入时，应按管道最大设计流量计算。池内污泥一般采用静水压力排出，池内污泥采用机械排泥时，可连续排泥或间歇排泥；不采用机械排泥时，应每天排泥。

下文将对化粪池、格栅、泵房抽升、调节池、沉砂池和沉淀池进行详细介绍。

4.1 化粪池

化粪池是一种利用沉淀和厌氧发酵的原理，处理粪便并加以过滤沉淀，同时可将生活污水分格沉淀，去除生活污水中悬浮性有机物，以及对污泥进行厌氧消化的处理设施，属于初级的过渡性生活污水处理构筑物。在城镇生活社区、机关事业单位内设置化粪池的最初目的是积取肥料，随着城市化发展和环境污染加剧，化粪池为农业生产提供肥料的作用已经基本消失，它已成为生活污水处理的基本措施之一。化粪池在节流以及沉淀污水中的大颗粒杂质、防止污水管道堵塞、减少管道埋深、保护环境方面都发挥了积极作用。化粪池能截留生活污水中的粪便、纸屑、病原虫等杂质的50%，可使BOD_5降低20%，能在一定程度上减轻污水处理厂的污染负荷或水体污染压力。

4.1.1 化粪池的作用

化粪池是基本的污泥处理设施，同时也是生活污水的预处理设施，它的作用主要有以下几个：

(1) 保障生活社区的环境卫生，避免生活污水及污染物在居住环境的扩散。

(2) 在化粪池厌氧腐化的工作环境中，杀灭蚊蝇虫卵。

(3) 临时性储存污泥，对有机污泥进行厌氧腐化，熟化的有机污泥可作为农用肥料。

(4) 对生活污水进行预处理（一级处理），沉淀杂质，并使大分子有机物水解，成为酸、醇等小分子有机物，改善后续的污水处理。

4.1.2 三格化粪池的工艺原理及结构组成

(1) 工艺原理

三格化粪池由相连的三个池子组成，中间由过粪管连通，主要是利用厌氧发酵、中层过粪和寄生虫卵密度大于一般混合液密度而易于沉淀的原理，粪便在池内经过 30 天以上的发酵分解，中层粪液依次由第一池流至第三池，以达到沉淀或杀灭粪便中寄生虫卵和肠道致病菌的目的，第三池粪液成为优质肥料。具体的工艺原理如下：

新鲜粪便由进粪口进入第一池，池内粪便开始发酵分解，因密度不同，粪液可自然分为三层，上层为糊状粪皮，下层为块状或颗粒状粪渣，中层为比较澄清的粪液。上层粪皮和下层粪渣中所含的细菌和寄生虫卵最多，中层所含虫卵最少，初步发酵的中层粪液经过粪管溢流至第二池，而将大部分未经充分发酵的粪皮和粪渣阻留在第一池内继续发酵，流入第二池的粪液进一步发酵分解，虫卵继续下沉，病原体逐渐死亡，粪液得到进一步无害化，产生的粪皮和粪渣厚度比第一池显著减少。流入第三池的粪液一般已经腐熟，其中病菌和寄生虫卵已基本杀灭。第三池主要储存已基本无害化的粪液。

（2）结构组成

传统的三格化粪池一般是方池平顶，大多采用砖混墙体、钢筋混凝土现浇或预制顶盖板结构，分别在每格顶板上做一个作业井口。施工时必须支模，工艺复杂、工期长、造价高。当化粪池容积较大时，施工时方坑容易塌方，且三个作业井口易失盖掉人，存在一定的不安全性。常见的三格化粪池结构剖面图如图 4.1 至图 4.6 所示，三格化粪池实景图如图 4.7 所示。

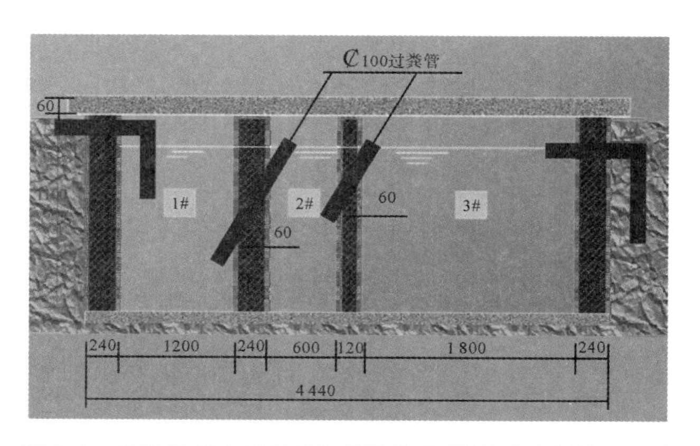

图 4.1　常见的长方形三格化粪池结构剖面图（单位：mm）

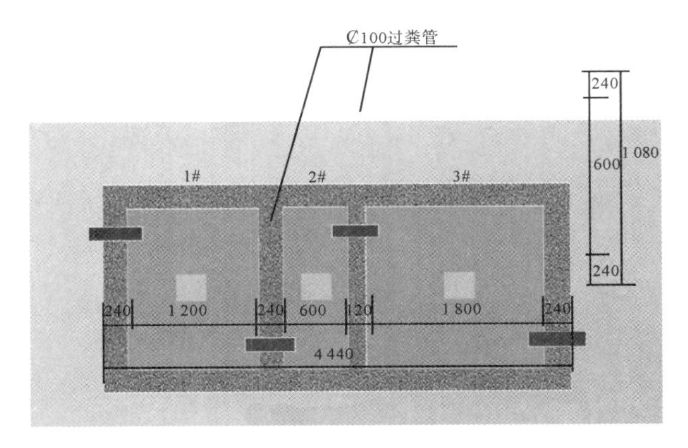

图 4.2 “目”字形三格化粪池结构剖面图（单位：mm）

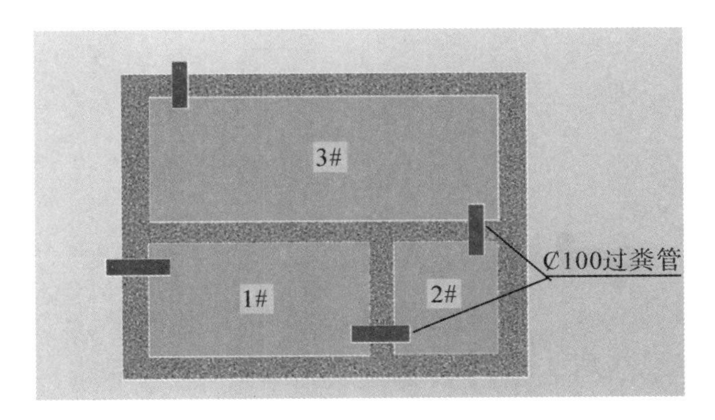

图 4.3 “品”字形三格化粪池结构剖面图（单位：mm）

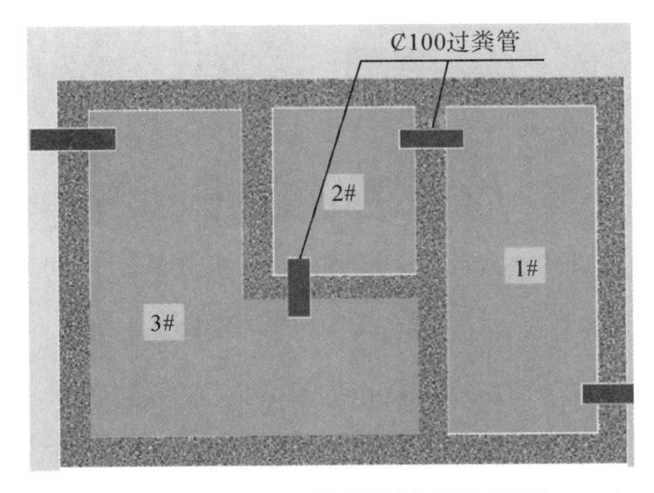

图 4.4 “可”字形三格化粪池结构剖面图（单位：mm）

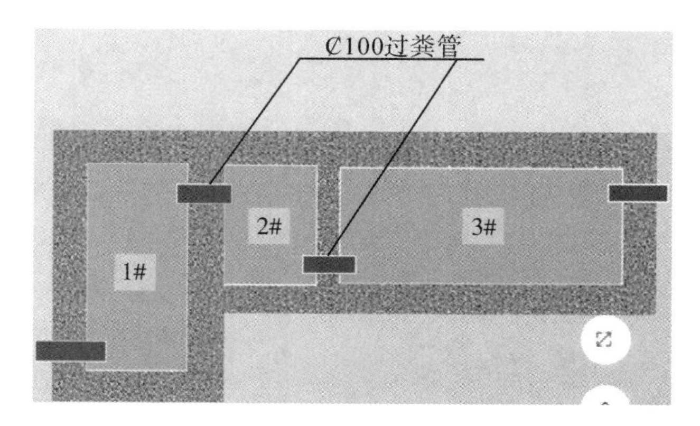

图 4.5 “丁”字形三格化粪池结构剖面图（单位：mm）

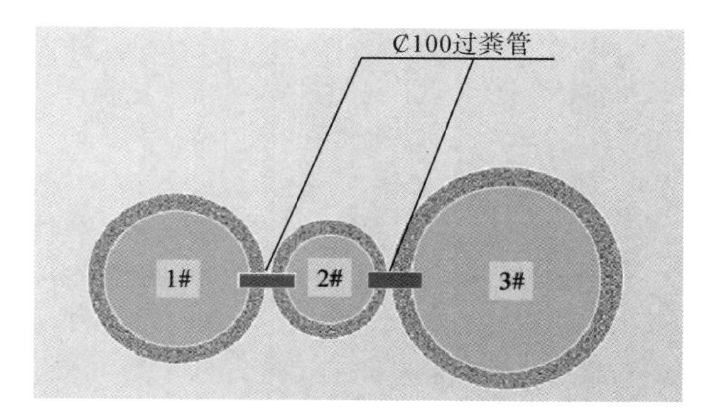

图 4.6 圆形三格化粪池结构剖面图（单位：mm）

图 4.7 三格化粪池实景图

国内有一种改进型的砌体圆拱式单井口三格化粪池，采用砌体材料，由圆形筒身和圆底面球形薄壳顶盖两部分组成（见图 4.8）。圆形筒身部分分前池、中池和后池 3 部分，由池壁、隔板和墙洞组成。圆底面球形薄壳顶盖由圆形薄壳顶、井口、井盖组成。

圆形筒身部分在前池接进水管，后池接排水管，中池通过设在隔板上的墙洞分别与前池、后池相连。墙洞分别设在隔板高度的 1/2 处。当粪水通过管道进入前池后，由前池初化后经主隔板的墙洞进入中池，再由中池二级处理后经次隔板的墙洞进入后池再处理，完成三级或多级处理后的化粪水通过装在后池的出水管道流出。化粪池的竖向定位是保证井口平于或低于地面。

砌体圆拱式单井口三格化粪池共用一个拱顶和井口，当对化粪池进行检修维护时，只需打开拱顶上井口的活动井盖便可随意出入。

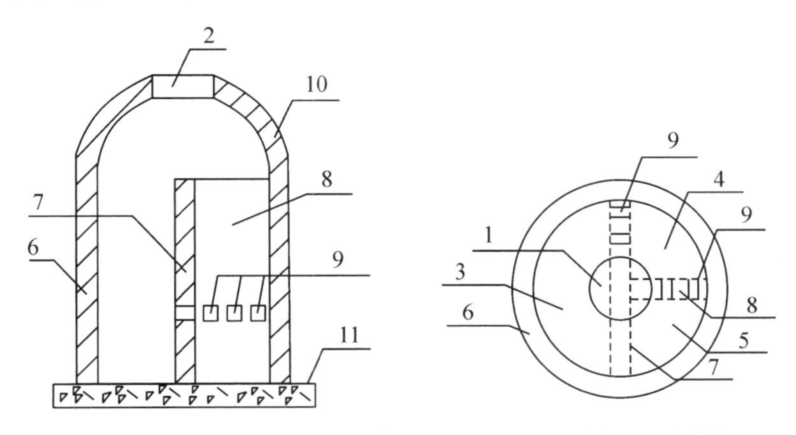

1-井口；2-井盖；3-前池；4-中池；5-后池；6-池壁；7-主隔板；
8-次隔板；9-墙洞；10-拱顶；11-混凝土垫块层

图 4.8　砌体圆拱式单井口三格化粪池结构

4.1.3　化粪池的设计

4.1.3.1　化粪池设计参数

化粪池处理工艺比较简单，粪便污水进入化粪池后，污水中较大的悬浮颗粒、粪便首先沉降，较小的悬浮颗粒在停留时间内逐步沉降，沉于池底的粪便在缺氧条件下厌氧发酵。因此，化粪池实际上是集沉淀池和消化池为一体的构筑物。

化粪池设计可参考《给水排水设计手册》和化粪池标准图集，结合出水水质要求进行设计。化粪池设计应考虑以下事项：

（1）化粪池的设计应与村庄排污和污水处理系统统一考虑设计，使之与排污或污水处理系统形成一个有机整体，以便充分发挥化粪池的作用。同时，为防止污染地下水，化粪池须做防水、防渗处理。

（2）化粪池的平面布置选位应充分考虑当地地质、水文情况和基底处理方法，以免施工过程中出现基坑护坡塌方等问题。

（3）三格式化粪池第一格容积占总容积的50%~60%，第二格容积占20%~30%，第三格容积占20%~30%；若化粪池污水量超过50 m^3/d，宜设两个并联的化粪池；化粪池容积不宜小于2.0 m^3，且此时最好设计为圆形化粪池（又称“化粪井”），采取大小相同的双格连通方式，每格有效直径应大于或等于1.0m。

（4）化粪池与地下给水排水构筑物的距离应不小于30 m，与其他建筑物的距离应不小于5 m，化粪池的位置应便于清掏池底污泥。

（5）化粪池的水力停留时间宜选48 h或以上，污染物产生量取0.1~0.14 立方米/(人·年)，有效水深取2~3 m，池体容积为污水量与污泥量之和，滤料层高度为0.8~1.2 m。

化粪池的沉淀部分和腐化部分的容积应按《建筑给水排水设计标准》（GB 50015—2019）确定。污水在化粪池中停留时间宜采用12~36 h。对于无污泥处置的污水处理系统，化粪池容积还应包括贮存污泥的容积。

化粪池的池容积计算公式如下：

$$\begin{aligned} V_t &= V_{污水} + V_{污泥} \\ &= [Nqt_s/24 + a_1 \alpha N T_w (1-b)/(1-c)] \times 1\,000 \end{aligned} \tag{4.1}$$

式中：V_t——化粪池的容积（m^3）；

$V_{污水}$——污水部分的容积（m^3）；

$V_{污泥}$——污泥部分的容积（m^3）；

N——使用人数（人）；

α——使用百分数；

q——化粪池进水流量[升/(人·天)]；

t_s——污水停留时间（h）；

T_w——污泥清掏时间（h）；

a_1、b、c——已知常数。

以上参数的计算需注意以下几个方面：

（1）化粪池进水流量。因建筑物排水流量是随季节变化的，最大排水日多在夏季，由于水温高，有利于悬浮物的沉降，污水沉降在 2 h 内最佳，扣除污泥气对沉降的影响，所选择的 t_s往往超出污水沉淀所需时间，因此，化粪池进水流量 q 可按平均日排水量进行设计。

（2）污水停留时间。考虑到任何建筑的排水都以 24 h 为一个变化周期，取 $t_s=24$ 是比较合理的。如果建筑排水集中在某一段时间（T_p）内，其余时间（$24-T_p$）几户不排水或排水很小，选 $t_s=T_p$ 就能满足要求，但不应小于 12 h，否则将影响沉淀或冲起化粪池底部的悬浮颗粒，严重影响出水效果。对于分散性大的农户化粪池可采用 $t_s=12$ h 的停留时间；对接待人数较多的农家乐而言，$t_s=24$ h 比较合理。也有资料显示，最大日排水的污水停留时间与平均日排水的污水停留时间的比值（K_b）取 1∶1.5。如 t_s取 24 h，则最大日排水时的污水停留时间取 16 h。

（3）污泥清掏时间。污泥清掏时间（T_w）与化粪池内污泥需要的消化时间（T_x）相关，当取 $T_w \leq T_x$时，化粪池污泥未达到消化需要的时间，粪便处理效果不好；当取 $T_w > T_x$时，在 T_x前进入的粪便均未转化为熟污泥；只有取值相当大（$T_w \gg T_x$）时，已消化的熟污泥占全部污泥的比例才会高，化粪池污泥处理效果才会好。但考虑到造价，化粪池对污泥处理要求不像污水处理厂那样严格，清掏的污泥并不是立即施于农田，T_w可适当放宽，但不应小于 90 d。

（4）三格化粪池的功能安排。对于三格化粪池而言，第一格池用于污泥消化和沉淀较大颗粒，其容积按 $V_{污泥}$加上 2 h 的污水量考虑。第二格池用于沉淀较小颗粒，其容积按 t_s减去 2 h 的污水量考虑。第三格存放待排放的污水。分三格的目的是避免消化污泥对污水沉淀的影响。

（5）粪便、生活污水的分流、合流制排水对化粪池的影响。分流、合流制排水对化粪池出水是有影响的，但无论是分流排水还是合流排水，进入化粪池的粪便污泥量是相同的，而污水量不同。

通过计算，分流系统需要的污水容积与污泥容积几乎相等；而在合流系统中，由于 q≫30 升/(人·天)，污水容积远大于污泥容积。目前，化粪池管理比较混乱，不能按期掏粪，粪便污泥积累使得污水实际停留时间小于设计时间。从以上分析中可以看出，分流制系统的污水停留时间缩短的速度高于合流制系统，水质恶化也更快。因而，在分流制排水系统中，实际选用的化粪池应大于设计容积；在合流制排水系统中，化粪池污水容积远大于污泥容积，具有一定的贮存额外污泥的能力，但其出水水质受季节变化影响，夏季进水流量大，停留时间短，出水水质差，而冬季则相反。因此，合流制化粪池最好在夏季用水高峰来临之前清掏一次，人为增加污水在化粪池中的停留时间。

在分散型农村生活污水处理系统中，化粪池出水如进入土壤渗滤、人工湿地等环境生态工程，更适合采用合流制系统化粪池，有利于降低出水中的 COD、BOD、TN、TP、SS 浓度，使之更能满足污水主处理系统的进水水质需求。

4.1.3.2 化粪池设计中要考虑的特殊问题

在化粪池设计阶段需要特别重视以下问题：

（1）化粪池堵塞控制设计。在化粪池大样通用图中，化粪池第一格的设计水面到进粪管口底的高度为 10 cm，这个高度在 20 世纪 80 年代前是合理的。因为当时人们的日用品，如卫生用品和食品包装主要是草纸材质，在自然环境中容易腐烂。20 世纪 80 年代后因人们开始大量使用塑料食品袋和化纤制品，一旦化学制品特别是塑料制品进入化粪池内，塑料制品垃圾一般浮于水面，粪渣很快就会升到进粪管道口，造成管道堵塞现象。因此，化粪池第一格的进出口高度加高到 15 cm，有条件的加高到 18 cm，可避免进粪管道口被堵塞。

（2）化粪池内的排水通道尺寸、标高等设计，应符合《建筑给水排水及采暖工程施工质量验收规范》（GB 50242—2002）10.3.2 的规定：排水检查井、化粪池的底板及进、出水管的标高必须符合设计，其允许偏差为 ±15 mm。若与设计标准偏差过大则会影响化粪池的使用功能。

（3）公用厕所及三格化粪池的结构。三格化粪池是将粪便收集和无害化处理建在一起的设施，粪屋部分与普通厕所相似，化粪池是无害化处理的关键。在三格化粪池中，三格粪池的布局、形状、容积、进粪口、过粪口、出粪口、清渣口、排气管等都与无害化和保肥效果密切相关。

①化粪池布局。化粪池可设置在蹲位下面，也可设置在粪屋外。蹲位多且需要两行排列的厕所，化粪池一般设置在屋内，但要将清渣口设置在屋外，以便于清渣和防止盖板不严臭气泄露污染环境空气。蹲位单行排列的厕所，宜将化粪池建在屋外以便检修和排渣。

②化粪池形状。长方形化粪池的盖顶建筑材料易找到，施工方便，且

能延长粪便在池内的流程，有利于无害化处理。

③化粪池容积。化粪池容积需根据粪便在化粪池内的储存时间等决定。要求杀灭传染病虫卵和病菌的，第一格和第二格的池容积要满足服务人数的 30 d 的粪便停留时间，其中第一格稍大些，占 18 d。当不考虑这些因素时，设计停留时间可按第三格化粪池的停留时间进行设计。第三格容积视用肥或排水后水处理设施情况决定，一般为服务人数的 10~20 d 的粪便停留时间。

④过粪口。三格池子的格与格之间设有过粪口。过粪口关系到粪便流动方向、流程长短，是否有利于厌氧和阻留粪皮、粪渣等问题。较好的过粪口形式是在隔墙上安装（斜放）直径为 150~200 mm 的过粪管。管的下端为入粪口，在第一、第二格之间设在隔墙下 1/2 处，在第二、第三格之间设在隔墙中部或稍高的位置。管的上端为出粪口，上端均设置在隔墙顶部位，出水口下缘即第一、第二格的粪液面，粪便超过这个液面，即溢过下一格。过粪口可用陶管、水泥预制管、PVC 管、砖砌空心柱等。

⑤进粪口。三格化粪池进粪口多采用管型粪封式。这种进粪口是借助第一格粪液面把进粪管一端的口封住，可以大大减少臭气，并防止蚊蝇进出。进粪管是在蹲位下的粪都（盆）或滑粪道下接一根直径为 100 mm、管下端插入第一格液面 20~30 mm 的管子（如陶管）。为防止进粪时粪水上溅，管道要斜放，斜度以管道中轴线与水平面夹角为 70°~80°为宜。

⑥出粪口与清渣口。出粪口设置在第三格顶部，建筑尺寸为宽 500~600 mm、长 500~1 000 mm，同时设置活动盖板。第一、第二池顶部设置直径为 500 mm 的清渣口，并设活动盖板。

⑦排气管。粪便在化粪池内发酵的过程中会产生沼气等气体，为保证安全，第一格池顶部可设置一个口径为 50~100 mm 的排气管，管的上端高出厕屋的顶部。

供农户家庭使用的小型三格化粪池类似上述的公厕化粪池，除排气管等少数结构和布局存在一些差异外，其他的大体相似。

4.1.3.3 化粪池附属设施的臭气泄漏防护设计

混凝土检查井盖板的提环一般做成能上下活动的钢筋提环。这种做法的不足体现在：一是很难保证提环根部密封而不泄漏臭气；二是因为提环一部分伸在井池内，受井池内沼气、高湿度环境影响，会加快提环的锈蚀。若把提环做成环根部固定，提环外露在一个槽底呈菱形、槽高 20 mm

的槽上部，就能克服上述缺点。改造后的提环只有一小部分露在外面，又与盖面平整，不会造成行人绊脚的情况。维修起盖时，用一根钢筋钩环或钢丝绳加上一条杆即可。

检查井、雨水井应避免臭气泄漏，污染环境。废水排出管与室外污水管道连接处的检查井以及雨水管并入污水管的检查井，若在来水管端接一个与来水管大小相同的弯头，可防止臭气由各户的地漏泄出。

4.1.4 化粪池的管理

4.1.4.1 化粪池施工建设管理

（1）地址。无论是公厕还是家庭化粪池，都要选择距村庄内饮用水源包括饮用水管 30 m 以上、地下水位较低、不容易被洪水淹没并方便使用的地方建设。

（2）化粪池要注意防渗漏。化粪池池壁、池底要用不透水材料构筑，严密勾缝，内壁要用符合规范的水泥砂浆粉抹。化粪池建成后，注入清水检查证明不漏水方能验收使用。

（3）进粪口粪封线的掌握。进粪口要达到粪封要求，需注意准确测定化粪池的粪液面。其粪液面是过粪管（第一、第二格之间）上端下缘的水平线位置，进粪管下端要低于此水平线下 20~30 mm。

4.1.4.2 化粪池建成后的日常维护管理

化粪池日常管理工作主要包括：防止进粪口堵塞；定期检查第三格的粪液水质状况（COD、SS、TN、TP 等），特别要关注悬浮物含量，其含量过高时要在预处理工程给予特殊处理；定期清理第一、第二格化粪池中的粪皮、粪渣，清除的粪皮、粪渣及时与垃圾等混合高温堆肥或者清运作卫生填埋；经常检查出粪口与清渣口的盖板是否盖好、池子损坏与否、管道是否堵塞等情况，并及时做好维修工作。

4.1.5 农村化粪池性能的总体评价

化粪池能够降低 70%~75%的 SS 和 30%~35%的 BOD_5，但是无法达标排放[①]，同时能截留生活污水中 50%的粪便、纸屑、病原虫等杂质。与城

---

① 吴慧芳，孔火良，金杭. 城镇小型生活污水处理设备及其展望［J］. 工业安全与环保，2003（5）：17-20.

镇社区化粪池相比较，农村化粪池的建设不太规范，化粪池的容积、水力停留时间、污泥消化的设计参数均存在不确定性。化粪池实际效果也不尽人意，化粪池出水的 COD、SS、TN、TP 等含量十分高，不能满足土壤渗滤、人工湿地等环境生态工程设计规定的进水水质要求。同时，化粪池的渗漏现象严重，不仅造成工程的污水收集率低，还会对地下水造成严重污染。化粪池的维护管理混乱，污泥消化不彻底，并大量溢入后面第二格池内，造成出水 SS 含量高，导致土壤渗滤、人工湿地等后序污水处理系统的堵塞。

因此，分散型农村生活污水处理工程建设过程中，首要任务是对化粪池进行适当的改造，并增设必要的预处理设施，避免化粪池污水直接进入以自然净化为主体的水处理设施中，以延长处理系统的寿命。

4.1.6 化粪池的处理效果

（1）化粪池出水的 COD_{Cr}、BOD_5浓度及其去除效果分析

湖南大学所做的《湖南农村地区化粪池和人工湿地效果研究报告》① 显示，化粪池 A、C、E、F 同时收纳厕所污水和生活污水，进水的 COD_{Cr} 浓度偏低，分别为 339. 10 mg/L、509. 55 mg/L、292. 20 mg/L、438. 16 mg/L，BOD_5浓度分别为 150. 88 mg/L、232. 75 mg/L、130. 30 mg/L、190. 25 mg/L。化粪池 B、D、G 仅收纳厕所污水，进水的 COD_{Cr}浓度分别为 762. 05 mg/L、639. 38 mg/L、495. 37 mg/L，BOD_5浓度分别为 345. 00 mg/L、295. 00 mg/L、220. 00 mg/L。各不同类型化粪池进出水中，COD_{Cr} 和 BOD_5 平均浓度及其平均去除率如表 4. 1 和表 4. 2 所示。

表 4. 1 化粪池进出水的 COD_{Cr}平均浓度及其平均去除率比较

组别	名称	形式	位置	污染物平均浓度/mg · L^{-1}		去除率/%	备注
				进水	出水		
监测组	化粪池 A	三格	乔口	339. 10	172. 23	49. 2	住宅
	化粪池 B	三格	乔口	762. 05	313. 19	58. 9	住宅
	化粪池 C	三格	春华	509. 55	129. 33	74. 6	住宅
	化粪池 D	三格	莲花	639. 38	220. 76	65. 5	商住楼
	化粪池 E	三格	桐木	292. 20	153. 61	47. 4	住宅

① 湖南大学湖南农村地区化粪池和人工湿地效果研究课题组. 湖南农村地区化粪池和人工湿地效果研究报告 [Z]. 2016 (4): 31-52.

表4.1(续)

组别	名称	形式	位置	污染物平均浓度/mg·L^{-1}		去除率/%	备注
				进水	出水		
对照组	化粪池F	三格	乔口	438.16	212.27	51.6	短流
	化粪池G	三格	乔口	495.37	171.10	65.5	清掏
	化粪池H	三格	长沙	1 240.98	749.70	39.6	城市学生公寓
	化粪池I	双格	长沙	197.64	113.46	42.6	城市住宅
	化粪池J	单格	春华	669.10		—	
	化粪池K	单格	春华	568.13		—	

表4.2 化粪池进出水的BOD_5平均浓度及其平均去除率比较

组别	名称	形式	位置	污染物平均浓度/mg·L^{-1}		去除率/%	备注
				进水	出水		
监测组	化粪池A	三格	乔口	150.88	84.31	44.1	住宅
	化粪池B	三格	乔口	345.00	152.36	55.8	住宅
	化粪池C	三格	春华	232.75	67.25	71.1	住宅
	化粪池D	三格	莲花	295.00	111.10	62.3	商住楼
	化粪池E	三格	桐木	130.30	74.10	43.1	住宅
对照组	化粪池F	三格	乔口	190.25	91.75	51.8	短流
	化粪池G	三格	乔口	220.00	81.00	63.2	清掏
	化粪池H	三格	长沙	525.00	320.00	39.0	城市学生公寓
	化粪池I	双格	长沙	94.25	55.50	41.1	城市住宅
	化粪池J	单格	春华	255.00		—	
	化粪池K	单格	春华	277.50		—	

从化粪池的出水水质及污染物处理效果来看，三格化粪池（除城市学生公寓H池使用人数过多外）均具有较好的COD_{Cr}和BOD_5去除效果，COD_{Cr}的去除率大致在50%~70%，BOD_5的去除率大致在40%~70%，处理后COD_{Cr}的出水浓度一般在150~300 mg/L，BOD_5的出水浓度一般在75~150 mg/L。为后续污水处理起到了积极的预处理作用，保障了后续污水处理装置的稳定运行。其中，G为乔口镇刚进行过清掏的化粪池，与乔口镇未及时清掏的同类型、同容积化粪池B相比，其COD_{Cr}和BOD_5去除效果更好；化粪池D清掏时间也不长，其COD_{Cr}和BOD_5去除率也比其他未及时清掏的

化粪池高。化粪池 H 为城市公用建筑（城市学生公寓）的三格化粪池。由于建筑物内人口多、产生的粪便污水量大，致使污水在化粪池内停留时间短，且由于化粪池处理不及时，因此出水 COD_{Cr}和 BOD_5浓度都较高，去除效果欠佳。双格化粪池具有一定的处理效果，COD_{Cr}平均去除率为 42.6%，BOD_5平均去除率为 41.1%，但低于三格化粪池。

化粪池出水 COD_{Cr}和 BOD_5 浓度及其去除率在夏秋季随季节变化不大，但冬季出水 COD_{Cr}和 BOD_5 浓度明显上升，其去除率则呈下降趋势。原因在于，化粪池主要是通过物理沉淀和化粪池内微生物的厌氧发酵对有机物进行生化降解，温度的变化对厌氧菌厌氧发酵的影响是造成化粪池出水浓度及其去除率变化的主要原因。本书研究所选的化粪池位于湖南省中北部农村地区，化粪池池内水温随季节变化明显。监测显示，夏季化粪池内水温在 24~26 ℃，秋季水温在 21~25 ℃，冬季水温在 15~19 ℃。夏秋季因化粪池水温较高，厌氧发酵反应速度快，因此有机物分解快，化粪池出水的 COD_{Cr}和 BOD_5 浓度较低，去除率较高；冬季化粪池水温较低，厌氧发酵反应速度缓慢，不利于有机物的分解，因此化粪池出水的 COD_{Cr}和 BOD_5 浓度较高，去除率有所降低。此外，从同一天的不同时段看，通常上午 8~10 点是农村居民排水和排污较集中的高峰时段，出水的 COD_{Cr}和 BOD_5 浓度在同一天中为最高，其他时段无明显规律性。

（2）化粪池出水水质的可生化性

生活污水经化粪池处理后，污水的可生化性有了一定的改善和提高（见表 4.3）。化粪池进水的 BOD_5/COD_{Cr}比值在 0.42~0.46，经三格化粪池或双格化粪池预处理后，出水的 BOD_5/COD_{Cr} 比值可提高至 0.47~0.52。污水可生化性的提高有利于改善后续的污水处理。公用建筑的三格化粪池由于用水量大，污水在其中的停留时间短，影响了微生物的厌氧发酵作用，其进出水的可生化性基本没有变化。

表 4.3　化粪池预处理对污水可生化性的影响

组别	名称	形式	位置	可生化性		备注
				进水	出水	
监测组	化粪池 A	三格	乔口	0.44	0.49	住宅
	化粪池 B	三格	乔口	0.45	0.49	住宅
	化粪池 C	三格	春华	0.46	0.52	住宅
	化粪池 D	三格	莲花	0.46	0.50	商住楼
	化粪池 E	三格	桐木	0.45	0.48	住宅
对照组	化粪池 F	三格	乔口	0.43	0.43	短流
	化粪池 G	三格	乔口	0.44	0.47	清掏
	化粪池 H	三格	长沙	0.42	0.43	城市学生公寓
	化粪池 I	双格	长沙	0.48	0.49	城市住宅
	化粪池 J	单格	春华	0.45		
	化粪池 K	单格	春华	0.41		

（3）化粪池出水的 SS 浓度及其去除效果分析

典型的农村生活污水悬浮颗粒物来源一方面是厕所污水中的粪渣和卫生纸，另一方面是厨房废水中夹带的部分菜梗、菜叶以及倾倒剩菜剩饭造成的食物残渣等。化粪池对于污水中 SS 的去除以沉淀作用为主，厌氧发酵作用为辅。生活污水进入化粪池后，密度大的悬浮物如粪便残渣、蔬菜梗、卫生纸等会下沉，而密度小的悬浮物如菜叶、茶叶残渣、动植物油等会上浮，并最终漂浮在水面上。通常，三格式和双格式化粪池对污水中悬浮物的沉淀过程大多在第一和第二格内完成。化粪池出水管由一个 90 度下弯的弯头和一截约 1 m 的竖管构成，收集水面 1 m 以下的污水，避免漂浮物和沉淀物进入下一格化粪池。表 4.4 展示了不同化粪池对 SS 的去除效果。

表 4.4　化粪池进出水的 SS 平均浓度及其平均去除率比较

组别	名称	形式	位置	污染物平均浓度/mg · L^{-1}		去除率/%	备注
				进水	出水		
监测组	化粪池 A	三格	乔口	571.88	241.37	57.8	住宅
	化粪池 B	三格	乔口	1 007.71	499.21	50.5	住宅
	化粪池 C	三格	春华	612.25	151.00	75.3	住宅
	化粪池 D	三格	莲花	769.70	262.20	65.9	商住楼
	化粪池 E	三格	桐木	499.60	202.50	59.5	住宅

表4.4(续)

组别	名称	形式	位置	污染物平均浓度/mg·L^{-1}		去除率/%	备注
				进水	出水		
对照组	化粪池 F	三格	乔口	736.25	377.00	48.8	短流
	化粪池 G	三格	乔口	893.00	197.50	77.9	清掏
	化粪池 H	三格	长沙	1 106.50	685.00	38.1	城市学生公寓
	化粪池 I	双格	长沙	548.25	260.25	52.5	城市住宅
	化粪池 J	单格	春华	504.00		—	
	化粪池 K	单格	春华	736.95		—	

从表4.4可以看出，对于只收纳厕所污水的化粪池B、D、G，其进水的SS浓度较高，为1 007.71 mg/L、769.70 mg/L、893.00 mg/L。而同时收纳厕所污水和生活废水的化粪池A、C、E、F，其进水的SS浓度较低，为571.88 mg/L、612.25 mg/L、499.60 mg/L、736.25 mg/L。单格化粪池J、K由于取样时采集的是上层清液，因此SS浓度并不太高，为504.00 mg/L、736.95 mg/L。公用建筑三格化粪池（化粪池H）由于使用人数多，排水排污量大，且停留时间短，进出水的SS浓度很高。

从化粪池出水的SS浓度及去除效果来看，三格化粪池（除城市学生公寓H池使用人数过多外）具有较好的SS去除效果，SS的平均去除率在50%~70%，出水的SS平均浓度在150~650 mg/L。化粪池容积大小和污水停留时间是影响化粪池出水的SS浓度及其去除率的重要因素。化粪池C与化粪池A、B的服务人口基本一样，但化粪池C容积较大，其悬浮物平均去除率也就较高。另外，化粪池清掏与否也是影响其悬浮物去除效果的主要因素，刚进行清掏过的化粪池G与同一调研点、相同容积却未及时清掏的化粪池B相比，其悬浮物去除效果要好得多，平均去除率为77.9%。D池也是清掏时间不长的化粪池，其SS平均去除率为65.9%，去除效果也优于在采样周期内未进行过清掏的B池。对比三格化粪池A、E和双格化粪池I可以看出，双格化粪池也具有一定的SS去除效果，但整体上比三格化粪池去除效果差。

同时，实验也表明，化粪池出水的SS浓度及其去除率随季节变化不明显，这是因为化粪池去除SS的主要机理是物理沉淀作用而非生物作用，因此，温度的变化对SS去除的影响不大。

（4）化粪池出水的总氮和氨氮及其去除效果分析

农村生活污水中总氮的主要来源是厕所污水中的粪便、尿液以及剩饭剩菜中的含氮有机质。总氮分为有机氮和无机氮。其中，无机氮以氨氮为主，主要来源于尿液；有机氮主要来源于粪便和剩饭剩菜残渣。生活污水中的有机氮在微生物的水解作用下也会转变为氨氮。化粪池内总氮的去除，一方面是通过厌氧细菌将有机氮转化为氨氮并部分挥发到空气中达到去除的目的；另一方面是通过厌氧细菌的反硝化作用，将硝态氮和亚硝态氮转化为氮气，扩散到空气中。尽管化粪池内污水的溶解氧浓度较低，一般为0.2~0.5 mg/L，能满足反硝化作用所需的厌氧环境条件，但过低的溶解氧抑制了硝化细菌进行硝化和亚硝化作用，造成化粪池污水中硝态氮和亚硝态氮不足，厌氧细菌的反硝化除氮效果不明显。因此，化粪池对生活污水中总氮指标的去除，主要是通过微生物的氨化作用产生氨氮并挥发到大气中来实现的。化粪池中进出水氨氮浓度的变化，主要也是利用厌氧菌的氨化作用将有机氮转化为氨氮而使化粪池出水的氨氮浓度上升，以及氨氮挥发扩散到大气中导致水中氨氮浓度减少两者共同作用的结果。

由表4.5和表4.6可以看出，仅收集厕所污水的化粪池B、D、G进水的总氮和氨氮浓度较高，其中总氮平均浓度为168.41 mg/L、117.22 mg/L、77.43 mg/L，氨氮平均浓度为135.80 mg/L、99.71 mg/L、57.75 mg/L。特别是未进行清掏的B池，总氮和氨氮平均浓度最高，分别为168.41 mg/L和135.80 mg/L，而及时清掏的G池进水的总氮和氨氮平均浓度明显降低，分别为77.43 mg/L和57.75 mg/L。同时收集厕所污水和厨房废水的化粪池A、C、E进水的总氮和氨氮平均浓度较低，其中总氮平均浓度为38.39 mg/L、63.20 mg/L、43.62 mg/L，氨氮平均浓度为28.18 mg/L、49.96 mg/L、31.76 mg/L。F池由于发生短路现象，进水的总氮和氨氮平均浓度偏高，分别为96.19 mg/L和77.58 mg/L。各类化粪池中总氮和氨氮平均浓度相差不大，说明化粪池中的氮以氨氮为主。而污水中的氨氮主要来自尿液，因此，仅收集厕所污水的化粪池，其进水的总氮和氨氮平均浓度要比同时收集厕所污水和厨房废水的化粪池高得多。

表 4.5 化粪池进出水的总氮平均浓度及其平均去除率比较

组别	名称	形式	位置	污染物平均浓度/mg·L^{-1}		去除率/%	备注
				进水	出水		
监测组	化粪池 A	三格	乔口	38.39	35.82	6.7	住宅
	化粪池 B	三格	乔口	168.41	159.32	5.4	住宅
	化粪池 C	三格	春华	63.20	59.21	6.3	住宅
	化粪池 D	三格	莲花	117.22	109.17	6.9	商住楼
	化粪池 E	三格	桐木	43.62	41.18	5.6	住宅
对照组	化粪池 F	三格	乔口	96.19	90.38	6.0	短流
	化粪池 G	三格	乔口	77.43	63.67	17.8	清掏
	化粪池 H	三格	长沙	100.74	95.56	5.1	城市学生公寓
	化粪池 I	双格	长沙	13.62	12.63	7.3	城市住宅
	化粪池 J	单格	春华	430.79		—	
	化粪池 K	单格	春华	736.95		—	

表 4.6 化粪池进出水的氨氮平均浓度及其平均去除率比较

组别	名称	形式	位置	污染物平均浓度/mg·L^{-1}		去除率/%	备注
				进水	出水		
监测组	化粪池 A	三格	乔口	28.18	33.97	-20.55	住宅
	化粪池 B	三格	乔口	135.80	148.95	-9.68	住宅
	化粪池 C	三格	春华	49.96	54.89	-9.87	住宅
	化粪池 D	三格	莲花	99.71	106.10	-6.41	商住楼
	化粪池 E	三格	桐木	31.76	35.43	-11.56	住宅
对照组	化粪池 F	三格	乔口	77.58	82.82	-6.75	短流
	化粪池 G	三格	乔口	57.75	61.28	-6.11	清掏
	化粪池 H	三格	长沙	87.10	84.80	2.64	城市学生公寓
	化粪池 I	双格	长沙	12.13	10.43	14.01	城市住宅
	化粪池 J	单格	春华	504.00		—	
	化粪池 K	单格	春华	736.95		—	

从表 4.5 和表 4.6 还可以看出，化粪池对总氮和氨氮的处理效果均不理想，总氮去除率大多在 10%以下，刚清掏过的化粪池 G 的总氮去除效果稍好些，去除率为 17.8%。而从化粪池出水的氨氮监测结果看，其浓度反

而比进水要高，主要原因是污水在化粪池内停留时间较长，通常可达12~24 h，粪便和生活污水中的有机氮可被氨化细菌厌氧水解为氨氮，而化粪池内通常为厌氧状态（溶解氧浓度一般为0.2~0.5），又不利于硝化细菌的好氧硝化和亚硝化作用分解氨氮，故而化粪池中出水的氨氮浓度比进水高，氨氮去除率基本为负。表4.5显示，总氮去除率不高，这可能是由于污水停留时间短，有机氮氨化程度低且城区气温高（测定时间为夏季），以及氨氮的挥发速率较快这两者共同作用的结果。化粪池出水的总氮和氨氮浓度随季节性气温的降低总体呈缓慢上升趋势，而其去除率则呈缓慢下降趋势。这种变化的主要原因是，从夏到冬的季节变化使化粪池内的水温、气温随季节性下降，致使氨氮的挥发程度减弱而造成出水的氨氮浓度升高所致。而由水温降低导致的微生物生化作用减弱的影响是次要的。

进水的氮含量对其水解转化及出水的氨氮浓度也有一定影响。化粪池A和化粪池D服务人口相同，容积相近，清掏周期接近，但仅收集厕所污水的化粪池D出水的氨氮浓度更为稳定，且转化率较低；而同时收集厨房厕所污水的化粪池A出水的氨氮浓度变化相对化粪池D较大，且转化率较高。这是因为，尽管收集厕所污水的化粪池污水停留时间比同时收集厨房和厕所污水的化粪池停留时间略长，有机氮转化为氨氮的量稍高，但相比于进水高浓度的氨氮，转化形成的氨氮所占比例仍较低。同时，高浓度的氨氮在化粪池久置的过程中，氨氮的挥发性比较大，加之化粪池内污水的pH值大于8，偏碱性的条件有利于污水中氨氮的挥发。由此造成进出水的氨氮浓度变化不大，氨氮去除率绝对值较低，而化粪池A受生活污水变化大的影响使其氨氮浓度变化大。

比较各类化粪池的影响因素，如服务人口、清掏周期、化粪池容积等对其SS、COD_{Cr}和BOD_5等去除率的影响发现，上述影响因素对SS等指标的去除率影响较大，而对总氮和氨氮影响较小。其原因在于，化粪池氨氮和总氮去除率的变化主要与氨氮的挥发性密切相关，因而仅与温度密切相关。

生活污水中氮的去除效果除了化粪池的氨氮挥发作用外，主要是通过植物及微生物的生化作用来实现的，而生化作用对氮的去除率与污水的C/N有关。以BOD_5/NH_3-N的比值来反映C/N，化粪池进出水的BOD_5/NH_3-N比值如表4.7所示。表4.7显示，仅收集厕所污水的化粪池B、D进水的BOD_5/NH_3-N比值较低，为2.54、2.96；而同时收集厕所污水和厨房废水的化粪池 A、C、E 进水的 BOD_5/NH_3-N 比值较高，为 4.42、4.65、4.10。与农村地区相比，城市化粪池 H、I 进水的 BOD_5/NH_3-N 比值更高，为 6.03、7.77。BOD_5/NH_3-N 比值高低反映污水中含碳有机物的多少，城市污水中含碳有机物的量比典型农村地区高，这与不同地区的生活习惯和生活水平有关。

污水经过化粪池处理后，BOD_5/NH_3-N 比值普遍降低。这是因为，在化粪池中氨氮浓度大多因氨化作用上升，而 BOD_5 浓度因厌氧发酵作用而下降。由于在污水生物处理中，微生物脱氮除磷需要碳源，BOD_5/NH_3-N 比值过低将不利于脱氮除磷。有机碳源的缺乏会使异养反硝化细菌因缺乏其生长必要的碳源和能源，而造成氮元素形态停留在硝态氮阶段，从而使反硝化脱氮效果不佳。

表 4.7　化粪池进出水的 BOD_5/NH_3-N 比值

组别	名称	形式	位置	碳氮比		备注
				进水	出水	
监测组	化粪池 A	三格	乔口	4.42	2.12	住宅
	化粪池 B	三格	乔口	2.54	1.02	住宅
	化粪池 C	三格	春华	4.65	1.23	住宅
	化粪池 D	三格	莲花	2.96	1.05	商住楼
	化粪池 E	三格	桐木	4.10	2.09	住宅
对照组	化粪池 F	三格	乔口	2.45	1.11	短流
	化粪池 G	三格	乔口	3.81	1.32	清掏
	化粪池 H	三格	长沙	6.03	3.77	城市学生公寓
	化粪池 I	双格	长沙	7.77	5.32	城市住宅
	化粪池 J	单格	春华	1.91		
	化粪池 K	单格	春华	1.95		

(5) 化粪池出水的总磷浓度及其去除效果分析

生活污水中，总磷主要来源于厕所污水中的粪便以及厨房废水中使用的洗涤剂中的磷。化粪池对于总磷的去除主要通过两个途径：一是通过微生物的作用将生活污水中的有机磷分解为无机磷；二是通过沉淀作用将生活污水中的粪渣沉淀下来，从而达到去除磷的目的。表 4.8 展示了不同化粪池出水的总磷平均浓度及其平均去除率。

表 4.8　化粪池进出水的总磷平均浓度及平均去除率比较

组别	名称	形式	位置	平均浓度/mg · L^{-1}		去除率/%	备注
				进水	出水		
监测组	化粪池 A	三格	乔口	5.31	3.91	26.4	住宅
	化粪池 B	三格	乔口	14.45	10.82	25.1	住宅
	化粪池 C	三格	春华	10.49	6.53	37.8	住宅
	化粪池 D	三格	莲花	19.61	11.39	41.9	商住楼
	化粪池 E	三格	桐木	2.78	1.98	28.8	住宅
对照组	化粪池 F	三格	乔口	10.14	8.64	14.8	短流
	化粪池 G	三格	乔口	7.57	5.82	23.1	清掏
	化粪池 H	三格	长沙	33.9	18.16	46.4	城市学生公寓
	化粪池 I	双格	长沙	4.45	3.28	26.3	城市住宅
	化粪池 J	单格	春华	19.09		—	
	化粪池 K	单格	春华	23.43		—	

从表 4.8 可以看出，不同化粪池进水的总磷平均浓度相差较大。仅收集厕所污水的化粪池 B、D 进水的总磷平均浓度较高，为 14.45 mg/L、19.61 mg/L；化粪池 G 由于清掏及时进水的总磷平均浓度降低了，为 7.57 mg/L；而同时收集厕所污水和厨房废水的化粪池 A、C、E 进水的总磷平均浓度较低，为 5.31 mg/L、10.49 mg/L、2.78 mg/L。说明化粪池中的总磷主要来源于粪便污水。

从表 4.8 还可以看出，各类化粪池进水的总磷浓度不尽相同，但总磷去除率比较接近，为 25.1%~41.9%。双格化粪池与三格化粪池在总磷去除率上没有太大的区别，原因在于所调查的双格化粪池和三格化粪池 SS 去除率上并没有很大区别。而化粪池去除污水中磷元素的主要途径是利用不溶性磷的物理沉淀作用。城市学生公寓三格化粪池总磷处理效果较好，可能是因为其进水的总磷浓度较高，不溶性磷所占比重较大，物理沉淀后去除的不溶性磷较多，因此去除率较高。同时，监测结果表明，化粪池出水的总磷浓度随季节由夏至冬的变化而缓慢上升，完成量则有所下降，其原因在于：一是由夏至冬的气温下降，微生物受到抑制，从而使总磷的去除率有所下降，导致出水的总磷浓度上升；二是由夏至冬进水的总磷浓度有所上升，导致出水的总磷浓度相应上升；三是由于出水的 SS 浓度由夏至冬缓慢上升，使化粪池出水中粪渣含量上升，导致出水的总磷浓度升高。

同时，清掏周期会影响总磷去除效果。化粪池 D 与化粪池 B 有相近的容积和相近的服务人口数，但化粪池 D 清掏频率高，因此较化粪池 B 对总磷的去除效果更好。化粪池容积对总磷处理效果也有影响。化粪池 C 与化粪池 A 服务人口数相近，但化粪池 C 容积较化粪池 A 大，其总磷去除效果更好。

生活污水中磷的去除方式主要是物理化学沉淀除磷和生物除磷。生化除磷的效率与污水的 C/P 比值有关，以 BOD_5/TP 比值反映 C/P 比值，化粪池进出水的 BOD_5/TP 比值如表 4.9 所示。从表 4.9 可以看出，在湖南典型农村地区，各类化粪池进水的 BOD_5/TP 比值相差较大，最低为 15.05，最高则达到了 46.88，污水经过化粪池处理后，出水的 BOD_5/TP 比值除城市学生公寓外，其余普遍有所降低。

表 4.9 化粪池进出水 BOD_5/TP 比值

组别	名称	形式	位置	碳磷比		备注
				进水	出水	
监测组	化粪池 A	三格	乔口	29.57	21.63	住宅
	化粪池 B	三格	乔口	23.87	14.08	住宅
	化粪池 C	三格	春华	22.19	10.29	住宅
	化粪池 D	三格	莲花	15.05	9.76	商住楼
	化粪池 E	三格	桐木	46.88	37.39	住宅
对照组	化粪池 F	三格	乔口	18.76	10.62	短流
	化粪池 G	三格	乔口	29.07	13.92	清掏
	化粪池 H	三格	长沙	15.45	17.62	城市学生公寓
	化粪池 I	双格	长沙	21.16	16.95	城市住宅
	化粪池 J	单格	春华	13.36		
	化粪池 K	单格	春华	11.85		

4.1.7 粪污资源化利用

农村生活污水治理应与改厕统筹开展，即结合厕所模式选择污水治理的技术工艺。目前，农村户用厕所主要模式及粪污处理去向如表 4.10 所示。

粪污还田不仅可将其资源化再利用，还能为农户节省肥料成本，产生经济效益和环境效益。但是，粪污须进行无害化处理，达到《粪便无害化卫生要求》（GB 7959—2012）后才能进一步资源化利用。

粪污主要通过三格式化粪池和末端处理设施处理后达到无害化要求。按《农村户厕卫生规范》（GB 19379—2012）的规定，粪便污水停留时间不低于60天，其中一池（截流沉淀与发酵池）20天，二池（再次发酵池）10天，三池（贮粪池）30天。三格式化粪池为多次厌氧发酵。其中，一池为厌氧发酵分解层，阻留沉淀寄生虫卵；二池为深度厌氧发酵层，游离氨浓度上升，可杀菌杀卵，达到无害化要求。

但是，近年来随着农村地区水冲式厕所增多，冲水量加大，且部分洗澡水也进入了化粪池，污水处理过程中未能有效控制为厌氧条件（大多数为兼氧），污水停留时间不足，造成化粪池消杀时间不足，以及末端无消杀设施，进而使大肠菌群超标严重。

在化粪池预处理无法达到无害化要求的情况下，需要在处理终端增加消毒杀菌设施（紫外线优先），确保粪污大肠菌群达标排放，避免卫生指标不达标情况下资源化利用所带来的健康风险隐患。如果粪污已实现无害化，可进一步通过特定的处理回用技术将粪便还田，实现资源化利用。

表 4.10　农村户用厕所主要模式及粪污处理去向

序号	类型	模式	适用地区	粪污处理去向
1	水冲厕	水冲式卫生厕所	供水方便，有排污管网的平原地区，易地搬迁新村，以村为单元实施改造	粪便通过户内管网排入化粪池，经初步分解后排至村级污水处理站再次深度处理
2	水冲厕	双瓮漏斗式厕所	山区村，农户有单独厕屋，以户为单元实施改造	粪便尿液直接进入第一瓮池密闭发酵分解，再在压力作用下排入第二瓮池，由农户定期清运，粪液用于堆肥
3	水冲厕	三格式化粪池	适用于我国广大农村地区，在北方寒冷地区要增加化粪池埋深或地上覆盖保温层，确保池内储存的粪液不会冻结	第三池粪水可作为高效增产的有机肥，直接使用即可改良土壤，从而达到粪便无害化处理
4	水冲厕	三联通沼气式厕所	适用于我国广大农村地区养殖农户，在高寒地区要处理好冬季防冻问题，如沼气池建在暖棚内	人畜粪便进入沼气池发酵过滤达到无渗漏，粪便及时清除，达到无害化及资源化处理

表4.10(续)

序号	类型	模式	适用地区	粪污处理去向
5	旱厕	粪尿分集式厕所	适用于干旱缺水的山区、高寒地区和偏远村庄	将粪便和尿液分开收集，富含养分且基本无害的尿液经过短期发酵直接用作肥料，含有寄生虫卵和肠道致病菌的粪便采用干燥脱水、自然降解的方法进行无害化处理，形成腐熟的腐殖质回收利用
6		双坑交替式厕所		2个贮粪池交替轮流使用，便后加入略经干燥的黄土，密封储存，粪便中的有机质缓慢降解，长时间的储存后可用于农田施肥
7		原位微生物降解生态厕所		将排泄物分解为水、二氧化碳和残余物质，不使用特殊的细菌和化学物质，利用自然的力量实现“自然循环降解，将废弃物转化为有机肥”的目的。可以和农业、林业种植有机结合，固碳肥田，实现生态循环

(1) 粪便还田利用

粪便还田利用技术是将粪尿全部作为肥料资源化利用，分为粪尿分离处理和粪尿不分离处理两种处理方式，每种方式下又根据农户居住条件细分成两种利用途径。对于粪尿分离处理，粪便与填料混合发酵处理后的利用去向有：其一，农户层面直接就地消纳，即农户庭院有小菜地或小果园，农户可将粪便和填料混合发酵物直接用于庭院作物的肥料；其二，农户没有小菜地或小果园，则统一收集运送至大田，回田利用。对于粪尿不分离处理方式，粪便利用去向有：其一，农户自家修建堆沤池，将三格化粪池中第一格内的粪便转移至堆沤池，附加秸秆填料进行堆肥处理，从农户庭院层面直接消纳；其二，农户构建堆沤池，将粪污堆肥处理后统一收集转移至大田回用。

针对我国干旱地区缺水少雨的特点，通过对填料配比、菌剂、堆肥时间以及堆肥温度的调节，制定不同作物、不同土壤类型的粪便堆肥还田方案，可实现干旱地区粪便的无害化、资源化利用。

针对我国寒冷农村粪便易冻结、难处理等问题，可采取农村粪便“统一收集，集中处置，统一还田”的方式，通过对填料配比、菌剂、堆肥时间以及堆肥温度的调节，制定不同作物、不同土壤类型的粪便堆肥还田方案，实现寒冷地区粪便的无害化、资源化利用。

针对我国南方水网环境特点，对于水田主要采用粪便水肥一体化处理，通过填料配比、菌剂、堆肥时间以及堆肥温度的调节，制定不同作物（水稻、玉米、小麦等）、不同土壤类型、不同还田类型（水田、旱地等）的粪便堆肥还田实施方案，实现南方水网粪便的无害化、资源化利用。对于旱田，主要采用统一收集、集中回田的方式，结合当地经济发展水平，可通过机械化大田施肥方式进行粪便的回田处置，实现粪便的资源化利用。

（2）尿液还田利用

根据农户生产习惯，对尿液进行还田利用可分为两种方式，即粪尿分离处理和粪尿不分离处理。对于粪尿分离处理方式，应将尿液单独收集后，再根据农户条件细分利用途径：其一，利用一体化水肥技术，在灌溉水中配比合适比例的尿液，用于农户庭院小菜园和小果园的肥料供给；其二，对于没有庭院结构的农户，将尿液统一收集后，集中进行水肥一体化还田利用。对于粪尿不分离的处理方式，待三格式化粪池出水达到一定时间后，再采取分散收集、就地消纳，或统一收集、还田利用。

针对我国干旱地区不同作物（小麦、玉米、大豆等）种植种类，结合当地环境特点，通过水肥一体化尿液还田，优化制定不同作物的水尿不同配比参数，实现尿液的无害化、资源化利用。

针对我国寒冷地区尿液处理技术及高寒环境分散式处理特点，采取统一收集、集中处置的方式进行水肥一体化尿液还田，制定不同作物、不同土壤类型的尿液还田实施方案，实现尿液的无害化、资源化利用。

我国南方水网地区的农村厕所一般采用三格化粪池、水冲式厕所，尿液一般与粪便统一进入化粪池，经过发酵处理，最终可以在小菜地、小果园就地处置，也可以通过统一收集、集中处置的方式进行大田回用，制定不同作物吸收、不同土壤类型的尿液还田方案，实现尿液的无害化、资源化利用。

4.2 格栅

4.2.1 格栅的作用

污水中的固体悬浮物含量高时就需要设置格栅。格栅是一种最简单的过滤设备，它的主要作用是拦截污水中粗大的悬浮物及杂质，如草木、垃圾或纤维状物质，以保护水泵叶轮及减轻后续工序的处理负荷。被截留的物质称为栅渣，栅渣的含水率为70%~80%，容重约为750 kg/m^3。

格栅一般为一组或多组平行金属栅条制成的框架，倾斜甚至直立放置在污水流经的渠道中，或设置在进水泵站集水井的进口处，在生活污水处理工艺中属于第一级设施。

格栅间隙的有效总面积一般按流速0.8~1.0 m/s计算，最大流量时流速可高至1.2~1.4 m/s。人工清除栅渣时，格栅间隙的有效总面积不应小于进水管渠有效断面面积的2倍；机械清除栅渣时，格栅间隙的有效总面积不应小于进水管渠有效断面面积的1.2倍。

格栅前渠道内的水流速度一般采用0.4~0.9 m/s。格栅的水头损失为0.10~0.40 m。格栅倾斜角一般采用45°~80°。同时，应根据格栅选型，配套设计格栅池。格栅池上必须设置工作台，其高度应比格栅设计的最高水位高0.5 m，并且工作台上应该设有安全和冲洗设施。

4.2.2 格栅的分类

格栅可以根据形状、清渣方式和间距进行分类，在生活污水处理中通常采用间距的分类方式。

按栅条间距分，格栅有粗格栅（间距为40~100 mm）、中格栅（间距为10~40 mm）、细格栅（间距为3~10 mm）3种。随着深度处理和膜处理工艺的应用，对格栅的去除效果要求更高，精细格栅（间距为1 mm）开始推广应用。

平板格栅与曲面格栅、人工清渣格栅与机械清渣格栅都可做成粗、中、细3种。由于格栅是预处理的重要构筑物，在新设计的城市生活污水处理厂中一般采用粗、中2道格栅或者中、细2道格栅，甚至采用粗、中、细3道格栅。一般，当栅渣大于0.2 m^3/d时，则需要采用机械格栅，故城市生活污水处理厂一般采用机械清渣格栅，最常见的类型有以下5种：

（1）钢丝绳牵引式格栅（见图4.9）

钢丝绳牵引式格栅采用钢丝绳带动铲齿，适用于较大渠深。常应用于污水处理厂、雨水提升泵站、给排水泵站和水质净化厂进水口，可拦截漂浮的粗大杂物和较重的沉积物（砂、小石块等），一般作为中、粗格栅使用。

这种格栅除污机有倾斜安装的，也有垂直安装的，由池下栅架、齿耙、齿耙启闭机构、齿耙升降机构、撇渣机构、电气控制系统等组成。其工作原理是：齿耙处于张开位置沿导轨向下滑移，到达池底后在齿耙启闭机构的控制下，完成齿耙闭合，拦截杂物；然后在齿耙升降机构的控制下，沿导轨上移，到达排渣口处后由撇渣机构运动实现排渣；最后在控制部件的作用下齿耙张开，沿导轨向下滑移，继续下一个动作循环。

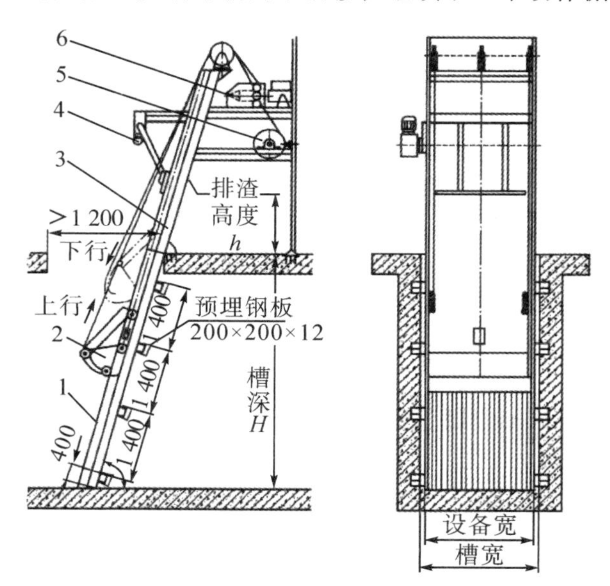

1-池下栅架；2-齿耙；3-门形架；4-撇渣机构；
5-齿耙升降机构；6-齿耙启闭机构

图4.9 钢丝绳牵引式格栅结构示意图（单位：mm）

（2）移动式格栅（见图4.10）

移动式格栅适用于平面格栅，一般用于粗格栅，少数用于中格栅。通常布置在同一直线或弧线上，在轨道（分侧双轨和跨双轨）上移动并定位，以一机代替多机，依次有序地逐一除污。在大型污水处理厂，因粗格栅都是成平行排设置的，为了移动除渣机定位准确，一般都采用轨道。这种移动式格栅有悬吊式、伸缩臂式、全液压式等。

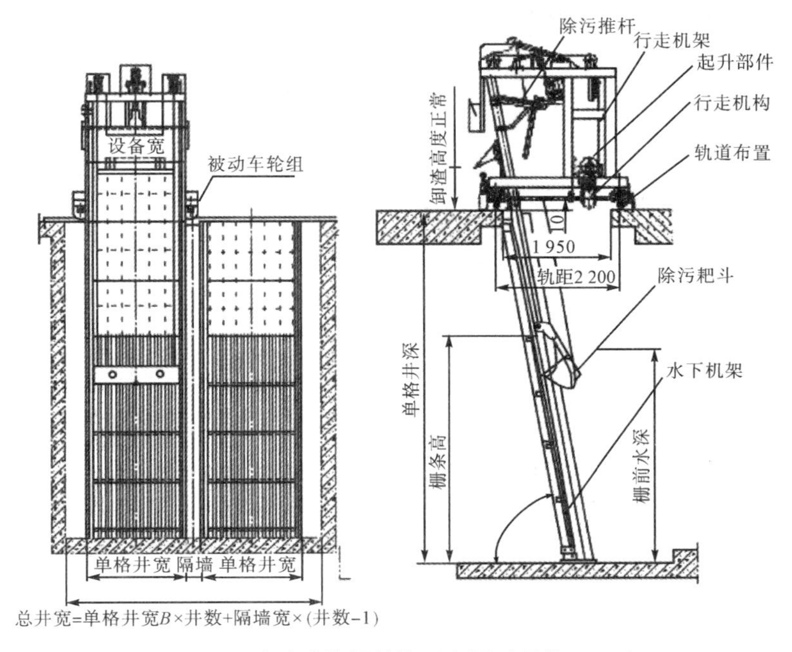

图 4.10　移动式格栅结构示意图（单位：mm）

（3）阶梯式格栅（见图 4.11）

阶梯式格栅属于细格栅的一种，适用于井深较浅，漂浮物中有许多杂长丝，易缠绕或吸附在栅上难以清理的情况。工作原理是动、静栅片做自动交替运动，使拦截的漂浮物由动、静栅片交替传送，犹如上楼梯一般，逐步上移至卸料口。

（4）回转式格栅（见图 4.12）

回转式格栅是目前城镇污水处理厂应用较为广泛的一类格栅，它由许多个相同的耙齿机件交错平行组装成一组封闭的耙齿链，在电动机和减速机的驱动下，通过一组槽轮和链条连续不断、自上而下地循环运动，达到不断清除格栅的目的。其工作原理是：减速机驱动链轮使链粗牵引系统旋转运行，带动牵引链间的齿耙随同运行，每个齿耙都插入栅条中，能有效地将拦截的污物粗送至机架上部极限位置，齿耙在链条回转换向的过程中，污物靠自重脱落，粘在齿耙上的少量污物由设置的清污机构清理干净。

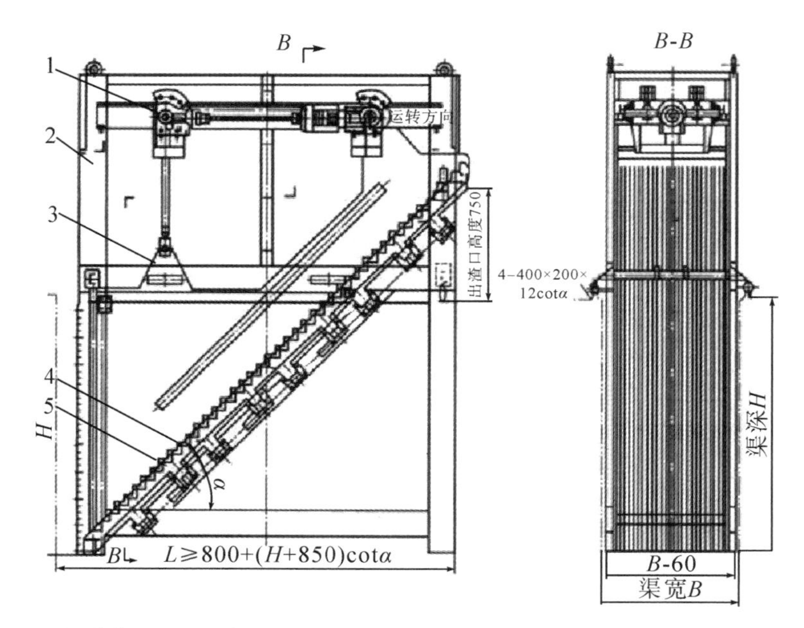

1- 驱动装置；2-机架总成；3-连动板组合装置；4-动栅组；5-静栅组

图 4. 11　阶梯式格栅结构示意图（单位：mm）

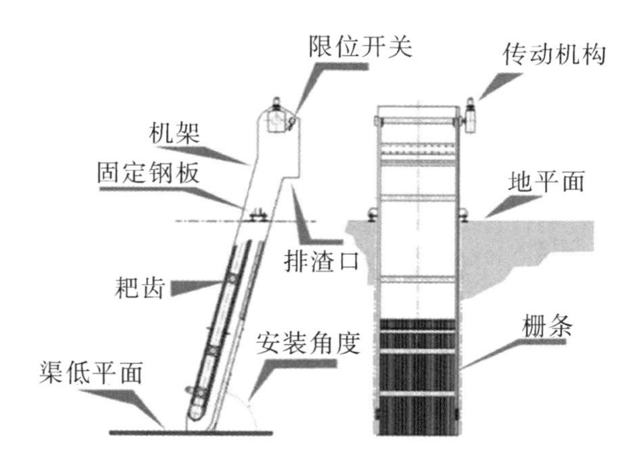

图 4. 12　回转式格栅结构示意图

（5）转鼓式格栅（见图 4. 13）

转鼓式格栅又称细栅过滤器或螺旋格栅机，是一种集细格栅除污机、栅渣螺旋提升机和栅渣螺旋压榨机于一体的设备。它能实现城市生活污水处理厂、工业废水处理工程中漂浮物质、沉降物质及悬浮物质的固液分离、滤渣清洗、传输及压榨脱水。它的工作原理是：格栅片按栅间隙制成鼓形栅筐，待处理水从栅筐前流入，通过格栅过滤，流向水池出口，栅渣被截留在栅面上，当栅内外的水位差达到一定值时，安装在中心轴上的旋转齿耙回转清污，当清渣齿耙把污物扒集至栅筐顶点的位置时，开始卸渣（能靠自重下坠的栅渣卸入栅渣槽）；然后又后转 15°，被栅筐顶端的清渣齿板把黏附在耙齿上的栅渣自动刮除，卸入栅渣槽。栅渣由槽底螺旋输送器提升至上部压榨段，压榨脱水后卸入输送带或垃圾车外运。

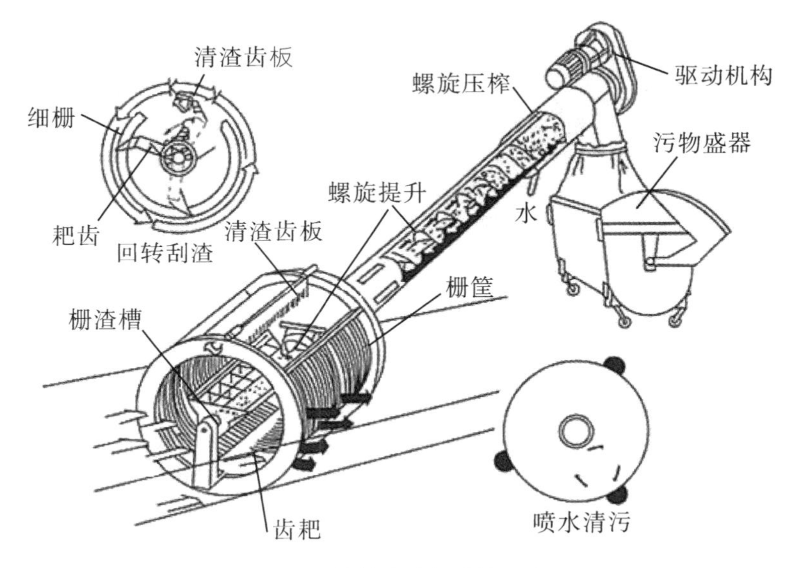

图 4.13　转鼓式格栅结构示意图

4.2.3　格栅的新工艺、新技术

城镇污水处理厂的格栅正朝着一体化集成和减少渣量的方向发展，为了减少渣量和方便清渣。目前，粉碎式格栅（见图 4.14）已开始应用，它是一种把污水中的固体物质粉碎成细小颗粒的新型格栅，起到保护后续水泵的作用。污水中的固体物质能随着污水进入转鼓区，固体物质能被旁边的旋转式过水栅网截留并输送至切割室，固体物质被切割刀片粉碎成 6~10 mm 的小颗粒，被粉碎后的小颗粒不需要打捞，随污水直接通过转鼓区流到后续工艺。

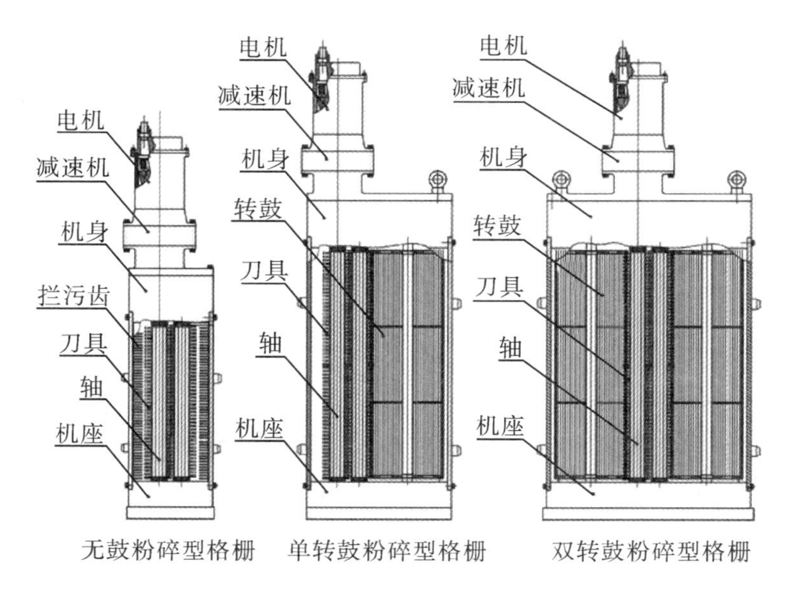

图 4.14 粉碎式格栅结构示意图

4.3 泵房抽升

4.3.1 泵房的作用和位置设置

泵房抽升的作用是提高污水的水位，保证污水在整个处理过程中能正常流过，从而使污水得到净化。对于城镇污水处理厂，污水从地下水管道输送过来后会有一级提升，一级提升泵房位置在污水厂厂界范围之外，在设置泵房的同时也会有闸站，污水厂会在厂区内再设置二级提升，以保证各处理设施的水和污泥能顺利通过。

村镇泵站应根据农村排水专业规划所确定的远近期规模设计。考虑到泵站多为地下构筑物，远期扩建较为困难，因此，规定泵站主要构筑物宜按远期规模一次设计建成，水泵机组可按近期规模配置，根据需要随时添装机组。

农村污水泵站通常规模小，可用地面积少，采用土建形式施工难度较大，占地面积大，且工程质量难以保证。一体化预制泵站具有占地面积小、筒体材质为强化玻璃钢、防腐蚀能力强、施工速度快、泵站外观美观、绿色清洁、内置控制和通讯装置、具有远传功能、可实现无人值守等优点，因此宜选用一体化预制泵站。

泵站的形式应根据场地的地理位置、地形条件和地质情况等因素确定，可选用独立建筑物或一体化预制泵站。独立建筑物的泵站设计应符合现行国家标准《泵站设计标准》（GB 50265—2022）的相关规定，一体化预制泵站设计应符合现行国家标准《室外排水设计标准》（GB 50014—2021）、现行行业标准《镇村排水工程技术规程》（CJJ 124—2008）和现行团体标准《一体化预制泵站应用技术规程》（CECS 407—2015）的相关规定。

4.3.2 污水厂提升泵的类型

（1）离心泵（见图 4.15）

离心泵主要由叶轮、轴、泵壳、轴封及密封环等组成。一般离心泵启动前泵壳内要灌满液体，当电动机带动泵轴和叶轮旋转时，液体一方面随叶轮做圆周运动，另一方面在离心力的作用下自叶轮中心向外周抛出，液体从叶轮获得了压力能和速度能。当液体流经蜗壳到排液口时，部分速度能将转变为静压力能。在液体自叶轮抛出时，叶轮中心部分形成真空，与吸入液面的压力形成压力差，于是液体不断地被吸入，并以一定的压力排出。除了在高压、小流量或计量时常用往复式泵，液体含气时常用旋涡和容积式泵，高黏度介质常用转子泵外，其余场合的水处理工程中绝大多数使用离心泵。据统计，在废水处理装置中，离心泵的使用量占泵总量的70%~80%。

（2）轴流泵

轴流泵过流部件由进水管、叶轮、导叶、出水管和泵轴等组成，叶轮为螺旋桨式。轴流泵是流量大、扬程低、比转数高的叶片式泵，轴流泵的液流沿转轴向流动，但其设计的基本原理与离心泵基本相同，但是与离心泵不同的是，轴流泵流量愈小，轴功率愈大。轴流泵的叶轮一般浸没在液体中，因此不需要考虑汽蚀，启动时也不需要灌泵。

（3）螺旋泵

螺旋泵泵壳为一个圆筒，亦可用圆底型斜槽代替泵壳。其叶片缠绕在泵轴上，呈螺旋状，叶片断面一般呈矩形。泵轴主体为一个圆管，下端有轴承，上端接减速器。减速器用联轴器连接电动机，构成泵组。泵组用倾斜的构件承托，泵的下端浸没在水中。螺旋泵在工作时，电机带动泵轴及叶轮转动，叶轮给流体一种沿轴向的推力作用，使流体源源不断地沿轴向流动。螺旋泵最适用于扬程较低（一般为3~6 m）、进水水位变化较小的场合。由于它转速小，用于提升絮体易碎的回流活性污泥，具有独特的优越性。

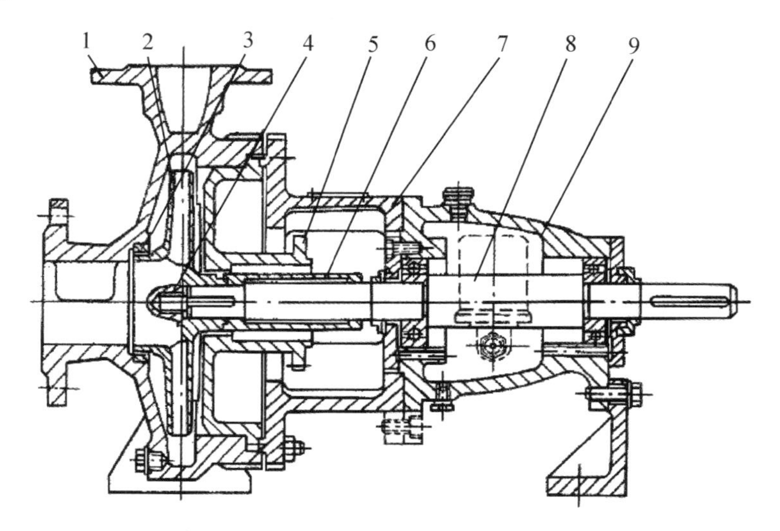

1-泵壳；2-叶轮；3-密封环；4-叶轮螺母；5-泵盖；
6-密封部件；7-中间支承；8-轴；9-悬架剖件

图4.15　离心泵结构剖面示意图

（4）潜水排污泵（见图4.16）

潜水排污泵的特点是机泵一体化，可长期潜入水中工作。近年来，潜水排污泵在给排水工程中应用越来越广泛。潜水排污泵按其叶轮的形式分为离心式、轴流式和混流式。

与一般离心泵相比，潜水排污泵的特点是全泵（包括电机）潜入水下工作，因此这种泵的结构紧凑、体积小。大部分潜水排污泵在维修时可将其整体从水中吊出，而不需要排空泵中的积水，因此检修工作比一般离心泵要方便一些。由于全泵潜入水中，因而其不存在吸上真空高度问题，也不会发生气蚀现象。潜水排污泵的缺点是对电机的密封要求非常严格，如果密封质量不好，或者使用管理不好，会因漏水而烧坏电机。因此，潜水排污泵电机的密封的质量好坏是其能否运行的关键。

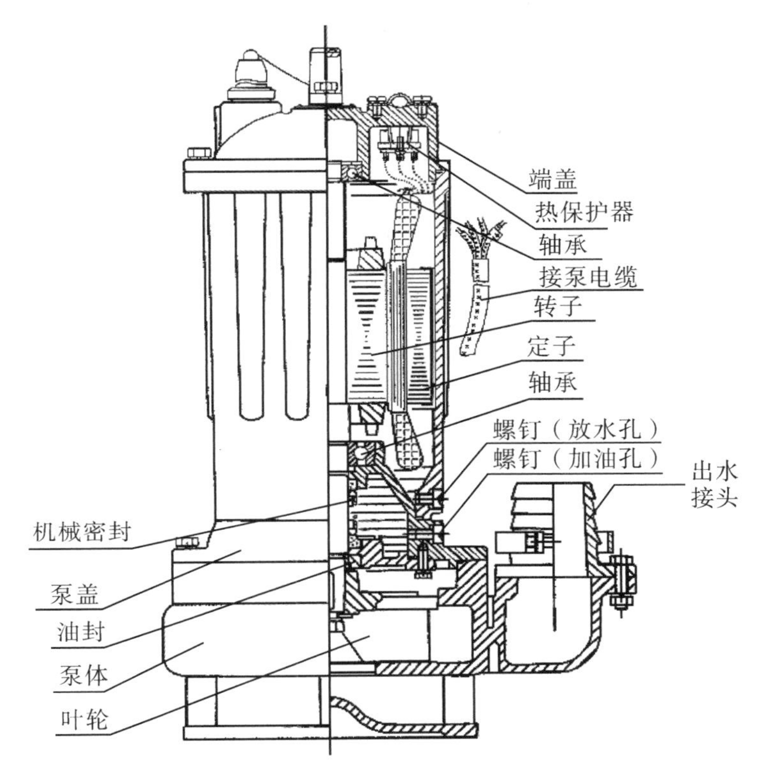

图 4.16 潜水排污泵内部结构示意图

4.3.3 泵运行的管理要点

（1）离心泵在进口阀门全开、出口阀门全闭状态下启动。这是因为闭阀启动时，所需功率最小、启动电流也最小，对泵及电气设备有保护作用。待达到额定转速，确认压力已经上升之后，再把出口阀慢慢地打开。

（2）启动时空转（不带载荷闭闸）时间不能过长，一般为 2~3 min。因为当流量等于零时，相应的泵轴功率并不等于零，而此时功率主要消耗在水泵的机械损失上，长时间闭闸空转会使泵壳内的液体气化，水温度上升，泵壳、轴承发热严重时可导致泵壳的热力变形。

（3）启动时如发现有电机的“嗡嗡”声而未转动有可能是缺相运行，此时，应迅速切断电源，待检查原因并处理后再重新启动。对于较大的电机带动的泵每两次启动间隔要 5 min 以上，且连续启动次数最好不超过 2 次，以保护电气设备。

（4）对于降压启动的水泵，切换时间不宜过短或过长，最好在4~10 s，以达到保护电气设备的目的。另外，启动时操作人员不能马上离开现场，必须确认泵已经切换（甩掉频敏）正常运行后才能离开现场。

（5）离心泵安全运行时，滚动轴承温度不得比室温温度高35 ℃，滚动轴承温度最高不得高于70 ℃。

4.4 调节池

农村生活污水处理应设置调节池，其作用是收集和储蓄污水。当采用分散式治理模式时，水量较小，不需要设置污水调节池。调节池的容积可根据实际污水量和水质的变化进行计算和校核，应不小于0.5 d的设计水量。水质和水量变化很大的，有条件的可采取回流的方式均化水质。调节池水力停留时间一般不宜小于12 h。调节池应设置人孔、通风管等，并且宜具有沉砂功能。

4.4.1 调节池的作用

废水的水量和水质并不总是恒定均匀的，往往随着时间的推移而变化。生活污水的水量和水质随人们的生活作息规律而变化，工业废水的水量和水质随生产过程而变化。水量和水质的变化使得处理设备不能在最佳的工艺条件下运行，严重时甚至使设备无法工作，为此需要设置调节池，对水量和水质进行调节。

4.4.2 调节池的分类

调节池的任务是对不同时间或不同来源的废水进行混合，使出水的水质、水量、水温比较均匀，调节池也称均和池或匀质池，主要有以下三种类型：

（1）斜槽排水式调节池（见图4.17）

工作原理：出水槽沿对角线方向设置。废水由左右两侧进入池内后，经过不同的时间才流到出水槽。因此，出水槽中的混合废水是在不同时间内流进来的浓度不同的废水混合体，这样就达到自动调节均和的目的。

（2）折流式调节池（见图4.18）

工作原理：折流式调节池在池内设有许多折流隔墙，使进入池内的废水来回折流。配水槽设在调节池上，通过许多孔口溢流，投配到调节池的前后各个位置，使废水混合、均衡。

（3）曝气调节池（见图4.19）

工作原理：池底设有曝气管，在其搅拌作用下，使不同时间进入池内的浓度不同的废水得以相互混合。

应用：适宜废水流量不大，处理工艺中需要预曝气以及处理厂有压缩空气的情况。不适宜废水中含有有害的挥发物或溶解气体时；废水中的还原性污染物能被空气中的氧氧化成有害物质时；空气中的CO_2能使废水中的污染物转化为沉淀物或有毒挥发物时。

图4.17 斜槽排水式调节池　图4.18 折流式调节池　图4.19 曝气调节池

4.4.3 调节池的新技术

目前，调节池构造上的新技术主要体现在设备集成，比如利用格栅井作为调节池的部分功能；不再单独设立调节池等，利用管道混合实现调节功能；将调节池和水解酸化池合建；等等。

4.5 沉砂池和沉淀池

沉砂池和沉淀池一般处于污水处理的一级处理设施，采用物理方法进行颗粒物去除，一般直接对应的水质指标为固体悬浮物颗粒浓度（SS）。沉砂和沉淀均属于沉降法，其去除对象主要是悬浮液中粒径在10 μm以上的可沉固体。沉降依据其原理有以下四种类型：

（1）自由沉降

自由沉降发生在水中悬浮固体浓度不高的情况下，颗粒各自单独进行沉降，颗粒的沉降轨迹呈直线。整个过程中，颗粒的物理性质不发生变化。颗粒在沉砂池中的沉降属自由沉降。

（2）絮凝沉降

絮凝沉降的悬浮颗粒浓度不高，但沉降过程中悬浮颗粒之间有互相絮凝作用，颗粒因互相聚集增大而加快沉降，初沉池后期和二沉池初期的沉降均属絮凝沉降。

（3）集团沉降（或成层沉淀）

当水中悬浮物浓度较高（5 000 mg/L 以上）时，颗粒的沉降受到周围其他颗粒的影响，互相挤成一团，形成一种呈网状的绒体，颗粒间相对位置保持不变，以一个整体共同下沉，与澄清水之间有清晰的泥水界面。二次沉淀池后期与污泥浓缩池初期的沉降均属此类。

（4）压缩沉淀

由于悬浮颗粒浓度很高，颗粒相互之间已挤集成团块结构，互相接触，互相支承，下层颗粒间的水在上层颗粒的重力作用下被挤出，使污泥得到浓缩。二沉池污泥斗及污泥浓缩池中污泥的浓缩过程属此类沉降。

悬浮物的沉降过程中，实际上都顺次存在着上述四种类型的沉降，只是存在的时间长短不同而已。

4.5.1 沉砂工艺

4.5.1.1 作用

沉砂池的作用是从污水中分离粒径较大、相对密度较大的无机颗粒，如砂、炉灰渣等。它一般设在泵站、沉淀池之前，用于保护机件和管道免受磨损，还能使沉淀池中的污泥具有良好的流动性，能防止排放与输送管道的堵塞，且能使无机颗粒和有机颗粒分离，便于分离处理和处置。

4.5.1.2 分类

在污水处理工艺中，粗大颗粒物的去除主要靠沉砂池。目前，沉砂池的常见类型有钟式（旋流）沉砂池、曝气沉砂池和平流式沉砂池。

1. 钟式（旋流）沉砂池

（1）结构和工作原理

目前，钟式沉砂池（见图 4.20）是具有一定规模的污水处理厂应用最为广泛的一类沉砂池，是一种利用机械控制水流流态与流速，加速砂粒的沉淀，并使有机物随水流带走的沉砂装置。钟式沉砂池采用圆形浅池形，由流入口、流出口、沉砂区、砂斗、砂提升管、排砂管、电动机和变速箱等组成。污水由流入口切线方向流入沉砂区，利用电动机及传动装置带动转盘和斜坡式叶片旋转，在离心力的作用下，污水中密度较大的砂粒被甩向池壁，掉入砂斗，有机物则被留在污水中。应调整转速，以达到最佳沉砂效果。沉砂用压缩空气经砂提升管、排砂管清洗后排除，清洗水回流至沉砂区。

钟式沉砂池的气味小，沉砂中夹带的有机物含量相对较低，可在一定范围内适应水量的变化，是目前比较流行的设计，有多种规格的定性设计可以选用。

（2）运行工艺参数

①水力表面负荷一般为 200 m^3/（m^2 · h）。

②最大流量时，污水停留时间不小于 20 s，一般采用停留时间为 20~30 s。

③进水渠道内的流速以控制在 0.6~0.9 m/s 为宜。

④排砂泵每天开启 3~4 次，每次排砂约 5~10 min。

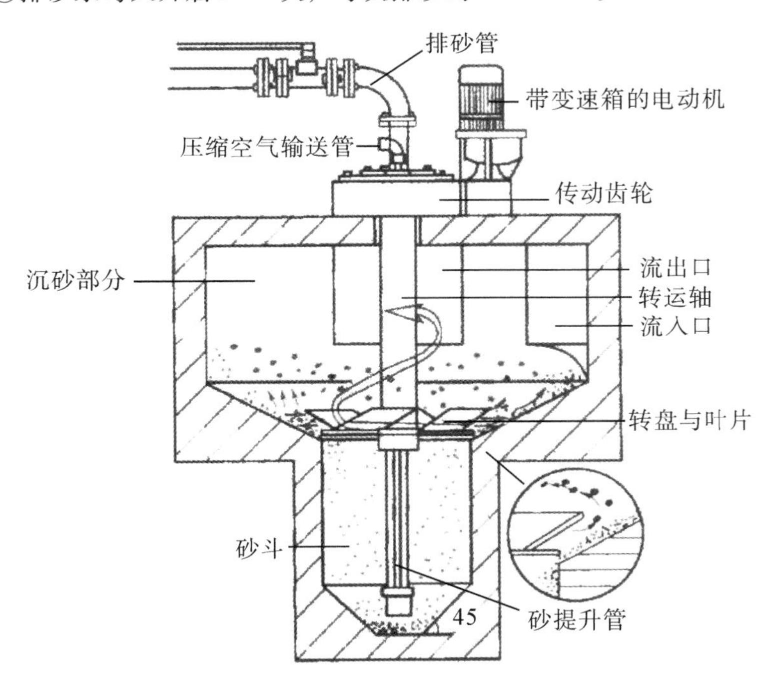

图 4.20　钟式沉砂池结构示意图

2. 曝气沉砂池

（1）结构和工作原理

曝气沉砂池（见图 4.21）是一个长形渠道，在沿池壁一侧的整个长度距池底 60~80 cm 的高度处安设曝气装置，而在下部设集砂槽，池底有一定坡度，以保证砂粒滑入。由于曝气和水流的综合作用，水流在池内呈螺旋状前进。颗粒处于悬流状态，且互相摩擦，颗粒表面有机物被擦掉，可以获得较纯净的砂粒。

普通平流式沉砂池的主要缺点是沉砂中夹杂约 10%的有机物，对被有机物包覆的砂粒的截留效果也不佳，沉砂易腐化发臭，增加了沉砂后续处理的难度，而曝气沉砂池则可以在一定程度上克服这些缺点。

曝气沉砂池的优点是通过调节曝气量，可以控制污水的旋流速度，使除砂效率较稳定，受流量变化的影响较小；同时，还对污水起预曝气作用。

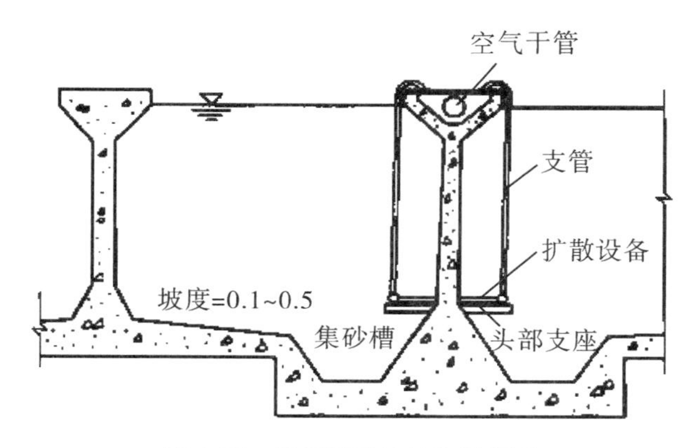

图 4.21　曝气沉砂池结构示意图

（2）运行工艺参数

①水平流速一般为 0.06~0.12 m/s。

②污水在池内的停留时间为 3~5 min，最大流量时水力停留时间应大于 2 min；如作为预曝气，停留时间为 10~30 min。

③池的有效水深为 2~3 m，池宽与池深比宜为 1~1.5，长宽比在 5 左右，当池的长宽比大于 5 时，应按此比例进行分格。

④采用中孔或大孔的穿孔管曝气，曝气量约为 0.2 m^3/(m^3污水)，或 3~5 m^3空气/(m^2·h)，或 16~28 m^3空气/(m·h)，使水的旋流速度保持在 0.25~0.30 m/s 以上；穿孔管孔径为 2.5~6.0 mm，与池底的距离为

0.6~0.9 m，并应有调节阀门。

⑤进水方向应与池中旋流方向一致，出水方向应与出水方向垂直，并宜设置挡板。

⑥池内应设置消泡装置。

3. 平流式沉砂池

（1）结构和工作原理

平流沉砂池（见图4.22）结构简单，是早期采用的沉砂池形式，目前市场使用率较低。池型采用渠道式，平面为长方形，横断面多为矩形，两端设有闸板，以控制水流，池底设1~2个贮砂斗，定期排砂。可利用重力排砂，也可用射流泵或螺旋泵排砂。平流式沉砂池由进水装置、出水装置、沉淀区和排泥装置组成。

平流式沉砂池实际上是一个比入流渠道和出流渠道宽和深的渠道。当污水流过沉砂池时，由于过水断面增大，水流速度下降，污水中夹带的无机颗粒将在重力作用下下沉，而比重较小的有机物则仍处于悬浮状态，并随水流走，从而达到从水中分离无机颗粒的目的。出水装置采用自由堰出流，使沉砂池的污水断面不随流量变化而变化过大，出水堰还可以控制池内水位，不使池内水位频繁变化，保证水位恒定。在平流式沉砂池的沉淀区内，流速既不宜过高，也不宜过低。为使沉砂池运行正常，流速不随流量变化而有太大的变化，一般在设计时，采用两座或两座以上，断面为矩形的沉砂池（或分格数），按并联设计。运行时有可能采用不同的池（格）数工作，使流速符合流量的变化。此外，也可采用改变沉砂池的断面形状，使沉砂池的流速不随流量而变化。沉砂池沉淀的沉渣多数为砂粒，当采用重力排砂时，沉砂池与贮砂池应尽量靠近，以缩短排砂管的长度，排砂闸门宜选用快开闸门，避免砂粒堵塞闸门，机械排砂应设置晒砂场，避免排砂时的水分溢出。

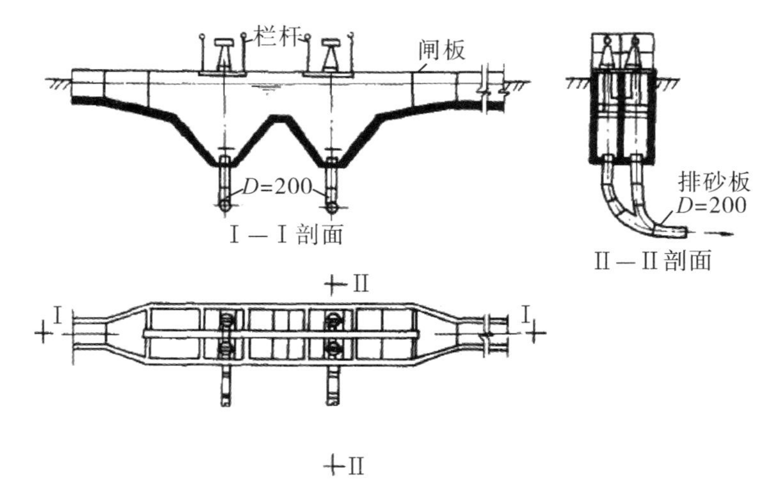

图 4.22　平流式沉砂池结构示意图

平流式沉砂池的沉砂效果不稳定，往往不适应城市污水水量波动较大的特性。水量大时，流速过快，许多砂粒未来得及沉下；水量小时，流速过慢，有机悬浮物也沉下来，沉砂易腐败。平流式沉砂池目前只在个别小厂或老厂中使用。

（2）运行工艺参数

① 池内最大流速为 0.3 m/s，最小流速为 0.15 m/s。

② 水在池内停留时间一般为 30~60 s。

③ 有效水深不应大于 1.2 m，一般采用 0.25~1 m，每格宽度不小于 0.6 m。

④ 砂斗间歇排砂，砂斗容积一般按 2 d 内沉砂量考虑，砂粒（密度为 265 g/cm^2）的去除粒径为 0.2 mm，并要求外运沉砂中尽量少含附着与夹带的有机物，以免在沉砂池废渣的处置过程中产生过度腐败问题。

⑤进水头部应采取消能和整流措施。

⑥池底坡度一般为 0.01~0.02，当设置除砂设备时，可根据设备要求考虑池底形状。

4.5.1.3　沉砂池的运行管理和新技术

1. 沉砂池的运行管理

（1）配水与配气

沉砂池设置水调节阀门，应经常巡查沉砂池的运行状况，及时调整入流污水量，使每一格（池）沉砂池的工作状况（液位、水量、排砂次数）相同。

曝气沉砂池还要设置空气调节阀门，曝气沉砂池应控制适宜的曝气量。增加曝气流量可以提高砂粒在沉砂池中的旋流速度，能促进砂粒间相互摩擦并脱除有机物，但旋流速度过高会导致沉下的砂粒重新泛起。另外，提高曝气量将导致运行费用上升。

（2）排砂与洗砂

沉砂池最重要的操作是及时排砂。沉砂池沉积下来的沉砂要及时清除，沉砂中的有机物较多时需要进行有效的清洗，并进行砂水分离。清洗分离出来的沉砂所含有机成分较低，且基本变成固态，可直接装车外运。

砂渣应定期取样化验。主要项目有含水率及灰分。刚排出的砂渣含水率很高，一般在沉砂池下面或旁边设置集砂池或砂水分离设备，降低含水率至60%~70%。砂渣置于空地，定期外运。

排砂机械应经常运转，以免积砂过多引起超负荷，排砂机械的运转间隔时间应根据砂量及机械能力而定。排砂间隙过长会堵塞排砂管、砂泵，堵卡刮砂机械；排砂间隙过短会使排砂量增大，含水率增高，使后续处理难度增大。

（3）臭味消除

平流式沉砂池因截留大量易腐败的有机物质，操作环境差，旋流沉砂池也有部分有机物，恶臭污染严重，特别是夏季，恶臭强度很高，操作人员一定要注意，不要在池上工作或停留太长时间，以防中毒。堆砂处应用次氯酸钠溶液或双氧水定期清洗。

2. 沉砂池的新技术

沉砂池总体上暂时没有开展大的技术革新，但是为了提高沉砂效率，从沉砂池入流板、溢流堰和排砂装置上进行了升级改造。比如，在入流板上采用无中间钻不同孔径的入流挡板用以实现均匀布水；用钻孔的溢流槽替代传统的溢流堰，增加SS去除率；采用带防护罩的吸砂装置，避免排砂时的水力扰动。

4.5.2 沉淀工艺

4.5.2.1 作用

沉淀池是分离水中悬浮颗粒的一种主要处理构筑物，它能去除比沉砂池更细小的颗粒物，可摒弃沉砂池单独使用，也可放置于沉砂池之后，作为初次沉淀池使用。同时，沉淀工艺还可以用于污水处理的二次沉淀池，专门用来沉淀好氧生物法中流失的微生物。沉淀工艺应用十分广泛，但是很多规模较大的污水处理厂习惯采用沉砂池，而在一级处理环节不再单独使用初次沉淀池。

4.5.2.2　分类

沉淀池按其功能可分为进水区、沉淀区、污泥区、出水区及缓冲区五个部分。进水区和出水区使水流均匀地流过沉淀池。沉淀区也称澄清区，是可沉降颗粒与废水分离的工作区。污泥区是污泥贮存、浓缩和排出的区域。缓冲区是分隔沉淀区和污泥区的水层，保证已沉降颗粒不因水流搅动而再次浮起。沉淀池多为钢筋混凝土结构，应满足结构设计、强度、工艺、制造等要求。

按照沉淀池内水流方向的不同，沉淀池可分为平流式、竖流式、辐流式和斜流式四种。这四类沉淀池的优缺点及适用条件如表4.11所示，各污水厂设计时可根据自身情况与沉淀池特点、适用范围选择合适的沉淀池。

表4.11　各类沉淀池的优缺点及适用条件

类型	优点	缺点	适用条件
平流式	污水在池内流动比较稳定，沉淀效果好； 对冲击负荷和温度变化的适应能力较强； 施工简单，设备造价低	占地面积大； 配水不易均匀； 采用多斗排泥时，每个泥斗需单独设排泥管，管理复杂，操作工作量大	适用于地下水位高及地质条件差的地区； 大、中、小型污水处理厂均可采用
竖流式	排泥方便，管理简单； 占地面积较小，直径在10 m以内	池子深度较大，施工困难； 对冲击负荷和温度变化的适应能力较差； 池径不宜过大，否则布水不均	适用于中小型污水处理厂
辐流式	多为机械排泥，运行较好，管理较简单； 排泥设备已定型，排泥较方便	排泥设备复杂，对施工质量要求较高； 水流不易均匀，沉淀效果较差	适用于地下水位较高的地区； 大、中、小型污水处理厂均可采用
斜流式	沉淀效果好，生产能力强； 占地面积较小； 性价比较高	构造复杂，斜板、斜管造价高，需定期更换，易堵塞	适用于地下水位高及地质条件差的地区； 适用于中小型污水处理厂

1. 平流式沉淀池

（1）结构和工作原理

平流式沉淀池（见图 4. 23）平面呈矩形，废水从池子的一端流入，按水平方向在池内流动，从另一端溢出，在进口处的底部设贮泥斗。

为使入流污水均匀、稳定地进入沉淀池，进水区应有流入装置。流入装置由设有侧向或槽底潜孔的配水槽挡流板组成，起均匀布水的作用。流出装置多采用自由堰形式，堰前设挡板，阻拦浮渣随水流走，或设浮渣收集和排除装置。溢流堰严格水平，既可保证水流均匀，又可控制沉淀池水位。锯齿形堰应用最普遍，易于保证出水均匀，且可通过调节堰板高度来调节水位高度，一般水面位于齿高的 1/2 处。排泥方式有机械排泥和多斗排泥两种，机械排泥多采用链带式刮泥机和桥式刮泥机。

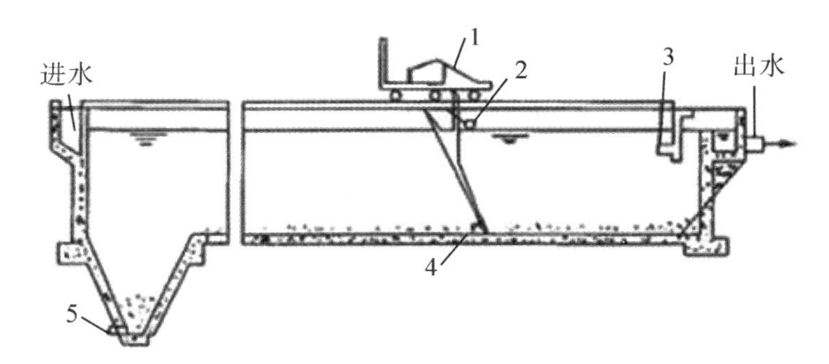

1-驱动装置；2-刮渣板；3-浮渣槽；4-刮泥板；5-排泥管

图 4. 23　平流式沉淀池结构示意图

平流式沉淀池的进水形式有以下三种（见图 4. 24）：

①可将配水槽底部与池子连通，再设一个挡板减缓水流速度和提高沉淀效率。

②可设置穿孔墙进水。

③可设置淹没式潜孔，进水装置采用淹没式横向潜孔，潜孔均匀地分布在整个整流墙上，在潜孔后设挡流板，其作用是消耗能量，使污水均匀分布。挡流板高出水面 0. 15~0. 2 m，伸入水下深度不小于 0. 2 m，整流墙上潜孔的总面积为过水断面的 6%~20%。

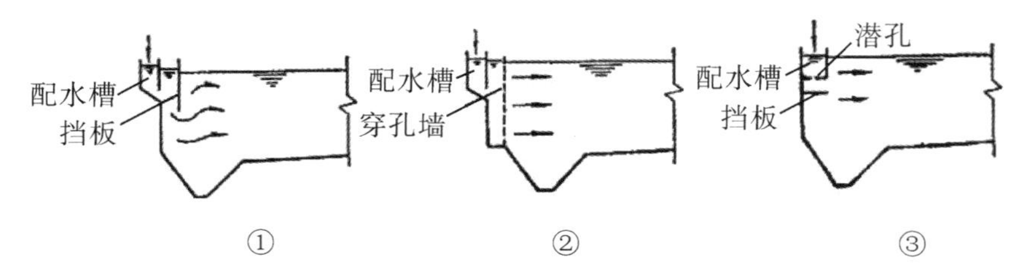

图 4.24　平流式沉淀池的进水形式

出水装置多采用自由堰形式，堰前也设挡板，以阻挡浮渣，或设浮渣收集和排除装置。出水堰是沉淀池的重要部件，它不仅能控制沉淀池内水面的高程，而且对沉淀池内水流的均匀分布有着直接影响。目前多采用如图 4.25 所示的三角形溢流堰，这种溢流堰易于加工，也比较容易保证出水均匀，其水面应位于三角齿高度的 1/2 处。

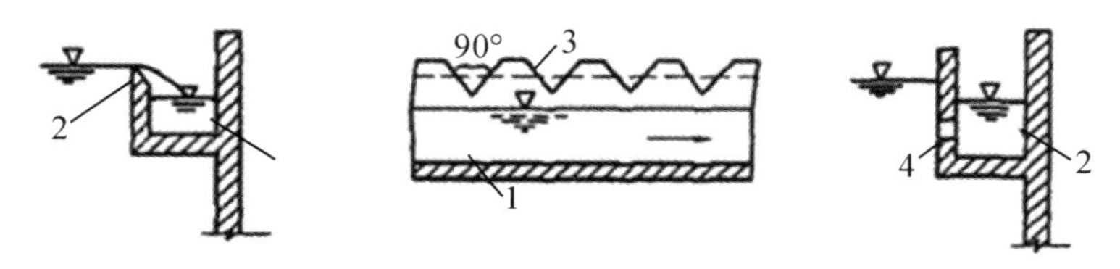

图 4.25　平流沉淀池的出水堰形式

污泥沉淀区应能及时排除沉于池底的污泥，使沉淀池工作正常，它是保证出水水质的一个重要组成部分。由于可沉悬浮颗粒多沉淀于沉淀池的前部，因此应在池的前部设贮泥斗，贮泥斗中的污泥通过排泥管利用 1.2~1.5 m 的静水压力排出池外，池底一般设 0.01~0.02 的坡度。泥斗坡度约为 45°~60°，排泥方式一般采用重力排泥和机械排泥。

（2）运行工艺参数

①沉淀池（或分格）的长宽比不小于 4，颗粒密度较大时，长宽比不小于 3，有效水深不大于 3 m，大多数为 1~2.5 m，超高一般为 0.3 m，污泥斗的斜壁与水平面的倾角不应小于 45°。生物处理后的二次沉淀池，泥斗的斜壁与水平面的倾角不应小于 50°，以保证彻底排泥，防止污泥腐化。

②沉淀池的进口应保证沿池宽均匀布水，入口流速小于 0.25 m/s。为了保证不冲刷已有的底部沉积物，水的流入点应高出泥层面 0.5 m 以上。水流入沉淀池后应尽快消能，防止在池内形成短路或股流。

③通常，沉淀池的进口是采用穿孔槽外加挡板（或穿孔墙）的方法，穿孔槽为侧面穿孔时，挡板是竖向的，挡板应高出水面 0.15~0.2 m，伸入

水面以下深度 0.2 m，距进口为 0.5~1.0 m。当进水穿孔槽为底部穿孔时，挡板是横向的，大致在 1/2 池深处。

④沉淀池的出口一般采用溢流堰，为防止池内大块漂浮物流出，堰前应加设挡板，挡板淹没深度不小于 0.25 m，距出水口为 0.25~0.5 m。沉淀池出口堰的设置对池内水流的均匀分布影响极大，为了保证池内水流的均匀，应尽可能减少单位堰长的过流量，以减少池内向出口方向流动的行进流速。每单位长度堰的过流量应均匀，防止池内水流产生偏流现象。一般初次沉淀池应控制在 650 m^3/(m·d) 以内，二次沉淀池为 180~240 m^3/(m·d)。

⑤为了减少堰的单位长度流量，有时沉淀池还设置中间集水槽，以孔口或溢流堰的形式收集池中段表面清水。

⑥出流堰大多数采用锯齿形堰，易于加工及安装，出水比平堰均匀。这种出水堰常用钢板制成，齿深 50 mm，齿距 200 mm，直角，用螺栓固定在出口的池壁上。池内水位一般控制在锯齿高度的 1/2 处为宜。如采用平堰，要求施工严格水平，尽量做成锐缘。为适应水流的变化或构筑物的不均匀沉降，在堰口处需设置使堰板能上下移动的调整装置。

⑦池底坡度一般为 0.01~0.02，采用多斗时，每斗应设单独的排泥管及排泥闸阀，池底横向坡度采用 0.05。

⑧污泥斗的排泥管一般采用铸铁管，其直径不小于 0.2 m，下端深入斗底中央处，顶端敞口，伸出水面，便于疏通和排气。在水面以下 1.5~2.0 m 处，与排泥管连接水平排出管，污泥即由此借静水压力排出池外，排泥时间大于 10 min。

2. 竖流式沉淀池

(1) 结构和工作原理

竖流式沉淀池（见图 4.26）在平面图形上一般呈圆形或正方形，原水通常由设在池中央的中心管流入，在沉淀区的流动方向是由池的下面向上作竖向流动，从池的顶部周边流出。池底锥体为贮泥斗，它与水平的倾斜角常不小于 45°，排泥一般常采用静水压力。

废水从进水槽进入池中心管，并从中心管的下部流出，经过反射板的阻拦向四周均匀分布，沿沉淀区的整个断面上升，处理后的废水由四周集水槽收集。集水槽大多采用平顶堰或三角形锯齿堰，堰口最大负荷为 1.5 L/(m·s)。当池的直径大于 7 m 时，为集水均匀，还可设置辐射式的集水槽与池边环形集水槽相通。为了保证水能均匀地自下而上垂直流动，要求池直径（D）与沉淀区深度（h_2）的比值不超过 3∶1。在这种尺寸比例范围内，悬浮物颗粒能在下沉过程中相互碰撞、絮凝，提高表面负荷。但是，由于采用中心管布水，难以使水流分布均匀，所以竖流式沉淀池一般应限制池直径。

竖流式沉淀池中心管内流速对悬浮物的去除有很大影响，在无反射板时，中心管流速应不大于 30 mm/s，有反射板时可提高到 100 mm/s，废水从反射板到喇叭口之间流出的速度不应大于 40 mm/s。反射板底距污泥表面（缓冲区）为 0.3 m，池的超高为 0.3~0.5 m。

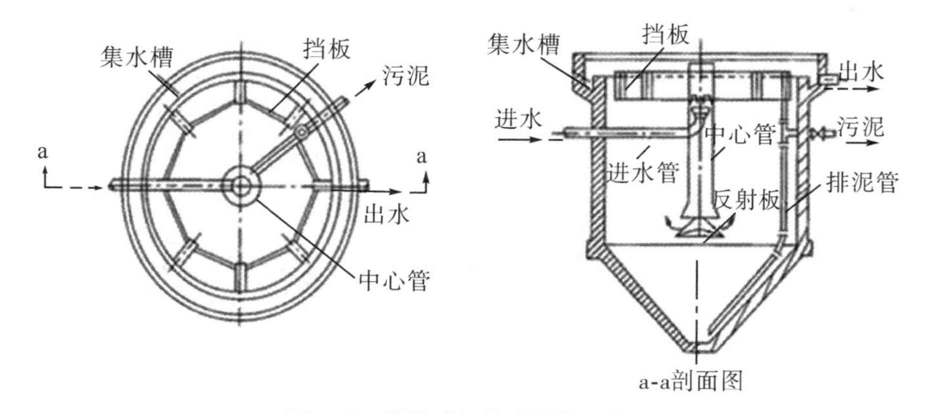

图 4.26　竖流式沉淀池结构示意图

（2）运行工艺参数

①池子直径（或正方形的一边）与有效水深的比值不大于 3.0。池子直径不宜大于 8.0 m，一般采用 4.0~7.0 m，最大可达 10 m。

②中心管内流速不大于 30 mm/s。

③中心管下口应设有喇叭口和反射板：a. 反射板板底距泥面有 0.3 m；b. 喇叭口直径及高度为中心管直径的 1.35 倍；c. 反射板的直径为喇叭口直径的 1.30 倍，反射板表面积与水平面的倾角为 17°；d. 中心管下端至反射板表面之间的缝隙高在 0.25~0.50 m 时，缝隙中污水流速在初次沉淀池中不大于 30 mm/s，在二次沉淀池中不大于 20 mm/s。

④当池子直径（或正方形的一边）小于 7.0 m 时，澄清污水沿周边流出；当直径 $D \geqslant 7.0$ m 时应增设辐射式集水支渠。

⑤排泥管下端距池底不大于 0.20 m，管上端超出水面不小于 0.40 m。

⑥浮渣挡板距集水槽 0.25~0.5 m，高出水面 0.1~0.15 m；淹没深度为 0.3~0.4 m。

3. 辐流式沉淀池

（1）结构和工作原理

辐流式沉淀池也是一种圆形的、直径较大而有效水深则相应较浅的池子，池径一般在20~30 m以上，池深在池中心处为2.5~5 m，在池周处为1.5~3 m。池径与池高之比一般为4~6。污水一般由池中心管进入，在穿孔挡板（也称为“整流板”）的作用下使污水在池内沿辐射方向流向池的四周，水力特征是水流速度由大到小变化。由于池四周较长，出口处的出流堰口不容易控制水平，通常用锯齿形三角堰或淹没溢流孔出流，尽量使出水均匀。

圆形大型辐流式沉淀池常采用机械刮泥，把污泥刮到池中央的泥斗，再靠重力或泥浆泵把污泥排走。当池径小于20 m时，可考虑采用方形多斗排泥，污泥自行滑入斗内，并用静水压力排泥，每斗设独立的排泥管。

辐流式沉淀池可分为中心进水周边出水、周边进水中心出水和周边进水周边出水三种类型，如图4.27所示。其中，周边进水周边出水的辐流式沉淀池因为水力停留时间相对较长，效果较好而应用最为广泛，而辐流式沉淀池也广泛应用于污水处理厂二次沉淀池。

辐流式沉淀池由进水区、沉淀区、缓冲区、污泥区、出水区五个区域以及排泥装置组成。进水区设穿孔整流板，穿孔率为10%~20%。出水区设出水堰，堰前设挡板，拦截浮渣。

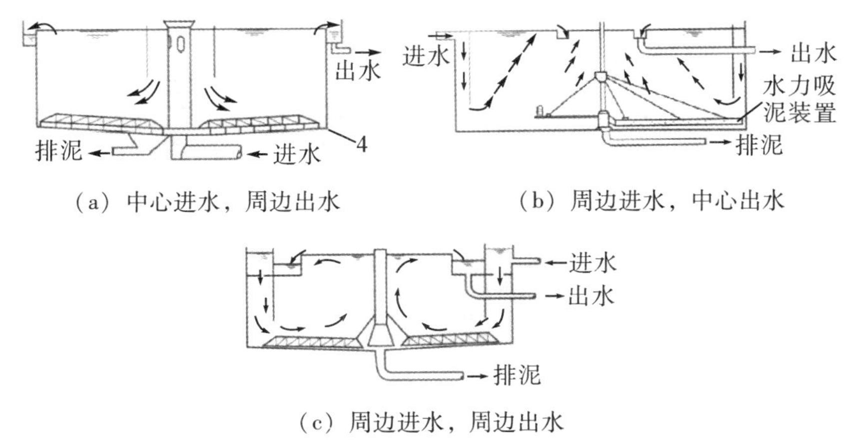

（a）中心进水，周边出水　　（b）周边进水，中心出水

（c）周边进水，周边出水

图4.27　不同类型的辐流式沉淀池

中央进水的辐流式沉淀池进口流速很大，呈素流状，影响沉淀效果，尤其当进水悬浮物浓度较高时更为明显。为克服这一缺点，可采用周边进

水中央出水或周边进水周边出水的辐流式沉淀池。

辐流式沉淀池一般均采用机械刮泥，刮泥板固定在桁架上，桁架绕池中心缓慢旋转，把沉淀污泥推入池中心处的污泥斗中，然后借静水压力排出池外，也可以用污泥泵排泥。当池子直径小于20 m时，一般采用中心传动的刮泥机；当池子直径大于20 m时，一般采用周边传动的刮泥机。刮泥机旋转速度一般为1~3 r/h，外周刮泥板的线速度不超过3 m/min，一般采用1.5 m/min。池底坡度一般采用0.05~0.10。二次沉淀池的污泥多采用吸泥机排出。

（2）运行工艺参数

①池子直径（或正方形一边）与有效水深的比值，一般采用6~12。

②池径不宜小于16 m。

③池底坡度一般采用0.05~0.10。

④一般均采用机械刮泥，也可附有空气提升或静水头排泥设施。

⑤沉淀池的直径一般不小于10 m。当直径小于20 m时，可采用多斗排泥；当直径大于20 m时，应采用机械排泥。

⑥沉淀部分有效水深不大于4 m。

⑦为了使布水均匀，进水管四周设穿孔挡板，穿孔率为10%~20%。出水堰应采用锯齿三角堰，堰前设挡板，拦截浮渣。进水处设闸门调节流量，进水中心管流速大于0.4 m/s，进水采用中心管淹没式潜孔进水，过孔流速为0.1~0.4 m/s，潜孔外侧设穿孔挡板式稳流罩，保证水流平稳。

⑧当采用机械刮泥时，生活污水沉淀池的缓冲层上缘高出刮板0.3 m，工业废水沉淀池的缓冲层高度可参照选用，或根据产泥情况来适当改变其高度。排泥管设于池底，管径大于200 mm，管内流速大于0.4 m/s，排泥静水压力为1.2~2.0 m，排泥时间大于10 min。

⑨当采用机械排泥时，刮泥机由桁架及传动装置组成。当池径小于20 m时，用中心传动；当池径大于20 m时，用周边传动，转速为1.0~1.5 m/min周边线速，将污泥推入污泥斗，然后用静水压力或污泥泵排除；当作为二次沉淀池时，沉淀的活性污泥含水率高达99%以上，不可能被刮板刮除，可选用静水压力排泥。

辐流式沉淀池设计流量取最大设计流量，初次沉淀池表面负荷取2~3.6 $m^3/(m^2 \cdot h)$，二次沉淀池表面负荷取0.8~2.0 $m^3/(m^2 \cdot h)$，沉淀效率为40%~60%。

4. 斜流式沉淀池

（1）结构和工作原理

斜流式沉淀池（见图 4.28）又称为斜板（管）沉淀池，是根据“浅层沉淀”理论，在沉淀池中加设斜板或蜂窝斜管以提高沉淀效率的一种新型沉淀池。所谓浅层沉淀理论，就是在沉淀过程中，悬浮颗粒沉速一定时，增加沉淀池表面积可提升沉淀效果，当沉淀池容积一定时，池身浅则表面积大，沉淀效果可以好些。在普通沉淀池中加设斜板（管）可增大沉淀池中的沉降面积，减小颗粒沉降深度，改善水流状态，为颗粒沉降创造最佳条件，这样就能达到提高沉淀效率，减少池容积的目的。

斜流式沉淀池由进水穿孔花墙、斜板（管）装置、出水渠、沉淀区和污泥区组成，污水从池下部穿孔花墙流入，从下而上流过斜板（管）装置，由水面的集水槽溢出，中悬浮物在重力作用下沉在斜板（管）底部，然后下滑沉入污泥斗。

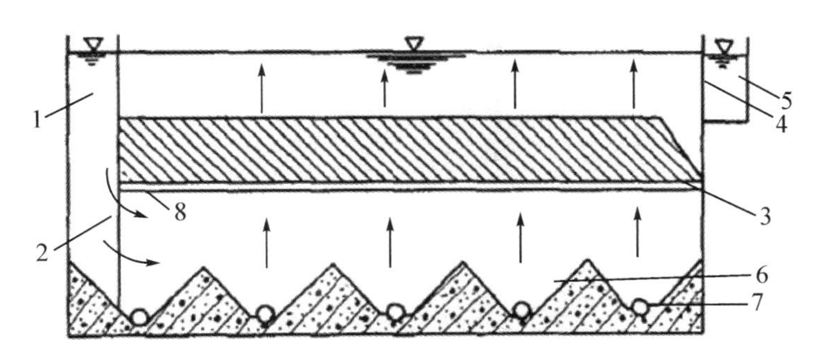

1-配水槽；2-穿孔墙；3-斜板或斜管；4-淹没孔口；5-集水槽；
6-集泥斗；7-排泥管；8-阻流板

图 4.28　斜流式沉淀池结构示意图

按水流与污泥的相对运动方向，斜流式沉淀他可分为异向流、同向流和横向流 3 种形式（见图 4.29）。异向流为水流向上，泥流向下；同向流为水流、泥流都向下，靠集水支渠将澄清水和沉泥分开；横向流为水流大致水平流动，泥流向下，斜板倾角为 60°。横向流斜板水流条件比较差，板间支撑也较难以布置，在国内很少应用，在城市污水处理中主要采用升流式异向流斜流式沉淀池。

（2）运行工艺参数

①在需要挖掘原有沉淀池潜力，或需要压缩沉淀池占地等技术经济要

求下，可采用斜流式沉淀池。

②升流式异向流斜流沉淀池的表面负荷，一般可比普通沉淀池的设计表面负荷提高1倍左右。对于二次沉淀池，应以固体负荷核算。

③斜板垂直净距一般采用80~120 mm，斜管孔径一般采用50~80 mm，斜板（管）斜长一般采用1.0~1.2 m，斜板（管）倾角一般采用60°，斜板材料可以因地制宜地采用木材、硬质塑料板、石棉板等材料。斜管材料可采用玻璃钢斜管、聚乙烯斜管等材料。

④斜板（管）区底部缓冲层高度，一般采用0.5~1.0 m，斜板（管）区上部水深一般采用0.5~1.0 m，斜板（管）内流速一般为10~20 mm/s。

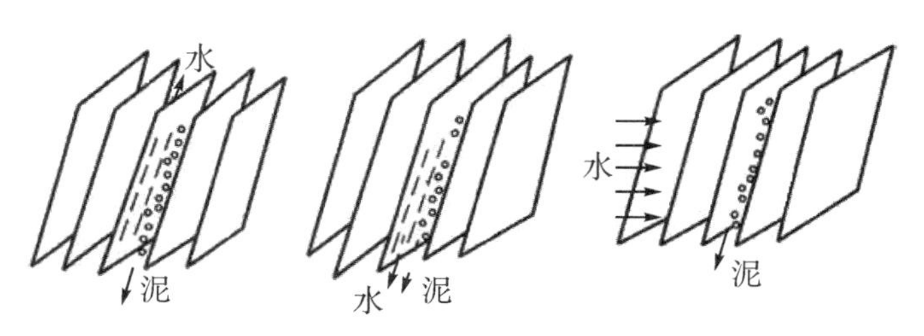

(a)异向流　(b)同向流　(c)横向流(只适用于斜板式)

图4.29　斜板沉淀池中水流与污泥的流向

⑤在池壁与斜板的间隙处应装设阻流板，以防止水流短路。斜板上缘宜向池子进水端倾斜安装。

⑥进水方式一般采用穿孔墙整流布水，出水方式一般采用多槽出水，在池面上增设几条平行的出水堰和集水槽，以改善出水水质，加大出水量。

⑦斜流式沉淀池一般采用重力排泥。每日排泥次数至少1~2次，或连续排泥。

⑧污水在初次沉淀池的池内停留时间不超过30 min，二次沉淀池不超过60 min。

⑨斜板（管）沉淀池应设斜板（管）冲洗设施。

4.5.2.3　沉淀池的运行管理和新技术

1. 沉淀池的运行管理

（1）运行管理注意事项

① 根据沉淀池的形式和刮泥机的形式，确定刮泥方式、刮泥周期的长短，避免沉积污泥停留时间过长造成浮泥，或刮泥过于频繁、刮泥过快扰动已沉下的污泥。

② 沉淀池一般采用间歇排泥，最好实现自动控制。无法实现自动控制时，要总结经验，人工掌握好排泥次数和排泥时间。当沉淀池采用连续排泥时，应注意观察排泥的流量和排泥的颜色，使排泥浓度符合工艺的要求。

③ 巡检时注意观察各池出水量是否均匀，还要观察出水堰口的出水是否均匀，堰口是否被堵塞，并及时调整和清理。

④ 巡检时注意观察浮渣斗上的浮渣是否能顺利排除，浮渣刮板与浮渣斗是否配合得当，并应及时调整，如果刮板橡胶板变形应及时更换。

⑤ 巡检时注意辨听刮泥机、刮渣及排泥设备是否有异常声音，同时检查是否有部件松动等，并及时调整或检修。

⑥ 按规定对初沉池的常规检测项目进行化验分析，尤其是 SS 等重要项目要及时比较，确定 SS 的去除率是否正常，如果下降应采取整改措施。

（2）运行管理常见异常问题的分析与解决对策

① 避免短流

进入沉淀池的水流，在池中停留的时间通常并不相同，一部分水的停留时间小于设计停留时间，很快流出池外；另一部分的停留时间则大于设计停留时间，这种停留时间不相同的现象叫短流。短流使一部分水的停留时间缩短，得不到充分沉淀，降低了沉淀效率；另一部分水的停留时间可能很长，甚至出现水流基本停滞不动的死水区，减少了沉淀池的有效容积。短流是影响沉淀池出水水质的主要原因之一。

形成短流现象的原因很多，如进入沉淀池的流速过高；出水堰的单位堰长流量过大；沉淀池进水区和出水区距离过近；沉淀池水面受大风影响；池水受到阳光照射引起水温的变化；进水和池内水的密度差；沉淀池内存在柱子、导流壁和刮泥设施；等等。

② 及时排泥

及时排泥是沉淀池运行管理中极为重要的工作。污水处理中的沉淀池中所含污泥量较多，且绝大部分为有机物，如不及时排泥，就会产生厌氧发酵，致使污泥上浮，不仅破坏了沉淀池的正常工作，而且使出水水质恶化，如出水中溶解性 BOD_5 值上升、pH 值下降等。初次沉淀的池排泥周期一般不宜超过 2 日，二次沉淀池的排泥周期一般不宜超过 2 小时。当排泥不彻底时，应停池（放空）采用人工冲洗的方法清泥机械排泥的沉淀池。要加强排泥设备的维护管理，一旦机械排泥设备发生出水水质故障，应当及时修理，以避免池底积泥过多，影响出水水质。

③ 排泥浓度下降

初沉池一般采用间歇排泥，当发现排泥浓度下降，可能是因为排泥时间偏长，应调整排泥时间。应经常测定排泥管内的污泥浓度，达到3%时需要排泥。比较先进的方法是在排泥管路上设置污泥浓度计，当排泥浓度降至设定值时，泥泵自动停止。

④ 浮渣槽溢流

若发现浮渣槽溢流，可能是因为浮渣挡板淹没深度不够，或刮渣板损坏，或清渣不及时，或浮渣刮板与浮渣槽不密合。

⑤ 悬浮物去除率低

原因是水力负荷过高、短流、活性污泥或消化污泥回流量过大，存在工业废水。

解决方法：设置调节堰来均衡水量和水质负荷；投加絮凝剂，改善沉淀条件，提升沉淀效果；多个初沉池的处理系统中，若仅有一个池超负荷，则说明进水口堵塞或堰口不平导致污水流量分布不均匀；工业废水或雨水流量不均匀、出水堰板安装不均匀、进水流速过高等易产生集中流，为证实短流的存在与否，可使用染料进行示踪实验；准确控制二沉池污泥回流和消化污泥投加量；减少高浓度的油脂和碳水化合物废水的进入量。

2. 沉淀池的新技术

沉淀池属于生活污水处理中最通用的一类颗粒物去除设施。近年来，有关提高沉降效率的研究主要集中在进水区、沉淀区和出水区的设置上。

（1）进水区改进技术：在进水区口设置开孔率适当的进水调流板，用以改善入池水流条件，使其均匀流畅。

（2）沉淀区改进技术：为了改善斜板沉淀池的沉淀条件，日本的丹保宪仁教授提出了迷宫式沉淀池，它是在斜板上加上翼片，翼片与斜板之间构成方形沉淀区，含有絮体的水流在翼片后面涡流的作用下，进入方形沉淀区。由于该区水流流速低，接近层流，是比较理想的沉淀区。同时，方形沉淀区中的水在翼片后面涡流的强制输送下，以及在方形壁面的约束下，产生持续的旋转运动。絮体颗粒在离心力的作用下，沿圆周做径向运动，使絮体颗粒更靠近斜板，减少颗粒沉降距离。

（3）出水区改进技术：可以在沉淀池溢流堰区上沿水流方向增设溢流槽，能直接降低溢流堰水头，也间接地降低沉淀池内水流的有效深度。

（4）其他改进方式：沉淀池是污水处理工艺中使用最广泛的一种处理构筑物，但实际运行资料表明，无论是平流式、竖流式还是辐流式沉淀池，一方面都存在悬浮颗粒去除率不高的问题，通常在 1.5~2 h 的沉淀时间里，悬浮颗粒的去除率一般只有 50%~60%；另一方面，这些沉淀池的占地面积较大，体积亦比较庞大。除可以用斜流式沉淀池提高沉淀池的分离效果和处理能力，其他方法还有对污水进行曝气搅动以及回流部分活性污泥等。

①曝气搅动是利用气泡的搅动促使废水中的悬浮颗粒相互作用，产生自然絮凝。采用这种预曝气方法，可使沉淀效率提高 5%~8%，1 m^3废水的曝气量约为 0.5 m^3。预曝气方法一般应在专设的构筑物——预曝气池或生物絮凝池内进行。

②将剩余活性污泥投加到入流污水中，利用污泥的活性，产生吸附与絮凝作用，这一过程称为生物絮凝。这一方法已在国内外得到广泛应用。采用这种方法，可以使沉淀效率比原来的沉淀池提高 10%~15%，BOD_5的去除率也能增加 15%以上，活性污泥的投加量一般在 100~400 mg/L。

5 农村生活污水生物处理技术

5.1 农村生活污水治理模式

农村生活污水处理设施应按村庄建设规划和区位的特点，在对农村生活污水处理设施的建设、运行、维护及管理进行综合经济比较和分析的基础上，因地制宜地采取适合本地区的污染治理与资源利用相结合、工程措施与生态措施相结合、集中处理与分散处理相结合的建设模式和处理工艺，并优先考虑资源化利用与农业生产结构结合，提高污水资源化利用水平，降低末端治理成本。

5.1.1 治理模式的分类

我国农村生活污水治理模式大致分成3种模式，即纳管治理模式、集中治理模式和分散治理模式。在农村生活污水治理方面，规定有条件的城镇将污水集中处理设施和服务向农村延伸，将农村社区和城镇周边村庄纳入城镇污水集中处理体系，从而推进城乡环境基础设施共建共享。根据农村的地理位置、居民集中程度、地形地貌状况，分3种模式对农村生活污水进行治理（见表5.1）。根据污水产生量、家庭数、人口数、距离，农村生活污水治理模式又分为单户分散型、单村集中型、连片集中型（见表5.2）。

表5.1 农村生活污水治理模式（a）

模式	距离要求
纳管治理模式	适合于与城镇相距3 km左右，人口集中，地理和施工条件都满足输送污水至城镇污水处理厂的农村地区
集中治理模式	村村距离小于3 km
分散治理模式	村村距离大于3 km

表 5.2 农村生活污水治理模式（b）

模式	污水产生量 /$m^3 \cdot d^{-1}$	家庭数 /户	人口数 /人	距离要求
单户分散型	≤5	1~10	<100	原位就地处理
单村集中型	5~300	10~500	100 ~ 2 500	村村距离>3 km
连片集中型	>300	>500	2 500 ~ 1 000	村村距离<3 km

（1）纳管治理模式

纳管治理模式是在农村敷设污水管网，将各住户排放的生活污水收集并输送至邻近的城镇污水管网（或污水处理厂）。这种模式只需建设农村生活污水收集系统和输送系统，村庄内所有生活污水经管道收集后，统一接入临近城镇污水管网，利用城镇污水处理厂统一处理。项目建成后的日常工作主要是对污水管网进行维护，没有污水处理厂的运行管理要求，具有总投资少、工期短、见效快、统一管理方便等特点，适用于与城镇相距3 km 左右，符合高程接入要求的村庄进行污水处理。该模式通常在靠近城镇、经济基础较好的农村地区采用。

（2）集中治理模式

集中治理模式是在农村地区敷设污水管道或污水暗渠，将各住户排放的生活污水收集起来，在农村规划区范围内选址建设集中的污水处理设施。该模式需建设污水收集系统和污水处理设施，适用于居住区相对集中的农村地区，如相对集中居住的单个自然村或相邻的几个自然村的生活污水收集。村庄污水的集中收集与处理系统应因地制宜，灵活布置，审慎决策。选择这一模式时，应根据本地区自然地理情况，尽可能地减少管网长度，以节省管网建设资金和减少管网维护工作量。

污水的收集应符合《村庄整治技术标准》（GB/T 50445—2019）、《镇（乡）村排水工程技术规程》（CJJ 124—2008）等相关规定。通过管道收集生活污水后，在村庄内就近建设集中污水处理设施。集中治理模式具有占地面积小、抗冲击能力强、运行安全可靠、出水水质好等特点，适用于污水排放量较大、人口密度大、布局相对密集、规模较大、具有配套收集管网的村镇企业、旅游发达的平原地区的单村或联村进行污水处理，一般要求日产生污水量 5 吨以上。对于由河流和国道、省道隔开或地势分开的村庄，可分片区建设多套污水收集管网和处理设施；对于地理上相邻的多个村庄，可各建污水收集管网，合建一套污水处理设施。

（3）分散治理模式

分散治理模式是按地势、地形特点将农村居民区分为几个片区，各片区内敷设污水管道或污水暗渠来收集居民排放的生活污水，并分别就近建设污水处理设施。

该模式要建设污水收集系统和数座污水处理设施。污水收集分区进行，各片区的污水主干管长度较短，埋深较浅，管网工程造价相对较低。由于污水处理设施数量增加，运行管理的技术要求和成本相对增加，因此这种模式适用于居住片区相对分散、地形复杂的农村地区，如偏僻的单户或相邻几户农户的生活污水收集。这种模式一般要求日产生污水量小于 5 m^3。

分散式污水处理设施设置在农户周边，相邻农户的化粪池可单建，也可合建，在单户收集系统基础上，将 2~5 户的污水用管道引入污水处理设施。污水的收集应符合《村庄整治技术标准》（GB/T 50445—2019）、《镇（乡）村排水工程技术规程》（CJJ 124—2008）等相关规定。

5.1.2 治理方式的选择

在选择农村生活污水治理模式时，应优先选择建设管网纳入城镇污水处理系统，充分发挥县城及乡镇已建污水处理设施的规模处理效应。根据 2013 年原环境保护部印发的《农村生活污水处理项目建设与投资指南》，建设农村集中污水处理厂与建设集中式小型污水处理设施的费用为因变量，选择农村生活污水治理模式需要对两种方式进行比较。参考广西同类工程投资概算，以输送距离为自变量，应从建设延伸管道纳入城镇污水处理系统的成本角度考虑。建设城镇污水处理系统延伸管道与集中式污水处理设施的经济性比较如图 5.1 所示。

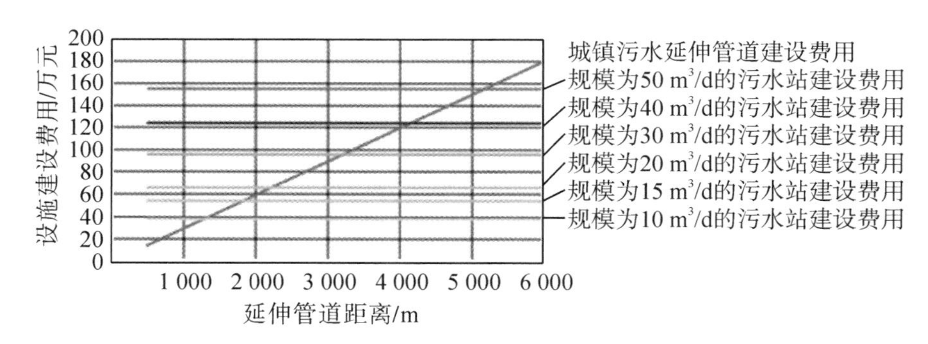

图 5.1 建设城镇污水处理系统延伸管道与集中式污水处理设施的经济性比较

根据上述比较，相对于集中治理模式，纳管治理模式具有投资少、施工周期短、见效快、统一管理方便等优点，且综合考虑在城镇化进程下的城镇周边村庄，大多具有用地较紧张的特征，因此城镇周边符合建设条件的农村应优先考虑采用纳管治理模式。但从施工难度、建设成本和运行可靠性的角度考虑，采用纳管治理模式的农村与市政污水管网的距离不宜太远，具体可根据实际情况按表 5.3 所示进行选择。

表 5.3 采用纳管治理模式的农村与城镇污水管网的距离

建设规模/$m^3 \cdot d^{-1}$	与离城镇污水管网最远距离/km
10	1.2
15	1.8
20	2.2
30	3.2
40	4.1
50	5.1

分散治理模式是指因地形、地势或其他原因，污水不能集中纳管处理的村庄、农户，单户或几户采用小型污水处理设施或自然处理形式治理生活污水。该治理模式布局灵活、施工简单、管理方便，具备一定的水质净化能力，不需要较大规模的配套管网，适用于人口密度稀少、地形条件复杂、管网难以统一施工、不适合集中处理生活污水的村庄、农户。在这些地区，村庄人口密度小，建设集中收集管网的成本较高，而建设农村生活污水分散处理设施不受传统房屋建筑限制，小巧灵活、便捷。具体工艺包括一体化污水处理设备、人工湿地、稳定塘、净化沼气池等，处理出水水质能达到国家和地方标准的要求。

5.2 农村生活污水预处理单元

预处理主要去除污水中呈悬浮状态的固体污染物质（SS）。该级处理技术一般作为后续处理的预处理单元，原则上在整个农村生活污水处理过程中应至少有一个预处理单元。预处理单元包括格栅池、调节池、隔油池、沉淀池、化粪池。

（1）格栅池

在格栅井里放置格栅，可阻拦污水中的垃圾并分离污物，实现高效、简单地拦截、收集污水中的垃圾。农村生活污水中的垃圾被格栅井阻拦后需要打捞起来统一进行收集处理。在设计上，格栅栅条的间隙可分为3级：细格栅的间隙为4~10 mm；中格栅的间隙为15~25 mm；粗格栅的间隙为40 mm以上。格栅间隙的有效总面积，一般按流速0.8~1.0 m/s计算，最大流量时流速可高至1.2~1.4 m/s。人工清除栅渣时，格栅间隙的有效总面积不应小于进水管渠有效断面面积的2倍；用机械清除栅渣时，格栅间隙的有效总面积不应小于进水管渠有效断面面积的1.2倍。格栅前渠道内的水流速度一般采用0.4~0.9 m/s，格栅的水头损失为0.1~0.4 m，格栅倾斜角一般采用45°~80°。同时，应根据格栅选型，配套设计格栅池。格栅池上必须设置工作台，其高度应比格栅设计的最高水位高0.5 m，并且工作台上应该设有安全设施和冲洗设施。

（2）调节池

调节池是用来调节进、出水流量的构筑物，主要起调节水量和水质的作用，也可以调节污水pH值、水温以及预曝气，还可用作事故排水池。当采用分散治理模式时，水量较小，不需要设置污水调节池。调节池的容积可根据实际污水量和水质的变化进行计算和校核，应不小于0.5天的设计水量。水质、水量变化很大的，有条件的可采取回流的方式均化水质。调节池水力停留时间一般不宜小于12小时。调节池应设置人孔、通风管等，且应具有沉砂功能。人口迁移和农业生产加工等对污水处理设施产生影响的，可设置专用调蓄池。

（3）隔油池

隔油池的作用是分离、收集餐饮污水中的固体污染物和油脂，由其处理后的污水再排入污水管。农家乐、民宿餐饮产生的污水经过滤隔渣，再经过三格式隔油池沉淀悬浮杂物和油水分离的工艺处理后，进入管网或农村生活污水处理设施。在实际操作中，严禁泔水进入餐饮污水隔油处理系统。隔油池的设计应综合考虑餐饮污水排水量、水力停留时间、池内水流流速、池内有效容积等因素，各项技术参数指标应按照《建筑给水排水设计标准》（GB 50015—2019）、《餐饮废水隔油器》（CJ/T 295—2015）、《饮食业环境保护技术规范》（HJ 554—2010）等标准设计。隔油池的设计应因户定案。设计单位应根据农家乐、民宿经营户的厨房面积、餐厅面积，以及就餐人数来计算排水量，并对实际排放餐饮污水情况进行调查核实。隔油池可以视情况现场构筑，亦可购买成品，可根据实际使用情况采用地上式、地埋式、半埋式等安装方式。隔油池应进行防渗处理和满水试验，确保隔油池在稳定运行中无污水渗漏。隔油池的废弃物应优先考虑资源化回收和利用，可纳入餐厨垃圾处理系统进行集中处置。

（4）沉淀池

按工艺布置的不同，沉淀池可分为初次沉淀池和二次沉淀池。初次沉淀池处理的对象是悬浮物质，它同时可去除部分生化需氧量（BOD_5），可改善生物处理构筑物的运行条件，并降低其 BOD_5 负荷。按池内水流方向的不同，沉淀池可分为平流式沉淀池、竖流式沉淀池、辐流式沉淀池和斜流式沉淀池 4 种。对于 5 个人口当量的单个家庭处理系统，沉淀池的总体积必须达到 2 m^3。对于较大的系统，沉淀池扩大的体积应该与处理的人口当量成正比。沉淀池的个数或分格不应少于 2 个，一般按同时工作设计，容积应按池前工作水泵的最大设计出水量计算，自流进入时，应按管道最大设计流量计算。池内污泥一般采用静水压力排出，池内污泥采用机械排泥时，可连续排泥或间歇排泥；不采用机械排泥时，应每天排泥（详见第 4 章）。

（5）化粪池

化粪池是一种利用沉淀和厌氧发酵的原理，去除生活污水中悬浮性有机物的处理设施，属于初级的过渡性生活污水处理构筑物。化粪池设计可参考《农村三格式户厕建设技术规范》（GB/T 38836—2020）、《农村三格式户厕运行维护规范》（GB/T 38837—2020）、《农村集中下水道收集户厕建设技术规范》（GB/T 38838—2020）等国家技术规范要求，结合出水水质要求进行设计。化粪池设计应考虑以下事项：①化粪池应与村庄排污和污水处理系统统一考虑设计，使之与排污或污水处理系统形成一个有机整体，以便充分发挥化粪池的作用。同时，为防止污染地下水，化粪池必须进行防水、防渗处理。②化粪池的平面布置选位应充分考虑当地地质、水文情况和基底处理方法，以免在施工过程中出现基坑护坡塌方等问题（详见第 4 章）。

5.3 农村生活污水生物处理单元

农村生活污水生物处理主要去除污水中呈胶体和溶解状态的有机性污染物质（以 BOD_5 和 COD_{Cr} 为主），主要分为好氧生物处理、厌氧生物处理和自然生物处理三种。

其中，好氧生物处理是指，在有游离氧存在的条件下，好氧微生物降解有机物使其稳定、无害化的处理方法；而厌氧生物处理是指，在没有游离氧存在的条件下，兼性细菌与厌氧细菌降解和稳定有机物的处理方法；自然生物处理则是指，利用环境的自净作用去除污染物质的过程。

好氧生物处理可以分为活性污泥法和生物膜法。厌氧生物处理也可以分为厌氧活性污泥法和厌氧生物膜法。

5.3.1 微生物

5.3.1.1 微生物的种类

（1）细菌

细菌细胞由细胞壁、细胞膜和细胞核等部分组成，其繁殖方式为分裂繁殖。主要组成菌有好氧的芽孢杆菌、不动杆菌、专性厌氧的脱硫弧菌以及假单孢菌、产碱杆菌、黄杆菌、无色杆菌、微球菌和动胶菌等兼性菌，这些细菌互相粘连构成菌胶团，担负着主要的氧化分解有机物的任务，细菌在活性污泥中占比是最高的，也是去除各类污染物的主力。

（2）真菌

真菌包括霉菌和酵母菌，丝状细菌降解有机物的能力极强，一定量生长的菌丝体交织粘辐形成层层的网状结构，对水具有过滤作用，被处理水中的悬浮物被丝状菌网吸附截留，出水变得澄清。同时，菌丝的交织作用又可使模块的机械强度增加，不易脱落更新，但丝状细菌过速生长会堵塞滤池，影响净化过程的正常进行。

（3）藻类

藻类是单细胞和多细胞的植物性微生物。它含有叶绿素，利用光合作用同化二氧化碳和水放出氧气，吸收水中的氮、磷等营养元素合成自身细胞。

(4) 原生动物

与污水处理有关的原生动物有肉足类、鞭毛类和纤毛类，它们是活性污泥系统中的指示微生物，具有吞食污水中的有机物、细菌，在体内迅速氧化分解的能力。

原生动物主要是钟虫、累枝虫、盖纤虫和草履虫等纤毛虫。它们主要附聚在污泥表面。其作用在于：有些原生动物（如变形虫）能吞噬水中的有机颗粒，对污水有直接净化作用；某些原生动物（如纤毛虫）能分泌粘类物质，可促进生物絮凝作用；吞食游离细菌有利于改善出水水质，可作为污水净化的指示生物。

(5) 后生动物

后生动物由多个细胞组成，种类很多。在污水处理中常见的后生动物是轮虫和线虫。轮虫和线虫在活性污泥和生物膜中都能观察到，其生理特征及数量的变化具有一定的指示作用。它们的存在指示处理效果较好；但当轮虫数量剧增时，污泥老化，结构松散并解体，预兆污泥膨胀。

5.3.1.2　微生物的代谢

微生物从污水中摄取营养物质，通过复杂的生物化学反应合成自身细胞和排出废物。这种为维持生命活动和生长繁殖而进行的生化反应过程叫新陈代谢，简称“代谢”。根据能量的转移和生化反应的类型，可将代谢分为分解代谢和合成代谢。微生物将营养物质分解转化为简单的化合物并释放出能量，这一过程叫作分解代谢或产能代谢；微生物将营养物质转化为细胞物质并吸收分解代谢释放的能量，这一过程叫作合成代谢。当营养物质缺乏时，微生物对自身细胞物质进行氧化分解，以获得能量，这一过程叫作内源代谢，也叫内源呼吸。当营养物质充足时，内源呼吸并不明显，但营养物质缺乏时，内源呼吸是能量的主要来源。

没有新陈代谢就没有生命。微生物通过新陈代谢不断地增殖和死亡。微生物的分解代谢为合成代谢提供能量和物质，合成代谢为分解代谢提供催化剂和反应器。两种代谢相互依赖、相互促进、不可分割。

微生物代谢消耗的营养物质一部分分解成简单的物质排入环境，另一部分合成为细胞物质。不同的微生物代谢速度不同，营养物质用于分解和合成的比例也不相同。厌氧微生物分解营养物质不彻底，释放的能量少，代谢速度慢，将营养物质用于分解的比例大，用于合成的比例小，细胞增殖慢。好氧微生物分解营养物质比较彻底，且最终产物（CO_2、H_2O、

NO_3^-、PO_4^{3-}等）稳定，含有的能量最少，所以好氧微生物代谢中释放的能量多，代谢速度快，将营养物质用于分解的比例小，用于合成的比例大，细胞增殖快。

5.3.1.3　微生物的生长规律

微生物生长实际上是微生物对周围环境中各种物理或化学因素的综合反映。研究微生物的生长是为了利用其更好地处理水中的污染物，其生长通常采用群体生长来测定。微生物特别是单细胞微生物，体积很小，个体的生长很难测定，因此，测定它们的生长不是依据细胞个体的大小，而是测定群体的增加量，即群体的生长。群体生长是指在适宜条件下，微生物细胞在单位时间内数目或细胞总质量的增加。群体生长的实质是细胞的繁殖。

微生物的生长规律一般以生长曲线来反映，其以培养时间为横坐标，以细菌数目的对数或生长速度为纵坐标（见图5.2）。根据细菌生长繁殖速率的不同，可将微生物生长过程大致分为延迟期、对数增长期、稳定期和衰亡期。

（1）延迟期（适应期）

延迟期是微生物细胞刚进入新环境的时期，此时细胞开始吸收营养物质，合成新的酶系。这个时期细胞一般不繁殖，活细胞数目不会增加，甚至可能由于不适应新环境，接种的活细胞数量会有所减少，但细胞体积会显著增大。处于延迟期的细菌细胞的特点可概括为8个字：分裂迟缓、代谢活跃。此时，细胞体积增长较快，尤其是长轴，在延迟期末，细胞平均长度比刚接种时大6倍以上；细胞中RNA含量增高，原生质嗜碱性加强；对不良环境条件较敏感，对氧的吸收、二氧化碳的释放以及脱氨作用也很强，同时容易产生各种诱导酶等。这些都说明细胞处于活跃生长中，只是细胞分裂延迟。在此阶段后期，少数细胞开始分裂，曲线略有上升。

延迟期的长短与菌种的遗传性、菌龄以及移种前后所处的环境条件等因素有关，短的只需几分钟，长的可达几小时。

（2）对数增长期

微生物经过延迟期的适应后，开始以基本恒定的生长速率进行繁殖，在此期中，细胞代谢活性最强，组成新细胞物质最快，所有分裂形成的新细胞都生命旺盛。这一阶段的突出特点是细菌数以几何级数增加，代谢稳定。从生长曲线可以看出，细胞增殖数量与培养时间基本上呈直线关系。

这个时期大量消耗了限制性的底物，同时，细胞内积累了丰富的代谢物质，这个时期的细胞可作为研究的理想对象。

（3）稳定期

稳定期又称减速增长期或最高生长期。此阶段初期，细菌分裂的间隔时间开始延长，曲线上升逐渐缓慢。随后，部分细胞停止分裂，少数细胞开始死亡，致使细胞的新生速率与死亡速率处于动态平衡。这时，污水中细胞总数达到最高水平，接着，死亡细胞数大大超过新增殖细胞数，曲线出现下降趋势。这个时期由于营养物质不断被消耗，代谢物质不断积累，环境条件的改变不利于微生物的生长，微生物细胞的生长速率下降、死亡速率上升，新增细胞数与死亡细胞数趋于平衡。

（4）衰亡期（内源呼吸期）

这个时期营养物质已耗尽，微生物细胞靠内源呼吸代谢维持生存，生长速率为零，死亡速率随时间延长而加快，细胞形态多呈衰退型，许多细胞出现自溶。

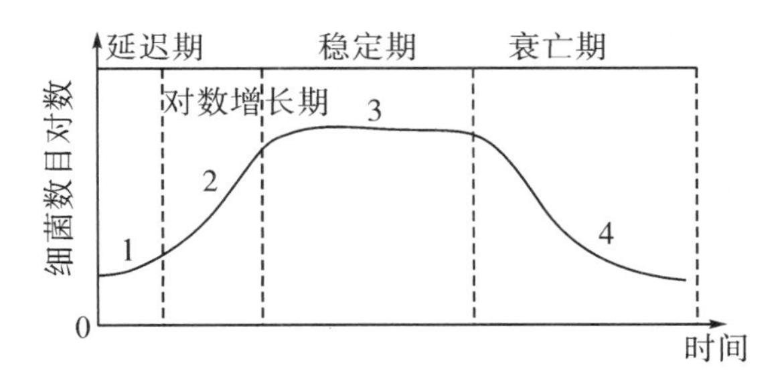

图 5.2　微生物的生长曲线

在污水生物处理构筑物中，微生物是一个混合群体，每一种微生物都有自己的生长曲线，其增殖规律较为复杂，一种特定的微生物在生长曲线上的位置和形状取决于其可利用的营养物质及各种环境因素，如温度、pH值等。

在污水生物处理过程中，控制微生物的生长期对污水处理系统运行尤为重要。例如，将微生物维持在活力很强的对数增长期，未必会获得最好的处理效果。这是因为，若要维持较高的生物活性，就需要充足的营养物质，而进水有机物含量高容易造成出水有机物超标，使出水达不到排放要求；另外，对数增长期的微生物活力强，使活性污泥不易凝聚或沉降，给泥水分离造成一定困难。再如，将微生物维持在衰亡期末期，此时处理过的污水中的有机物含量固然很低，但由于微生物氧化分解有机物的能力很差，所需要的反应时间较长，因此，在实际工作中不可行。所以，为了获得既具有较强氧化和吸附有机物能力，又具有良好沉降性能的活性污泥，在实际中常将活性污泥控制在稳定期末期和衰亡期初期。当然，每个水厂不一样，根据实际情况，部分水厂有时还需将活性污泥控制在衰亡期内。

5.3.1.4 微生物的生长条件

污水生物处理的主体是微生物，只有创造良好的环境条件让微生物大量繁殖才能获得令人满意的处理效果。影响微生物生长的条件主要有营养、温度、pH 值、溶解氧及有毒物质等。

（1）营养

营养是微生物生长的物质基础，生命活动所需要的能量和物质来自营养。不同微生物细胞的组成不尽相同，对碳氮磷比的要求也不完全相同。好氧微生物要求碳氮磷比为 $BOD_5:N:P=100:5:1$ [或 $COD:N:P=(200\sim300):5:1$]；厌氧微生物要求碳氮磷比为 $BOD_5:N:P=100:6:1$。其中，N 以 NH_3-N 计，P 以 $PO_4^{3-}-P$ 计。

几乎所有的有机物都是微生物的营养源，为达到预期的净化效果，控制合适的碳氮磷比就十分重要。微生物除需要 C、H、O、N、P 外，还需要 S、Mg、Fe、Ca、K 等元素，以及 Mn、Zn、Co、Ni、Cu、Mo、V、I、Br、B 等微量元素。

（2）温度

微生物的种类不同其生长温度就不同，各种微生物的总体生长温度范围是 0~80 ℃。

好氧生物处理以中温为主，微生物的最适生长温度为 20~37 ℃。厌氧生物处理时，中温性微生物的最适生长温度为 25~40 ℃，高温性微生物的最适生长温度为 50~60 ℃。所以厌氧生物处理常利用 33~38 ℃和 52~57 ℃两个温度段，分别叫作中温发酵和高温发酵。

在最低生长温度至最适生长温度之间，当温度升高，微生物酶活性增强，代谢速度加快，生长速度也随之加快，生物处理效率提高。在适宜的温度范围内，每升高 10 ℃，生化反应速度就提高 1~2 倍。

（3）pH 值

好氧生物处理的适宜 pH 值为 6.5~8.5，厌氧生物处理的适宜 pH 值为 6.7~7.4（最佳 pH 值为 6.7~7.2）。在生物处理过程中保持最适 pH 值范围非常重要。否则，微生物酶的活性将降低或丧失，微生物将生长缓慢甚至死亡，导致生物处理失败。

（4）溶解氧

好氧生物处理时应做好沿程分析，从好氧池的进口到出口，选择适当的取样点，测水中的氨氮数值，为了确保后端缺氧池反硝化反应顺利进行，建议以氨氮值小于 1 为溶解氧控制指标。厌氧生物处理时应控制 ORP 为生物反应创造条件。

（5）有毒物质

对微生物有抑制和毒害作用的化学物质叫有毒物质。它能破坏细胞的结构，使酶变性而失去活性。如重金属能与酶的-SH 基团结合，或与蛋白质结合使之变性或沉淀。有毒物质在低浓度时对微生物无害，超过某一数值则会发生毒害。某些有毒物质在低浓度时可以成为微生物的营养。有毒物质的毒性受 pH 值、温度和有无其他有毒物质存在等因素的影响，在不同条件下其毒性相差很大，不同的微生物对同一毒物的耐受能力也不同，具体情况应根据实验而定。

5.3.2 生物处理的机理

5.3.2.1 有机物的好氧生物处理

好氧生物处理是指，在有游离氧（分子氧）存在的条件下，好氧微生物降解有机物，使其稳定、无害化的处理方法。微生物将废水中存在的有机污染物（以溶解状与胶体状的为主）作为营养源进行好氧代谢，将其分解成稳定的无机物质，达到无害化的要求，以便返回自然环境或进一步处置。好氧生物处理过程中有机物转化如图 5.3 所示。有机物被微生物摄取后，通过代谢活动，约有三分之一被分解、稳定，并提供其生理活动所需的能量；约有三分之二被转化，合成为新的原生质（细胞质），即进行微生物自身生长繁殖。后者就是废水生物处理中的活性污泥或生物膜的增长部分，通常称其为剩余活性污泥或生物膜，又称生物污泥。在废水生物处理过程中，生物污泥经固液分离后，需进一步处理。

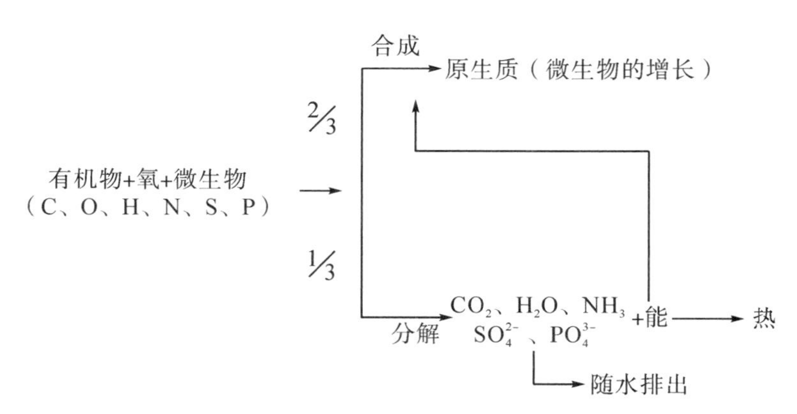

图 5.3 好氧生物处理过程中有机物转化示意图

好氧生物处理的反应速度较快，所需的反应时间较短，故处理构筑物容积较小。同时，好氧生物处理过程中散发的臭气较少。所以，目前对中、低浓度的有机废水，即 BOD_5浓度小于 500 mg/L 的有机废水，基本上都采用好氧生物处理法。

5.3.2.2 有机物的厌氧生物处理

厌氧生物处理是指，在没有游离氧存在的条件下，兼性细菌与厌氧细菌降解和稳定有机物的生物处理方法。在厌氧生物处理过程中，复杂的有机化合物被降解，转化为简单的化合物，同时释放能量。在这个过程中，有机物的转化分为三部分进行：部分转化为 CH_4，这是一种可燃气体，可回收利用；还有部分被分解为 CO_2、H_2O、NH_3、H_2S 等无机物，并为细胞合成提供能量；少量有机物被转化、合成为新的原生质的组成部分。由于仅少量有机物用于合成，故相对于好氧生物处理法，其污泥增长率小得多。

厌氧生物处理是一个复杂的微生物化学过程，主要依靠水解产酸细菌、产氢产乙酸菌和产甲烷细菌的联合作用完成。因此，厌氧消化过程分为以下三个阶段（见图 5.4）：

（1）第Ⅰ阶段——水解酸化阶段

污水中不溶性大分子有机物，如多糖、淀粉、纤维素等水解成小分子，进入细胞体内分解产生挥发性有机酸、醇、醛类等。主要产物为较高级脂肪酸。

（2）第Ⅱ阶段——产氢产乙酸阶段

产氢产乙酸菌将第Ⅰ阶段产生的有机酸进一步转化为氢气和乙酸。

(3) 第Ⅲ阶段——产甲烷阶段

甲酸、乙酸等小分子有机物在产甲烷菌的作用下，通过甲烷菌的发酵过程将这些小分子有机物转化为甲烷。所以在水解酸化阶段COD、BOD值变化不是很大，仅在产气阶段由于构成COD或BOD的有机物多以CO_2和CH_4的形式逸出，才使污水中的COD、BOD值明显下降。

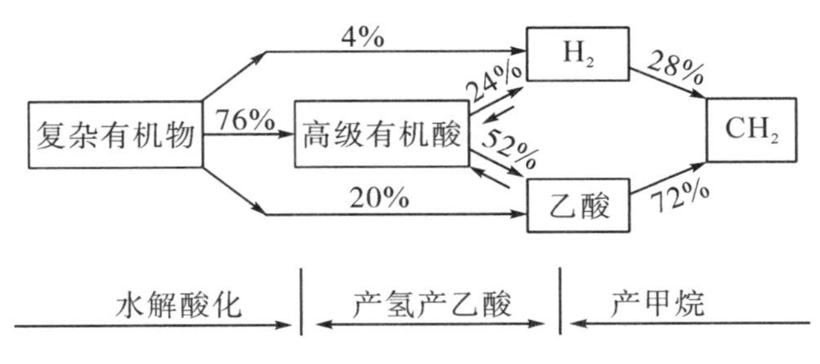

图5.4 厌氧消化过程的三个阶段和COD转化率

5.3.3 活性污泥法

5.3.3.1 活性污泥法的原理

(1) 活性污泥

活性污泥是一种生物絮凝体，一般呈黄色或褐色，稍有土腥味，具有良好的絮凝吸附性能。在活性污泥的微观生态系统中，细菌占主导地位。它由好氧微生物（包括细菌、真菌、原生动物及后生动物等）及其代谢和吸附的有机物质和无机物质所组成。活性污泥中，各种微生物构成了一个生态平衡的生物群体，而起主要作用的是细菌及原生动物。

菌胶团是活性污泥和生物膜形成生物絮体的主要生物，属于异养菌，是活性污泥的结构和功能的中心，有较强的吸附和氧化有机物的能力，在水生物处理中具有重要作用。活性污泥性能的好坏，主要根据其所含菌胶团多少、大小及结构的紧密程度高低来确定。

(2) 活性污泥法

活性污泥法是以含于废水中的有机污染物为培养基，在有溶解氧的条件下，连续地培养活性污泥，再利用其吸附凝聚和氧化分解的作用净化废水中的有机污染物。活性污泥去除有机物的过程主要包括以下三个阶段：

①吸附阶段。污水中的污染物与活性污泥微生物充分接触过程中，被具有巨大比表面积（可达2 000~10 000 m^2/m^3）且表面有多糖类黏性物质

的活性污泥微生物所吸附及粘连，从而使污水得到净化。

②氧化阶段。活性污泥在有氧条件下，以吸附及吸收的一部分有机物为营养，进行细胞合成，以另一部分进行分解代谢，并释放能量。

③絮凝体的形成与凝聚沉淀阶段。氧化阶段合成的菌体絮凝形成絮凝体，通过重力沉淀从水中分离出来，使水得到净化。

5.3.3.2　活性污泥法系统的组成

活性污泥系统主要由曝气池、曝气系统、二次沉淀池、污泥回流系统和剩余污泥排放系统组成。活性污泥法基本流程如图 5.5 所示。

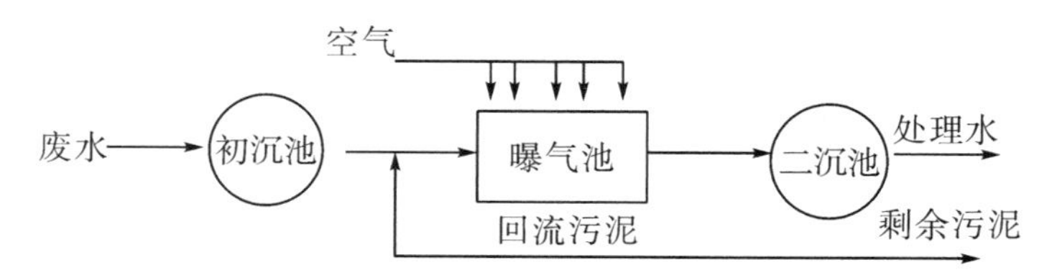

图 5.5　活性污泥法基本流程

（1）曝气池

曝气池是活性污泥工艺的核心。它是在池内提供一定的污水停留时间，由微生物组成的活性污泥与污水中的有机污染物质充分混合接触，并进而将其吸收并分解的构筑物。根据曝气池内混合液的流态可将曝气池分为推流式、完全混合式和循环混合式三种类型。

①推流式曝气池（见图 5.6）

推流式曝气池为窄长形曝气池，废水和回流污泥从曝气池一端流入，水平推进，从另一端流出，再经二次沉淀池进行固液分离。在二次沉淀池沉淀下来的污泥，一部分以剩余污泥形式排到系统外，另一部分回流到曝气池首段，与待处理的废水一起进入曝气池。回流污泥的流量和浓度决定池内 MLSS 的浓度。

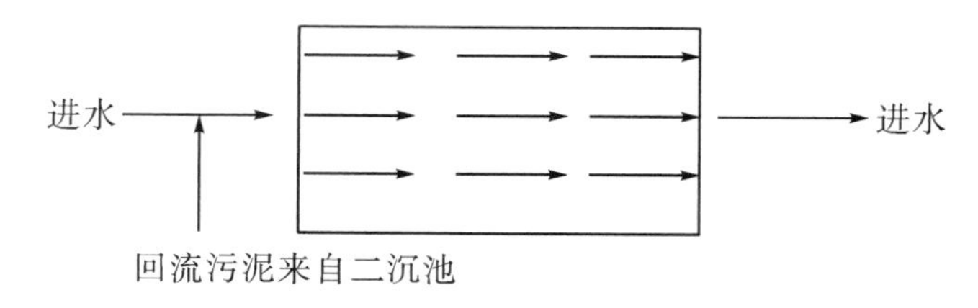

图 5.6　推流式曝气池

推流式曝气池的特点是池子不受大小限制，不易发生短流，有助于生成絮凝好、易沉降的污泥，出水水质好。如果废水中含有有毒物质或抑制性有机物，在进入曝气池首段之前，应将其去除或加以调节。在曝气池终端时，已完成完全处理，氧的利用率接近内源呼吸水平。因此，城市污水处理一般可采用推流式曝气池。

在推流式曝气池中，改进废水与回流污泥接触的方式可实现生物脱氮。如在曝气池出口端分割出一个区域，其容积约占曝气池总容积的15%，用低能量液面下机械加以搅拌，即可控制缺氧条件。随后同回流污泥一起进入该区的硝酸盐可以部分满足 BOD 的需要。在产生硝化的情况下，硝化混合液从曝气末端进入该池池首缺氧区，这样就能够实现大量脱氮。

②完全混合式曝气池（见图 5.7）

完全混合式曝气池中，污水和回流污泥一进入曝气池就立即与池内其他混合液均匀混合，使有机物浓度因稀释而立即降至最低值。为使曝气池内能达到完全混合，需要适当选择池子的几何尺寸，并适当安排进料和曝气设备。通过完全混合，能使全池容积以内需氧率固定不变，而且混合液固体浓度均匀一致。水力负荷和有机负荷的瞬时变化在这类系统中也得到了缓冲。

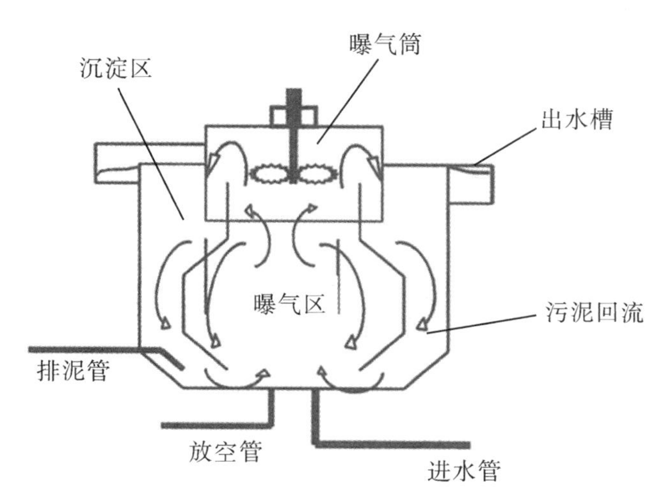

图 5.7　完全混合式曝气池

完全混合式曝气池的特点是池子受池型和曝气手段的限制，池容不能太大，当搅拌混合效果不佳时易产生短流，易出现污泥膨胀。但由于进水和回流污泥在不同地点加入曝气池，所以其抗冲击负荷能力大，对入流水质水量的适应能力较强。因此，完全混合式曝气池可广泛应用于工业废水处理。

当完全混合式曝气池易出现污泥膨胀时，可以通过加设一个预接触区予以避免，该预接触区的设计参数随废水而异，一般要求能使回流混合液承受高浓度的基质，水力停留时间应有 15 分钟，以便达到最大的生物吸附。

③循环混合式曝气池（见图 5.8）

循环混合式曝气池主要指氧化沟，氧化沟是平面呈椭圆环形或环形的封闭沟渠，混合液在闭合的环形沟道内循环流动，实现混合曝气。入流污水和回流污泥进入氧化沟中参与环流并得到稀释和净化，与入流污水及回流污泥总量相同的混合液从氧化沟出口流入二沉池。处理水从二沉池出水口排放，底部污泥回流至氧化沟。

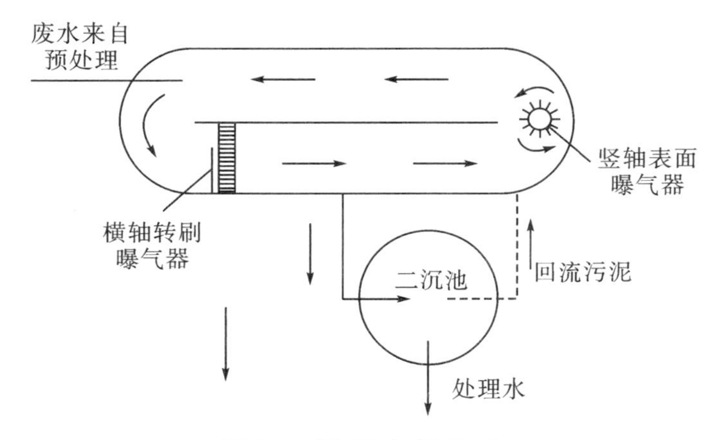

图 5.8 循环混合式曝气池

氧化沟不仅有外部污泥回流，而且有极大的内回流。因此，氧化沟是一种介于推流式和完全混合式之间的曝气池形式，结合了推流式与完全混合式的优点。氧化沟不仅能够用于处理生活污水和城市污水，也可用于处理工业废水。其处理深度也在加深，不仅可用于生物处理，而且用于二级强化生物处理的类型很多，在有一定规模的生活污水处理中，采用较多的有卡罗塞尔氧化沟、奥贝尔氧化沟。

（2）曝气系统

曝气系统的作用是向曝气池供给微生物增长及分解有机污染物所必需的氧气，并起混合搅拌作用，使活性污泥与有机污染物质充分接触。根据曝气系统的曝气方式，可将曝气系统分为鼓风曝气活性污泥法、机械曝气活性污泥法两种类型。

①鼓风曝气活性污泥法

鼓风曝气活性污泥法是利用鼓风机供给空气，通过空气管道和各种曝气器（扩散器），以气泡形式将空气分布至曝气池混合液中，使气泡中的氧迅速扩散转移到混合液中，供给活性污泥中的微生物，达到混合液充氧和混合的目的。鼓风曝气系统主要由空气净化系统、鼓风机、管路系统和空气扩散器组成。生活污水处理厂大多采用离心式鼓风机，扩散器的布置形式大多都采用池底满布方式，空气管线上一般应设空气计量和调节装置，以便控制曝气量。

②机械曝气活性污泥法

机械曝气活性污泥法是依靠某种装设在曝气池水面的叶轮机械的旋转，剧烈地搅动水面，使液体循环流动，不断更新液面并产生强烈的水跃，从而使空气中的氧与水滴或水跃的界面充分接触，达到充氧和混合的要求。因此，机械曝气也称作表面曝气。

机械曝气器根据驱动轴的安装方位，又分为竖轴式表面曝气器（见图 5.9）和横轴式表面曝气器（见图 5.10）。竖轴式表面曝气器多用于完全混合式的曝气池，转速一般为 20~100 r/min，并有两级或三级的速度调节，属于此类的曝气器有平板叶轮曝气器、泵型叶轮曝气器、倒伞形叶轮曝气器以及漂浮式曝气器等。横轴式表面曝气器一般用于氧化沟工艺，属于此类的曝气器有转刷曝气器及转碟曝气器等。

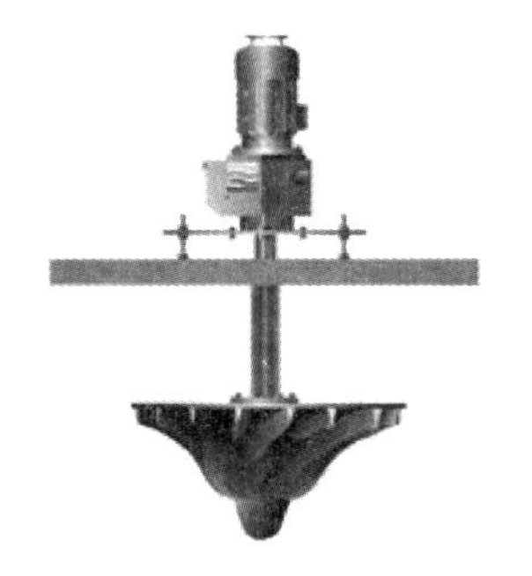

图 5.9　竖轴式表面曝气器（伞形叶轮）

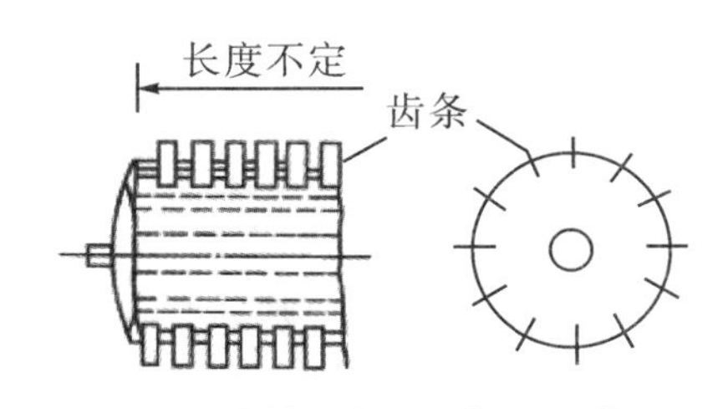

图 5.10　横轴式表面曝气器（转刷）

（3）二次沉淀池

二次沉淀池的作用是使活性污泥与处理完的污水分离，并使污泥得到一定程度的浓缩，生活污水处理厂二沉池基本采用辐流式沉淀池。二沉池内的沉淀形式较为复杂，沉淀初期为絮凝沉淀，中期为成层沉淀，而后期则为压缩沉淀，即污泥浓缩。

二次沉淀池要完成泥水分离并回收污泥，关键是要获得较高的沉淀效率，均匀配水是其中的首要条件，使各池进水负荷相等，并在允许的表面负荷和上升流速内运行，以得到理想的出水效果及回流污泥。

（4）污泥回流系统

污泥回流系统是为了保持曝气池的 MLSS 在设计值内，把二次沉淀池的活性污泥回流到曝气池内，以保证曝气池有足够的微生物浓度。污泥回流系统包括污泥回流泵和污泥回流管或渠道。污泥回流泵有离心泵、潜水泵、螺旋泵三种，近年来出现的潜水式螺旋泵是较好的一种选择。污泥回流渠道上一般应设置回流量的计量及调节装置，以准确控制及调节污泥回流量。污泥回流系统应采用容易调节污泥量、不发生堵塞等故障的构造。

（5）剩余污泥排放系统

随着有机污染物质被分解，曝气池每天都净增一部分活性污泥，这部分活性污泥称为剩余活性污泥。由于池内活性污泥不断增殖，MLSS 会逐渐升高，SV 会增加，为保持一定的 MLSS，增殖的活性污泥应作为剩余污泥排除。有的污水处理厂用泵排放剩余污泥，有的则直接用阀门排放。可以从回流污泥中排放剩余污泥，也可以从曝气池直接排放。从曝气池直接排放可减轻二沉池的部分负荷，但增大了浓缩池的负荷。在剩余污泥管线上应设置计量及调节装置，以便准确控制排泥。

5.3.3.3　*活性污泥法的性能指标*

在活性污泥法运行过程中，采用性能指标进行检测和评估，常用的活性污泥法的性能指标如下：

（1）污泥沉降比（settling velocity，SV）

污泥沉降比是指，混合液经 30 min 静沉后所形成的沉淀污泥容积占原混合液容积的百分比。

SV_{30}是反映污泥数量以及污泥的凝聚、沉降性能的指标，SV_{30}越小，其沉降性能与浓缩性能越好。正常的 SV_{30}一般在 15%～30%，以控制排泥量和及时发现早期的污泥膨胀。

（2）混合液悬浮固体浓度（mixed liquor suspended solids，MLSS）

混合液悬浮固体浓度又称为混合液污泥浓度，表示在曝气池单位容积混合液内所含的活性污泥固体的总重量，计算公式如下：

$$\mathrm{MLSS}=M_a+M_e+M_i+M_{ii} \tag{5.1}$$

式中：M_a——具有代谢功能活性的微生物群体；

M_e——微生物（主要是细菌）内源代谢、自身氧化的残留物；

M_i——由原污水挟入的难以被细菌降解的惰性有机物质；

M_{ii}——由污水挟入的无机物质。

MLSS 近似表示活性微生物浓度，当入流污水 BOD_5 上升，应增大 MLSS，即增大微生物的量，处理增多的有机物质。对传统活性污泥法，MLSS 为 1 500～3 000 mg/L；对延时活性污泥法或氧化沟法，MLSS 为 2 500～5 000 mg/L。

（3）混合液挥发性悬浮固体浓度（mixed liquor volatile suspended solids，MLVSS）

混合液挥发性悬浮固体浓度，表示混合液活性污泥中有机性固体物质部分的浓度，计算公式如下：

$$\mathrm{MLVSS}=M_a+M_e+M_i \tag{5.2}$$

MLVSS 表示的是 MLSS 的有机部分，更接近活性微生物浓度。在条件一定时，MLVSS / MLSS 是较稳定的，生活污水的 MLVSS / MLSS 一般为 0.7～0.75。

（4）污泥容积指数（sludge volume index，SVI）

污泥容积指数是指混合液经 30 min 静沉后，每克干污泥所形成的沉淀污泥容积（mL），单位为 mL/g。计算公式如下：

$$\mathrm{SVI}=\frac{\mathrm{SV}}{\mathrm{MLSS}} \tag{5.3}$$

SVI 能更准确地评价污泥的凝聚性能和沉降性能，SVI 一般在 50～150 mL/g 时运行效果最好。SVI 过低，说明活性污泥沉降性能好，但吸附性能差，泥粒小，密实，无机成分多；SVI 过高，说明活性污泥疏松，有机物含量高，但沉降性能差。当 SVI>200 mL/g 时，说明活性污泥将要或已经发生膨胀现象。

（5）污泥密度指数（sludge density index，SDI）

污泥密度指数是指，曝气池混合液在静置 30 min 后，100 mL 沉降污泥中所含的活性污泥悬浮固体的克数。

$$\mathrm{SDI}=100/\mathrm{SVI} \tag{5.4}$$

（6）污泥龄（sludge retention time，SRT）（又称“生物固体停留时间”）

活性污泥系统正常运行的重要条件之一是，必须保持曝气池内稳定的污泥量。活性污泥反应的结果，使曝气池内的污泥量增加。此外，在污泥量增长的同时，伴随着微生物的老化和死亡，若不及时排出就会导致污泥活性下降。所以，每天必须从系统中排出与增长量相等的活性污泥量，即剩余污泥，以保持污泥量和污泥活性的稳定。

活性污泥排放量越大，系统内污泥更新越快，污泥在系统内停留的时间越短。反应系统内微生物全部更新一遍所需的时间（生物固体平均停留时间）叫污泥龄，单位为 d。污泥龄是指活性污泥在反应池、二次沉淀池和污泥回流系统内的平均停留时间，也就是曝气池中活性污泥平均更新一遍所需的时间，一般用 SRT 表示，又称为生物固体停留时间。它是活性污泥系统设计和运行中最重要的参数之一，计算公式如下：

$$\mathrm{SRT}=\frac{\text{系统内活性污泥量（单位：kg）}}{\text{每天从系统排出的活性污泥量（单位：kg/d）}} \tag{5.5}$$

剩余污泥排放量越大，污泥龄越短。通过控制剩余污泥排放量，便可方便地控制污泥龄。世代时间长于污泥龄的微生物在曝气池内不可能形成优势菌种属。

污泥浓度与污泥龄有关，而污泥龄与剩余污泥排放量有关，工程实践中常通过调节剩余污泥排量来控制污泥浓度。剩余污泥排量越大，污泥龄越短，污泥浓度就越低，反之亦然。

出水水质也与污泥龄有关，污泥龄长，出水水质就好。随着污泥龄的延长，污染物去除率很快达到最大值，所以不需要太长的污泥龄（0.5~1.0 d）就可以取得较高的去除率。但是，污泥龄短时微生物浓度低，营养相对丰富，细菌生长很快，絮凝沉淀性能差，易流失，出水水质较差。当 SRT>世代期，微生物能在系统中存活下来；当 SRT<世代期，微生物被淘汰；如果需要分解有机污染物的绝大部分微生物，世代期<3 天，因此控制 SRT 为 3~5 天。

（7）污泥回流比

反应池运行时，为了维持给定的 SRT 或 BOD-SS 负荷，MLSS 必须维持一定的数值，应按回流污泥悬浮固体浓度改变回流污泥量或污泥回流比。

污泥回流比是污泥回流量与污水量之比，常用 R 表示，计算公式如下：

$$R = Q_R / Q \tag{5.6}$$

在活性污泥法的运行管理中，为了维持反应池混合液一定的 MLSS 值，除应保证二次沉淀池具有良好的污泥浓缩性能外，还应考虑活性污泥膨胀的对策，以提高回流活性污泥浓度，减少污泥回流比。污泥回流比（R）可以根据实际运行需要加以调整。传统活性污泥工艺的 R 一般在 25%~100%。

一般冬天活性污泥的沉降性能和浓度性能变差，所以回流活性污泥浓度低，污泥回流比较夏季更高；另外，当活性污泥发生膨胀时，回流活性污泥浓度急剧下降。

（8）活性污泥的有机负荷

活性污泥的有机负荷是指曝气池内单位重量的活性污泥，在单位时间内要保证一定的处理效果所能承受的有机污染物量，单位为 $kgBOD_5$/（kgMLVSS·d），也称 BOD 负荷，通常用 F/M 表示。活性污泥的有机负荷计算公式如下：

$$F/M = Q \times BOD_5 / (MLVSS \times V_a) \tag{5.7}$$

式中：Q——入流污水量（m^3/d）；

BOD_5——入流污水的 BOD_5 浓度（mg/L）；

V_a——曝气池的有效容积（m^3）；

MLVSS——曝气池内的活性污泥浓度（mg/L）。

F/M 表示微生物量的利用率和污泥的沉降性能。F/M 较大时，由于食物较充足，活性污泥中的微生物增长速率较快，有机污染物被去除的速率也较快，但活性污泥的沉降性能较差。反之，F/M 较小时，由于食物不太充足，微生物增长速率较慢或基本不增长，甚至也可能减少，有机污染物被去除的速率也较慢，但活性污泥的沉降性能较好。传统活性污泥工艺的 F/M 值一般在 0.2~0.4 $kgBOD_5$/（kgMLSS·d）。

5.3.3.4 活性污泥法的运行管理

活性污泥系统的运行管理，就是对一定水质和水量的污水，确定投运的曝气池和二沉池数量、鼓风机的台数、污泥回流量和剩余污泥排放量等。

（1）按曝气池组设置情况及运行方式，确定各池进水量，使各池均匀配水

推流式和完全混合式曝气池可通过调节进水闸阀使并联运行的曝气池进水量均匀、负荷相等。阶段曝气法则要求沿曝气池池长分段多点均匀进

水，使微生物在食物较均匀的条件下充分发挥分解有机物的能力。

（2）按曝气池的运行方式，确定污泥负荷、污泥泥龄或污泥浓度

在活性污泥法系统中，根据处理效率和出水水质的要求，无论采用哪种运行方式，进行工艺控制时都需考虑污泥负荷、污泥龄及污泥浓度等几项重要的参数。调整污泥负荷率必须结合污泥的凝聚沉淀性能，选择最佳的 F/M。一般来说，污水温度较高时，F/M 应低一些；反之，可高一些。有机污染物质较难降解时，F/M 应低一些；反之，可高一些。传统活性污泥工艺的 F/M 保持在 0.2～0.5 $kgBOD_5$/(kgMLVSS・d) 范围内，应避开 0.5～1.5 $kgBOD_5$/(kgMLSS・d) 这一污泥沉淀性能差，且易产生污泥膨胀的负荷区域进行。

由于污泥龄是新增污泥在曝气池中平均停留的天数，并说明活性污泥中微生物的组成，世代时间长于污泥龄的微生物不能在系统中繁殖。所以，污水在除碳和脱氧处理时，必须考虑硝化菌在一定温度下，污泥增长率所决定的污泥龄，用污泥龄直接控制剩余污泥排放量，从而达到较好的效果。

MLVSS 值取决于曝气系统的供氧能力，以及二沉池的泥水分离能力。MLVSS 的高低在某种意义上又决定着活性污泥法工艺的安全性高低。污泥浓度高时，耐冲击负荷能力强，在有机负荷一定的情况下曝气时间相对短，在曝气时间一定的情况下，负荷率就低。另外，污泥浓度与需氧量成正比，非常高的污泥浓度会使氧的吸收率下降，由于污泥回流量增高，加上水质的特性污泥指数较高，容易发生污泥膨胀。因此，应根据处理厂的实际情况，确定一个最大的 MLVSS，以其作为运行调度的基础。传统活性污泥工艺的 MLVSS 一般在 1 200～1 600 mg/L，而 MLSS 浓度宜控制在 2 500～3 000 mg/L，当 MLVSS 或 MLSS 超过以上范围时，处理厂必须有充足的供氧能力和泥水分离能力。

综上所述，只要控制污泥负荷量、污泥龄、污泥浓度在最佳范围内，并根据实际情况加以调整，微生物就可以有规律地、平衡地生长，活性污泥就有良好的沉淀性能，并可达到稳定的净化效果。

（3）确定曝气池投运的数量

计算公式如下：

$$n=\frac{Q\cdot \mathrm{BOD}_i}{\mathrm{F/M}\cdot \mathrm{MLVSS}\cdot V_a} \tag{5.8}$$

式中，V_a 为每个曝气池的有效容积。从式中可看出，有机负荷 F/M 值越低，投运曝气池的数量就越多。同样，MLVSS 越低，需要投运的曝气池数量也越多。

（4）曝气时间的调节

曝气时间可根据进水水质、水量、池容积、获得的处理水质等确定，也可根据经验确定。

（5）确定鼓风机投运台数

可根据曝气时间，也可根据调试阶段的数据确定具体的鼓风机投运台数。

（6）确定二沉池的水力表面负荷（q_h）

水力表面负荷（q_h）越小，泥水分离效果越好，初次沉淀池 SS 去除率过高，会使曝气池所需的 SS 也沉淀去除，将导致丝状菌过度繁殖，引起污泥膨胀和污泥指数上升。此时应增大水力表面负荷到 50～100 $m^3/(m^2 \cdot d)$，以使形成活性污泥的 SS 流入，就可获得良好的效果。进水 SS 浓度过低时，根据实际情况，有时可通过超越管路使污水不经初次沉淀池而直接进入曝气池，也可以获得良好的效果。

二次沉淀池的水力表面负荷相对于设计最大日污染量以 20～30 $m^3/(m^2 \cdot d)$ 为标准，二次沉淀池去除的 SS 以微生物絮体为主体，与初次沉淀池的 SS 相比，其沉降速度较低，故水力表面负荷为 20～30 $m^3/(m^2 \cdot d)$。

（7）污泥回流系统控制

污泥回流系统的控制方式有三种：保持污泥回流量（Q_R）恒定；保持污泥回流比（R）恒定；定期或随时调节污泥回流量（Q_R）及污泥回流比（R），使系统处于最佳状态。每种方式适合不同的情况。

①保持污泥回流量（Q_R）恒定：保持污泥回流量（Q_R）不变只适用于入流污水量（Q）相对恒定或波动不大的情况。因为 Q 的变化会导致活性污泥量在曝气池和二沉池内的重新分配。一方面，当 Q 增大时，部分曝气池的活性污泥会转移到二沉池，使曝气池内的 MLSS 降低，而曝气池内实际需要的 MLSS 更多，才能充分处理增加的污水量，MLSS 的不足会严重影响处理效果。另一方面，Q 增加会导致二沉池内水力表面负荷和污泥量均增加，泥位上升，进一步增大了污泥的流失；反之，Q 减小会使部分活性污泥从二沉池转移到曝气池，导致曝气池内的 MLSS 升高，但曝气池实际需要的 MLSS 量减少，因为入流污水量减少，进入曝气池的有机物也减少。

②保持污泥回流比（R）恒定：如果保持污泥回流比（R）恒定，在剩余污泥排放量基本不变的情况下，可保持 MLSS、F/M 以及二沉池内泥位（L_S）基本恒定，不随入流污水量（Q）的变化而变化，从而保证相对稳定的处理效果。R 是运行过程中的一个调节参数，R 的最大值受二沉池泥水分离能力的限制，R 太大，会增大二沉池的底流流速，干扰沉降。在曝气池运行调度中，应确定一个最大 R，以此作为调度的基础。曝气池按传统活性污泥性法和阶段曝气法运行，R 一般控制 50%左右，最大 R 可按 100%考虑。曝气池按吸附再生法运转，R 则控制在 50%～100%。曝气池按 A/O 运行，R 需达 100%～200%，甚至还应设内回流。设计时，根据正常的污泥回流比来确定污泥回流泵的大小，并且考虑最大的污泥回流比来设计污泥回流设备。

③定期或随时调节污泥回流量（Q_R）及污泥回流比（R）：这种方式能保持系统稳定运行，但操作量较大，一些处理厂实施较困难。

三种调节方法的区别在于：按照污泥沉降性能调节污泥回流比，操作简单易行，尤其当污泥达到最小沉降比时，可获得较高的回流污泥浓度（RSS），污泥在二沉池内的停留时间也最短，本工艺还适合硝化工艺和除磷工艺。按照泥位调节污泥回流比，不易因为泥位升高而造成污泥流失，出水 SS 较稳定，但回流污泥浓度（RSS）不稳定。按照回流污泥浓度（RSS）和混合液的浓度（MLSS）调节污泥回流比，由于要分析 RSS 和 MLSS，比较麻烦，一般污水处理厂仅作为污泥回流比的一种校核方法。

（8）确定二沉池的固体表面负荷（q_s）

$$q_s = \frac{(1 + R) \times Q \times \mathrm{MLSS}}{n \times A_c} \tag{5.9}$$

在运行中，固体表面负荷超过最大允许值，将会使二沉池泥水分离变得困难，也难以得到较好的浓缩效果。传统活性污泥工艺一般控制 q_s不大于 100 kg/(m^2·d)，否则应降低污泥回流比（R），或降低 MLSS，也可以增加投运的二沉池数量。

（9）确定二沉池出水堰板溢流负荷（q_w）

$$q_w = \frac{Q}{n \times L_w} \tag{5.10}$$

其中，n 为二沉池投运数量；L_w为每座而沉池出水堰板的总长度。当传统活性污泥工艺的二沉池采用二角堰板出水时，一般控制 q_w不大于 10 m^3/(m·h)；

否则，应增加二沉池投运数量。对于辐流式二沉池来说，在控制 q_w 满足要求的前提下，而沉池直径较大时，q_w 往往成为运行的限制因素。相反，当二沉池直径较小时，q_w 一般都远小于 10 $m^3/(m \cdot h)$。

5.3.3.5　活性污泥法的异常问题与解决对策

活性污泥微生物的种类和数量一般并不是恒定的，会受到进水水质、水温、运转管理条件等的影响。由于工艺控制不当，进水水质变化以及环境变化等原因，会导致活性污泥出现质量问题。如污泥上浮、污泥膨胀及泡沫问题等，若不立即解决，最终都会导致出水质量的降低。

1. 活性污泥膨胀

活性污泥膨胀指活性污泥由于某种因素的改变，产生沉降性能恶化，不能在二沉池内进行正常的泥水分离，污泥随出水流失的现象。污泥膨胀时 SVI 值异常升高，二沉池出水的 SS 值将大幅增加，也导致出水的 COD 和 BOD_5 值上升。严重时造成污泥大量流失，生化池微生物量锐减，导致生化系统处理性能大大下降。

活性污泥膨胀总体上分为两大类：活性污泥丝状菌膨胀和活性污泥非丝状菌膨胀。前者指活性污泥絮体中的丝状菌过度繁殖导致的膨胀；后者指活性污泥中的菌胶团细菌本身生理活动异常产生的膨胀。

（1）活性污泥丝状菌膨胀

正常的活性污泥中都含有一定量的丝状菌，它是形成污泥絮体的骨架材料。活性污泥中丝状菌数量太少或没有，则形成不了大的絮体。当沉降性能不好，丝状菌将过度繁殖，则会形成丝状菌污泥膨胀。当水质、环境因素及运转条件满足菌胶团生长环境时，菌胶团的生长速率大于丝状菌，不会出现丝状菌的生理特征。当水质、环境因素及运转条件偏高或偏低时，丝状菌由于其表面积较大，抵抗“恶劣”环境的能力比菌胶团细菌强，其数量会超过菌胶团细菌，从而过度繁殖导致丝状菌污泥膨胀。

①活性污泥丝状菌膨胀的原因

a. 进水中有机物质太少，导致微生物食料不足；

b. 进水中氮、磷营养物质不足；

c. pH 值太低，不利于微生物生长；

d. 曝气池内 F/M 太低，微生物食料不足；

e. 混合液内溶解氧 DO 太低，不能满足需要；

f. 进水水质或水量波动太大，对微生物造成冲击；

g. 入流污水“腐化”从而产生出较多的 H_2S（超过 1~2 mg/L），使丝状硫黄细菌（丝硫菌）的过量繁殖，导致丝硫菌污泥膨胀；

h. 丝状菌大量繁殖的适宜温度一般在 25~30 ℃，因而夏季易发生丝状菌污泥膨胀。

②解决对策

a. 临时措施

加入絮凝剂，增强活性污泥的凝聚性能，加速泥水分离，但投加量不能太多，否则可能破坏微生物的生物活性，降低处理效果。

向生化池投加杀菌剂，投加剂量应由小到大，并随时观察生物相和测定 SVI 值，当发现 SVI 值低于最大允许值时或观察到丝状菌已溶解时，应当立即停止投加。

降低 BOD-SS 负荷。减少进水量，非工作日进行空载曝气，将 BOD-SS 负荷保持在 0.3 kgBOD/(kgSS · d) 左右。

b. 调节工艺运行控制措施

在生化池的进口投加黏泥、消石灰、消化泥，提高活性污泥的沉降性能和密实性。

使进入生化池的污水处于新鲜状态，须采取曝气措施，同时起到吹脱硫化氢等有害气体的作用，提高进水的 pH 值。

加大曝气强度，提高混合液 DO 浓度，防止混合液局部缺氧或厌氧。

补充 N、P 等营养，保持系统的 C、N、P 等营养的平衡。

提高污泥回流比，减少污泥在二沉池的停留时间，避免污泥在二沉池出现厌氧状态。

利用在线仪表等自控手段，强化和提高化验分析的实效性，力争早发现、早解决。

c. 永久性控制措施

永久性控制措施是指对现有的生化池进行改造，在生化池前增设生物选择器，防止生化池内丝状菌过度繁殖，避免丝状菌在生化系统成为优势菌种，确保沉淀性能良好的菌胶团、非丝状菌占有优势。

（2）活性污泥非丝状菌膨胀

①活性污泥非丝状菌膨胀的原因

非丝状菌污泥膨胀是由于菌胶团细菌生理活动异常，活性污泥沉降性能的恶化。这类污泥膨胀又可以分为两种：一种是由于进水中含有大量的溶解性有机物，污泥 F/M 太高，而进水中又缺乏足够的氮、磷等营养物质，或者混合液内溶解氧不足。而当 F/M 太高时，细菌会很快把大量的有机物吸入人体内，而由于缺乏氮、磷或 DO 不足，有机物又不能在体内进行正常的分解代谢。此时，细菌会向体内分泌出过量的多聚糖类物质。这些物质的分子式中含有很多氢氧基而均有较强的亲水性，使活性污泥的结合水高达 400%（正常污泥结合水为 100%左右），呈黏性的凝胶状，使活性污泥在二沉池内无法进行有效的泥水分离及浓缩。这种污泥膨胀有时称为黏性膨胀。

另一种非丝状菌膨胀是进水中含有较多的毒性物质，导致活性污泥中毒，使细菌不能分泌出足够量的黏性物质，形成不了絮体，从而也无法在二沉池内进行泥水分离。这种污泥膨胀称为低黏性膨胀或污泥的离散增长。

②解决对策

a. 增加 N、P 的比例，引进生活污水，以增加蛋白质的成分，调节水温不低于 5 ℃。

b. 控制进水中有毒物质的排入，避免污泥中毒，可以有效地克服污泥膨胀。

2. 污泥上浮

污泥上浮主要发生在二沉池内，上浮的污泥本身不存在质量问题，其生物活性和沉降性能都很正常。但发生污泥上浮以后，如不及时处理，同样会造成污泥大量流失，导致工艺系统运行效果严重下降。

（1）污泥上浮的原因

①曝气池的曝气量不足，使二次沉淀池由于缺氧而发生污泥腐化，有机物厌氧分解产生 H_2S、CH_4等气体，气泡附着在污泥表面使污泥密度减小而上浮。

②曝气池的曝气时间长或曝气量大时，池中将发生高度硝化作用，使进入二沉池的混合液中硝酸盐浓度较高。这时，在沉淀池中可能由于缺氧发生反硝化而产生大量 N_2或 NH_3，气泡附着在污泥表面使污泥密度减小而上浮。

（2）解决对策

①保持及时排泥，不使污泥在二沉池内停留太长时间，避免发生污泥腐化。

②在曝气池末端增加供氧，使进入二沉池的混合液内有足够的溶解

氧，保持污泥不处于厌氧状态。

③对于反硝化造成的污泥上浮，还可以增大剩余污泥的排放，降低SRT从而控制硝化，以达到控制反硝化的目的。

（3）泡沫问题

泡沫是活性污泥系统运行过程中常见的运行现象，分为两种：一种是化学泡沫，另一种是生物泡沫。

（1）化学泡沫

①化学泡沫的产生原因

化学泡沫是由污水中的洗涤剂以及一些工业用表面活性物质在曝气的搅拌和吹脱作用下形成的。化学泡沫主要存在于活性污泥培养初期，这是因为初期活性污泥尚未形成，所有产生气泡的物质在曝气作用下都形成了泡沫。随着活性污泥的增多，大量洗涤剂表面物质会被微生物吸收分解掉，泡沫也会逐渐小。正常运行的活性污泥系统中，某种原因造成污泥大量流失，会导致F/M剧增，也会产生化学泡沫。

②化学泡沫的主要特征

泡沫为白色，较轻；用烧杯等采集后，薄膜很快消失；曝气池出现气泡时，二次沉淀池溢流堰附近同样会存在发泡现象。

③解决对策

化学泡沫处理较容易，可以用回流水喷淋消泡，也可以加消泡剂。

（2）生物泡沫

生物泡沫是由称作诺卡氏菌的一类丝状菌形成的。这种丝状菌为树枝状丝体，其细中蜡质的类脂化合物含量可高达11%，细胞质和细胞壁中都含有大量类脂物质，具有较强的疏水性，密度较小。在曝气作用下，菌丝体能伸出液面，形成空间网状结构，俗称“空中菌丝”。诺卡氏菌死亡之后，丝体也能继续漂浮在液面，形成泡沫。生物泡沫可在曝气池上堆积很高，并进入二沉池随水留走，还能随排泥进入泥区，干扰浓缩池及消化池的运行。如果采用表曝设备，生物泡沫还能阻止正常的曝气充氧，使混合液DO降低。用水冲无法冲散生物泡沫，消化剂作用也不大。

①生物泡沫的主要特征

泡沫为暗褐色，脂状，较轻，黏性较大；用烧杯等采集泡沫后消退极慢；曝气池发泡时，二次沉淀池也同时产生浮渣；对泡沫进行镜检可观察到放线菌特有的丝状体。

②解决对策

a. 增大排泥量，降低 SRT。因为诺卡氏菌世代期绝大部分都在 9 d 以上，因而超低负荷的活性污泥系统中更易产生生物泡沫。但不能从根本上解决问题。

b. 控制生物泡沫的根本措施是从根源上入手，以防为主。控制进水中油脂类物质的含量，同时加强沉砂池的除油功能，适当调节曝气量，有利于油水分离。

4. 活性污泥颜色变化

活性污泥颜色变化可分为入流污水引起和系统内因引起两种。由于异常污水流入，活性污泥有时可能变为黑色、橙色或白色。活性污泥颜色变化可能是由硫化物、氧化锰、氢氧化亚铁等的积累造成的。

（1）活性污泥发黑

活性污泥发黑的原因一般有以下三种：

①硫化物的累积

一般曝气池都有硫化氢臭味，有可能是因为进水中硫化物含量过高，如含硫化物的工业废水流入，沉淀池、初淀池堆积污泥的流入，污泥处理回流水大量流入等；也可能是因为曝气池或二次沉淀池产生硫化氢，如曝气不足，曝气池内部厌氧化、曝气池内部污泥堆积（形成死水区）、二次沉淀池中污泥堆积、有机负荷与曝气不均衡造成曝气池厌氧化。

②氧化锰的积累

氧化锰的积累几乎不会引起水质和气味的异常。在运转初期负荷较低、SRT 较长的活性污泥中可以看到这种现象。一般在处理水质非常好时，才出现氧化锰的沉积，进水量增大时会自然解决。

③工业废水的流入

一般由印染厂使用的染料引起，此时处理水也会带有特殊的颜色。

（2）活性污泥发红

活性污泥发红的原因主要是进水中含大量铁，污泥中积累了高浓度氢氧化铁而使污泥带有颜色。此时，对处理水质不会产生影响，只是在大量铁流入时会使处理水变浑浊。进水中的铁可能来自下水道破损地下水侵入、污水管路施工时的排水、工业废水排入、大量使用井水等。

（3）活性污泥发白

活性污泥颜色发白主要是由进水 pH 值过低引起的。曝气池内 pH 值若小于6，会引起丝状霉菌大量繁殖，使活性污泥显现白色，此时生物镜检会发现大量丝状菌或固着型纤毛虫。提高进水 pH 值，活性污泥发白的问题就能改善。

5. 活性污泥解体

活性污泥絮体变为颗粒状，处理水非常浑浊，SV 和 SVI 值特别高，这种现象称作活性污泥解体。

（1）活性污泥解体的原因

①曝气池曝气量过度。曝气池曝气量过度会使活性污泥及回流污泥长期处于“饥饿”状态，从而使污泥絮体解体。

②污泥负荷降低。当运行中污泥负荷长时间低于正常控制值时，活性污泥被过度氧化，活性微生物难于凝聚，菌胶团松散，使污泥被迫解体。

③有害物质流入。进水中含有毒物质，造成活性污泥代谢功能丧失，活性污泥失去净化活性和絮凝活性。

（2）解决对策

为防止活性污泥解体，应采取减少鼓风量、调节 MLSS 等相应措施。如果由于有害物质或高含盐量污水流入引起，应调查排污口，去除隐患。

5.3.3.6 *活性污泥法的新技术*

活性污泥法的技术研究热点主要集中在以下几个方面：

（1）简化流程，压缩基建费用

因为活性污泥法是生活污水中主要污染物的去除方法，且采用微生物分解污染物质，微生物分解速率相对较慢，故活性污泥法设施水力停留时间需求较长，设施相对较大，基建费用较高。在现有传统曝气池的基础上，已经研发投入使用了间歇式活性污泥法等占地面积相对较小、施工费用相对较低的方法。原来的间歇式活性污泥法仅应用于小型污水处理厂，随着技术的改进，它已经演变为可以实现连续进水，从而可以应用于大型城市生活污水处理厂的工艺。

（2）节约能源，降低运行费用

活性污泥法需要氧气，而提供氧气的曝气设备又是污水处理厂最耗电的设备，故一般采用该法的运行费用都较高。为了节约能源，已开始实施智慧水务，根据水质和溶解氧的监测情况，实时调节曝气量，不过多曝气，尽可能地节约能源。与此同时，国内外开展了微生物自主发电的研究，国内已进展到中试阶段，国外已开始了一个大型污水厂的实践研究。

为了降低运行费用，越来越多的污水厂在活性污泥法系统上安装太阳能板，利用太阳能并网发电，同时给曝气池遮风挡雨。

（3）增加功能，改善出水水质

在增加功能上，主要驯化能处理更多污染物的微生物，使活性污泥法在去除有机物的同时，还可以去除氮和磷，如果有需要，还能处理重金属等特征污染物。

（4）简化管理，保证稳定运行

在简化管理方面，各个城镇污水厂都开始研发智慧水务系统，收集日常运行大数据，通过特定的算法模拟和内置程序，使污水厂完成物物对话的过程，即在未来，如果水量突然增加或者某个污染物进水浓度有变化，将不需要人为操作来调节参数，智慧水务系统将自动响应，自己根据实际情况进行运行参数调整，保证污水厂稳定运行。

（5）简化污泥的后处理

活性污泥法涉及剩余污泥排放，排放的污泥有多种处理方式，但不管哪种方式都比较麻烦，为了后续处理简便，人们已开始研究微生物的生物絮凝效果的提升，优化微生物菌种，以便于污泥的后续处理简便化。

5.3.4 生物膜法

5.3.4.1 生物膜法的原理及工艺流程

（1）原理

生物膜法是利用附着生长于某些固体物表面的微生物（生物膜），进行有机污水处理的方法。生物膜是由高度密集的好氧菌、厌氧菌、兼性菌、真菌、原生动物以及藻类等组成的生态系统，其附着的固体介质称为滤料或载体。生物膜法与活性污泥法的去除机理有一定的相似性，但又有区别。其中，生物膜法主要依靠附着于载体表面的微生物膜来净化有机物；而活性污泥法是依靠曝气池中悬浮流动着的活性污泥来分解有机物的。

生物膜法是一大类生物处理的统称，可分为好氧和厌氧两种，目前所采用的生物膜法多数是好氧装置，少数是厌氧形式。它们的共同特点是微生物附着在介质“滤料”表面上，形成生物膜，污水同生物膜接触后，溶解性有机污染物被微生物吸附转化为 H_2O、CO_2、NH_3 和微生物细胞物质，污水得到净化，所需氧气一般直接来自大气。污水如果含有较多的悬浮固体，应先用沉淀池去除大部分悬浮固体后再进入生物膜法处理构筑物，可以避免引起堵塞，并减轻其负荷。老化的生物膜不断脱落下来，随水流入二沉池被沉淀去除。

（2）工艺流程

生物膜法的工艺流程如图 5.11 所示。待处理的污水首先进入初沉池，在此去除大部分的悬浮物及固体杂质，其出水进入生物膜反应器进行生化处理，反应过程产生的脱落的生物膜随已处理水进入二沉池（部分生物膜反应器后无须接二沉池），二沉池可以沉淀脱落的生物膜使出水澄清，提升水质。污泥浓缩后运走或进一步处理。

如有必要，二沉池出水可以回流到初沉池的出水以稀释生物膜反应器的进水，防止生物膜的过快增长。

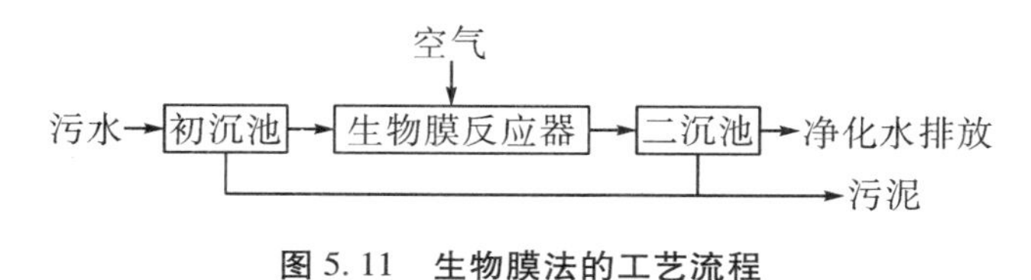

图 5.11　生物膜法的工艺流程

5.3.4.2　生物膜法的影响因素

生物膜的形成与填料表面的性质（填料表面亲水性、表面电荷、表面化学组成和表面粗糙 pH 值、离子强度、水度）、微生物的性质（微生物的种类、培养条件、活性和浓度）及环境因素（水力剪切力、温度、营养条件及微生物与填料的接触时间）等因素有关。具体的影响因素如下：

（1）填料的类型及特征

填料是生物膜法的核心，对提高生物膜反应器的处理效率、降低运行成本至关重要。填料负载生物膜，为厌氧、兼性和好氧微生物的生长、代谢、繁殖提供场所，同时作为相对固定相，为气、液、固三相提供接触面。

载体的表面性质，包括载体的比表面积的大小、表面亲水性、表面电荷、表面粗糙度以及载体的堆积密度、孔隙率、强度等。载体表面电荷性、粗糙度、粒径和载体浓度等直接影响着生物膜在其表面的附着、形成。在正常生长环境下，微生物表面带有负电荷。如果能通过一定的改良技术，如化学氧化、低温等离子体处理等可使载体表面带有正电荷，从而可使微生物在填料表面的附着、形成过程更易进行。填料表面的粗糙度有利于细菌在其表面附着、固定。一方面，与光滑表面相比，粗糙的填料表面增加了细菌与载体间的有效接触面积；另一方面，填料表面的粗糙部分，如孔洞、裂缝等对已附着的细菌起着屏蔽保护作用，使它们免受水力剪切力的冲刷。研究认为，相对于大粒径填料而言，小粒径填料之间的相互摩擦小，比表面积大，因而更容易生成生物膜。

从微生物挂膜的难易程度来看，软性填料最好，半软性填料次之，硬性填料最难，一旦填料挂膜，硬性填料最不易脱膜。

（2）生物膜量与活性

生物膜的厚度要区分总厚度和活性厚度，生物膜中的扩散阻力（膜内传质阻力）限制了过厚生物膜实际参与降解基质的生物量。只有在膜活性厚度范围（70~100 nm）内，基质降解速率才随膜厚度的增加而增加。当生物膜为薄层膜时，膜内传质阻力小，膜的活性好。当生物膜厚度增大时，基质降解速率与膜的厚度无关。各种生物膜法适宜的生物膜厚度应控制在 159 nm 以下。随生物膜厚度增大，膜内传质阻力增加，单位生物膜量的膜活性下降，已不能提高生物池对基质的降解能力，反而会因生物膜的持续增厚，膜内层由兼性层转入厌氧状态，导致膜的大量脱落（超过 600 nm 即发生脱落），或填料上出现积泥，或出现填料堵塞现象，从而影响生物膜反应器的出水水质。

（3）pH 值

除了等电点外，细菌表面在不同环境下带有不同的电荷。不同的菌种，其等电点在实测过程中也是不尽相同的，一般是在 pH 值为 3.5 左右。液相环境中，pH 值的变化将直接影响微生物的表面电荷特性。当液相 pH 值大于细菌等电点时，细菌表面由于氨基酸的电离作用而显负电性；当液相 pH 值小于细菌等电点时，细菌表面显正电性。细菌表面电性将直接影响细菌在载体表面的附着、固定。

（4）水力剪切力

在生物膜形成初期，水力条件是一个非常重要的因素，它直接影响生物膜是否能培养成功。在实际水处理中，水力剪切力的强弱决定了生物膜反应器的启动周期。单从生物膜形成角度分析，弱的水力剪切力有利于细菌在载体表面的附着和固定，但在实际运行中，反应器的运行需要一定强度的水力剪切力以维持反应器中的完全混合状态。因此，在实际设计运行中如何确定生物膜反应器的水力学条件是非常重要的。

（5）温度

生物膜法适宜的温度与活性污泥法相同，不过它更易受气温的影响，一般其适宜的温度为10~35 ℃。夏季温度高，处理效果最好；冬季水温低，生物膜的活性受抑制，处理效果受到影响。温度过高使饱和溶解氧降低，从而使氧的传递速率降低，在供氧跟不上时造成溶解氧不足，导致污泥缺氧腐化而影响处理效果。

（6）营养物质

营养物质是能为微生物所氧化、分解、利用的物质，主要包括有机物、氮、磷、硫等以及微量元素。好氧生物处理中主要营养物质的比例为BOD_5：N：P＝100：5：1。

（7）微生物与填料的接触时间

微生物在填料表面附着、固定是一个动态过程。微生物与填料表面接触后，需要一个相对稳定的环境条件，因此必须保证微生物在填料表面停留一定时间，完成微生物在填料表面的增长过程。

（8）有毒物质

工业废水中存在的重金属离子、酚、氰等化学物质，对微生物具有抑制和杀害作用，主要表现在细胞的正常结构遭到破坏，以及菌体内的酶变质而失去活性。

与活性污泥法相同，生物膜法要对有毒物质进行控制，或对生物膜进行驯化，提高其承受能力。

5.3.4.3 生活污水处理中的典型生物膜法

按生物膜与水接触的方式不同，生物膜可分为充填式和浸没式两类。充填式生物膜法的填料（载体）不被污水淹没，采用自然通风或强制通风供氧，污水流过填料表面或盘片旋转浸过污水，如生物滤池和生物转盘等；浸没式生物膜法的填料完全浸没于水中，一般采用鼓风曝气供氧，如生物接触氧化池和生物流化床等。生活污水处理中，中小型污水厂常用生物接触氧化池和生物滤池，村镇污水厂因可以设有占地面积较大耗能较小的设备，故常用生物转盘。

（1）生物接触氧化池

生物接触氧化池又名浸没式生物滤池，属于浸没式生物膜法。

生物接触氧化池内设置填料，填料淹没在废水中，填料上长满生物膜。废水与生物膜接触的过程中，水中的有机物被微生物吸附、氧化分解并转化为新的生物膜。在生物接触氧化池中，微生物所需要的氧气来自废水，而废水则自鼓入的空气不断补充失去的溶解氧。空气通过设在池底的曝气装置进入水流，当气泡上升时向废水供应氧气。当生物膜达到一定厚度时，上升的水流和上升的气泡使水流产生较强的紊流和水力冲刷作用，从而导致生物膜不断脱落，然后再长出新的生物膜。从填料上脱落的生物膜随水流到二沉池后被去除，从而使废水得到净化。

生物接触氧化池的废水中还存在悬浮生长的微生物。生物接触氧化池主要靠生物膜净化污染物，但悬浮态微生物也对污染物的净化也有一定的作用。

生物接触氧化池由池体、填料、支架及曝气装置、进出水装置以及排泥管道等部件组成，其结构如图 5. 12 所示。曝气装置多为鼓风曝气系统；可充分利用池容；填料间紊流激烈，生物膜更新快，活性高，不易堵塞；检修较困难。填料是微生物的载体，其特性对生物接触氧化池中生物量、氧的利用率、水流条件和废水与生物膜的接触反应情况等有较大影响；分为硬性填料、软性填料、半软性填料及球状悬浮型填料等。

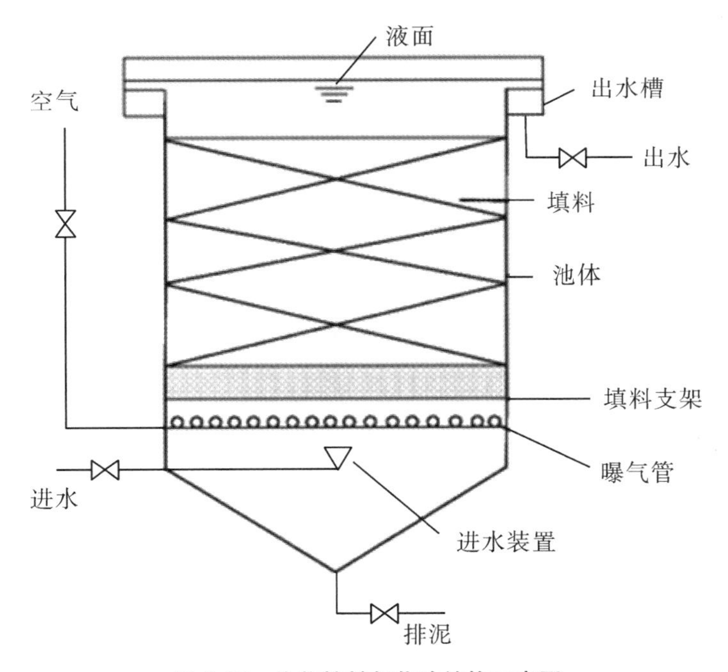

图 5. 12　生物接触氧化池结构示意图

生物接触氧化池一般适用于有一定经济承受能力的农村，处理规模为多户或集中式污水处理设施。若作为单户或多户污水处理设施，为减少曝气耗电、降低运行成本，宜利用地形高差，通过跌水充氧完全或部分取代曝气充氧。生物接触氧化池的优点和缺点如下：

优点：结构简单，占地面积小；污泥产量小，无污泥膨胀；生物膜内微生物量稳定，生物相对丰富，对水质、水量波动的适应性强；操作简单，较活性污泥法的动力消耗少，对污染物的去除效果好。生物接触氧化池是介于活性污泥法和生物滤池之间的生物处理技术，具有以上两种方法的优点，因此在污水治理中得到广泛应用。

缺点：加入生物填料会导致建设费用增加，可调控性差；对磷的处理效果较差，对总磷指标要求较高的农村地区还应配套建设深度除磷单元。另外，处理过程中需要曝气，相应的电费与管理费用也会增加。

（2）生物滤池

生物滤池一般由钢筋混凝土或砖石砌筑而成，池平面有矩形、圆形或多边形，其中圆形较多，主要由滤料、池壁、池底排水系统、上部布水系统组成，其结构如图 5. 13 所示。

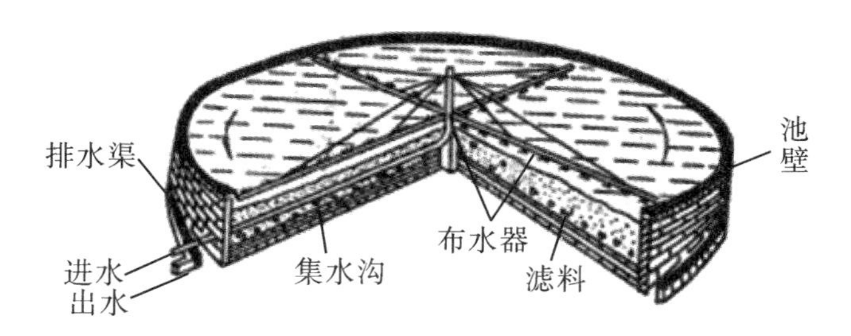

图 5. 13　生物滤池结构示意图

根据有机负荷率，可将生物滤池分为普通生物滤池（低负荷生物滤池）、高负荷生物滤池（回流式生物滤池）和塔式生物滤池三种。目前，为提高部分污染物的去除效率，有人在生物滤池中加入曝气设备，改良为曝气生物滤池。

①普通生物滤池

在较低负荷率下运行的生物滤池叫作低负荷生物滤池，或普通生物滤池。普通生物滤池处理城市污水的有机负荷率为 0. 15～0. 30 $kgBOD_5/(m^3 \cdot d)$。普通生物滤池的水力停留时间长，净化效果好（生活污水中的 BOD_5 去除率为 85%～95%），出水稳定，污泥沉淀性能好，剩余污泥少；但它的滤速低，占地面积大，水力冲刷作用小，易堵塞和短流，滋生灰蝇，散发臭气，卫生条件差，目前已趋于淘汰。

②高负荷生物滤池

在高负荷率下运行的生物滤池叫作高负荷生物滤池，或回流式生物滤池。高负荷生物滤池处理城市污水的有机负荷率为 1.1 $kgBOD_5/(m^3 \cdot d)$ 左右。在高负荷生物滤池中，微生物营养充足，生物膜增长快。高负荷生物滤池的污染物去除率较低，处理城市污水时 BOD_5 去除率为 75%~90%。与普通生物滤池相比，高负荷生物滤池剩余量多、稳定度小。高负荷生物滤池占地面积小，投资费用低，卫生条件好，适于处理浓度较高、水质和水量波动较大的污水。

③塔式生物滤池

塔式生物滤池的负荷也很高，由于塔式生物滤池的生物膜生长快且没有回流，为防止滤料堵塞，采用的滤池面积较小，以获得较高的滤速。滤料体积是一定的，相对于普通生物滤池，当其面积缩小时会使高度增加而形成塔状结构，故称为塔式生物滤池。

与普通生物滤池和高负荷生物滤池相比，塔式生物滤池对生活污水的 BOD_5 去除率为 65%~85%。塔式生物滤池占地面积小，投资运行费用低，耐冲击负荷能力强，适于处理浓度较高的污水。

④曝气生物滤池（BAF）

曝气生物滤池是普通生物滤池的一种变形形式，也可看成生物接触氧化池的一种特殊形式，即在生物膜反应器内装填高比表面积的颗粒填料，以提供微生物膜生长的载体，并根据污水流向分为下向流或上向流。污水由上向下或由下向上流过滤料层，在滤料层下部鼓风曝气，使空气与污水逆向接触或同向接触，从而使污水中的有机物与填料表面的生物膜通过生化反应得到降解，填料同时起到物理过滤作用。曝气生物滤池基本结构如图 5.14 所示。

曝气生物滤池的工艺原理为：采用粒径较小而比表面积大的粒状载体作为附着生物膜的滤料，滤料上集中了高活性、高密度的微生物。以目前人们认可度较高的上向流滤池为例，在滤池内部被充分曝气的条件下，污水从最底部的配水室进入滤池上行，流经生物膜时发生接触氧化而使有机物降解消除。同时，密集的滤料必然会截留部分悬浮物。被截留的悬浮物和不断脱落的生物膜会降低出水水质，在运行一段时间后就须进行反冲洗处理。因此，曝气生物滤池（BAF）不但可用于城镇污水厂的三级深度处理或二级生化处理，还可用于食品、造纸、酿造等工业废水及生活污水的处理，同时也可用于微污染水体的处理。

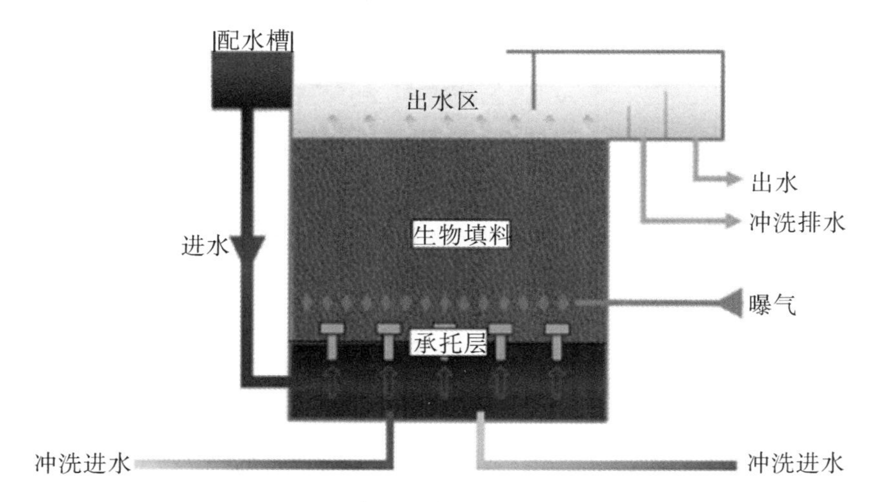

图 5.14　曝气生物滤池基本结构示意图

曝气生物滤池具有生物氧化降解和过滤的作用，不但可以处理 COD 和 BOD，还具有硝化及脱氮除磷的作用，因而可以获得良好的出水水质，可达到回用水水质标准。此外，它在进行生化处理的同时还能截留部分悬浮物，从而可以节省出水二沉池的建设成本。它具有水力和有机物负荷均较大、能耗不高、建设及运行成本较低、易于管理、污水处理效果好的特点，但对进水的悬浮物要求较高，容易发生堵塞。

（3）生物转盘

生物转盘的净水机理和生物滤池类似。污水处于半静止状态，而微生物则在转动的盘面上；转盘 40%的面积浸没在污水中，盘面低速转动。盘片作为生物膜的载体，当生物膜处于浸没状态时，污水有机物被生物膜吸附；而当它处于水面以上时，大气的氧向生物膜传递，生物膜内所吸附的有机物被氧化分解，生物膜恢复活性。这样，生物转盘每转动一圈即完成一个吸附—氧化的周期。由于转盘旋转及水滴挟带氧气，所以氧化槽也被充氧，起一定的氧化作用。增厚的生物膜在盘面转动时形成的剪切力作用下，从盘面剥落下来，悬浮在氧化槽的液相中，并随污水流入二次沉淀池进行分离。二次沉淀池排出的上清液即为处理后的污水，沉泥作为剩余污泥排入污泥处理系统。

与生物滤池相同，生物转盘也没有污泥回流系统，为了稀释进水，可考虑出水回流。但是，生物膜的冲刷不依靠水力负荷的增大，而是通过控制一定的盘面转速来达到。

生物转盘的主要组成单元有盘片、接触反应槽、转轴与驱动装置等（见图 5.15）。生物转盘在实际应用中有各种构造形式，最常见的是多级转盘串联，以延长处理时间、提高处理效果。但它的级数一般不超过四级，级数过多，处理效率提高不大。根据圆盘数量及平面位置，可以采用单轴多级或多轴多级形式。

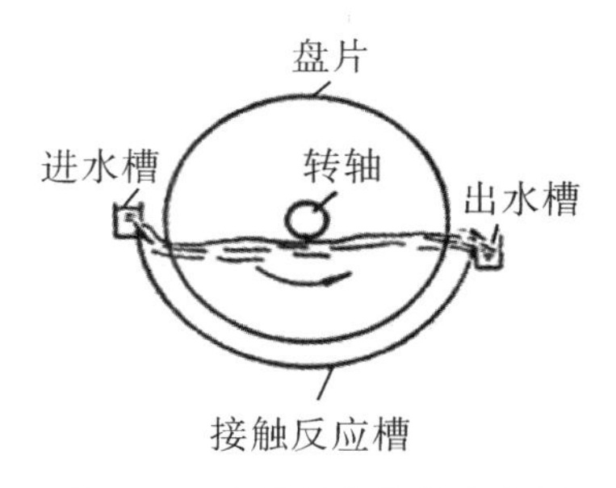

图 5.15　生物转盘结构示意图

5.3.4.4　生物膜法的日常管理注意事项

（1）防止生物膜增长过厚

生物滤池负荷过高，使生物膜增长过多过厚，内部厌氧层随之增厚，可发生硫酸盐还原，污泥发黑发臭，使微生物活性降低，大块黏厚的生物膜脱落，并使填料局部堵塞，造成布水不均匀，不堵的部位流量及负荷偏高，出水水质下降。

解决办法一般有以下三种：①加大回流水量，借助水力冲脱过厚的生物膜；②两级滤池串联，交替进水；③低频加水，使布水器转速减慢。

（2）维持较高的 DO

提高生物膜系统内的 DO，可减少生物膜系统中厌氧层的厚度，增大好氧层在生物膜中的比例，提高生物膜内氧化分解有机物的好氧微生物的活性。

对于淹没式生物滤池，提高 DO 主要采取加大曝气量，气量加大所产生的剪切力有助于老化生物膜脱落；同时，增强了反应池内气液固三相的混合，提高了氧、有机物及微生物代谢产物的传递速率，也加快了生物反应速率。但曝气量过大，会使电耗增加，生物膜过量脱落，产生负面影响。

（3）减少出水悬浮物（ESS）

①在设计生物膜系统的二次沉淀池时，参数选取应适当保守一些，表面负荷小一些。

②在必要时，还可投加低剂量的絮凝剂，以减少出水悬浮物，提升处理效果。

（4）其他注意事项

生物滤池的运行中还应注意检查布水装置及滤料是否有堵塞现象。布水装置堵塞往往是管道锈蚀或者废水中的悬浮物沉积所致，滤料堵塞是由于膜的增长量大于排出量。所以，对废水水质、水量应加以严格控制。膜的厚度一般与水温、水力负荷、有机负荷和通风量等有关。水力负荷应与有机负荷相配合，使老化的生物膜能不断冲刷下来，被水带走。当有机负荷高时，可加大风量，在自然通风情况下，可提高喷淋水量。

当发现滤池堵塞时，应采用高压水表面冲洗，或停止进入废水，让其干燥脱落。有时也可以加入少量氯或漂白粉，破坏滤料层部分生物膜。

生物转盘一般不产生堵塞现象，但也可以用加大转盘转速控制膜的厚度。

在正常运转过程中，除了应开展有关物理、化学参数的测定外，还应对不同层厚、级数的生物膜进行微生物检验，观察分层及分级现象。

生物膜设备检修或停产时，应保持膜的活性。对于生物滤池，只需保持自然通风，或打开各层的观察孔，保持池内空气流动；对于生物转盘，可以将氧化槽放空，或用人工营养液循环。停产后，膜的水分会大量蒸发，一旦重新开车，可能有大量膜质脱落，因此，开始投入工作时，水量应逐步增加，防止干化生物膜脱落过多。一旦微生物适应后，即可得到恢复。

5.3.4.5 生物膜法运行中的异常问题及解决对策

（1）生物膜严重脱落

在生物膜挂膜过程中，膜状污泥大量脱落是正常的，尤其是采用工业污水进行驯化时，脱膜现象会更严重。但在正常运行阶段，膜大量脱落是不允许的。产生大量脱膜，主要是水质的原因（如抑制性或有毒性污染物浓度太高，pH 值突变等），解决办法即是改善水质。

（2）产生臭味

对于生物滤池、生物转盘及某些情况下的生物接触氧化池，由于污水浓度高，污泥局部发生厌氧代谢，可能产生臭味。解决的办法如下：

①处理出水回流。

②减少处理设施中生物膜的累积，让生物膜正常脱膜，并排出处理设施。

③保证曝气设施或通风口的正常运作。

④根据需要向进水中短期少量投加液氯。

⑤避免高浓度或高负荷废水的冲击。

（3）处理效率降低

整个处理系统运行正常，且生物膜处理效果较好，仅处理效率有所下降，一般不会是因为水质的剧烈变化或有毒污染物的进入，如废水 pH 值、DO、气温剧烈变化或短时间超负荷（负荷增加幅度也不太大）运行等。对于这种现象，只要处理效率降低的程度可以承受，即可不采取措施，过一段时间便会恢复正常。或者可以采取一些局部调整措施加以解决，解决方法有保温、进水加热、酸或碱中和、调整供气量等。

（4）污泥沉积

污泥沉积指生物膜处理设施（氧化槽）中过量存积污泥。当预处理或一般处理沉降效果不佳时，大量悬浮物会在氧化槽中沉积积累，其中，有机性污泥在存积时间过长后会产生腐败，发出臭气。解决办法是提升预处理和一级处理的沉淀去除效果，或设置氧化槽临时排泥措施。

5.3.4.6　生物膜法新技术

生物膜法近年开发了很多新的工艺和技术，最典型的为移动床生物膜反应器（MBBR），它是为解决固定床反应器需定期反冲洗、流化床需使载体流化、淹没式生物滤池堵塞需清洗滤料和更换曝气器的复杂操作等问题而发展起来的。

（1）MBBR 的构成

MBBR 的关键部件是填料、曝气（搅拌器）系统和出水滞留滤网系统。

①填料

填料的比重接近水，轻微搅拌下易于随水自由运动，有较大的受保护、可供微生物生长的内表面积，比表面积为 500～1 200 m^2/m^3，材质多为聚乙烯或聚丙烯有机塑料，使用寿命长达 20 年。

②曝气（搅拌器）系统

曝气系统采用中小孔径的多孔管系，布气均匀，气量可以调节控制。

厌氧反应池中采用香蕉叶片形的潜水搅拌器。

③出水滞留滤网系统

出水滞留滤网在保持反应器内良好设计流态的同时，还要把生物填料保留在生物池中。滤网装置有多孔平板式或缠绕焊接管式（垂直或水平方向）。

（2）MBBR 的技术优势

①MBBR 容积负荷高，与传统活性污泥法相比可节省 50%以上的占地面积。

②解决方案灵活，适用于各种池型，选择不同的填料填充率即可提高排放标准和扩大处理规模。

③耐冲击负荷，对于高 SS 负荷，无须预处理。

④污泥沉降性能良好，易于固液分离，减少污泥膨胀问题，且剩余污泥量少。

⑤优质耐用的生物填料、曝气系统和出水装置可以长期使用而不需要更换。

⑥曝气池内无须设置填料支架，对填料以及池底曝气装置的维护方便。

移动床生物膜反应器最大的优点是，其微生物有非常高的浓度以及非常长的食物链。同时，这种技术在污水处理过程中可以降低对能量的损耗，有比较高的传质速率，这样就可以更好地实现水和载体的有效结合，这种有效结合主要得益于载体和水的密度非常相似这一特点。与此同时，这种污水处理技术还有占地面积少、能源损耗比较低等方面的优势，这就使得对其保养和维修的成本大大降低。总之，基于以上这些优点，移动床生物膜反应器在污水处理过程中得到广泛的应用。

（3）MBBR 的应用

基于 MBBR 的核心技术，能够提供面向现有污水处理厂新建或升级改造的更经济、可靠、运行稳定和更具扩展性的解决方案。

基于 MBBR 一体化反应器的解决方案，既可以非常紧凑、高效地单独运行，又可以完美地与其他工艺相结合，适用于分散污水的处理。如与活性污泥的混合工艺，处理能力可提高 50%以上并达到脱氮除磷的目标；可在不增加池容的条件下，与 A/A/O、氧化沟、SBR 等多种工艺结合。

采用 MBBR 工艺处理时，原水为生活污水，出水可达到《城镇污水处理厂污染物排放标准》（GB 18918—2002）一级 B（或一级 A）标准；原水为工业废水，出水可达到《污水综合排放标准》(GB 8978—1996)。根据需要，出水还可达到更高的标准（如回用等）。例如：①无锡芦村污水处理厂的升级改造工程。处理规模为 20×10^4 m^3/d，主体改造工艺采用 A/A/O 投加悬浮填料工艺（MBBR 工艺），出水水质稳定达到一级 A 排放标准。②青岛李村河污水处理厂的升级改造工程。总处理规模为 17×10^4 m^3/d，在 VIP 工艺（一期）及改良 A/A/O 工艺（二期）的基础上增加 MBBR 强化硝化与反硝化，深度处理采用混凝沉淀/滤布滤池工艺，出水水质由二级标准提升至一级 A 标准。

MBBR 工艺也可以用于设计处理规模为 10~200 m^3/d 的污水。该类装置可设计成车载式、集装箱式和一体化式等，具有占地小、集成化、操作简便等特点，适合城镇居民生活小区、宾馆、酒店、学校、医院、别墅区、旅游景区、部队营房、工厂职工宿舍等场所的生活污水，以及与之类似的水产加工厂、屠宰场、肉制品厂、乳制品厂等食品行业产生的有机工业废水的处理。处理后的水可达到中水回用标准或污水综合排放标准。

5.3.5 厌氧生物处理法

厌氧生物处理法利用兼性厌氧菌和专性厌氧菌来降解污水或污泥中的有机污染物，分解的最终产物是以甲烷为主的消化气（沼气），沼气是可以作为能源利用的。

厌氧生物处理法最早用于处理城市污水处理厂的沉淀污泥，称为污泥消化，因此消化也常作为厌氧生物处理的简称。普通厌氧生物处理法，在构筑物形式上主要采用普通消化池，其缺点是水力停留时间长，沉淀污泥中温消化时一般需要 20~30 d。并且由于水力停留时间长，消化池的容积较大，基本建设费用和运行管理费用都较高，限制了厌氧生物处理法的应用。

20 世纪 60 年代以后，世界能源短缺问题日益突出，厌氧发酵技术逐渐受到人们的重视，人们对这一技术在废水处理领域的应用开展了广泛、深入的科学研究工作，并开发了一系列新型厌氧生物处理工艺和设备，如厌氧接触法、厌氧生物滤池、升流式厌氧污泥床、厌氧膨胀床、厌氧流化床、厌氧生物转盘、厌氧挡板式反应器等，这些工艺和设备大幅度提高了厌氧处理的生物量，使处理时间大大缩短，效率大大提高。

现在，厌氧生物处理有机物在生活污水厂主要应用于两个方面：一是化粪池，生活污水在化粪池中进行大分子有机物的分解；二是利用厌氧生物技术处理污泥中的有机物，即厌氧消化作用。

5.3.5.1　影响厌氧生物处理的因素

因为甲烷发酵阶段控制着整个厌氧消化过程，所以厌氧发酵工艺的各项影响因素也就是甲烷菌的影响因素。

（1）温度

细菌的生长与温度有关，根据甲烷菌的生长对温度的要求可以将甲烷菌分为三类，即低温甲烷菌（5~20 ℃）、中温甲烷菌（20~42 ℃）、高温甲烷菌（42~75 ℃）。利用低温甲烷菌进行厌氧消化处理的系统称为低温消化系统，与之对应的有中温消化系统和高温消化系统。在这几类消化系统中，起作用的甲烷菌类型是不同的，如高温消化系统运行的是高温甲烷菌。温度主要影响微生物的生化反应速度，因而与有机物的分解速率有关。工程中，中温消化温度为30~38 ℃（以33~35 ℃为多）；高温消化温度为50~55 ℃。

厌氧消化对温度的突变也十分敏感，要求日变化小于±2 ℃。温度突变幅度太大，会导致系统停止产气。

（2）pH值和酸碱度

水解产酸菌及产氢产乙酸菌对pH值的适应范围为5~8.5，而甲烷菌对pH值的适应范围为6.6~7.5，即只允许在中性附近波动。同时，水解产酸菌及产氢产乙酸菌对环境的要求较甲烷菌低，世代时间也较短，因此在厌氧消化系统中，水解发酵阶段与产酸阶段的反应速率很有可能超过产甲烷阶段，使pH值降低，影响甲烷菌的生长。但是，在消化系统中，由于微生物的代谢产物如挥发性脂肪酸、二氧化碳和重碳酸盐（碳酸氢铵）等建立起的自然平衡关系具有缓冲作用，在一定范围内可以避免发生这种情况。

在实际运行中，如果系统中挥发酸的浓度居高不下，积累一段时间必然导致pH值下降，此时，酸和碱之间的平衡已被破坏，碱度的缓冲能力已经丧失，所以不能光靠pH值的检测指导生产，而应以挥发酸浓度及碱度作为重要管理指标。一般消化池中挥发酸（以乙酸计）浓度应控制在200~800 mg/L，如果超出2 000mg/L，产气率将迅速下降，甚至停止产气。挥发酸本身并不毒害甲烷菌，而pH值的下降则会抑制甲烷菌的生长。如pH值低，可投加石灰或碳酸钠调节pH值，一般加石灰，但不应加得太多，以免产生 $CaCO_3$沉淀。同时，碱度应控制在 2 000~3 000 mg/L。

（3）有机负荷

在厌氧生物处理法中，有机负荷通常指容积有机负荷，简称容积负荷，即厌氧反应器单位有效容积每天接受的有机物量［单位：kgCOD/（m^3 · d）］。对于悬浮生长工艺，也可以用污泥负荷表达，单位为 kgCOD/（kg 污泥 · d）。在污泥消化中，有机负荷习惯上用污泥投配率表示，即每天所投加的生污泥体积占污泥消化器有效容积的百分比。污泥投配率也是消化时间的倒数，如当投配率为 5%时，新鲜污泥在消化池中的平均停留时间为 20 d。由于各种湿污泥的含水率、挥发性组分不尽一致，所以投配率不能反映实际的有机负荷，为此，又引入反应器单位有效容积每天接受的挥发性固体质量这一参数，单位为 kgMLVSS/（m^3 · d）。

有机负荷是影响厌氧消化效率的一个重要因素，它直接影响产气量和处理效率。在一定范围内，随着有机负荷的提高，产气率即单位质量有机物的产气量趋于下降，而消化器的容积产气量则增多，反之亦然。当有机物负荷很高时，甲烷菌处于低效不稳定状态，负荷适中，pH 值为 7~7.2，呈弱碱性，是高效稳定发酵状态；当有机负荷较小时，供给养料不足，产酸量偏少，pH 值大于 7.2，是碱性发酵状态，也是低效发酵状态。

（4）营养比

厌氧微生物的生长繁殖需按一定的比例摄取碳、氮、磷以及其他微量元素。工程上主要控制污泥或污水的碳、氮、磷比例，因为其他营养元素不足的情况较少见。不同的微生物在不同的环境条件下所需的碳、氮、磷比例不完全一致。一般认为，厌氧生物处理法中的碳、氮、磷比控制在（200~300）∶5∶1 为宜。在碳、氮、磷比例中，碳氮比对厌氧消化的影响更为重要。

在厌氧处理时提供氮源，除满足微生物生长所需之外，还有利于提高反应器的缓冲能力。若氮源不足，即碳氮比太高，则厌氧菌不仅增殖缓慢，而且会使消化液的缓冲能力降低，pH 值容易下降。相反，若氮源过剩，即碳氮比太低，氮不能被充分利用，将导致系统中氨的过分积累，pH 值上升至 8.0 以上，抑制产甲烷菌的生长繁殖，使消化效率降低。

城市污水厂的初次沉淀池污泥的 C/N 约为 10∶1，活性污泥的 C/N 约为 5∶1，因此，活性污泥单独消化的效果较差。一般都是把活性污泥与初次沉池污泥混合在一起进行消化。粪便单独厌氧消化，含氮量过高，C/N

太低，厌氧发酵效果受到一定影响，如能投加一些含C多的有机物，不仅可提高消化效果，还能提高沼气产量。

（5）搅拌

在污泥厌氧消化或高浓度有机污水的厌氧消化过程中，定期进行适当、有效的搅拌是很重要的，搅拌有利于新投入的新鲜污泥（或污水）与熟污泥（或称消化污泥）的充分接触，使反应器内的温度、有机酸、厌氧菌分布均匀，并能防止消化池表面结成污泥壳，以利沼气的释放。搅拌可提高沼气产量和缩短消化时间。

（6）厌氧活性污泥

厌氧活性污泥主要由厌氧微生物及其代谢的产物和吸附的有机物、无机物组成。厌氧活性污泥的浓度和性能与厌氧消化的效率有密切的关系。性状良好的污泥是厌氧消化效率的基础保证。厌氧活性污泥的性质主要表现为它的作用效能与沉淀性能，前者主要取决于污泥中活微生物的比例及其对底物的适应性。活性污泥的沉淀性能是指污泥混合液在静止状态下的沉降速度，它与污泥的凝聚性有关。与好氧处理一样，厌氧活性污泥的沉淀性也以SVI衡量。在上流式厌氧污泥床反应器中，当活性污泥的SVI为15~20 mL/g时，污泥具有良好的沉淀性能。

厌氧处理时，污水中的有机物主要靠活性污泥中的微生物分解去除，故在一定的范围内，活性污泥浓度愈高，厌氧消化的效率也愈高；但到一定程度后，效率的提高不再明显。这主要是因为厌氧污泥的生长率低、增长速度慢，积累时间过长后，污泥中无机成分比例增高，活性降低；污泥浓度过高有时易于引起堵塞而影响正常运行。

（7）有毒物质

有许多物质会毒害或抑制厌氧菌的生长和繁殖，破坏消化过程。所谓“有毒”是相对的，事实上任何一种物质对甲烷消化都有两方面的作用，即有促进甲烷细菌生长的作用与抑制甲烷细菌生长的作用，发挥哪个方面的作用取决于它的浓度。

5.3.5.2　典型的厌氧生物处理设施

典型的厌氧生物处理设施一般用于污水厂污泥中有机物的去除，传统设施主要有普通厌氧消化池、厌氧接触系统和厌氧生物滤池。

（1）普通厌氧消化池（见图5.16）

池形有圆柱形和蛋形两种。池径有几米至三四十米，柱体部分的高度约为直径的1/2，池底呈圆锥形，以利于排泥。为使进水与微生物尽快接触，需要一定的搅拌。常用的搅拌方式有三种：池内机械搅拌，沼气搅拌，循环消化液搅拌。其构造主要包括进水、出水、排泥及溢流系统，沼气排出、收集与贮气设备，搅拌设备及加温设备等。

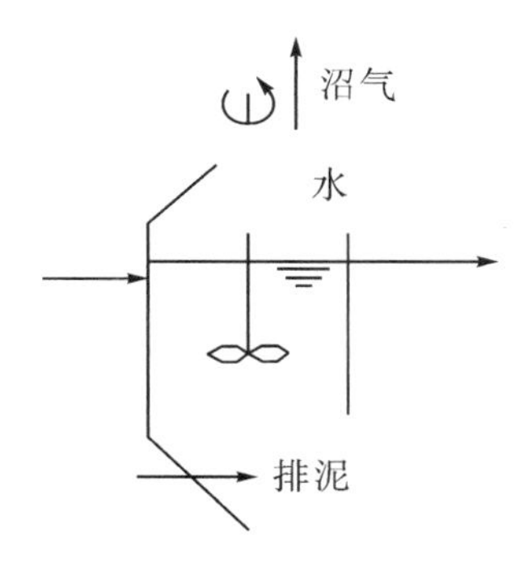

图5.16 普通厌氧消化池

（2）厌氧接触系统（见图5.17）

为了克服普通厌氧消化池单用不能保留或补充厌氧活性污泥的缺点，在消化池后设沉淀池，将沉淀污泥回流至消化池，形成厌氧接触系统。该系统使污泥不流失，出水水质稳定，又可提高消化池内的污泥浓度，从而提高设备的有机负荷和处理效率。

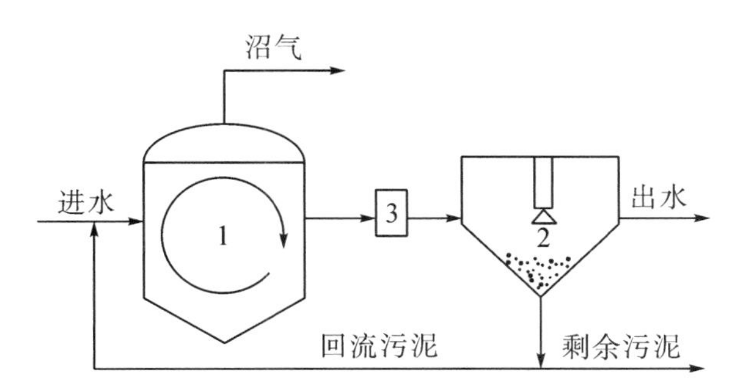

1-消化池；2-沉淀池；3-真空脱气器

图5.17 厌氧接触系统

厌氧接触工艺的特点有：①通过污泥回流（回流量一般为污水量的2~3倍），可以使消化池内保持较高的污泥浓度，一般可达10~15 g/L，因此该工艺耐冲击能力较强；②消化池的容积负荷较普通厌氧消化池高，中温消化时，一般为2~10 kgCOD/(m^3·d)，但在高的污泥负荷下，厌氧接触工艺也会产生类似好氧活性污泥法的污泥膨胀问题，一般认为接触反应器中的污泥体积指数（SVI）应为70～150 mL/g；③水力停留时间比普通厌氧消化池大大缩短，如常温下，普通厌氧消化池水力停留时间为15～30 d，而厌氧接触系统小于10 d；④该工艺不仅可以处理溶解性有机污水，而且可以用于处理悬浮物较高的高浓度有机污水，但不宜过高，否则将使污泥的分离发生困难；⑤混合液经沉淀后，出水水质好，但需增加沉淀池、污泥回流和脱气等设备，厌氧接触工艺还存在混合液难于在沉淀池中进行固液分离的缺点。

（3）厌氧生物滤池（见图5.18）

厌氧生物滤池（AF）又称厌氧固定膜反应器，是20世纪60年代末开发的新型高效厌氧处理装置，滤池呈圆柱形，池内装有填料，且整个填料浸没于水中，池顶密封。厌氧微生物附着于填料的表面生长，当污水通过填料层时，在填料表面的厌氧生物膜作用下，污水中的有机物被降解，并产生沼气，沼气从池顶部排出。滤池中的生物膜不断地进行新陈代谢，脱落的生物膜随出水流出池外。为分离被出水夹带的生物膜，一般在滤池后需设沉淀池。

厌氧生物滤池主要由滤料、布水系统和沼气收集系统三个重要部分组成。厌氧生物滤池采取了出水回流、部分充填载体和软性填料的方式进行了工艺改进，处理效果更优。

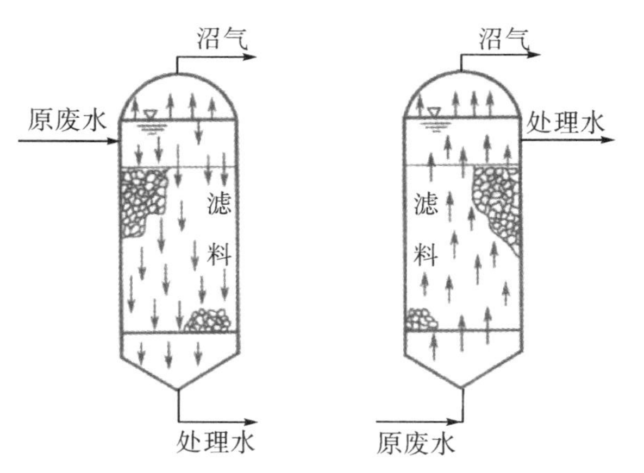

（a）降流式厌氧生物滤池　（b）升流式厌氧生物滤池

图5.18　厌氧生物滤池

厌氧生物滤池的特点有：①由于填料为微生物附着生长提供了较大的表面积，滤池中的微生物量较高，同时生物膜停留时间长，平均停留时间长达 100 d 左右，因而可承受的有机容积负荷高，COD 容积负荷为 2～16 kgCOD/(m^3·d)；②耐水量和水质的冲击负荷能力强；③微生物以固着生长为主，不易流失，因此不需要污泥回流和搅拌设备；④启动或停止运行后再启动，比前述厌氧接触工艺时间短；⑤适用于处理溶解性有机污水。

5.3.5.3 厌氧生物处理设施的运营管理

（1）定期取样分析检测——微生物的管理

厌氧消化过程是在密闭厌氧条件下进行的，微生物在这种条件下生存，不能依靠镜检来判断污泥的活性，只能采用反应微生物代谢影响的指标间接判断微生物活性。与活性污泥好氧处理系统相比，污泥厌氧消化系统对工艺条件及环境因素的变化反映更敏感。为了使消化池的运转正常，应当及时监测、化验上述要求的每日瞬时监测、化验指标，如温度、pH 值、沼气产量、泥位、压力、含水率、沼气中的组分等，并根据需要快速做出调整，避免引起大的损失。

（2）毒物控制

入流中工业废水成分较高的污水处理厂，其污泥消化系统经常会出现中毒问题。当出现重金属的中毒问题时，根本的解决方法是控制上游有毒物质的排放，加强污染源管理。在污水处理厂内可采用一些临时性的控制方法，常用的方法是向消化池内投加 Na_2S。绝大部分有毒重金属离子都能与 S^{2-} 反应形成不溶性的沉淀物，从而使其失去毒性。Na_2S 的投加量可根据重金属离子的种类及其在污泥中的浓度计算确定。

（3）泄空清泥清渣

泄空清泥清渣一般 5 年左右进行一次，不仅要彻底清泥和去除浮渣，还要进行全面的防腐、防渗检查与处理。主要工作如下：对金属管道、部件进行防腐，损坏严重的应更换，有些易损坏件最好换不锈钢材料；对池壁进行防渗、防腐处理；维修后投入运行前必须进行满水试验和气密性试验；对于消化池内的积砂和浮渣状况进行评估，如果严重说明预处理不好；对预处理进行改进，防止沉砂和浮渣进入。另外，放空消化池以后，应检查池体结构变化，如是否有裂缝、是否为通缝，并请专业人员处理。同时，应对仪表进行修理或更换。

（4）定期维护搅拌系统

沼气搅拌主管常有被污泥及其他污物堵塞的现象，可以将其余主管关闭，使用大气量冲吹被堵塞管道。对于机械搅拌桨被棉纱和其他长条杂物缠绕故障，可采取反转机械搅拌器甩掉缠绕杂物。另外，要定期检查搅拌轴与楼板相交处的气密性。

（5）用酸清洗系统，防止结垢

系统结垢的原因是进泥中的硬度（Mg^{2+}）以及磷酸根离子（PO_4^{3-}）在消化液中会产生的大量 NH_4^+离子结合，生成磷酸铵镁沉淀，如果在管道内结垢，将增大管道阻力。如果热交换器结垢，则会降低热交换器效率。应当在管路上设置活动清洗口，经常用高压水清洗管道，可有效防止垢的增厚。当结垢严重时，最基本的方法是用酸清洗。

（6）对厌氧系统进行全面防腐防渗检查

厌氧池内的腐蚀现象很严重，既有电化学腐蚀也有生物腐蚀。电化学腐蚀主要是消化过程产生的 H_2S 在液相形成氢硫酸导致的。生物腐蚀不被重视，但其实际腐蚀程度很严重，用于提高气密性和水密性的一些有机防渗防水涂料，经过一段时间后常被微生物分解掉，从而失去防水防渗效果。厌氧池停运放空后，应根据腐蚀程度，对所有金属部件进行重新防腐处理，对池壁应进行防渗处理。另外，放空厌氧池以后，应检查池体结构变化，如是否有裂缝、是否为通缝，并进行专门处理。重新投运时宜进行满水试验和气密性试验。

（7）消化池泡沫处理

当消化池产生泡沫时，一般说明厌氧系统运行不稳定，因为泡沫主要是由 CO_2产量太大形成的，温度波动太大或进泥量发生突变等，均可导致消化系统运行不稳定，CO_2产量增加，从而导致泡沫的产生。如果将运行不稳定因素排除，一般泡沫也会随之消失。在培养消化污泥过程中的某个阶段，由于 CO_2产量大，甲烷产量小，也会存在大量泡沫。随着甲烷菌的培养成熟，CO_2产量降低，泡沫也会逐渐消失。厌氧池的泡沫有时是由污水处理系统产生的诺卡氏菌引起的，此时曝气池也必然存在大量生物泡沫，对于这种泡沫的控制措施之一是暂不向消化池投放剩余活性污泥，而根本性的措施是控制污水处理系统内的生物泡沫。

（8）安全运行

整个厌氧系统要防火、防毒，所有电气设备应采用防爆型，接线要做好接地、防雷，坚决杜绝可能造成危害的事故苗头。严禁在防火、防爆警示区域内吸烟，防止有可能出现的火花等明火，如进入该区域内的汽车应采取防火措施，进入的人应留下火种。带钉鞋和穿产生静电的工作服都是不允许进入的。另外，报警仪等都应正常维护保养，按时到权威部门鉴定、标定确保能正常工作。同时，还要备好消防器材、防毒呼吸器、干电池手电筒等以备急用。

5.3.5.4　厌氧生物处理新技术

在生活污水处理中除了传统厌氧生物处理技术，人们慢慢开始研究一些在高浓度有机废水中应用的技术如何应用到生活污水处理厂，以期进一步分解污泥中的有机物，如上流式厌氧污泥床、厌氧膨胀颗粒污泥床和内循环厌氧反应器等技术。

（1）上流式厌氧污泥床反应器

上流式厌氧污泥床反应器简称 UASB 反应器，是在 20 世纪 70 年代研制开发的。UASB 反应器内没有载体，是一种悬浮生长型的消化器。UASB 反应器主体部分由反应区、沉淀区和气室三部分组成（见图 5.19）。

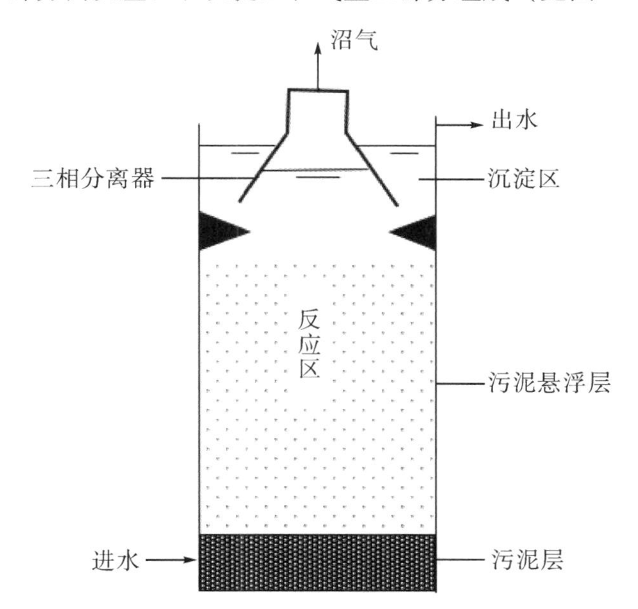

图 5.19　UASB 反应器示意图

污水从反应器底部进入，与污泥层中的污泥进行混合接触，微生物分解污水中的有机物并产生沼气，气泡上升并产生较强烈的搅动，在污泥层上部形成污泥悬浮层。气、水、泥的混合液上升至三相分离器内，实现三相分离。上清液从沉淀区上部排出，污泥沿着斜壁返回到反应区内。在一定的水力负荷下，绝大部分污泥颗粒能保留在反应区内，使反应区具有足够的污泥量。

上流式厌氧污泥床反应器的池形有圆形、方形、矩形。小型装置常为圆柱形，底部呈锥形或圆弧形。反应器主要由以下几部分组成：

①污泥层：污泥浓度一般为 4 000~80 000 mg/L，是反应器中降解污染物的主要部分。

②污泥悬浮层：污泥浓度为 15 000~30 000 mg/L。

③三相分离器：由沉淀区、回流缝和气封组成。

④进水配水系统：均匀布水，并起水力搅拌作用。

（2）厌氧膨胀颗粒污泥床反应器

厌氧膨胀颗粒污泥床反应器简称 EGSB 反应器，是 20 世纪 90 年代初荷兰瓦格宁根大学的 Lettinga 教授等人在上流式厌氧污泥床反应器的研究基础上开发的第三代高效厌氧反应器。EGSB 反应器实质上是固体流态化技术在有机污水生物处理领域的具体应用。目前，这种技术已经广泛应用于石油、化工、冶金和环境等部门，但是在生活污水厂应用中还处于探索阶段。

EGSB 反应器在运行过程中，待处理污水与被回流的出水混合后经反应器底部的布水系统均匀进入反应器的反应区。反应区内的泥水混合液及厌氧消化产生的沼气向上流动，部分沉降性能较好的污泥经过膨胀床区后自然回落到污泥床上，沼气及其余的泥水混合液继续向上流动，经三相分离器后，沼气进入集气室，部分污泥经沉淀后返回反应区，液相夹带部分沉降性极差的污泥排出反应器（见图 5. 20）。

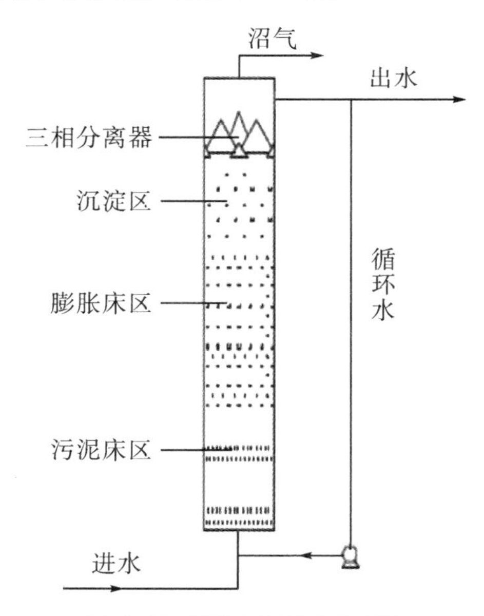

图 5. 20　EGSB 反应器示意图

（3）内循环厌氧反应器

内循环厌氧反应器简称 IC 反应器，相当于两个 UASB 反应器串联使用，主要由混合区、颗粒污泥膨化区、深处理区、内循环系统、出水区五部分组成，核心部分由布水器、下三相分离器、上三相分离器、提升管、泥水回流管、气液分离器、罐体及溢流系统组成（见图 5.21）。工作过程为：两层三相分离器人为地将整个反应区分为上、下两个区域，下部为高负荷区域，上部为深处理区。污水在进入 IC 反应器底部时，与从下三相分离器回流的水混合，混合水在通过反应器下部的颗粒污泥层时，将污水中大部分的有机物分解，产生大量的沼气。通过下三相分离器的污水由于沼气的提升作用被提升到上部的气液分离装置，将沼气和污水分离，沼气通过管道排出，分离后的污水再回流到罐的底部，与进水混合；经过下三相分离器的污水继续进入上部的深处理区，进一步降解污水中的有机物。最后，污水通过上三相分离器进入分离区，将颗粒污泥、水、沼气进行分离，污泥回流到反应器内以保持生物量，沼气由上部管道排出，处理后的水经溢流系统排出。

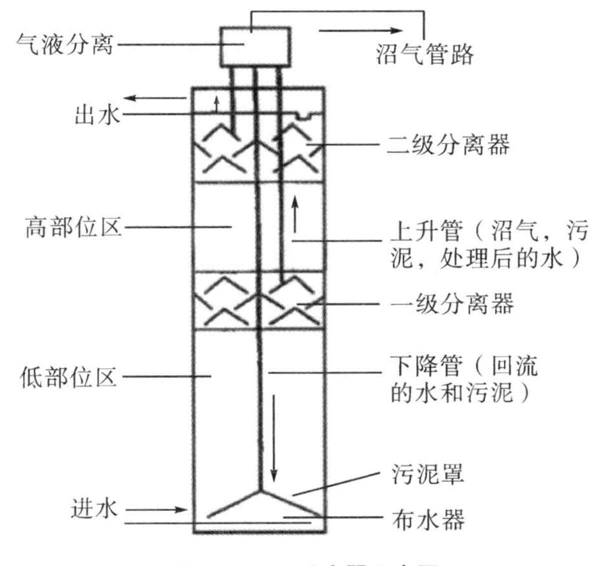

图 5.21　IC 反应器示意图

（4）厌氧流化床反应器

厌氧流化床反应器简称 AFB 反应器（见图 5.22），它的里面填充着粒径小、比表面积大的载体，厌氧微生物组成的生物膜在载体表面生长，载体处于流化状态，具有良好的传质条件，微生物易与污水充分接触，细菌具有很高的活性，设备处理效率高。常用的填充载体有石英砂、无烟煤、活性炭、聚氯乙烯颗粒、陶粒和沸石等，粒径一般为 0.2~1 mm，大多在 300~500 μm。

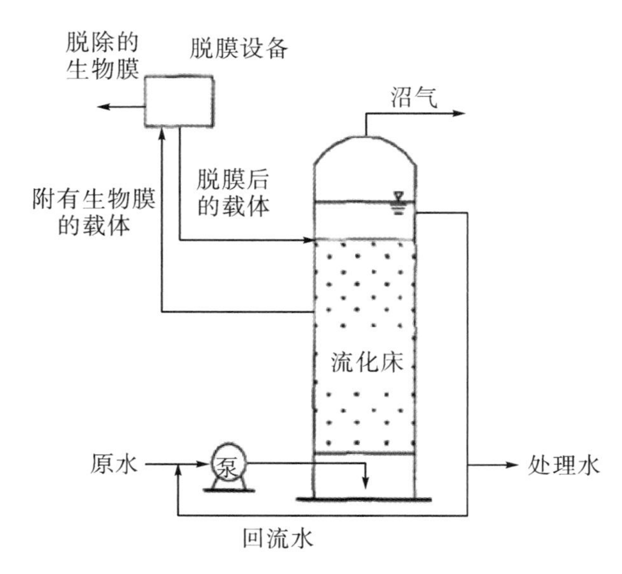

图 5.22　AFB 反应器示意图

5.3.6　生物脱氮技术

生物脱氮主要是通过微生物的硝化作用和反硝化作用来完成的。生物脱氮过程中，首先使污水中的含氮有机物被异养型微生物（氨化细菌）分解转化为氨，其次由自养型硝化细菌将其氧化成硝酸盐（硝化作用），最后由反硝化细菌以有机物作为电子供体，使硝酸盐还原为氮气（反硝化作用）而从液相中释放。

（1）氨化作用

氨化作用是有机氮在微生物的分解作用下释放出氨的过程。污水中的有机氮主要以蛋白质和氨基酸的形式存在，蛋白质在蛋白酶的作用下水解为多肽与二肽，然后由肽酶进一步水解生成氨基酸，氨基酸在脱氨基酶作用下转化为氨氮。氨化细菌种类很多，而且绝大多数为异养型细菌，呼吸类型有好氧、兼性也有厌氧。氨化过程速度很快，所以在设计时无须采取特殊措施。

（2）硝化作用

硝化菌将氨氮转化为硝酸盐的过程称为硝化。硝化是分两步进行的，分别由氨氧化菌（也称亚硝化菌）和亚硝酸盐氧化菌（也称硝化菌）完成。上述两种细菌统称为硝化细菌，均属自养型好氧菌，能够以碳酸盐和二氧化碳等无机碳作为碳源，利用氨氮转化过程中释放的能量作为新陈代谢的能源，此外，部分氨氮被细菌同化为细胞组织。硝化反应过程如下：

$$NH_3+3/2O_2 \xrightarrow{\text{亚硝化菌}} NO_2^-+H_2O+H^+$$

$$NO_2^-+1/2O \xrightarrow{\text{硝酸菌}} NO_3^-$$

$$\text{总反应式：}NH_3+2O_2 \xrightarrow{\text{硝化菌}} NO_3^-+H_2O+H^+$$

硝化细菌虽然几乎存在于所有的污水生物处理系统中，但是一般情况下，其含量很少。除温度、酸碱度等对硝化细菌的生长有影响外，另有两个主要原因：①硝化细菌的比增长速度比生物处理中（如活性污泥）的异养型细菌的比增长速度要小一个数量级。对于活性污泥系统来说，如果污泥龄较短，排放剩余污泥量大，将使硝化细菌来不及大量繁殖。想得到较好的硝化结果，就需要有较长的污泥龄。②BOD_5与总氮（TN）的比例也影响活性污泥中硝化细菌所占的比例。所以，在微生物脱氮系统中，硝化作用的稳定和硝化速度的提高是影响整个系统脱氮效率的一个关键。

由硝化反应过程可以看出，好氧生物硝化过程只是将氨氮转化成了硝酸盐，仍然存在于水中，并没有实现脱氮。

（3）反硝化作用

反硝化菌将硝酸盐转化为氮气的过程称为反硝化。反硝化细菌在自然界很普遍，多数是兼性的，在溶解氧浓度极低的环境中可利用硝酸盐中的氧（NO_X^--O）作为电子受体，有机物则作为碳源及电子供体提供能量并将硝酸盐转化成氮气。该反应需要具备两个条件：①污水中含有充足的电子供体，包括与氧结合的氢源和异养菌所需的碳源；②厌氧或缺氧条件。反硝化反应一般以有机物作为碳源和电子供体，当环境中缺乏此类有机物时，无机盐如Na_2S等也可作为反硝化反应的电子供体，微生物还可以消耗自身的原生质，进行所谓的内源反硝化。

$$C_5H_7NO_2+4NO_3^- \rightarrow 5CO_2+NH_3+2H_2\uparrow+4OH^-$$

可见内源反硝化的结果是细胞原生质减少，并会有NH_3生成，废水处理中不希望此种反应占主导地位，而应提供必要的外源碳源，如甲醇，实际应用中常采用生活污水或其他易生物降解的含碳废物，如厨房垃圾等。当利用的碳源为甲醇时，反硝化反应过程如下：

总反应式：$6NO_3^- + 5CH_3OH \xrightarrow{\text{反硝化菌}} 5CO_2 + 3N_2\uparrow + 2H_2O + 6OH^-$

5.3.7 生物除磷技术

生物除磷是利用活性污泥中的微生物（聚磷细菌）释放磷和吸收磷来除磷的。其机理如下：当微生物在厌氧环境时，细胞内的聚磷酸盐被分解，无机磷盐释放到环境中，产生大量能量，这就是聚磷菌的厌氧放磷现象。在此过程中，这些能量一部分供给聚磷细菌度过不利环境（厌氧环境）；另一部分则可供聚磷菌主动吸收环境中的乙酸、氢离子和负电子，使它以 PHB 的形式储藏于菌体内。好氧阶段来临时，由于环境条件有利，聚磷菌可以快速生长、繁殖，此时菌体内 PHB 的好氧分解就为之提供了大量能量，其中一部分能量可供聚磷菌主动吸收环境中的磷酸盐，并以聚磷酸盐的形式储存于体内，这就是聚磷菌的好氧吸磷现象。通过及时排出剩余污泥，就能使污水中磷的含量大大降低。Evans（1983）等的实验结果表明，在厌氧区投加丙酸、乙酸、葡萄糖能诱发微生物放磷，从而导致好氧阶段磷更强烈的吸收，除磷效果进一步提高。

生物除磷的有效性受到 COD/P 以及水中硝酸盐的影响。COD/P 的比值要求大于 30，除磷系统才能有效工作，磷的去除率随 COD/P 比值的上升而上升。Siebritz（1950）的实验结果表明，磷的去除与污水中快速降解的 COD 成分浓度密切相关，随后其他的实验也得出了同样的结论。另外，厌氧阶段硝酸盐的存在会导致反硝化反应生成氮气，粘附在活性污泥上，引起活性污泥上浮，硝酸盐的反硝化还会消耗聚磷生物所需的碳源，影响生物储存有机物和放磷过程。因此，大量硝酸盐的存在对除磷系统是不利的。

6 农村生活污水处理组合工艺

6.1 农村生活污水处理的最佳可行技术路线

开展农村生活污水治理，应根据村庄布局、人口规模、经济水平、气象水文和地形地势等特点，选择适宜当地的污水收集和处理模式，系统规划农村生活污水治理系统，科学布局污水收集管道和处理设施。以往农村生活污水治理主要考虑如何建设污水处理设施，未能充分考虑将资源利用与末端处理、生态相适应的结合，导致治理效果并不理想。目前，农村生活污水治理模式主要分为分散式、集中式和纳管式3种。其中，纳管式就是将农村生活污水治理纳入附近城镇管网，由住房和城乡建设部门负责治理。分散式和集中式治理模式对农村生活污水处理工艺的选取流程如下：首先根据地形、地貌合理设置生活污水的排放去向，考察农村环境特征从而确定治理模式，根据出水去向选取合理的排放标准；其次根据排放标准选取工艺，并根据工艺选取运行维护管理模式，满足相应设施运行维护长效管理要求。农村生活污水处理设施的建设要因地制宜选取工艺，并兼顾不同地区经济水平的差异。在筛选技术过程中，在满足治理目标的条件下，要考虑地区当前经济水平和后期运行维护成本，应避免过多选取动力式和膜处理工艺，鼓励采取低成本、低能耗和高效率的工艺。分散式和集中式农村生活污水治理模式分为厌氧、好氧、生态、自然处理和综合利用等单独或者组合模式。有条件的地区，鼓励采用以渔净水、人工湿地、稳定塘等生态处理模式，优先采用顺坡就势、沟底铺管、雨污分流、过滤沉淀、坑塘存储、浇灌农田等生态化、资源化等低成本模式，尽量不破路开沟、征占土地。

（1）农村生活污水处理设施选址

开展农村生活污水治理，应根据村庄地理位置、生态环境敏感程度、污水产排现状、经济发展水平等情况，科学确定治理方式。地形地貌极大影响污水治理模式的选择，对于处于山区的、偏远的、有一定环境容量的、生态环境敏感的分散村庄，宜采用旱厕—粪尿资源化、化粪池—厌氧发酵池（沼气池）等简单模式；而对于生态环境敏感地区，则宜采用主体为厌氧、好氧、生态等一种或多种相关设施组合的工艺模式。土地性质及相应的地质条件会对采用土地处理、人工湿地、稳定塘等生态处理设施产生影响。通常，当有废弃沟塘时，可改造为稳定塘；当场地渗透性较好时，可采用地下土壤渗滤；当场地渗透性一般时，可采用人工湿地。进水水质条件决定预处理设施的设置及选取，进水含油较高（>50 mg/L），则需设置除油设施；进水水质浊度较高（SS>100 mg/L），则需设置沉淀设施。

（2）农村生活污水处理技术选择原则

农村生活污水处理设施的建设和运行耗资大，处理工艺影响污水处理系统的运行效果和运行费用，因此要从总体优化的观念出发，结合设计规模、污水水质特性及当地的实际条件选择切实可行、经济合理的处理工艺方案，同时建设，同时运维。

①推进城乡统筹治理农村生活污水。要统筹兼顾，结合近期和远期，进行全面设计。

②鼓励无动力或微动力技术，降低能耗及运行成本。优先使用自然能源，人工强制能源为次，污染物浓度低的污水应首先考虑自然处理。

③鼓励选择简单、稳定、运行管理方便的工艺流程。优先选择运行维护管理人员少，后期产泥量少或没有污泥处理工艺的处理技术，减少污泥二次污染。

④鼓励优先选择氮、磷资源化与尾水利用的技术手段或途径。鼓励采用生态处理工艺，实施农村厕所改造，推进农村生活污水治理。

（3）农村生活污水处理最佳可行技术路线

农村生活污水污染防治的主要任务包括污水的收集、处理与利用。农村生活污水污染防治应优先考虑因地制宜地进行污水的收集、处理和利用，应积极实行污水的资源化利用，在村镇内削减污染负荷，并严格控制污染物向水体环境的排放。

为提高污水处理效率，有条件的地方应实行黑水与灰水分离，分别收集并进行粪便处理；黑水处理排出的上清液宜与厨房炊事、洗衣和洗浴等灰水混合成生活污水，经处理后可农业利用或达标排放。

生活污水的处理应优先选择适用于村庄和村镇的污水简易处理工艺；处理出水应以就地利用消纳为主，达到相应排放要求后可回用于农灌、绿化及其他用途。

没有条件实现黑水、灰水分离的村庄和村镇，对黑灰混合的生活污水处理应采用具有较高处理效率的污水处理标准技术，处理出水可根据水质和当地环境情况进行就地消纳、回用或排入水体。

居住分散的农户可采用庭院式污水处理系统进行就地收集、处理；居住相对集中的若干农户，可在庭院式污水收集系统基础上实行多户连片的污水收集、处理系统；人口密集的村镇、集镇、村庄，可在多户连片收集系统的基础上，建立污水集中收集、处理系统；生活污水处理系统的处理后出水可根据出水水质及当地环境情况进行农灌回用、就地利用消纳或排入环境水体。

（4）农村生活污水处理最佳可行技术体系

农村生活污水处理可按三类收集系统和三类（9 种）生活污水确定污水处理最佳可行单元技术，图 6.1 为不同收集系统可供选用的生活污水处理最佳可行单元技术。根据地区污水处理排放的环境要求，可以仅选用某一生活污水处理最佳可行单元技术，也可对三类单元技术进行工艺组合，从而形成农村生活污水处理最佳可行工艺组合技术。

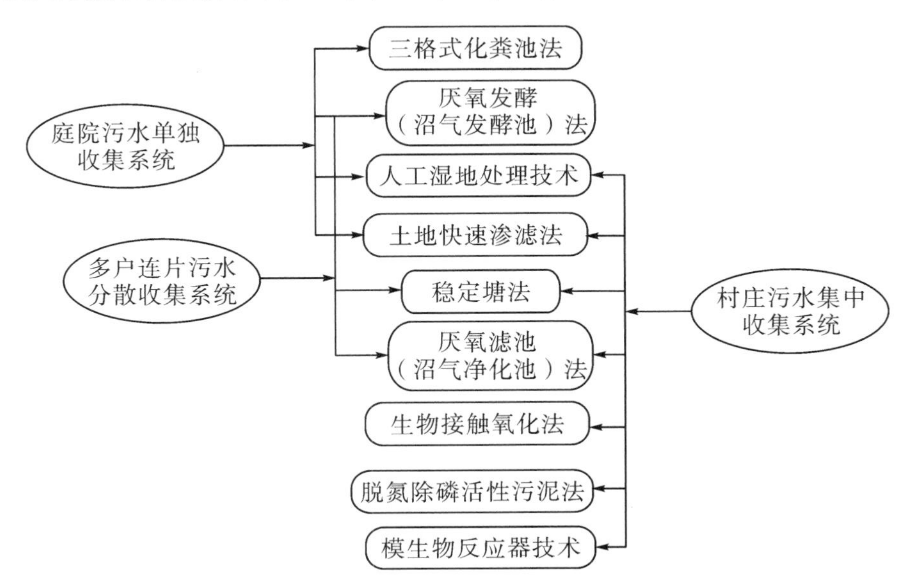

图 6.1　不同收集系统可供选用的生活污水处理最佳可行单元技术

6.2 农村生活污水处理模式及组合工艺

根据人口规模、村落分散程度、距离城镇远近等情况，农村生活污水处理模式主要分为分散式、集中式和纳管式3种。根据人口聚集程度、经济水平、地理气候、排水去向，又可分为简单模式、常规模式和高级模式。

6.2.1 简单模式

该模式主要用于经济条件差、居住分散的偏远村落，以及缺水但有一定环境容量并有可消纳污水农用地的村庄。主要技术有旱厕—粪尿资源化、化粪池—厌氧发酵池（沼气池）、化粪池—稳定塘/人工湿地/土壤渗滤、厌氧一体化设施等。

（1）旱厕—粪尿资源化

该组合适用于使用旱厕的地区，如偏远的、缺水的山区农村。该组合技术主要有3种工艺流程：一是粪尿分集式厕所—尿液发酵—粪便腐熟无害化处理，把数量较多且不含病原体的尿液直接利用，把数量少且含病原体的粪便单独收集后进行无害化处理，处理后的粪便作为优质的农家肥用于农作物种植，实现生态上的循环。二是双坑交替式厕所—粪便加土密封降解，建造两个贮粪池交替轮流使用，人粪尿用土覆盖，用土量以能充分吸收尿液与粪便的水分并使粪尿与空气隔开为宜，待第一坑满后将其封闭，使用第二坑。便后加入干燥的土，密封储存，粪便中的有机质缓慢降解，长时间的储存后用于农田施肥。三是原位微生物降解生态厕所—自然降解。该组合技术最大限度地实现了粪污资源化，且基本没有设备运行费用，但是旱厕对人居环境影响较大，尤其是夏季气温较高时，臭味明显，需同时处理好非农田施肥季节的粪污储存工作。粪尿收集厕所建设成本低、用水少、节水保肥，适用范围广，尤其是缺水干旱地区。

（2）化粪池—厌氧发酵池（沼气池）

该技术主要用于有大量农田可消纳治理后污水的单户或连户的分散式污水处理，如缺水地区；不适合河网密布地区的农村。其中，厌氧发酵池（沼气池）尤其适用于混入养殖废水、粪污的生活污水处理。采用该技术处理污水时，应防止雨水进入化粪池—厌氧发酵池（沼气池）造成池体内的污水溢出。

①化粪池

农村化粪池污水从住宅排出后进入化粪池，在化粪池内通过厌氧生物分解作用去除部分有机污染物后，出水农用。污水停留时间至少为 12 小时，且需要 3~12 个月清掏 1 次，粪液只能从三格式化粪池的第三格中取用。

②厌氧发酵池（沼气池）

农村生活污水、养殖业粪污进入厌氧发酵池，通过厌氧生物分解去除部分有机物，同时产生沼气。需要定期检查厌氧发酵池（沼气池）的气密性（一般 1 年 1 次），定期维修（4~8 年），经常检查输气管是否漏气或堵塞。

（3）化粪池—稳定塘/人工湿地/土壤渗滤

该组合技术主要适用于经济欠发达、环境要求一般且可利用土地充足的农村地区的单户或连户进行污水处理，例如，拥有坑塘、洼地的农村可选择化粪池—稳定塘/人工湿地/土壤渗滤组合技术。实现黑水分离的地区，灰水可以在收集后不经过化粪池直接进入稳定塘/人工湿地/土壤渗滤等。

①化粪池—稳定塘组合技术

污水进入化粪池处理后进入稳定塘，其中，在化粪池的停留时间应不小于 48 小时，出水进入稳定塘后，水力停留时间为 4~10 天，有效水深 0.5 m 左右。技术流程如图 6.2 所示。

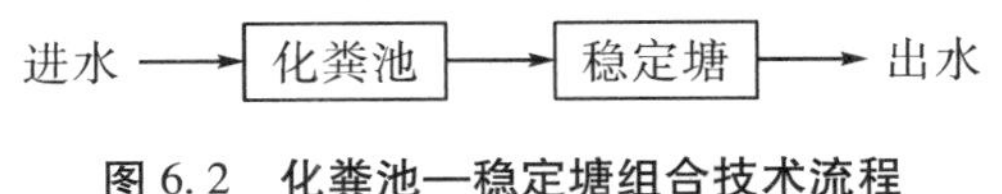

图 6.2　化粪池—稳定塘组合技术流程

②化粪池—人工湿地组合技术

污水进入化粪池处理后进入人工湿地，其中，在化粪池的停留时间不应小于 48 小时，且出水悬浮物浓度小于 100 mg/L；出水进入人工湿地后，水力停留时间为 4~8 天（表面流人工湿地）或 1~3 天（潜流人工湿地）。技术流程如图 6.3 所示。

图 6.3　化粪池—人工湿地组合技术流程

③化粪池—土壤渗滤组合技术

污水进入化粪池处理后进入土壤渗滤系统，其中，在化粪池的停留时间不应小于 48 小时，且出水悬浮物浓度小于 100 mg/L；出水进入土壤渗滤系统后水力应根据土地渗透系数确定，一般为 0.2~4 cm/d。技术流程如图 6.4 所示。

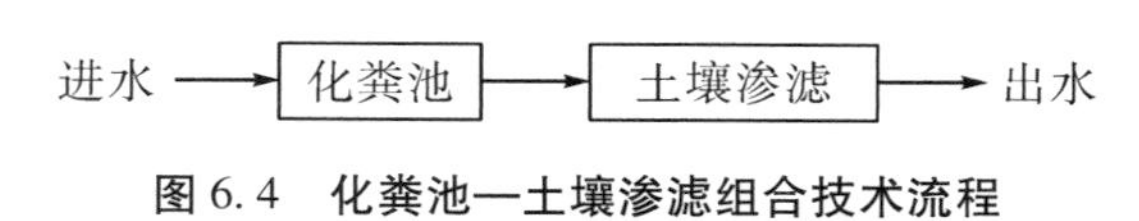

图 6.4　化粪池—土壤渗滤组合技术流程

6.2.2　常规模式

该模式主要适用于经济一般或较发达、环境要求较高的农村地区的集中式污水处理，污水处理效果基本可达到《城镇污水处理厂污染物排放标准》(GB 18918—2002) 所规定的一级 B 标准和相关地方标准《农村生活污水处理设施水污染物排放标准》(DB 45/2413—2021)。该模式主要包括以下组合技术：预处理—厌氧池—稳定塘/人工湿地/土壤渗滤、预处理—生物稳定塘/强化人工快渗—人工湿地、预处理—生物接触氧化池等。该模式的出水可以用于灌溉农田，也可以直接排放。

(1) 预处理—厌氧池—稳定塘/人工湿地/土壤渗滤组合技术

①预处理—厌氧池—稳定塘组合技术

该组合技术适用于各种地形条件，有较大面积闲置土地的地区。采用预处理—厌氧池—稳定塘组合技术的地区应将处理设施建于居民点长年风向的下风向，防止水体散发臭气和滋生蚊虫的侵扰，同时应防止暴雨时期产生溢流。生活污水首先进入化粪池，在化粪池中的停留时间宜为 12~36 小时；出水进入厌氧池（厌氧池可与化粪池合建），厌氧池的水力停留时间宜为 2~5 天，排泥间隔时间为 3 个月至 1 年。技术流程如图 6.5 所示。

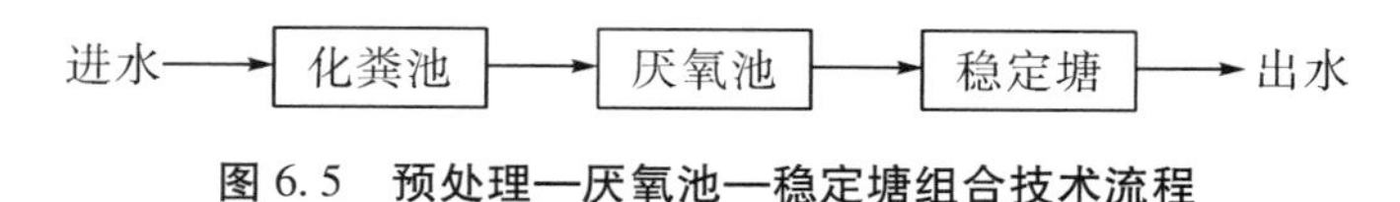

图 6.5　预处理—厌氧池—稳定塘组合技术流程

②预处理—厌氧池—人工湿地组合技术

该组合技术中人工湿地一般为水平潜流人工湿地或垂直潜流人工湿地，人工湿地表面积可按照不小于 5 平方米/人（水平潜流）或 2.5 m^2/d（垂直潜流）设计，且水平潜流人工湿地水位一般保持在基质表面下方 5~

20 cm。技术流程如图 6.6 所示。

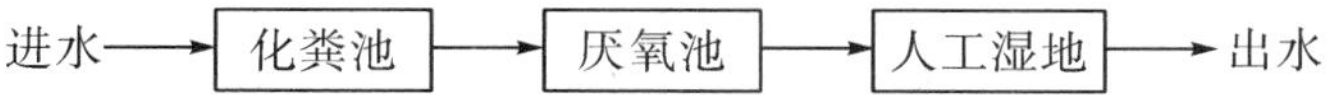

进水→化粪池→厌氧池→人工湿地→出水

图 6.6　预处理—厌氧池—人工湿地组合技术流程

③预处理—厌氧池—土壤渗滤组合技术

该组合技术中土壤渗滤一般为快速渗滤和地下渗滤，土壤渗滤床的面积可根据渗透速率、所需治理的污水量而定，治理 1 m^3 污水所需面积为 4~20 m^2。技术流程如图 6.7 所示。

图 6.7　预处理—厌氧池—土壤渗滤组合技术流程

高寒地区推荐采用预处理—厌氧池—人工湿地/土壤渗滤组合技术，同时应做好冬季储水工作。

（2）预处理—生物稳定塘/强化人工快渗—人工湿地

①预处理—生物稳定塘—人工湿地组合技术

该组合技术主要适用于有较大闲置土地的地区和干旱地区。该组合技术的预处理一般为化粪池，污水在化粪池中的停留时间宜为 12~36 小时。生物稳定塘深度一般为 0.5 m 左右，人工湿地可以为表面流、水平潜流或垂直潜流人工湿地。表面流人工湿地水深一般为 20~80 cm，水平潜流人工湿地水位一般保持在基质表面下方 5~20 cm，并根据待治理的污水量等情况进行调节。人工湿地表面积可按照不小于 10 平方米/人（表面流）、5 平方米/人（水平潜流）或 2.5 m^2/d（垂直潜流）等设计。技术流程如图 6.8 所示。

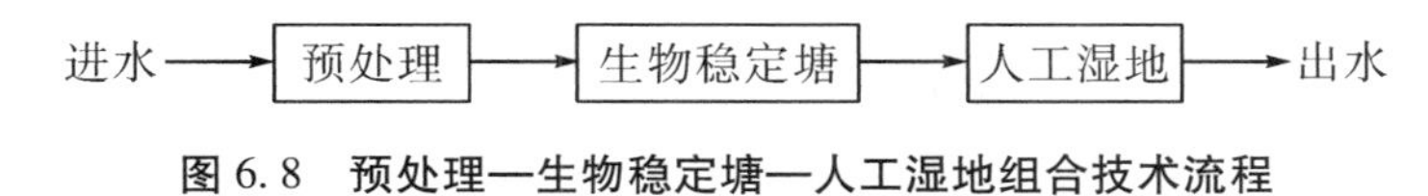

图 6.8　预处理—生物稳定塘—人工湿地组合技术流程

②预处理—强化人工快渗—人工湿地组合技术

该组合技术的预处理一般为化粪池与沉淀池，污水在化粪池中的停留时间宜为 12~36 小时，且保证沉淀出水悬浮物浓度不高 100 mg/L。强化人工快渗的土壤渗透系数为 0.45~0.6 m/d，滤层深度为 2 m 左右，1 m^3的体积可以处理 2 m^3以上污水。人工湿地可以为表面流、水平潜流或垂直潜流人工湿地。表面流人工湿地水深一般为 20~80 cm，水平潜流人工湿地水位一般保持在基质表面下方 5~20 cm，并根据待处理的污水量等情况进行调节。人工湿地表面积可按照不小于 10 平方米/人（表面流）、5 平方米/人（水平潜流）或 2.5 m^2/d（垂直潜流）等来设计。技术流程如图 6.9 所示。

进水 → 预处理 → 强化人工快渗 → 人工湿地 → 出水

图 6.9　预处理—强化人工快渗—人工湿地组合技术流程

（3）预处理—生物接触氧化池组合技术

该组合技术适用于所有经济条件好，用地紧张且出水要求较高（有脱氮除磷要求）的农村地区。另外，该组合技术还适用于处理规模在 200 m^3/d 以下的污水，预处理一般为格栅和沉淀池，保证接触氧化池进水悬浮物浓度不高于 100 mg/L，以免造成系统堵塞。当有餐饮业废水进入时，可增设隔油池。生物接触氧化池好氧区的溶解氧浓度宜控制在 2.0~3.5 mg/L，可采用鼓风曝气。在丘陵、山地等地区，可利用地形高差，采用跌水曝气。技术流程如图 6.10 所示。

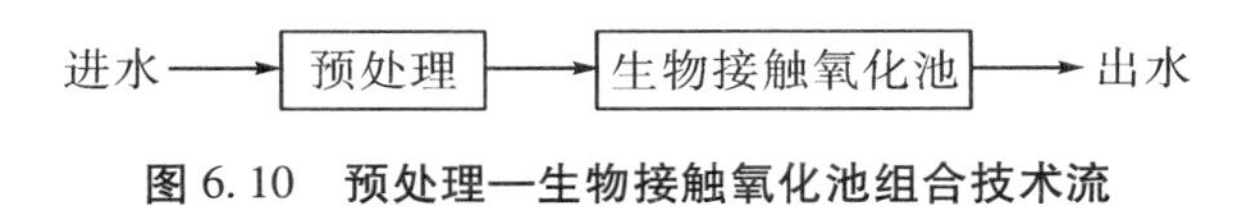

图 6.10　预处理—生物接触氧化池组合技术流

6.2.3　高级模式

该模式主要适用于水环境保护要求高的地区，如饮用水水源地、水系源头、重要湖库集水区等执行相对严格标准的区域。污水处理效果基本可达到《城镇污水处理厂污染物排放标准》（GB 18918—2002）所规定的一级 B 及以下标准和地方标准。

（1）预处理—A^2/O 组合技术

该组合技术适用于环境保护要求高，且用地紧张的地区。该组合技术预处理设施包括格栅和沉淀池，可根据实际运行情况确定污泥回流比（一般为 40%~100%）和混合液回流比（一般为 100%~400%）。好氧区曝气宜根据污水处理设施规模确定，大中型污水处理设施宜选择鼓风式中、微孔水下曝气系统；小型污水处理设施则可根据实际情况选择。技术流程如图 6.11 所示。

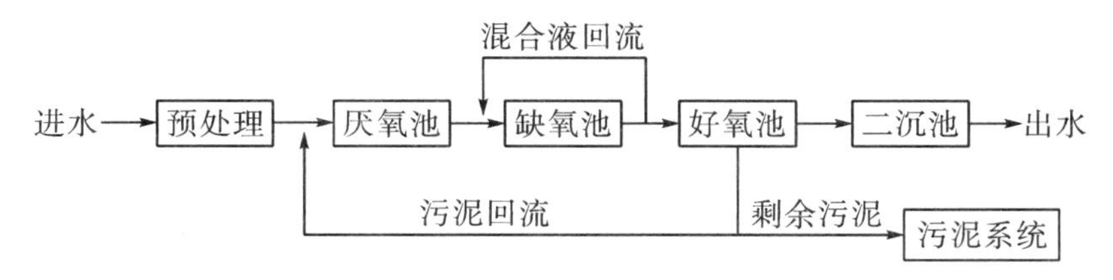

图 6.11　预处理—A^2/O 组合技术流程

（2）预处理—生物接触氧化池—人工湿地组合技术

该组合技术适用于环境保护要求高，且有可利用土地的地区。该组合技术预处理设施为格栅和初沉池，保证接触氧化池进水悬浮物浓度不高于100 mg/L，以免造成系统堵塞。当有餐饮业废水进入时，可增设隔油池。生物接触氧化池好氧区的溶解氧浓度宜控制在2.0~3.5 mg/L，可采用鼓风曝气；在丘陵、山地等地区，可利用地形高差，采用跌水曝气。人工湿地作为深度处理设施，可以选择表面流或潜流人工湿地，人工湿地表面积可按照不小于 10 平方米/人（表面流）、5 平方米/人（水平潜流）或 2.5 m^2/d（垂直潜流）等设计。技术流程如图 6.12 所示。

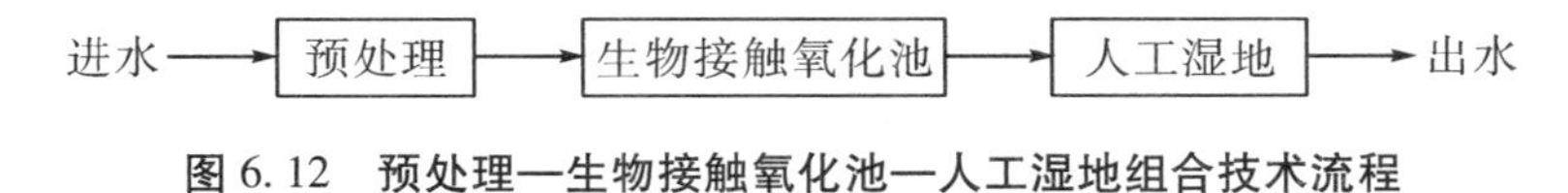

图 6.12　预处理—生物接触氧化池—人工湿地组合技术流程

6.3　人工湿地

6.3.1　相关概念

人工湿地是指模拟自然湿地的结构和功能，人为地将低污染水投配到由填料（含土壤）与水生植物、动物和微生物构成的独特生态系统中，通过物理、化学和生物等协同作用使水质得以改善的工程[①]。或利用河滩地、洼地和绿化用地等，通过优化集布水等强化措施改造的近自然系统，实现水质净化功能提升和生态提质。

人工湿地按照填料和水的位置关系，分为表面流人工湿地和潜流人工

① 参考资料：《人工湿地水质净化技术指南》。

湿地，潜流人工湿地按照水流方向，分为水平潜流人工湿地和垂直潜流人工湿地。

（1）表面流人工湿地：指水面在土壤表面以上，水从进水端流向出水端的人工湿地。

（2）潜流人工湿地：指水面在填料表面以下，水从进水端水平或垂直流向出水端的人工湿地。

（3）水平潜流人工湿地：指水面在填料表面以下，水从进水端水平流向出水端的人工湿地。

（4）垂直潜流人工湿地：指水垂直流过填料层的人工湿地。按水流方向不同，又可分为下行垂直潜流人工湿地和上行垂直潜流人工湿地。

（5）人工湿地单元：指由配水系统、集水系统、填料、防渗层及人工湿地植物组成的基本处理单元，通常人工湿地由一个或多个单元组成。

（6）高密植单元：指将植物种植在垂直放置的穿孔管内，穿孔管形成生物支架替代传统湿地系统中的填料，以提高植物种植密度的处理单元。相比 HJ2005 中规定的挺水植物的种植密度（9~25 株/平方米），高密植单元中植物种植密度为其 3 倍以上。

（7）填料（基质）：指为人工湿地植物与微生物提供生长环境，并对污染物起过滤、阻截和吸附等作用的填充材料，包括土壤、砂砾、沸石、石灰石、页岩、陶粒、火山岩及对生态环境安全的合成材料等。

（8）表面水力负荷：指单位面积人工湿地在单位时间内所能接纳的待处理水量。计算公式如下：

$$q_{hs} = \frac{Q_{in}}{A \times 10^{-4}} \quad (6.1)$$

式中：q_{hs}——表面水力负荷［$m^3/(ha \cdot h)$］；

Q_{in}——人工湿地污水入流量（m^3/d）；

A——人工湿地面积（m^2）。

（9）污染物削减负荷：指单位面积人工湿地在单位时间内去除的污染物质量，污染物指标包括化学需氧量（重铬酸钾法）、高锰酸盐指数、五日生化需氧量、悬浮物、氨氮、总氮和总磷等。

（10）水力坡度：指水在人工湿地内沿水流方向单位渗流路程长度上的水位下降值。计算公式如下：

$$i = \frac{\Delta H}{L} \times 100\% = \frac{H_1 - H_2}{L} \times 100\% \tag{6.2}$$

式中：i——水力坡度（%）；

ΔH——污水在人工湿地内渗流路程长度上的水位下降值（m）；

H_1——污水在人工湿地内渗流路程 1 处的水位值（m）；

H_2——污水在人工湿地内渗流路程 2 处的水位值（m）；

L——污水在人工湿地内的渗流路程（m）。

（11）孔隙率：指人工湿地填料间的孔隙总体积占人工湿地总体积的百分比。计算公式如下：

$$\varepsilon = \frac{V - V'}{V} \times 100\% \tag{6.3}$$

式中：ε——孔隙率（%）；

V——人工湿地基质在自然状态下的体积，包括基质实体及其开口、闭口孔隙（m^3）；

V'——人工湿地基质的绝对密实体积（m^3）。

（12）渗透系数：指人工湿地填料中，单位水力梯度下的单位流量。计算公式如下：

$$k_y = \frac{\Delta S}{T} = \frac{S_1 - S_2}{T} \tag{6.4}$$

式中：k_y——渗透系数（cm/s）；

ΔS——污水在人工湿地基质或防渗层流动通过的距离（m）；

S_1——污水在 T_1 时刻的位移（cm）；

S_2——污水在 T_2 时刻的位移（cm）；

T——污水通过人工湿地基质或防渗层的时间（s）。

（13）水力停留时间：指污水在人工湿地内的平均驻留时间。潜流人工湿地的水力停留时间按式（6.5）计算。

$$t = \frac{V \times \varepsilon}{Q} \tag{6.5}$$

式中：t——水力停留时间（d）；

V——人工湿地基质在自然状态下的体积，包括基质实体及其开口、闭口孔隙（m^3）；

ε——孔隙率（%）；

Q ——人工湿地设计水量（m^3/d）。

（14）表面有机负荷：指每公顷人工湿地面积单位时间内负担的五日生化需氧量千克数。计算公式如下：

$$q_{os}=\frac{Q_{in}\times(C_0-C_1)\times10^{-3}}{A\times10^{-4}}=\frac{10\times Q_{in}\times(C_0-C_1)}{A} \tag{6.6}$$

式中：q_{os}——表面有机负荷［$kgBOD_5/(ha\cdot d)$］；

Q_{in}——人工湿地污水入流量（m^3/d）；

C_0——人工湿地进水 BOD_5浓度（mg/L）；

C_1——人工湿地出水 BOD_5浓度（mg/L）；

A ——人工湿地面积（m^2）。

（15）填料有效粒径比例：指填料经筛分后，处于要求粒径范围内的填料重量与总重量之比。

（16）湿地主体构筑物：指潜流人工湿地、表面流人工湿地的主体构筑物。潜流人工湿地主体构筑物一般为钢筋混凝土或砌体结构，表面流人工湿地主体构筑物一般为以土坝为围护的塘体结构。

（17）生态滞留塘：指以塘为主要构筑物，主要依靠水域自然生态系统净化进水的处理设施。当进水较浑浊时，内部可设置生态砾石床，降低进水悬浮物浓度，防止潜流人工湿地堵塞。

（18）预处理：指为满足人工湿地进水水质要求，以及保证人工湿地出水水质达到相应标准，在污水进入人工湿地之前，对原污水进行的污水处理过程。

（19）后处理：指为满足出水达标排放或回用要求，在人工湿地后设置的处理工艺，如活性炭吸附、絮凝沉淀、过滤、消毒、稳定塘等。

（20）水位：指在人工湿地中水面的位置。

（21）围堰：指在施工期间围护基坑，挡住河（江、海、湖）水，避免湿地主体构筑物直接在水体中施工的导流挡水设施。

（22）施工降排水：指在进行土方开挖或构筑物施工时，为保持基坑或沟槽内在无水影响的环境条件下施工，而进行的降排水作业。常用方式有明排水和井点降排水。

6.3.2　场址选择与总体布置

（1）场址选择

人工湿地污水处理工程的场址选择，应符合当地城镇总体发展规划和环保规划的要求，符合当地水污染防治、水资源保护和自然生态保护的要求，还应综合考虑交通、土地权属、土地利用现状等因素。

场址选择应结合城市景观建设，综合考虑人工湿地水质净化工程的总体布置、不同类型人工湿地单元的搭配、水生植物的配置，建设与城市景观相结合的人工湿地生态设施。宜选择自然坡度为0%～3%的洼地或塘，以及经济价值不高的荒地等便于利用的土地。

场址选择需妥善考虑地形、高程等因素，便于湿地进水及处理后的出水排放或回用。场址选择应符合《防洪标准》（GB 50201—2014）及相关防洪排涝的规定，不宜布置在洪水淹没区。场址可根据实际需求选择以下区域：

①污水处理厂等重点排污单位出水口下游。

②河流支流入干流处、河流入湖（库）口、重点湖（库）滨带、河道两侧河滩地。

③大中型灌区农田退水口下游。

④蓄滞洪区、采煤塌陷地及闲置洼地。

⑤城镇绿化带、边角地等。

人工湿地污水处理工程的场址与居民住宅的距离应符合卫生防护距离的要求，并应通过环境影响评价和环境风险评价的认定。天然湿地不得直接用于污水处理。人工湿地污水处理工程的用地规模应根据人工湿地污水处理对象和处理级别等因素确定。

（2）总体布置

人工湿地污水处理工程的总体布置应充分利用自然环境的有利条件，工艺流程紧凑、合理，满足土建施工、设备安装、湿地维护和日常管理等要求，满足水质改善目标，并且应充分考虑与已有构筑物的衔接。

人工湿地污水处理工程应符合排水通畅、能耗较低和土方平衡的要求。系统内水流应尽量采用重力流，当需要提升时，宜一次提升。可设置管理设施、道路、围挡与在线监测设备，便于后期运行管理。

应结合城市景观建设，综合考虑人工湿地污水处理工程的总体布置、不同类型人工湿地单元的搭配、水生植物的配置，建设与城市景观相结合的人工湿地生态设施。

6.3.3 工艺设计原则与建设规模

工艺设计应综合考虑处理水量、进水水质、占地面积、建设投资、运行成本、出水水质要求和稳定性，以及不同地区的气候条件、植被类型和地理条件等因素，通过技术经济比较确定适宜的方案。

工艺设计主要包括总平面及竖向设计（如面积、水力停留时间、构筑物高度、水深、填料厚度、形状与构造等），引排水、集布水、填料配置、植物配植和防渗防堵塞等设计。

人工湿地污水处理工程的预处理、后处理、污泥处理和恶臭处理等系统设计应符合《室外排水设计标准》（GB 50014—2021）及市政等相关行业标准中的有关规定。

人工湿地出水标高应高于受纳水体正常水位，同时采取必要的防倒灌（回灌）措施。在盐碱地、海水倒灌区域建设人工湿地或湿地进水含盐量较高时，宜采用排盐等处理措施，如增设排盐管等，防止地质因素、进水盐度影响人工湿地植物生长和出水水质。

人工湿地设计单位应具有相应环境工程专项设计资质，设计过程应满足国家有关标准要求，其设计寿命不应低于10年。

人工湿地污水处理工程建设规模的确定应综合考虑服务区域范围内的污水产生量、分布情况、发展规划以及变化趋势等因素，并且应坚持近期使用规模为主、远期可扩建规模为辅的原则，考虑到人工湿地形式建设的灵活性，可以预留建设用地。

人工湿地污水处理工程的建设规模按以下规则分类：

①小型人工湿地污水处理工程的日处理能力<1 000 m^3/d。

②中型人工湿地污水处理工程的日处理能力为1 000~3 000 m^3/d。

③大型人工湿地污水处理工程的日处理能力为3 000~10 000 m^3/d。

④ 特大型人工湿地污水处理工程的日处理能力≥10 000 m^3/d。

6.3.4 工艺选型

人工湿地类型可选用表面流人工湿地、水平潜流人工湿地和垂直潜流人工湿地，其基本结构及剖面如图6.13至图6.18所示，人工湿地工艺特征如表 6.1 所示。

基于因地制宜原则，人工湿地建设可主要考虑以下工艺：

①在污水处理厂等重点排污单位出水口下游，宜选择水平潜流人工湿地或潜流表流结合型人工湿地，用地紧张时选择水平潜流人工湿地。

②在河流支流入干流处、河流入湖（库）口、重点湖（库）滨带、河道两侧的河滩地等，宜选择表面流人工湿地，但用地紧张或河湖水质较差且水生态环境目标要求较高时可考虑建设水平潜流人工湿地。

③在大中型灌区农田退水口下游，可选择以表面流人工湿地为主建设人工湿地群。

④在蓄滞洪区、采煤塌陷地及闲置洼地，可因地制宜建设旁路或原位表面流人工湿地。

⑤在城镇绿化带，可考虑建设水平潜流人工湿地；在城镇边角地等地形受限处，可建设与地形相适应的表面流人工湿地。

人工湿地系统由多个湿地单元构成时，可采取并联、串联、混合等组合方式。

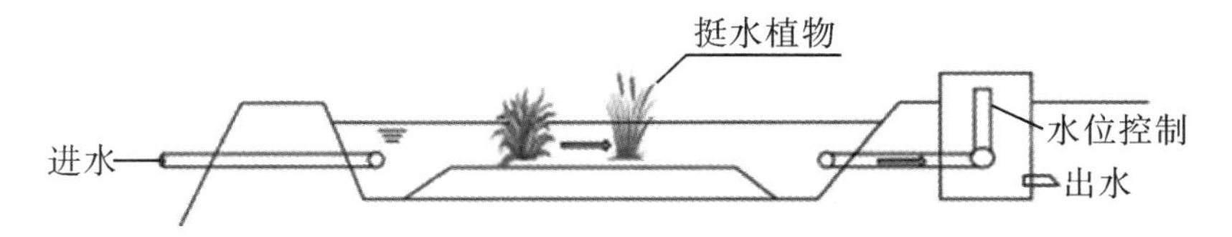

图 6.13　表面流人工湿地基本结构示意图

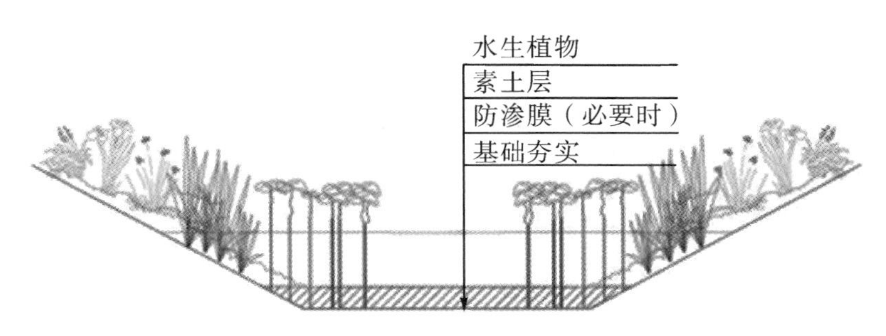

图 6.14　表面流人工湿地剖面示意图

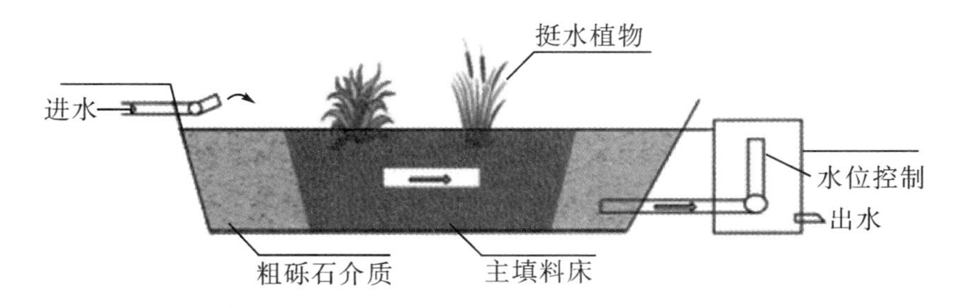

图 6.15　水平潜流人工湿地基本结构示意图

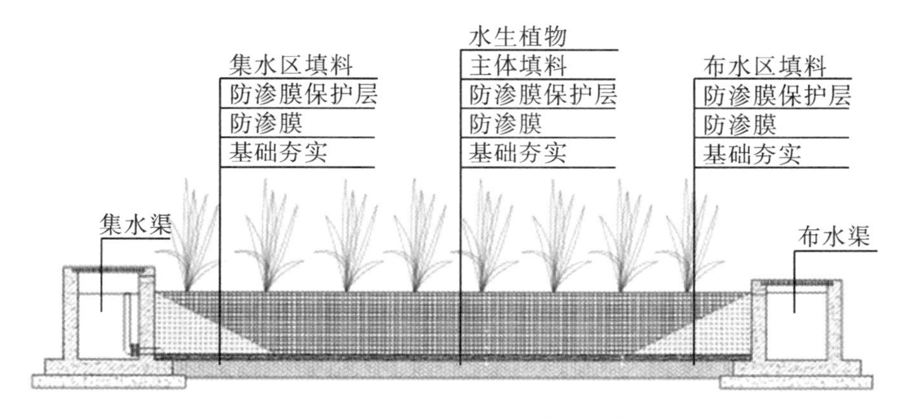

图 6.16　水平潜流人工湿地剖面示意图

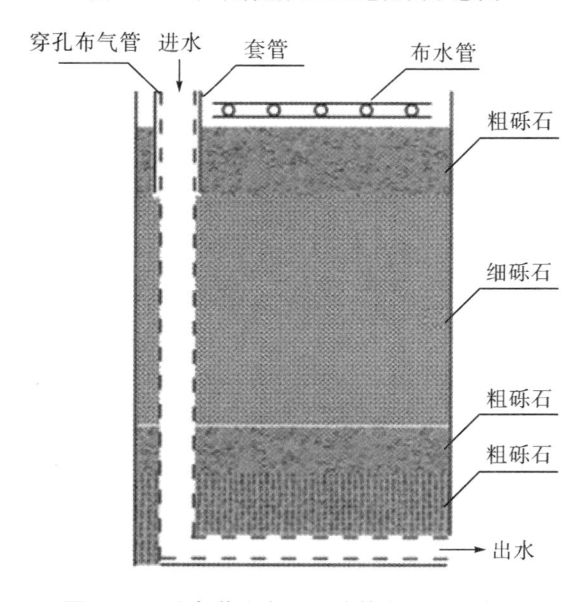

图 6.17　垂直潜流人工湿地基本结构示意图

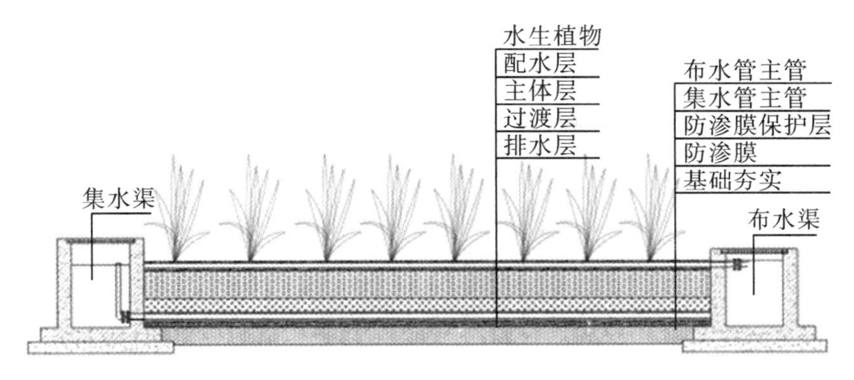

图 6.18　垂直潜流人工湿地剖面示意图

表 6.1　人工湿地工艺特征

指标	人工湿地类型			
	表面流人工湿地	水平潜流人工湿地	上行垂直潜流人工湿地	下行垂直潜流人工湿地
水流方式	表面漫流	水平潜流	上行垂直潜流	下行垂直潜流
水力与污染物削减负荷	低	较高	高	高
占地面积	大	一般	较小	较小
有机物去除能力	一般	强	强	强
硝化能力	较强	较强	一般	强
反硝化能力	弱	强	较强	一般
除磷能力	一般	较强	较强	较强
堵塞情况	不易堵塞	有轻微堵塞	易堵塞	易堵塞
季节气候影响	大	一般	一般	一般
工程建设费用	低	较高	高	高
构造与管理	简单	一般	复杂	复杂

6.3.5　工艺设计

1. 预处理

当湿地进水的水量波动大、泥沙含量多或悬浮物浓度高（如水平潜流人工湿地进水悬浮物浓度高于 20 mg/L）时，宜设生态滞留塘、生态砾石床、沉砂池、沉淀池或过滤池等；当进水中存在漂浮物时，宜设置格栅。

人工湿地的预处理工艺设计应符合《城镇污水再生利用工程设计规范》（GB 50335—2016）和《室外排水设计标准》（GB 50014—2021）中的有关规定。

2. 设计参数

人工湿地主要设计参数应基于气候分区，通过试验或按相似条件下人工湿地的运行经验确定①。在无上述资料时，全国气候分区及其行政区划范围可参考表6.2，各分区人工湿地主要设计参数可参考表6.3至表6.7确定。

表6.2 全国气候分区及其行政区划范围

区代号	分区名称	气候主要指标	辅助指标	各区辖行政区范围
Ⅰ	严寒地区	1月平均气温≤-10 ℃，7月平均气温≤25 ℃	年日平均气温≤5 ℃的天数≥145天	黑龙江、吉林、西藏全境；辽宁（沈阳市、抚顺市、本溪市、辽阳市、阜新市、铁岭市、丹东市）；内蒙古大部（巴彦淖尔市除外）；山西（朔州市、大同市）；河北（张家口市、承德市）；青海（海西蒙古族藏族自治州、玉树藏族自治州、海南藏族自治州、果洛藏族自治州、黄南藏族自治州）；甘肃（酒泉市、嘉峪关市、甘南藏族自治州）；新疆（阿勒泰地区、塔城地区、北屯市、铁门关市、双河市、可克达拉市、胡杨河市、克拉玛依市、伊犁哈萨克自治州、石河子市、博尔塔拉蒙古自治州、乌鲁木齐市、五家渠市、昌吉回族自治州、哈密市、吐鲁番市）
Ⅱ	寒冷地区	1月平均气温为-10~0 ℃，7月平均气温为18~28 ℃	年日平均气温≥25 ℃的天数<80天，年日平均气温≤5 ℃的天数为90~145天	天津、宁夏、北京全境；山东大部（日照市除外）；陕西（榆林市、宝鸡市、咸阳市、铜川市、延安市）；辽宁（朝阳市、葫芦岛市、锦州市、盘锦市、大连市、营口市、鞍山市）；河北大部（张家口市、承德市除外）；甘肃大部（酒泉市、嘉峪关市、甘南藏族自治州除外）；河南（安阳市、鹤壁市、濮阳市）；山西大部（朔州市、大同市除外）；新疆（阿克苏地区、阿拉尔市、图木舒克市、巴音郭楞蒙古自治州、克孜勒苏柯尔克孜自治州、喀什地区、和田地区、昆玉市）；青海（海东市、西宁市、海北藏族自治州）；内蒙古（巴彦淖尔市）
Ⅲ	夏热冬冷地区	1月平均气温为0~10 ℃，7月平均气温为25~30 ℃	年日平均气温≥25 ℃的天数为40~110天，年日平均气温≤5 ℃的天数为0~90天	上海、浙江、江苏、重庆、安徽、湖北、江西全境；湖南大部（衡阳市、郴州市除外）；四川（成都市、德阳市、绵阳市、乐山市、眉山市、自贡市、内江市、资阳市、泸州市、广元市、遂宁市、宜宾市、南充市、广安市、达州市、巴中市）；陕西（西安市、渭南市、汉中市、安康市、商洛市）；河南大部（安阳市、鹤壁市、濮阳市除外）；贵州（遵义市、铜仁市、黔东南苗族侗族自治州）；福建（龙岩市、宁德市、南平市、三明市）；甘肃（陇南市）；山东（日照市）

① 中国环境科学研究院，山东省环境保护科学研究设计院有限公司，山东大学. 人工湿地水质净化技术指南［Z］. 2021（4）：2-17.

表6.2(续)

区代号	分区名称	气候主要指标	辅助指标	各区辖行政区范围
Ⅳ	夏热冬暖地区	1月平均气温>10 ℃，7月平均气温为25~29 ℃	年日平均气温≥25 ℃的天数为100~200天	广东、广西、海南、台湾、香港、澳门全境；福建（厦门市、泉州市、福州市、莆田市、漳州市）；云南（玉溪市）
Ⅴ	温和地区	1月平均气温为0~13 ℃，7月平均气温为18~25 ℃	年日平均气温≤5 ℃的天数为0~90天	贵州大部（遵义市、铜仁市、黔东南苗族侗族自治州除外）；湖南（衡阳市、郴州市）；云南大部（玉溪市除外）；四川（雅安市、攀枝花市、凉山彝族自治州、阿坝藏族羌族自治州、甘孜藏族自治州）

表6.3 人工湿地主要设计参数（Ⅰ区）

设计参数	表面流人工湿地	水平潜流人工湿地	垂直潜流人工湿地
水力停留时间/d	3.0~20.0	2.0~5.0	1.5~4.0
表面水力负荷/$m^3\cdot(m^2\cdot d)^{-1}$	0.01~0.1	0.2~0.5	0.3~0.8
化学需氧量削减负荷/$g\cdot(m^2\cdot d)^{-1}$	0.1~5.0	1.0~10.0	1.5~12.0
氨氮削减负荷/$g\cdot(m^2\cdot d)^{-1}$	0.01~0.20	0.5~2.0	0.8~3.0
总氮削减负荷/$g\cdot(m^2\cdot d)^{-1}$	0.02~2.0	0.4~5.0	0.6~6.0
总磷削减负荷/$g\cdot(m^2\cdot d)^{-1}$	0.005~0.05	0.02~0.2	0.03~0.2

表6.4 人工湿地主要设计参数（Ⅱ区）

设计参数	表面流人工湿地	水平潜流人工湿地	垂直潜流人工湿地
水力停留时间/d	2.0~12.0	1.0~4.0	0.8~2.5
表面水力负荷/$m^3\cdot(m^2\cdot d)^{-1}$	0.02~0.2	0.2~1.0	0.4~1.2
化学需氧量削减负荷/$g\cdot(m^2\cdot d)^{-1}$	0.5~5.0	2.0~12.0	3.0~15.0
氨氮削减负荷/$g\cdot(m^2\cdot d)^{-1}$	0.02~0.3	1.0~2.0	1.2~4.0
总氮削减负荷/$g\cdot(m^2\cdot d)^{-1}$	0.05~0.5	0.8~6.0	1.2~8.0
总磷削减负荷/$g\cdot(m^2\cdot d)^{-1}$	0.008~0.05	0.03~0.1	0.05~0.12

表6.5 人工湿地主要设计参数（Ⅲ区）

设计参数	表面流人工湿地	水平潜流人工湿地	垂直潜流人工湿地
水力停留时间/d	2.0~10.0	1.0~3.0	0.8~2.5
表面水力负荷/$m^3\cdot(m^2\cdot d)^{-1}$	0.03~0.2	0.3~1.0	0.4~1.2

表6.5(续)

设计参数	表面流 人工湿地	水平潜流 人工湿地	垂直潜流 人工湿地
化学需氧量削减负荷/g·$(m^2 \cdot d)^{-1}$	0.8~6.0	3.0~12.0	5.0~15.0
氨氮削减负荷/g·$(m^2 \cdot d)^{-1}$	0.04~0.5	1.5~3.0	2.0~4.0
总氮削减负荷/g·$(m^2 \cdot d)^{-1}$	0.08~1.0	1.2~6.0	1.5~8.0
总磷削减负荷/g·$(m^2 \cdot d)^{-1}$	0.01~0.1	0.04~0.2	0.06~0.25

表 6.6　人工湿地主要设计参数（Ⅳ区）

设计参数	表面流 人工湿地	水平潜流 人工湿地	垂直潜流 人工湿地
水力停留时间/d	1.2~5.0	1.0~3.0	0.8~2.5
表面水力负荷/$m^3 \cdot (m^2 \cdot d)^{-1}$	0.1~0.5	0.3~1.0	0.4~1.5
化学需氧量削减负荷/g·$(m^2 \cdot d)^{-1}$	1.2~6.0	5.0~12.0	6.0~15.0
氨氮削减负荷/g·$(m^2 \cdot d)^{-1}$	0.08~0.5	2.0~3.5	2.5~4.5
总氮削减负荷/g·$(m^2 \cdot d)^{-1}$	0.1~1.5	2.0~6.0	2.0~8.0
总磷削减负荷/g·$(m^2 \cdot d)^{-1}$	0.012~0.1	0.05~0.2	0.07~0.25

表 6.7　人工湿地主要设计参数（Ⅴ区）

设计参数	表面流 人工湿地	水平潜流 人工湿地	垂直潜流 人工湿地
水力停留时间/d	1.2~6.0	1.0~3.0	0.6~2.5
表面水力负荷/$m^3 \cdot (m^2 \cdot d)^{-1}$	0.1~0.4	0.3~1.0	0.4~1.5
化学需氧量削减负荷/g·$(m^2 \cdot d)^{-1}$	1.2~5.0	5.0~10.0	6.0~12.0
氨氮削减负荷/g·$(m^2 \cdot d)^{-1}$	0.1~0.5	2.0~3.0	2.5~4.0
总氮削减负荷/g·$(m^2 \cdot d)^{-1}$	0.15~1.5	2.0~5.0	2.0~7.0
总磷削减负荷/g·$(m^2 \cdot d)^{-1}$	0.015~0.1	0.05~0.2	0.06~0.2

3. 湿地面积计算

人工湿地的表面积可根据化学需氧量、氨氮、总氮和总磷等主要污染物的削减负荷和表面水力负荷计算，并取上述计算结果的最大值，同时应满足水力停留时间要求。

（1）采用污染物削减负荷计算湿地面积：

$$A = \frac{Q(S_0 - S_1)}{N_A} \tag{6.7}$$

式中：A——表面积（m^2）；

N_A——污染物削减负荷（以化学需氧量、氨氮、总氮和总磷计）[g/（m^2·d）]；

Q——设计流量（m^3/d）；

S_0——进水污染物浓度（g/m^3）；

S_1——出水污染物浓度（g/m^3）。

（2）采用表面水力负荷计算人工湿地面积：

$$A = \frac{Q}{q} \tag{6.8}$$

式中：A——表面积（m^2）；

Q——设计流量（m^3/d）；

q——表面水力负荷 [m^3/（m^2·d）]。

（3）校核水力停留时间：

$$T = \frac{V \times n}{Q} \tag{6.9}$$

式中：T——水力停留时间（d）；

V——有效容积（m^3）；

n——填料孔隙率（%），表面流人工湿地 $n=1$；

Q——设计流量（m^3/d）。

4. 工程的工艺流程设计原则

人工湿地污水处理工程的工艺流程设计应综合考虑处理水量、原水水质、建设投资、运行成本、排放标准及稳定性等因素。

预处理程度根据具体水质情况与污水处理技术政策，选择一级处理、强化一级处理和二级处理等适宜工艺，其设计必须符合《室外排水设计标准》（GB 50014—2021）中的有关规定。预处理设施宜采用悬浮物去除效果较好、投资和运行费用较低的工艺。

采用人工湿地工艺时，应根据不同地区的气候条件、植被类型和地理条件经充分研究后加以确定，有条件的可通过实验取得相关数据后比较确定。

人工湿地可由单一或多个类型的人工湿地组成，根据处理规模的需要，既可采取分级串联，也可采取同级并联或更复杂的组合方式。

人工湿地的工艺设计应对污染源控制、污水处理以及污水资源化利用等环节进行综合考虑、统筹设计，并通过技术经济比较后确定适宜的方案。

5. 人工湿地水力、有机负荷设计

人工湿地应按五日生化需氧量表面有机负荷确定湿地面积，同时应满足水力负荷要求。设计中，进水水量必须考虑各种极限情况，如暴雨、洪水、干旱等。同时，人工湿地应具备10%~20%的超负荷能力，污水进入量应可调节。

人工湿地应以污水入流量及出流量的平均流量作为设计水量：

$$Q_{av}=\frac{Q_{in}+Q_{out}}{2}，其中，Q_{out}=Q_{in}+A(P-I-\mathrm{ET}) \tag{6.10}$$

式中：Q_{av}——平均流量（m^3/d）；

Q_{in}——人工湿地污水入流量（m^3/d）；

Q_{out}——人工湿地污水出流量（m^3/d）；

A ——人工湿地面积（m^2）；

P ——降雨量（m^3/d）；

I ——渗透量（m^3/d）；

ET ——蒸发量（m^3/d）。

各类人工湿地的有机负荷设计参数可按表6.8选取，用于专门处理工业污水的人工湿地的设计参数应通过实验确定。

表6.8 人工湿地有机负荷设计参数

湿地类型	进水 BOD_5 浓度 /$mg \cdot L^{-1}$	BOD_5 负荷 /$kgBOD_5 \cdot (ha \cdot d)^{-1}$	处理效率 /%
表面流人工湿地	<50	15~50	<40
水平潜流人工湿地	<100	80~120	45~85
垂直潜流人工湿地	<100	80~120	40~80

污水经预处理设施后进入人工湿地，进水水质应满足 $BOD_5/COD_{Cr}>0.3$ 的要求。

各类人工湿地的水力负荷范围可参见表6.9，其具体参数根据预处理程度、水量选取。

表 6.9 人工湿地水力负荷范围

湿地类型	水力负荷/$m^3 \cdot (ha \cdot d)^{-1}$
表面流人工湿地	<1 000
水平潜流人工湿地	150~5 000
垂直潜流人工湿地	300~10 000

垂直潜流人工湿地宜用于处理氨氮含量较高的污水。

6. 人工湿地几何尺寸设计

不同类型人工湿地几何尺寸设计应符合以下要求：

（1）表面流人工湿地

①单个处理单元面积不宜大于 3 000 m^2，由天然湖泊、河流和坑塘等水系改造而成的表面流人工湿地，可根据实际地形，在避免出现死水区的前提下，因地制宜设计处理单元的面积及形状。

②长宽比宜大于 3∶1。

③水深应与水生植物配植相匹配，一般为 0.3~2.0 m，平均水深不宜超过 0.6 m，超高应大于风浪爬高，且宜大于 0.5 m。

表面流人工湿地宜分区设置，一般分为进水区、处理区和出水区。处理区需设置一定比例的深水区，深水区水深宜为 1.5~2.0 m，一般控制在30%以内。对形状不规则的人工湿地，应设置防止短流、滞留的导流设施，保证水力分配均匀。

（2）水平潜流人工湿地

①单个单元面积不宜大于 2 000 m^2，多个处理单元并联时，其单个单元面积宜平均分配。

②长宽比宜小于 3∶1，长度宜取 20~50 m。

③水深宜为 0.6~1.6 m，超高宜取 0.3 m，池体宜高出地面 0.2~0.3 m。

④水力坡度宜选取 0~0.5%。

（3）垂直潜流人工湿地

①单个单元面积宜小于 1 500 m^2，多个处理单元并联时，其单个单元面积宜平均分配。

②长宽比宜为 1∶1~3∶1，可根据地形、集布水需要和景观设计等确定形状。

③水深宜为 0.8~2.0 m。

7. 集布水系统设计

人工湿地处理单元的进出水系统设计，应保证布水和集水的均匀性和可调性。人工湿地应设置防止水量冲击的溢流或分流设施：

（1）分区设计时，应考虑分水井、分水闸门、溢流堰等分流设施。

（2）水量冲击时，应考虑水量调节或溢流设施。

（3）为保证湿地水位可调性，出水处应设置可调节水位的弯管、阀门等。

（4）为防止短流、集布水不均，集布水布置可考虑以下几种方法：

①表面流人工湿地可采用单点、多点和溢流堰布水；可采用类似折板的围堰或横向的深水沟进行导流，并通过控制底面平整性及植物密度来优化湿地的布水均匀性。

②水平潜流人工湿地应采用多点布水，可采用穿孔管或穿孔墙的方式布水。

③垂直潜流人工湿地的布水和集水系统均应采用穿孔管。

④湿地单元间宜设可切换的连通管渠。

⑤湿地系统宜设置排空设施、拦水及超越管渠，防范雨水径流甚至洪水对湿地带来的短期冲击。

⑥湿地出水量较大且出水与受纳水体的水位差较大时，应设置消能、防冲刷设施。

⑦湿地总排水管进入地表水体时，应采取防倒灌措施。

潜流人工湿地采用穿孔管配水时应符合以下要求：

①穿孔管应均匀布置于滤料层上部或底部，穿孔管流速宜为 1.5~2.0 m/s，配水孔宜斜向下 45°交错布置，孔径宜为 5~10 mm，孔口流速不小于 1 m/s。

②穿孔管的长度应与人工湿地单元的宽度大致相等；管孔密度均匀，管孔尺寸和间距根据进水流量和进出水水力条件核算，管孔间距不宜大于 1 m，且不宜大于人工湿地单元宽度的 10%。

③垂直潜流人工湿地配水管支管间距宜为 1~2 m。

④穿孔管位于填料层底部时，周围宜选用粒径较大的填料，且粒径应大于穿孔管孔径。

对于潜流人工湿地，水位控制应满足以下要求：

①人工湿地接纳最大设计流量时，其进水端不能出现壅水现象，防止发生表面流。

②人工湿地单元中，水面浸没植物根系的深度应尽可能均匀。

8. 人工湿地水力参数设计

表面流人工湿地的底坡取值不宜大于0.5%，潜流人工湿地的底坡宜为0.5%~1%，具体应根据所采用的基质来确定。表面流人工湿地的总水力停留时间宜为4~8天，潜流人工湿地的水力停留时间宜为2~4天。

9. 填料

填料的选择与铺设应符合以下要求：

（1）填料应选择具有一定机械强度、比表面积较大、稳定性良好并具有合适孔隙率及表面粗糙度的填充物，主要技术指标应符合《水处理用滤料》（CJ/T 43—2005）及《建设用卵石、碎石》（GB/T 14685—2022）中的有关规定。

（2）填料选择在保证处理效果的前提下，应兼顾当地资源状况，选用土壤、砾石、碎石、卵石、沸石、火山岩、陶粒、石灰石、矿渣、炉渣、蛭石、高炉渣、页岩或钢渣等材料，也可采用经过加工和筛选的碎砖瓦、混凝土块材料或对生态环境安全的合成材料。填料选择及布置应符合以下要求：

①填料层可采用单一填料或组合填料，填料粒径可采用单一规格或多种规格搭配。

②填料应预先清洗干净，按照设计级配要求充填，填料有效粒径比例不宜小于95%。

③填料充填应平整，且保持不低于35%的孔隙率，初始孔隙率宜控制在35%~50%。

④填料层厚度应大于植物根系所能达到的最深处。

用矿渣、钢渣等作为填料时，考虑到其会引起锌、砷、铅等重金属物质溶出，应在满足出水水质要求的情况下使用；同时，钢渣、矿渣可能会引起水中pH值升高，建议与其他填料组合使用，并设计防范措施。

（3）水平潜流人工湿地的填料铺设区域可分为进水区、主体区和出水区。

（4）垂直潜流人工湿地填料宜同区域垂直布置，从进水到出水依次为配水层、主体层、过渡层和排水层。

（5）对磷或氨氮有较高去除要求时，可铺设对磷或氨氮去除能力较强的填料，其填充量和级配应通过试验确定，磷或氨氮的填料吸附区应便于清理或置换。

（6）在保证净化效果的前提下，水平潜流人工湿地填料宜采用粒径相对较大的填料，进水端填料的布设应便于清淤。

（7）人工湿地填料层的填料粒径、填料厚度和装填后的孔隙率，可按试验结果或按相似条件下实际工程经验设计，也可参照表6.10取值。

表6.10 人工湿地填料层主要设计参数

设计参数	水平潜流人工湿地			垂直潜流人工湿地			
	进水区	主体区	出水区	配水层	主体层	过渡层	排水层
填料粒径/mm	50~80	10~50	50~80	10~30	2~6	5~10	10~30
填料厚度/m	0.6~1.6	0.6~1.6	0.6~1.6	0.2~0.3	0.4~1.4	0.2~0.3	0.2~0.30
填料填装后孔隙率/%	40~50	35~40	40~50	45~50	30~35	35~45	45~50

注：气候分区Ⅰ区或Ⅱ区应结合当地工程区冻土深度适当增加填料厚度。

10. 湿地植物的选择与种植

人工湿地植物的选择与种植应符合以下要求：

（1）人工湿地植物的选择应遵循以下原则：

①宜选择适应当地自然条件、收割与管理容易、经济价值高、景观效果好的本土植物。

②宜选择成活率高、耐污能力强、根系发达、茎叶茂密、输氧能力强和水质净化效果好等综合特性良好的水生植物。

③宜选择抗冻、耐盐、耐热及抗病虫害等较强抗逆性的水生植物。

④禁止选择水葫芦、空心莲子草、大米草、互花米草等外来入侵物种。

（2）人工湿地可选择一种或多种植物作为优势种搭配栽种，增加植物的多样性和景观效果。根据湿地水深合理配植挺水植物、浮水植物和沉水植物，并根据季节合理配植不同生长期的水生植物。

（3）应根据人工湿地类型、水深、区域划分选择植物种类，不同气候分区可选择的植物种类如表6.11所示。

表 6.11 各气候分区人工湿地水质净化工程推荐种植的植物种类

气候分区代号	挺水植物	浮水植物		沉水植物
		浮叶植物	漂浮植物	
全国大部分区域	芦苇、香蒲、菖蒲等	睡莲等	槐叶萍等	狐尾藻等
Ⅰ	水葱、千屈菜、莲、蒿草、苔草等	菱等	—	眼子菜、菹草、杉叶藻、水毛茛、龙须眼子菜、轮叶黑藻等
Ⅱ	黄菖蒲、水葱、千屈菜、藨草、马蹄莲、梭鱼草、荻、水蓼、芋、水仙等	菱、芡实等	水鳖等	菹草、苦草、黑藻、金鱼藻等
Ⅲ	美人蕉、水葱、灯芯草、风车草、再力花、水芹、千屈菜、黄菖蒲、麦冬、芦竹、水莎草等	菱、芡实、荇菜、莼菜、萍蓬草等	水鳖等	菹草、苦草、黑藻、金鱼藻、水车前、竹叶眼子菜等
Ⅳ	水芹、风车草、美人蕉、马蹄莲、慈姑、茭草、莲等	荇菜、萍蓬草等	—	眼子菜、黑藻、菹草、狐尾藻等
Ⅴ	美人蕉、风车草、再力花、香根草、花叶芦荻等	荇菜、睡莲等	—	竹叶眼子菜、苦草、穗花狐尾藻、黑藻、龙舌草等

注：湿地岸边带依据水位波动、初期雨水径流污染控制需求等选择适宜的本土植物。

（4）人工湿地植物的种植应符合以下要求：

①植物栽种以植株移栽为主，同一批种植的植物植株应大小均匀，部分沉水植物如菹草或地被花卉等亦可通过播种方式种植。

②种植时间应根据植物生长特性确定，一般在春季或初夏，必要时也可在夏季、秋季种植，但应采取保证成活率的措施。若要在种植的第一年启动人工湿地，可在生长季节结束前或霜冻期来临前 3~4 个月进行种植。

③应根据植物种类与工艺类型合理确定种植密度，挺水植物的种植密度宜为 9~25 株/平方米，浮水植物宜为 1~9 株/平方米，沉水植物宜为 16~36 株/平方米。在用地受限或进水悬浮物浓度较高时，可采取高密植单元以节约用地空间、降低进水负荷，种植密度宜为前述密度最大值的 3 倍以上。

（5）人工湿地可选择多种植物分区搭配种植，增加植物的多样性及景观效果，但应避免后期植物生长串混或侵占。

（6）人工湿地可选择一种或几种植物作为优势种搭配栽种，并根据环境条件和植物群落的特征，按一定比例在空间分布和时间分布方面进行安排，达到生态系统高效运转、稳定可持续利用的要求。

（7）人工湿地植物的栽种或移植可包括根幼苗移植、种子繁殖、收割植物的移植以及盆栽移植等。

11. 防渗层

防渗层的设计应符合以下要求：

（1）人工湿地建设时，应进行防渗处理，防渗措施应根据当地土壤性质和工程区地质情况，并结合施工、经济与工期等多方面因素确定。

（2）防渗层下方基础层应平整、压实、无裂缝或松土，表面应无积水、石块、树根和尖锐杂物，人工湿地开挖时应保持原土层，并在其上采取防渗措施。

（3）人工湿地防渗可采用黏土碾压法、三合土碾压法、土工膜法和混凝土法等方法，并应符合下列要求：

①黏土碾压法：黏土碾压厚度应大于 0.5 m，有机质含量应小于 5%，压实度应控制在 90%~94%。

②三合土碾压法：石灰粉、黏土、沙子或粉煤灰的体积比应为 1：2：3，厚度可根据地下水位和湿地水位确定，但不得小于 0.2 m。

③土工膜法：采用二布一膜（400~700 g/m^2）形式，膜底部基层应平整，不得有尖硬物，膜的接头应粘接，膜与隔墙和外墙边的接口可设锚固沟，沟深应大于或等于 0.6 m，并应采用黏土或素混凝土锚固；膜与填料接触面可视填料状况确定是否设黏土或砂保护层。

④混凝土法：混凝土强度应大于 C15，厚度宜大于 0.1 m；防渗层面积较大时应分块浇筑，施工缝应大于 15 mm，缝间应填充沥青防水。

（4）表面流人工湿地应根据进水水质和土壤渗透系数，采取必要的防渗设计。

（5）水平潜流人工湿地防渗设计应符合以下要求：

①应在湿地底部和侧面做防渗层，防渗层渗透系数应不大于 10^{-6} m/s；当黏土层渗透系数不大于 10^{-6} m/s，且厚度大于 500 mm 时，可不另做防渗层。

②防渗层应足够坚固，防止植物根系穿透破坏。

③防渗材料采用聚乙烯膜时，应由专业人员用专业设备焊接。

④防渗层完工后应进行渗透实验。

（6）人工湿地内穿墙管、穿孔墙等部位应做局部防渗处理。

12. 管材及闸阀

管材及闸阀应满足以下要求：

（1）所选管材宜具有一定的抗压强度和耐腐蚀性能，优先选用 PE 管，亦可选用 UPVC 给水管材、UPVC 波纹管、HDPE 管等。

（2）阀门应满足耐腐蚀性强、密封性好和操作灵活等要求。

（3）管材选用 PE 管时，应按《给水用聚乙烯（PE）管道系统 第 2 部分：管材》（GB/T 13663.2—2018）的规定执行。

（4）水位控制闸板、可调堰等装置采用非标设计时，应考虑材质、控制方式、防腐及耐用等因素。

13. 人工湿地防堵塞设计

人工湿地防堵塞设计应综合考虑污水的悬浮物浓度、有机负荷、投配方式、基质粒径、植物、微生物、运行周期等因素，可采用以下方法降低人工湿地堵塞的概率：

（1）可采用厌氧水解酸化作为预处理设施，提高污水的可生化性。

（2）可对污水进行预曝气，提高人工湿地基质中的溶解氧含量，更好地发挥微生物的分解作用，防止土壤中胞外聚合物的蓄积。

（3）选择合适的基质粒径及级配，基质粒径及级配的选择应在保证净化效果和防止堵塞两者之间选择一个平衡点。

（4）设计水平潜流人工湿地时，应考虑单元堵塞问题，并且应设置清淤装置。

14. 强化措施

（1）水平潜流人工湿地可采取辅助充氧、增加填料厚度和补充投加碳源等工程措施强化水质净化处理效果。

①当进水的氨氮、化学需氧量浓度较高时，可采用跌水曝气、机械曝气或潮汐水位运行等工程措施进行辅助充氧。

②当对磷或氨氮有较高去除要求时，宜增设对磷或氨氮去除能力较强的填料，如陶粒、沸石或火山岩等，应根据湿地处理单元对水中氮磷去除要求与填料的吸附性能，确定相应填料层的厚度和面积。

③当对总氮去除有较高要求时，可选择补充投加碳源、合理设置好

氧—厌氧区间等措施，补充碳源的类型包括固体碳源、液体碳源等。

（2）表面流人工湿地可采取辅助充氧、强化生物调控等工程措施强化水质净化处理效果。

①当进水氨氮、化学需氧量浓度较高时，可采用跌水曝气、陡坡充氧和机械曝气等工程措施进行辅助充氧。

②当对脱氮除磷有要求时，可采用生物调控措施，如将区域内沉水植物盖度提升至大于70%，并合理配置鱼类、底栖生物等，强化水质净化处理效果。

（3）采取辅助充氧措施应符合下列要求：

①两个人工湿地处理单元水位差大于或等于0.5 m时，宜采用单级或多级陡坡充氧、跌水充氧等自然充氧形式。采用陡坡充氧时，坡度宜为1∶4~1∶2；采用跌水充氧时，应防止水流对构筑物的冲刷。

②机械充氧应依据人工湿地处理单元对水中溶解氧含量的要求，确定充氧时间及充氧设备功率等。

③充氧位置宜设置在人工湿地的进水端和中间段。

6.4 稳定塘

稳定塘又称“氧化塘”或“生物塘”，是一种利用天然净化能力对污水进行处理的构筑物的总称。稳定塘的净化过程与自然水体的自净过程相似，通常是将土地进行适当的人工修整，建成池塘，依靠塘内生长的微生物来处理污水，并设置围堤和防渗层，防止污水污染地下水。在实际应用时，可以种植水生植物和进行水产养殖，将污水处理与利用结合起来，实现污水处理资源化。根据塘内微生物的类型和供氧方式，稳定塘可分为4类，即好氧塘、兼性塘、厌氧塘和曝气塘。具体规范详见《污水自然处理工程技术规程》（CJJ/ T 54—2017）。

1. 适用范围与条件

稳定塘适用于中低污染物浓度的生活污水处理，尤其是有山沟、水沟、低洼地或池塘，土地面积相对丰富的地区。

稳定塘的选址应符合村庄总体规划的要求，因地制宜利用废旧河道、池塘、沟谷、沼泽、湿地、荒地、盐碱地、滩涂等闲置土地；应选在水源下游，并宜在夏季最小风频的上风向，与居民住宅的距离应符合卫生防护距离的要求；塘址的土质渗透系数（K）宜小于 0.2 m/d；塘址选择必须考虑排洪设施，并应符合该地区防洪标准的规定；塘址选择在滩涂时，应考虑潮汐和风浪的影响。

稳定塘的优点和缺点如下：

优点：结构简单，无须污泥处理，出水水质好，投资成本低，无能耗或低能耗，运行费用低，维护管理简便。

缺点：负荷低，污水进入前需进行预处理，占地面积大，处理效果随季节波动大，塘中水体污染物浓度过高时会产生臭气和滋生蚊虫。

2. 稳定塘的分类

（1）厌氧塘

厌氧塘较深，一般在 2.5 m 以上，最深可达 4~5 m，其有机负荷较高，有机物降解需要的氧量超过了光合作用和大气复氧所能提供的氧量，使塘呈厌氧状态。厌氧塘通常置于塘系统首端，作为预处理与兼性塘和好氧塘组合运行，其功能是利用厌氧反应高效低耗的特点去除有机物，保障后续塘的有效运行。

厌氧塘一般为长方形，长宽比为 2∶1~2.5∶1，有效深度（包括水深和泥深）为 3~5 m。当地下水位大于 8 m 时，塘深可以采用 6 m。

厌氧塘的底部储泥深度不应小于 0.5 m。污泥产生量按 20 升/(人·年)设计；塘应采取平底，坡度为 0.5%，以利于排泥；堤的内坡按垂直∶水平计，为 1∶1~1∶3；塘的保护高度为 0.6~1.0 m。

厌氧塘进口位于接近塘底的深度处，高于塘底 0.6~1.0 m，塘底宽度小于 9 m 时，可设置一个进水口，大塘采取多个进水口；厌氧塘的出口为淹没式，淹没深度不应小于 0.6 m，并不得小于冰覆盖层厚度。厌氧塘单塘面积不宜大于 1 000 m^2。

（2）兼性塘

兼性塘是指塘水在上层有氧、下层无氧的状态下净化污水的稳定塘。兼性塘污水的净化，是由好氧、兼性、厌氧细菌共同完成的。

兼性塘可用于处理厌氧塘出水，兼性塘之后也可以增设深度处理塘，设计要点及参数如下：

①兼性塘系统可采用单塘，在塘内应设置导流墙。

②兼性塘也可以按串联或并联形式布置多塘系统，一般多用串联塘；

兼性塘内可采取加设生物膜载体填料、种植水生植物和机械曝气等强化措施。

③应在满足表面负荷的前提下考虑塘深，适当增加塘深以利于过冬。

④设计塘深时应考虑贮泥层的深度和北方地区冰覆盖的厚度，以及为容纳流量变化和风浪冲击的超高，塘内贮泥层厚度可按 0.3 m 考虑，冰覆盖的厚度一般为 0.2~0.6 m，风浪冲击的超高为 0.5~1.0 m。

⑤兼性塘的水深为 1.2~1.5 m，塘形采用方形或矩形。矩形塘长宽比一般为 3：1，塘的四周应做成圆形，避免出现死角。兼性塘构造如图 6.19 所示。

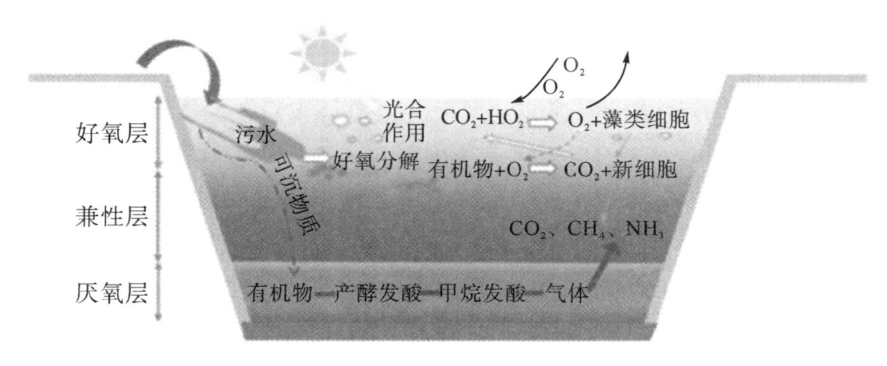

图 6.19　兼性塘构造示意图

根据冬季月平均气温资料，适用于农村的兼性塘有机负荷及水力停留时间如表 6.12 所示。

表 6.12　适用于农村的兼性塘有机负荷及水力停留时间

冬季月平均气温/℃	BOD_5负荷/[kg/(10^4 m^2 · d)]	停留时间/d
0~10	30~50	30~50
30~50	20~30	120~40

兼性塘的基本参数计算公式如下：

①表面积

$$A_1 = \frac{QC_0}{L_0} \tag{6.11}$$

式中：A_1—— 初级塘总表面积（m^2）；

Q —— 污水设计流量（m^3/d）；

C_0—— 进水的 BOD_5 浓度（mg/L）；

L_0—— 初级稳定塘的 BOD_5面积负荷［g/（m^2·d）］。

②初级稳定塘的尺寸

$$L_1 = \sqrt{\frac{RA_1}{n_1}} \tag{6.12}$$

$$W_1 = \frac{1}{R}L_1 \tag{6.13}$$

式中：L_1— 单塘水面长度（m）；

R—— 塘水面长宽比，例如长宽比为 3∶1 时，$R = 3$；

A_1—— 初级塘总表面积（m^2）；

W_1—— 单塘水面宽度（m）；

n_1—— 初级稳定塘的个数（个）。

③单塘容积（有斜边和圆角的矩形塘）

$$V_1 = [(L_1 \times W_1) + (L_1 - 2sd_1)(W_1 - 2sd_1) + 4(L_1 - sd_1)(W_1 - sd_1)]\frac{d_1}{6} \tag{6.14}$$

式中：V_1——单塘容积（m^3）；

L_1— 单塘水面长度（m）；

W_1—— 单塘水面宽度（m）；

s——边坡系数，如坡度为 3∶1 时，$s=3$；

d_1——初级稳定塘的深度（m）。

④单塘有效容积（有斜边和圆角的矩形塘）

$$V'_1 = [(L_1 \times W_1) + (L_1 - 2sd'_1)(W_1 - 2sd'_1) + 4(L_1 - sd'_1)(W_1 - sd'_1)]\frac{d'_1}{6} \tag{6.15}$$

式中：V'_1——单塘容积（m^3）；

L_1— 单塘水面长度（m）；

W_1—— 单塘水面宽度（m）；

s——边坡系数，如坡度为 3∶1 时，$s=3$；

d'_1——初级稳定塘的深度（m）。

（3）部分曝气塘

部分曝气塘的曝气供氧量应按生物氧化降解有机负荷计算，其曝气功率一般为 1～2 W/m^3。部分曝气塘的设计采用完全混合模型。

（4）生态塘

生态塘一般用于污水的深度处理，其进水污染物浓度低，也被称为深度处理塘。塘中可种植水生植物，也可以养鱼、鸭、鹅等，通过食物链形成复杂的生态系统，以提升净化效果。

生态塘水中的溶解氧含量不应低于 4 mg/L，可采用机械曝气充氧。

生态塘中放养的鱼种和比例，应根据当地养鱼的成功经验和有关研究成果确定。塘中的水生动植物密度应通过实验确定。

生态塘的基本参数计算公式如下：

①表面积（已知水力停留时间或储存时间）

$$A = \frac{Qt_w}{h_w + (\bar{V}_e + \bar{V}_p)t_w \times 10^{-3}}$$

$$A = \frac{Qt_s}{\sum h_{wi} + (\bar{V}_e + \bar{V}_p)t_w \times 10^{-3}} \tag{6.16}$$

式中：A —— 塘总表面积（m^2）；

Q——平均污水流量（m^2/d）；

t_w——冬季水力停留时间（d）；

t_s——储存时间（d）；

h_w——冬季有效水深（m）；

V_e——平均蒸发量（mm/d）；

V_p——平均降水量（mm/d）；

i——第 i 塘，i=1-n。

②有效容积或总容积

$$V = h_pA$$

$$V = h_TA，其中\ h_T = h_w = h_p \tag{6.17}$$

式中：V——塘有效容积或总容积（m^3）；

A——塘总表面积（m^2）；

h_p——储泥层深度（m）；

h_T——塘总深度（m）；

h_w——冬季有效水深（m）。

③冬季水层 BOD_5值

$$C_e^t = C_0 e^{-K_p^T t_s^t}$$
$$K_p^T = K_p^{20} \theta^{T-20}$$
$$t_s^t = t_s - \frac{h_1}{h_w} t_w \tag{6.18}$$

式中：C_e^t——冬季水层 BOD_5值（mg/L）；

C_0——进水平均 BOD_5值（mg/L）；

t_s^t——储存时间校正值（d）；

K_p^T——水温为 T 时 BOD_5一级反应速率常数，$K_p^{20}=0.028$；

T——水层平均温度（℃）；

θ——温度系数，θ 的取值范围为 1.02~1.04；

t_s——储存时间（d）；

h_w——冬季有效水深（m）；

t_w——冬季水力停留时间（d）。

④冰融后混合水 BOD_5值

$$C_e = C_e^{t'} + \frac{C_0 - C'_e}{V} h_t A \tag{6.19}$$

式中：C_e——冰融后混合水 BOD_5值（mg/L）；

$C_e^{t'}$——水温 t'时 BOD_5值（mg/L）。

C_0——进水平均 BOD_5值（mg/L）；

V——塘总容积（m^3）；

h_t——平均冰冻层深度（m）；

A——塘总表面积（m^2）。

⑤储存期的 BOD_5负荷

$$L_0 = \frac{C_0 Q \times 10}{A}\left(\frac{t_w}{t_s}\right) \tag{6.20}$$

式中：L_0——储存期的 BOD_5 负荷；

C_0——进水平均 BOD_5值（mg/L）；

Q——平均污水流量（m^2/d）；

A——塘总表面积（m^2）；

t_w——冬季水力停留时间（d）；

t_s——储存时间（d）。

（5）控制出水塘

为保证其他稳定塘（兼性塘、部分混合曝气塘、生态塘）的出水效果或为适应农田灌溉用水需要，在实际应用中应设置控制出水塘。控制出水塘在冬季一般用作储存塘，最低水位时的水深为 0.5 m（包括厌氧污泥层在内）。控制出水塘的容积设计应考虑到冰封期需要贮存的水量，塘深应大于最大冰冻深度 1 m，塘数不宜少于 2 个。控制出水塘应按照兼性塘校核其有机负荷率。

控制出水塘主要设计参数应根据污水浓度、气候条件以及地理条件等因素确定，具体可参考表 6.13。

表 6.13　控制出水塘主要设计参数

参数	塘型	
	厌氧塘①	兼性塘①
有效水深/m	3.5~8.0	2.0~3.5
水力停留时间/d	50~120	30~60
BOD_5负荷/kg·(10^4m^2·d)$^{-1}$	60~150	10~80
塘数/个	1~2	1~3
BOD_5去除率②/%	30~60	20~40

注：①指条件为夏季运行方式；②指冬季 BOD_5去除率。

根据《农村生活污水处理工程技术标准》（GB/T 51347—2019）的相关要求，稳定塘应尽量远离居民点，而且应选取位于居民点长年风向的下方建设，防止水散发臭味和滋生蚊虫侵扰。稳定塘应防止暴雨时期产生溢流，要修筑导流明渠将降水时的雨水引开，特别是暴雨较多的地方，衬砌应做到塘的堤顶以防雨水反复冲刷。另外，塘的底部和四周应该做防渗处理，预防塘水下渗污染地下水。防渗处理可采用黏土夯实、土工膜和塑料膜衬面等。

3. 主要设备和材料

（1）填料

悬挂式填料和悬浮填料应符合《环境保护产品技术要求 悬挂式填料》（HJ/T 245—2006）、《环境保护产品技术要求 悬浮填料》（HJ/T 246—

2006）的规定。填料的技术参数包括：填料附着生物量、附着生物膜厚度和生物膜活性。

（2）曝气设备

悬挂式填料宜采用鼓风式穿孔曝气管、中孔曝气器，悬浮填料宜采用穿孔曝气管、中孔曝气器、射流曝气器、螺旋曝气器。曝气设备和鼓风机的选择以及鼓风机房的设计应参照《室外排水设计标准》（GB 50014—2021）的有关规定。

单级高速曝气离心鼓风机应符合《环境保护产品技术要求 单级高速曝气离心鼓风机》（HJ/T 278—2006）的规定。罗茨鼓风机应符合《环境保护产品技术要求 罗茨鼓风机》（HJ/T 251—2006）的规定。中孔曝气器应符合《环境保护产品技术要求 中、微孔曝气器》（HJ/T 252—2006）的规定。射流曝气器应符合《环境保护产品技术要求 射流曝气器》（HJ/T 263—2006）的规定。

（3）混合搅拌设备

在缺氧池设置悬挂式填料，宜采用水力搅拌、低氧空气搅拌等方式，搅拌强度应满足生物膜的正常新陈代谢。机械搅拌机布置的间距、位置，应根据试验确定或由供货厂方提供。应根据反应池的池形选配搅拌机，搅拌机应符合《环境保护产品技术要求 推流式潜水搅拌机》（HJ/T 279—2006）的规定。

（4）过程检测

缺氧区的溶解氧浓度应控制在0.2~0.5mg/L，好氧区的溶解氧浓度宜控制在2.0~3.5 mg/L。应对接触氧化池中的填料进行性能检测，检测项目包括：总生物量、填料附着生物量、悬浮生物量，以及填料附着生物膜厚度和生物膜活性等。

4. 塘体设计的一般规定

（1）稳定塘的塘体用料应就地取材。

（2）稳定塘单塘宜采用矩形塘，长宽比不应小于3：1~4：1。

（3）第一级塘污泥增长较快，宜于并联运行，以便使其中的一个塘停水以清除污泥。

（4）利用旧河道、池塘、洼地等修建稳定塘，当水力条件不利时，宜在塘内设置导流墙（堤）。

（5）对塘体的堤岸应采取防护措施。

5. 堤坝设计

（1）堤坝宜采用不易透水的材料建筑。土坝应用不易透水材料做心墙或斜墙。

（2）土坝的顶宽不宜小于 2 m，石堤和混凝土堤顶宽不应小于 0.8 m。当堤顶允许机动车行驶时，其宽度不应小于 3.5 m。

（3）土堤迎水坡应铺砌防浪材料，宜采用石料或混凝土。在设计水位变动范围内的最小铺砌高度不应小于 1.0 m。

（4）土坝、堆石坝、干砌石坝的安全超高应根据浪高计算确定，不宜小于 0.5 m。

（5）坝体结构应按相应的永久性水工构筑物标准设计。

（6）坝的外坡设计应按土质及工程规模确定。土坝外坡坡度宜为 4∶1~2∶1，内坡坡度宜为 3∶1~2∶1。

（7）塘堤的内侧应在适当位置（如进、出水口处）设置阶梯、平台。

6. 塘底设计

（1）塘底应平整并略具坡度，倾向出口。竣工高程与塘底平均高程之差不得超过 0.15 m，并应充分夯实，以防过多的渗漏。

（2）底原土渗透系数 K 值大于 0.2 m/d 时，应采取防渗措施。

7. 进、出水口设计

（1）进、出水口宜采用扩散式或多点进水方式。进水口应采用淹没式，以减少冲刷。出水口应设置挡板，潜孔出流，以防止排出漂浮固体。出水口离进水口越远越好，以防发生污水短流。

（2）进水口至出水口的水流方向应避开当地常年主导风向，宜与主导风向垂直。

8. 跌水

在多塘系统中，前后两塘有 0.5 m 以上水位落差时，连通口可采用粗糙斜坡或阶梯式跌水曝气充氧。

6.5 土地处理

土地处理技术是利用土壤渗滤性能和土壤表面植物处理污水的处理工艺。污水经过沉淀、厌氧等处理后，流入各土壤渗滤管中，管中流出的污水均匀地向土壤厌氧滤层渗滤，再通过表面张力作用上升，越过厌氧滤层出口堰后，通过虹吸现象连续地向上层好氧滤层渗透。污水在渗滤过程中一部分被土壤介质截获，一部分被植物吸收，一部分被蒸发，通过土壤—微生物—植物系统的生物氧化、硝化、反硝化、转化、降解、过滤、沉淀、氧化还原等一系列综合作用，使污水达到治理利用的要求。

土壤渗滤根据污水的投配方式及处理过程，可以分为慢速渗滤、快速渗滤、地表漫流和地下渗滤 4 种类型。在实际应用中，应根据当地条件选择合适的渗滤类型。①慢速渗滤系统的设计参数选择如下：土地渗透系数为 0.036~0.36 m/d，地面坡度小于 30%，土层厚度大于 0.6 m，地下水位埋深大于 0.6 m。②快速渗滤适用于具有良好渗滤性能的土壤，设计参数选择如下：土地渗透系数为 0.45 ~0.6 m/d，地面坡度小于 15%，以防止污水下渗不足，土层厚度大于 1.5 m，地下水位埋深大于 1.0 m。③地表漫流适用于土壤渗透性差的黏土或亚黏土地区，地面坡度为 2%~8%。污水以喷灌法或漫灌（淹灌）法有控制地分布在地面上均匀地漫流，并流向坡脚的集水渠。地面可种植牧草或其他植物，供微生物栖息并防止土壤流失，尾水收集后可回用或排放至纳污水体。④地下渗滤是将污水投配到距地表一定距离、有良好渗透性的土层中，利用土壤毛管浸润作用和渗透作用，使污水向四周扩散。由于地下渗滤系统更适宜农村生活污水治理，本书将重点介绍地下渗滤技术。

污水地下渗滤处理系统种类很多，归结起来可分为 3 种基本类型：土壤渗滤沟、土壤毛管渗滤系统、土壤天然净化与人工净化相结合的复合工艺，通常是将浸没生物滤池与土壤毛管浸润渗滤相结合的复合工艺。详见《农村生活污染控制技术规范》（HJ 574—2010）。

（1）适用范围与条件

地下渗滤系统主要适用于分散的农村居民点、休假村等小规模污水处理，并同绿化相结合。地下渗滤系统的优点和缺点如下：

优点：处理效果较好，投资运行费用低，无能耗，维护管理简便，处理装置均位于地下，不影响地表景观，对周围环境的不良影响很小。

缺点：污染负荷低，占地面积大，设计不当容易堵塞，易污染地下水。

（2）场地选择

地下渗滤系统对场地的土壤条件有一定要求，具体如下：

①土壤类型：最好是壤土、砂壤土等。

②土层厚度：在 0.6 m 以上。

③地面坡度：小于 15%。

④土壤渗透率：0.15~5.0 cm/h。

⑤地下水埋深：大于 1m。

若土壤类型不符合要求，需对土壤进行改良以满足渗滤要求。在回填土前，应按设计在池底先铺 15 cm 的砂石层，以粗砂为主（可混入少量绿豆大的碎石），以防止土壤颗粒进入排水管道。

待回填土装完后，对整个池子要灌清水（淹水层厚度在 15 cm 左右），让土层在重力作用下自然落实，此操作进行 2~3 次，以防止土层未经压实而在土层中形成局部的短路影响其处理效果。同时，这种方法也可用于检验分层回填土、压实等工序的施工质量，淹水压实要求池内土层回落厚度与设计高程相比较，其正负误差不能大于 3~5 cm。

（3）水力负荷设计

①水力负荷

水力负荷的大小决定工程的占地面积和处理效果。水力负荷过小时，工程占地面积大；水力负荷过大时，污水在系统内停留时间短，影响污染物去除效率。

土壤渗滤系统应以处理污水为主要目的，最大允许污水水力负荷率计算公式如下：

$$L_w = \mathrm{ET} - P_r + P_w \tag{6.21}$$

式中：L_w——最大允许污水水力负荷率（cm/a）；

P_r——降水量（cm/a）；

ET——土壤水分蒸发损失率（cm/a）；

P_w——最大允许渗透速率（cm/a），一般取土壤限制性渗透速率的 4%~10%。

在保证没有土壤堵塞问题发生的前提下，基于 BOD_5、磷和 SS 的负荷率都不会成为水力负荷的限制因素，氮的去除率和负荷率通常是土地渗滤系统的限制设计参数，并决定系统所需的土地面积。基于氮负荷的最大允许水力负荷率计算公式如下：

$$L_w(N) = [\mathrm{CP}(P_r - \mathrm{ET}) + 10U]/[(1-f)\mathrm{CN} - \mathrm{CP}] \tag{6.22}$$

式中：$L_w(N)$——基于氮负荷的最大允许污水水力负荷率（cm/a）；

CP——渗滤出的水中氮的浓度（mg/L）；

P_r——降水量（cm/a）；

ET——土壤水分蒸发损失率（cm/a）；

U——植物吸收的氮量［kg/(hm^2·a)］；

f——投配污水中氮素的损失系数，投配污水为一级处理出水时f约为0.8，二级处理出水时f约为0.1~0.2；

CN——进水的氮浓度（mg/L）。

根据国内外典型试验研究，地下土壤渗滤系统水力负荷率为20~80 cm/a。

② 水力负荷周期

为提高系统对污水的处理效率，长期保持预期的出水水质和最大渗透速率，应采用投配淹水与停水落干交替运行的方式。每完成一个投配与落干循环的时间为水力负荷周期。

水力负荷周期的确定需选用适宜的湿干比，即滤床投配淹水的时间和停水落干的时间比，以恢复和维持滤床的水力传导能力、有机物的生物降解能力和脱氮能力，落干期间土壤重新复氧，氧化分解被阻滞的固体有机物。根据国内外不同湿干比和配水时间组合试验，确定连续配水时间8~12 h，湿干比0.2~0.125，运行周期2~4.5 d为最适运行方案。

（4）进水水质要求

土壤渗滤系统可以处理各种浓度的生活污水。实用工程水质资料表明，土地渗滤系统的进水水质控制的最佳状态是：$BOD_5<200$ mg/L，TOC/$BOD_5<0.8$。

（5）构造设计

土壤渗滤床的面积可根据渗滤速率、所需处理的污水量而定。计算公式如下：

$$A=100\frac{CQ}{TKI} \tag{6.23}$$

式中：A——实际所需的滤床面积（m^2）；

C——配水时间（d）；

Q——预计日处理污水量（m^3/d）；

T——滤床每天运转时间（min）；

K——渗滤速率（cm/min）；

I——水力梯度。

滤池可采用方形和矩形，不仅能提高土地面积的使用率，还能在滤池上种植经济作物。

（6）配、集水系统设计

①配水系统

土壤渗滤池的进水采用自动液位浮球控制进水。为了使污水能够均匀分布，地下渗滤池的进水系统管道宜布置在地表以下 0.2~0.4 m，每根配水管道不宜长于 6 m，配水管道间距应在 1.5~2.0 m。

配水管道应用尼龙网包裹，周围采用厚度为 100~200 mm、直径为 20~30 mm 的砾石形成保护层覆盖，并在下方用不透水的土工布将配水管道与土壤分隔，以配水管道为中心向两侧均匀布水，通过毛细作用向上层土壤布水。

② 集水系统

经过渗滤处理的出水从池底排出，为使排水顺畅，池底可修成 3% 的坡底。集水管分布于渗滤池底部，集水管道应用尼龙网包裹，周围采用厚度为 100~200 mm、直径为 20~30 mm 的砾石形成保护层覆盖，均匀收集滤层的处理水。

（7）填料层设计

对于土壤渗滤系统，土壤条件不适合时，可以采取措施对土壤渗透系数进行调整。

①基质材料的选择

各种粒径级别的土壤颗粒按照一定的重量百分比进行机械组合。

向土壤中适当添加介质材料，主要有砂料、草炭等。土壤是生物活性的接种剂；砂料是保证填料具有通透能力的基本骨架；草炭是启动和维持生物活性的能源和物源。

当对土地渗滤系统有相应的脱氮除磷要求时，可向土壤中添加对氮磷有吸附性能的功能性材料。

② 填料层结构和厚度的设置

土壤渗滤系统的填料层主要由植物种植土层、人工土层、砂滤层组成，植物种植土层主要为地表植物提供沃土，为植物生长提供环境，植物根系吸收污水中的营养元素，同时为人工土层表层复氧。植物种植土层厚度常为30 cm。人工土层是污水处理的核心区，根据处理要求选择单层填制或分层填制。人工土层厚度常为1.2~1.4 m。砂滤层主要起过滤作用，厚度常为20 m。填料层根据处理污水特点、地下水水位、地理地形条件选择合适的总厚度。

（8）植物设计

土壤渗滤处理池上可种植适宜当地生产的耐水性作物、蔬菜或绿化植物。

（9）防渗设计

为保护地下水不受污染和影响，土地渗滤系统必须设置防渗层。当地下水水位低于土地渗滤系统的最低点时，土地渗滤系统的底部和池壁可考虑采用难以压缩的密实土，系统内由渗透所导致的水位降落不得大于2.5 mm/d。当地下水水位高于土地渗滤系统最低点或当地的密实土不能满足要求时，需另行采用衬底材料，包括沥青、混凝土、水泥或其他衬底。在实际工程中，通常采用厚度为120 mm的C_{25}素混凝土防渗。

6.6 生物接触氧化

生物接触氧化是将微生物附着生长的填料全部淹没在污水中，并采用曝气方法向微生物提供氧化作用所需的溶解氧，并起到搅拌和混合的作用，使氧气、污水和填料三相充分接触，填料上附着生长的微生物可有效地去除污水中的悬浮物、有机物、氨氮、总氮等污染物。生物接触氧化法适用范围较广，好氧生物接触氧化可去除COD_{Cr}，并将氨氮转化为硝酸盐氮，通过增加缺氧单元产生反硝化作用从而去除氮。

根据污水处理流程，生物接触氧化技术可分为一级生物接触氧化、二级生物接触氧化和多级生物接触氧化。该方法是介于活性污泥法与生物滤池的生物处理技术，它具有两种方法的优点，因此在污水治理中得到广泛应用。生物接触氧化池基本结构如图6.20所示。

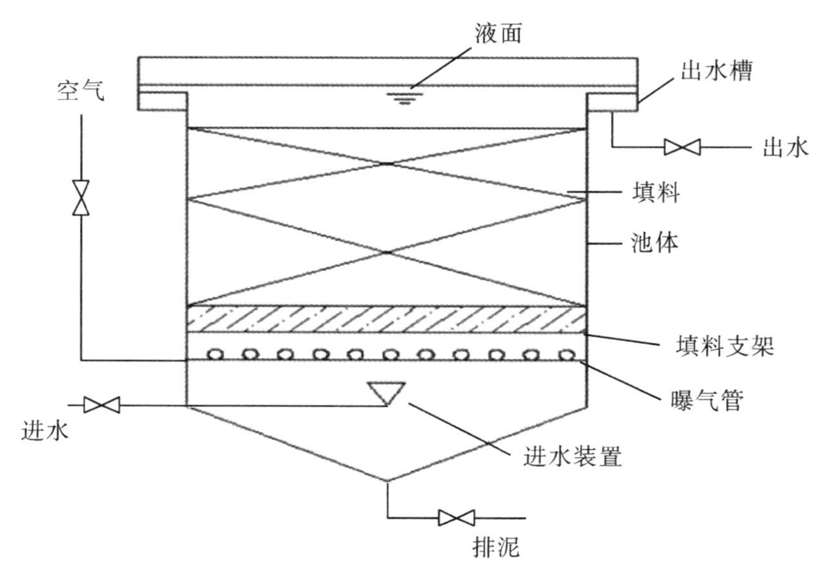

图 6.20　生物接触氧化池基本结构示意图

生物接触氧化池由池体、填料、支架及曝气装置、进出水装置以及排泥管道等部件组成。一体化设备好氧区常采用本工艺。按曝气装置位置的不同，生物接触氧化池在形式上可分为分流式和直流式，分流式生物接触氧化池中的污水先在单独的隔间内充氧后，再缓缓流入装有填料的反应区；直流式生物接触氧化池是直接在填料底部曝气。按水流特征又可分为内循环和外循环式，内循环指在填料装填区进行循环，外循环指在填料体内、外形成循环。

（1）适用范围与条件

一般适用于有一定经济承受能力的农村，处理规模为多户或集中式污水处理设施。若作为单户或多户污水处理设施，为减少曝气耗电、降低运行成本，宜利用地形高差，通过跌水充氧完全或部分取代曝气充氧。

优点：结构简单，占地面积小；污泥产量少，无污泥膨胀；生物膜内微生物量稳定，生物相对丰富，对水质、水量波动的适应性强；操作简单，较活性污泥法的动力消耗少，污染物去除效果好。

缺点：加入生物填料导致建设费用增高；可调控性差；对磷的处理效果较差，对总磷指标要求较高的农村地区应配套建设深度除磷单元；处理过程中需要曝气，相应的电费与管理费增加。

（2）设计水质

①污水的设计水质应根据实际测定的调查资料确定，其测定方法和数据处理方法应符合《地表水和污水监测技术规范》（HJ/T 91—2002）的规定。无调查资料时，按第一章推荐的标准设计。

②接触氧化池的进水应符合下列条件：水温宜为 12~37 ℃；pH 值宜为 6.0~9.0；营养组合比（BOD_5∶氨氮∶磷）宜为 100∶5∶1，当氮磷比例小于营养组合比时，应适当补充氮、磷；去除氨氮时，进水总碱度（以 $CaCO_3$计）/氨氮（NH_3-N）的比值不宜小于 7.14，且好氧池（区）剩余碱度宜大于 70 mg/L，不满足时应补充碱度；脱总氮时，进水的易降解碳源 BOD_5总氮值不宜小于 4.0，不满足时应补充碳源。

针对农村的特征并根据国内外的经验，用于处理村庄污水的生物接触氧化池的负荷宜小于城市污水处理厂，由于村庄污水具有分散性的特点，特别是小规模的处理设施往往不能每天进行专业维护管理，因此，参考日本小型净化槽的设计标准，适当将 BOD_5负荷降低。生物接触氧化池 BOD_5容积负荷参数可参考表 6.14。

表 6.14　生物接触氧化池 BOD_5容积负荷参数

处理能力/$m^3 \cdot d^{-1}$		0.1~ 5	5~20	0.2~00.25
好氧池（I）/kg$BOD_5 \cdot (m^3 \cdot d)^{-1}$		0.15~0.18	0.20~0.22	0.20~0.25
缺氧池+好氧池 /kg$BOD_5 \cdot (m^3 \cdot d)^{-1}$	好氧池（II）	0.10~0.12	0.12~0.15	0.10~0.15
	缺氧池	0.06~0.08	0.10~0.14	0.10~0.15

注：好氧池（I）为去除 COD 和 BOD_5 功能的处理方法，有脱氮要求时可将好氧池（II）与缺氧池联合使用。反应池顺序为缺氧池、好氧池（II），并设置硝化液回流装置。

好氧生物接触氧化池（I）曝气总时间宜为 1.5~3 h，曝气时池中的溶解氧含量宜维持在 2.0~3.5 mg/L。

好氧生物接触氧化池（I）污水的水力停留时间宜保持在 1~1.5 d。曝气总时间为 1.5~3 h，曝气时池中的溶解氧含量宜维持在 1.0~3.5 mg/L。

需要脱氮时，保证污水在生物处理单元的停留时间大于 24 h，以提升处理设施的处理效果。污水处理量在 20 m^3/d 以上的村庄污水处理站在设计时，应考虑运行模式，生物接触氧化池的有效接触时间及曝气量为最低标准。设计和运行时，需要合理布置曝气系统，实现均匀曝气。正常运行时，需观察填料载体上生物膜生长与脱落的情况，并通过适当的气量调节防止生物膜的整体大规模脱落。

（3）污染物去除率

生物接触氧化法污水处理工艺的污染物去除率设计值可按表 6.15 确定。

表 6.15　生物接触氧化法污水处理工艺的污染物去除率设计值　单位：%

污染类别	悬浮物（SS）	生化需氧量（BOD_5）	化学耗氧量（COD_{Cr}）	氨氮	总氮
生活污水	70~90	80~95	80~90	60~90	50~80

（4）工艺设计

进水水质、水量变化大的污水处理站，宜设置水质和水量的调节设施。

生物接触氧化法污水处理工艺可选用不同种类的填料，包括悬挂式填料、悬浮式填料和固定式填料等。

生物接触氧化法污水处理工艺应优先选用高效填料，并依据污水处理要求确定生物接触氧化池需要的总生物量和填料附着生物量，并考虑附着生物膜厚度和生物膜活性等对污水处理效果的影响。

①前处理

生活污水处理工程应设置格栅渠。污水集中处理工程应设置沉砂池。进水悬浮物浓度高于五日生化需氧量设计值 1.5 倍时，生活污水处理工程应设置初次沉淀池。格栅渠、沉砂池、初沉池的设计应符合《室外排水设计标准》（GB 50014—2021）的规定。

②后处理

生活污水处理过程应根据处理出水要求设置后处理，普通的后处理单元工艺包括：终沉池、杀菌消毒池及污泥浓缩、脱水工艺。

③预处理

生物接触氧化池前应设置初沉池等预处理设施，以防止填料堵塞。初沉池可以是单独的沉淀池或一体化设备中的沉淀单元，已建符合要求的化粪池也可作为初沉池。

进水的 BOD_5/COD 小于 0.3 时，宜增加水解酸化法厌氧处理工艺，以改善废水的可生化性。

处理含油量大于 50 mg/L 的污水时，应增设隔油池、气浮等预处理工艺。

进水水温宜控制不低于 12 ℃，或不高于 37 ℃。水温超出控制范围时，应考虑设置加热系统或设置冷却装置。进水水温较高时，水力停留时间的设计宜取低值；进水水温较低时，水力停留时间的设计宜取高值。

（5）生物接触氧化工艺设计

生物接触氧化法的基本工艺流程由生物接触氧化池和沉淀池两部分组成，可根据进水水质和处理效果选用一级生物接触氧化池或多级生物接触氧化池。

组合工艺流程：生物接触氧化工艺可单独应用，也可与其他污水处理工艺组合应用。单独使用时可用作碳氧化和硝化，脱氮时应在生物接触氧化池前设置缺氧池，除磷时应组合化学除磷工艺。

以“缺氧生物接触氧化+好氧生物接触氧化”为主体工艺的组合流程适宜普通生活污水的除碳和脱氮处理（见图 6.21）。

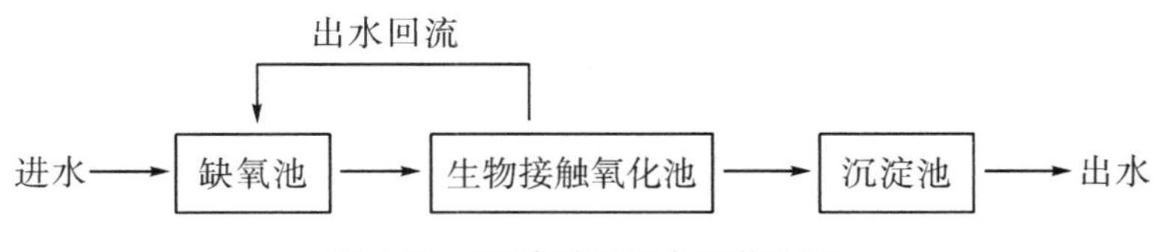

图 6.21　除碳脱氮组合工艺流程

①池容设计

生物接触氧化池有效容积的计算公式如下：

$$V=\frac{Q\times(S_0-S_e)}{M_c\times\eta\times 1\,000} \tag{6.24}$$

式中：V——生物接触氧化池的设计容积（m^3）；

Q——生物接触氧化池的设计流量（m^3/d）；

S_0——生物接触氧化池进水五日生化需氧量（mg/L）；

S_e——生物接触氧化池出水五日生化需氧量（mg/L）；

M_c——生物接触氧化池填料去除有机污染物的五日生化需氧量容积负荷［$kgBOD_5$/（m^3填料·d）］；

η——填料的填充比（%）。

硝化好氧池有效容积的计算公式如下：

$$V=\frac{Q\times(N_{IKN}-N_{EKN})}{M_N\times\eta\times 1\,000} \tag{6.25}$$

式中：V——硝化好氧池的容积（m^3）；

Q——硝化好氧池的设计流量（m^3/d）；

N_{IKN}——硝化好氧池进水凯氏氮（mg/L）；

N_{EKN}——硝化好氧池出水凯氏氮（mg/L）；

M_N——硝化好氧池的硝化容积负荷［kgTKN/（m^3填料·d）］；

η——填料的填充比（%）。

反硝化缺氧池有效容积的计算公式如下：

$$V_{DN}=\frac{Q\times(N_{IN}-N_{EN})}{M_{DNL}\times\eta\times1\ 000} \tag{6.26}$$

式中：V_{DN}——反硝化缺氧池的设计容积（m^3）；

Q——反硝化缺氧池设计流量（m^3/d）；

N_{IN}——反硝化缺氧池进水的硝态氮（mg/L）；

N_{EN}——反硝化缺氧池出水的硝态氮（mg/L）；

M_{DNL}——反硝化缺氧池的反硝化容积负荷[kgNO_3-N/（m^3填料·d）]；

η——填料的填充比（%）。

同时去除碳源污染物和氨氮时，生物接触氧化池设计池容应分别计算去除碳源污染物的容积负荷和硝化容积负荷。生物接触氧化池的设计池容应取其高值，或将两种计算值之和作为生物接触氧化池的设计池容。

采用水力停留时间对计算得出的池容进行校核计算，计算公式如下：

$$V=\frac{Q\times \mathrm{HRT}}{24} \tag{6.27}$$

式中：V——设计池容（m^3）；

Q——设计流量（m^3/d）；

HRT——水力停留时间（h）。

②工艺参数

去除碳源污染物处理工程宜按表6.16中所列的设计参数取值。但水质相差较大时，应通过试验或参照类似工程确定设计参数。

表6.16　去除碳源污染物处理工程主要工艺设计参数（设计水温为20 ℃）

项目	符号	单位	参数值
五日生化需氧量填料容积负荷	M_c	kgBOD_5/(m^3填料·d)	0.5~3.0
悬挂式填料填充率	η	%	50~80
悬浮式填料填充率	η	%	20~50

表6.16(续)

项目	符号	单位	参数值
污泥产率	Y	$kgVSS/kgBOD_5$	0.2~0.7
水力停留时间	HRT	h	2~6

同时除碳脱氮时，应设置缺氧池和生物接触氧化池，主要工艺设计参数宜按表6.17取值。多级生物接触氧化工艺的第一级生物接触氧化池的水力停留时间应占总水力停留时间55%~60%。

表6.17 除碳脱氮处理时主要工艺设计参数（设计水温为10 ℃）

项目	符号	单位	参数值
五日生化需氧量填料容积负荷	M_c	$kgBOD_5/(m^3$填料·d)	0.4~2.0
硝化填料容积负荷	M_N	$kgTKN/(m^3$填料·d)	0.5~1.0
好氧池悬挂填料填充率	η	%	50~80
好氧池悬浮填料填充率	η	%	20~50
缺氧池悬挂填料填充率	η	%	50~80
缺氧池悬浮填料填充率	η	%	20~50
水力停留时间	HRT	h	4~16
	HRT_{DN}		缺氧段0.5~3.0
污泥产率	Y	$kgVSS/kgBOD_5$	0.2~0.6
出水回流比	R	%	100~300

③池体设计

生物接触氧化池的长宽比宜取2：1~1：1，有效水深宜取3~6 m，超高不宜小于0.5 m。

生物接触氧化池采用悬挂式填料时，应由下至上布置曝气区、填料层、稳水层和超高。其中，曝气区高度宜采用1.0~1.5 m，填料层高度宜取2.5~3.6 m，稳水层高度宜取0.4~0.5 m。

生物接触氧化池进水应防止短流，进水端宜设导流槽，其宽度不宜小于0.8 m。导流槽与接触氧化池之间应用导流墙分隔。导流墙下缘至填料底面的距离宜为0.3~0.5 m，至池底的距离不宜小于0.4 m。竖流式生物接触氧化池宜采用堰式出水，过堰负荷宜为2.0~3.0 L/(s·m)。生物接触氧化池底部应设置排泥和放空装置。

（6）加药系统

化学药剂储存容量应为理论加药量的 4~7 d 的总投加量。生物接触氧化池进水的 BOD_5/TKN 小于 4 时，应在缺氧池（区）中投加碳源。

投加碳源量宜按下式计算：

$$BOD_5 = 2.86 \times \Delta N \times Q \tag{6.28}$$

式中：BOD_5——投加的碳源对应的 BOD_5 量（mg/L）；

ΔN——硝态氮的脱除量（mg/L）；

Q——设计污水流量（m^3/d）。

污水生物除磷不能达到要求时，宜采用化学除磷。药剂种类投加量和投加点宜通过试验或参照类似工程确定。化学除磷的药剂宜采用铝盐、铁盐或石灰。采用铝盐或铁盐时，宜按照铁或铝与污水总磷的摩尔比为 1.5~3∶1 进行投加。接触铝盐和铁盐等腐蚀性物质的设备和管道应采取防腐措施。

（7）污泥系统

沉淀池表面负荷宜按常规活性污泥法二沉池设计值的 70%~80%取值。污泥量设计应同时考虑剩余活性污泥和化学除磷污泥。去除有机物产生的污泥量宜按去除每千克 BOD_5 产生 0.2~0.4 kg 可挥发悬浮物计算。生物接触氧化池不宜单独设置污泥消化系统。

6.7 氧化沟工艺

目前在国内外较为流行的氧化沟有：卡罗塞尔氧化沟、双沟式氧化沟、三沟式氧化沟、奥贝尔氧化沟。

氧化沟是活性污泥法的一种改进型，具有除磷脱氮和同步去除有机物的功能，其曝气池为封闭的沟渠，废水和活性污泥的混合液在其中不断循环流动，因此氧化沟又名“连续循环曝气法”。过去由于曝气装置动力小，使池深及充氧能力受到限制，导致占地面积大，土建费用高，使其推广及应用受到影响。近十年来曝气装置的不断改进、完善及池形的合理设计，弥补了氧化沟过去的缺点。氧化沟的处理流程如图 6.22 所示。

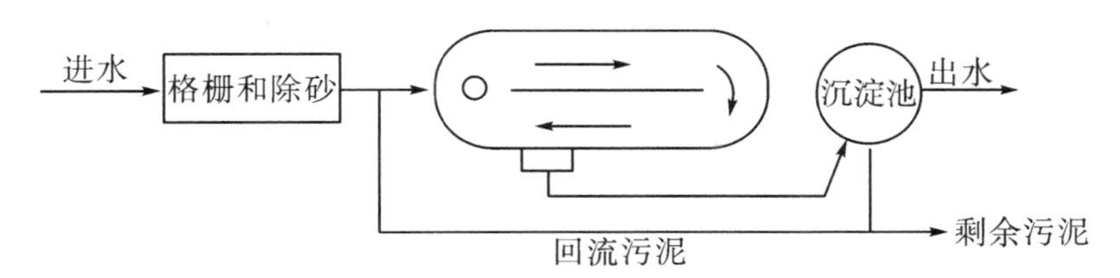

图 6.22 氧化沟的处理流程

（1）卡罗塞尔氧化沟（见图 6.23）

该氧化沟是荷兰 DHV 公司开发的。该工艺在曝气渠道端部装有低速表面曝气机，在曝气渠内用隔板分格，构成连续渠道。表曝机把水推向曝气区，水流连续经过几个曝气区后经堰口排出。为了保证沟中流速，曝气渠的几何尺寸和表曝机的设计是至关重要的，DHV 公司往往要通过水力模型才能确定工程设计。DHV 公司还开发了卡罗塞尔 2000 型，把厌氧/缺氧/好氧与氧化沟循环式曝气渠巧妙地结合起来，改变了原来调节性差、脱氮除磷效果差的缺点，但水力设计更为复杂。卡罗塞尔氧化沟的缺点是池深较浅，一般为 4.0 m，且占地面积大，土建费用高。也有将卡罗塞尔氧化沟池深设计为 6 m 或更深的情况，但需要采用潜水推流器提供额外动力。

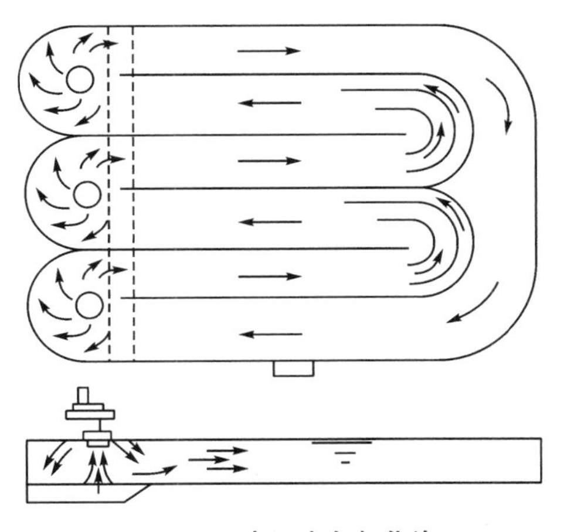

图 6.23 卡罗塞尔氧化沟

（2）双沟式（DE 型）氧化沟和三沟式（T 型）氧化沟（见图 6.24）

这两种氧化物是由丹麦克鲁格公司开发的。DE 型氧化沟由双沟组成，氧化沟与二沉池分建，有独立的污泥回流系统，DE 型氧化沟可按除磷脱氮等多种工艺运行。双沟式氧化沟是由两个容积相同，交替运行的曝气沟组成。沟内设有转刷和水下搅拌器，实现硝化过程，由于周期性的变换进出水方向（需启闭进出水堰门）和变换转刷和水下搅拌器的运行状态，因此必须通过计算机控制操作，对自控要求较高。三沟式氧化沟集曝气和沉淀于一体，工艺更为简单。三沟交替进水，两外沟交替出水，两外沟分别作为曝气池或沉淀池交替运行，不需要二沉池及污泥回流设备，同DE型氧化沟相同，自动化程度高。由于这两种氧化沟采用转刷曝气，池深较浅，占地面积大。双沟式和三沟式由于各沟交替运行，明显的缺点是设备利用率低，三沟式的设备利用率只有58%，设备配置多，使一次性设备投资变大。

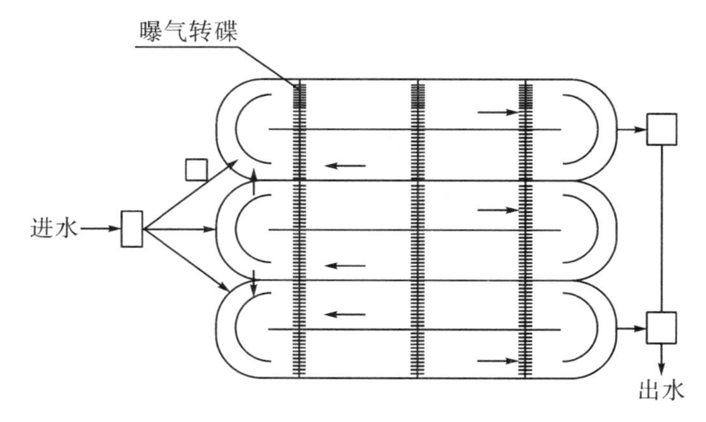

图6.24　三沟式（T型）氧化沟

（3）奥贝尔（Orbal）氧化沟（见图6.25）

奥贝尔氧化沟是氧化沟类型中的重要形式，起初是由南非的休斯曼构想，南非国家水研究所研究和发展的，该技术转让给美国的Envirex公司后得到的不断的改进及推广应用。

奥贝尔氧化沟是椭圆形的，通常有三条同心曝气渠道（也有两条或更多条渠道）。污水通过淹没式进水口从外沟进入，顺序流入下一条渠道，由内沟道排出。

奥贝尔氧化沟具有同时硝化、反硝化的特性，在氧化沟前面增加一座厌氧选择池，便构成了生物脱氮除磷系统。污水和回流污泥首先进入厌氧选择池，停留时间约1小时，在厌氧池中完成磷的释放，并改善污泥的沉降性，然后混合液进入氧化沟进行硝化、反硝化，实现脱氮除磷。

奥贝尔氧化沟的缺点是池深较浅，一般为4.3 m左右，占地面积较大，因为池型为椭圆形，对地块的有效利用较差。

奥贝尔氧化沟工艺技术成熟，耐冲击负荷能力强，脱氮效率较高，在国内中、小污水处理厂中有广泛的应用。

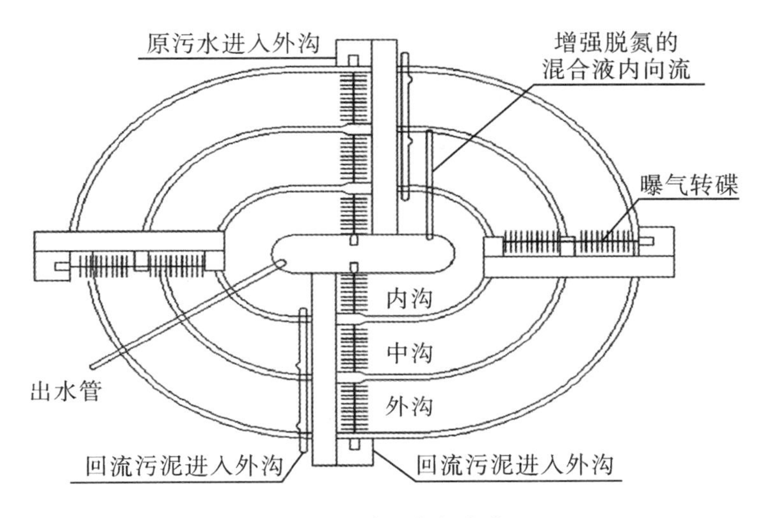

图 6.25　奥贝尔氧化沟

（4）一体化氧化沟

一体化氧化沟又称合建式氧化沟，是指集曝气、沉淀、泥水分离和污泥回流功能为一体，无须建造单独的氧化沟。一体化氧化沟的优点是不必设置单独的二沉池，工艺流程短，构筑物和设备少，所以投资省、占地少。此外，污泥可在系统内自动回流，无须回流泵和设置回流泵站，因此能耗低，管理简便容易。但由于沟内需要设分区，或增设侧渠，使氧化沟的内部结构变得复杂，造成检修不便。

根据沉淀器置于氧化沟的不同部位，一体化氧化沟可分为三种：沟内式、侧沟式和中心岛式。沟内式一体化氧化沟将固液分离器设置于氧化沟主沟内，其结构如图 6.26 所示。其主要优点是较为节省占地，但由于主沟水流要从固液分离器的底部组件通过，流态复杂，不利于固液分离与污泥回流。

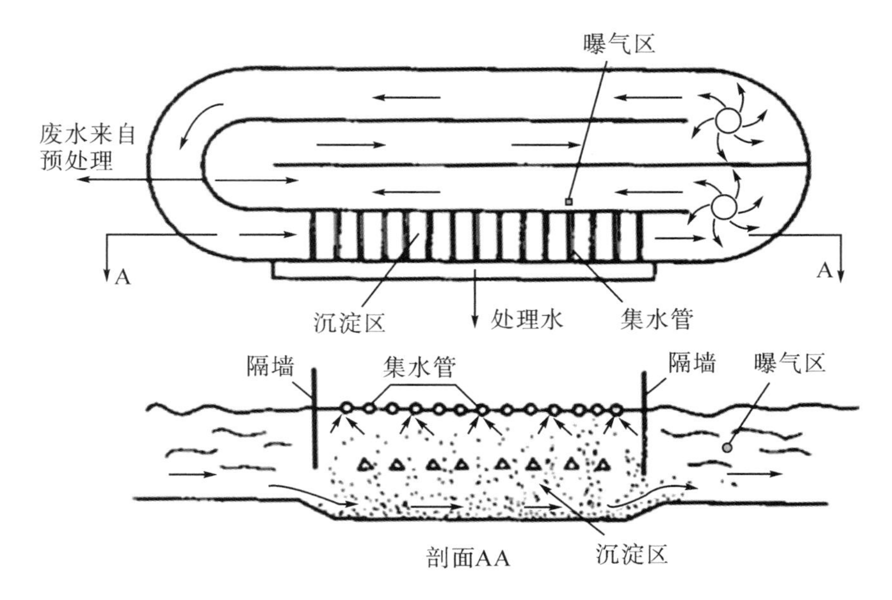

图 6.26　沟内式一体化氧化沟

侧沟式一体化氧化沟将固液分离器设置在氧化沟的边墙上或外侧，由于降低了水头损失和主沟紊动对分离器的影响，其水力条件和水流流态都比沟内式一体化氧化沟优越，使得氧化沟整体效率更高，主要形式有边墙和中心隔墙式、竖向循环式、侧渠式和斜板式等。

中心岛式一体化氧化沟是将固液分离器设置在氧化沟的中心岛处，由于消除了分离器对主沟中流态的影响，减少了水头损失，故节省了曝气设备的能量，同时充分利用了氧化沟中心岛部分的空间，故减少了占地。

6.8　A/O 工艺与 A^2/O 工艺

6.8.1　A/O 工艺与 A^2/O 工艺简介

A/O 工艺是 Anoxic/Oxic（缺氧/好氧）或 Anaerobic/Oxic（厌氧/好氧）工艺的缩写，是指通过厌氧区、缺氧区和好氧区的各种组合以及不同的污泥回流方式，去除污水中有机污染物和氮磷等的活性污泥的污水处理方法，它属于前置反硝化生物脱氮工艺。A/O 活性污泥脱氮系统如图 6.27 所示。

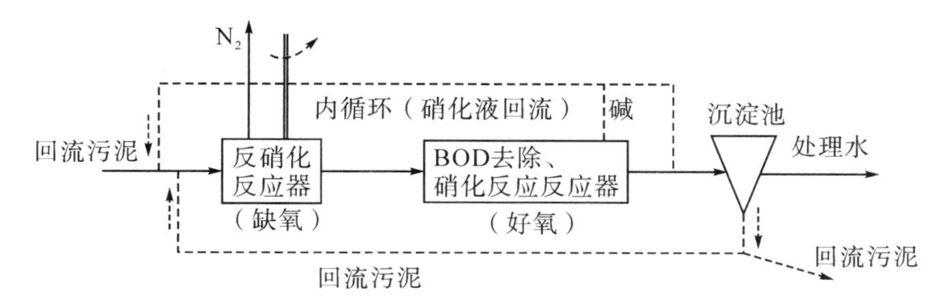

图 6.27 A/O 活性污泥脱氮系统

生物脱氮除磷系统的活性污泥中，菌群主要由硝化菌、反硝化菌、聚磷菌组成。在好氧段，硝化菌将入流中的有机氮氨化成的氨氮，再通过生物硝化作用，转化成硝酸盐；在缺氧段，反硝化菌将内回流带入的硝酸盐通过生物反硝化作用，转化成氮气逸入大气中，从而达到脱氮的目的；在厌氧段，聚磷菌释放磷，并吸收低级脂肪酸等易降解的有机物；而在好氧段，聚磷菌超量吸收磷，并通过剩余污泥的排放，将磷除去。主要变形有改良厌氧-缺氧-好氧活性污泥法、厌氧-缺氧-缺氧-好氧活性污泥法、缺氧-厌氧-缺氧-好氧活性污泥法等。具体规范详见《厌氧-缺氧-好氧活性污泥法污水处理工程技术规范》（HJ 576—2010）。

A/O 工艺中，硝化液一部分回流至反硝化池，池内的反硝化脱氮菌以原污水中的有机物作为碳源，以硝化液中 NO_x^- 中的氧作为电子受体，将 NO_x^--N 还原成 N_2，不需要外加碳源。反硝化池还原 1 gNO_x^--N 产生 3.57 g 碱度，可补偿硝化池中氧化 1 gNH_3-N 所需碱度（7.14 g）的一半，所以对含 N 浓度不高的废水，不必另行投碱调 pH 值。反硝化池残留的有机物可在好氧硝化池中进一步去除。A/O 工艺的优点是能够同时去除有机物和氮，流程简单，构筑物少，只有一个污泥回流系统和混合液回流系统，节省基建费用；反硝化缺氧池不需要外加有机碳源，降低了运行费用；好氧池在缺氧池后，可使反硝化残留的有机物得到进一步去除，提高了出水水质（残留有机物进一步去除）；缺氧池中污水的有机物被反硝化菌利用，减轻了其他好氧池的有机物负荷，同时缺氧池中反硝化产生的碱度可弥补好氧池中硝化需要碱度的一半（减轻了好氧池的有机物负荷，碱度可弥补需要的一半）。其缺点是脱氮效率不高，一般为 70%~80%，此外好氧池出水含有一定浓度的硝酸盐，如二沉池运行不当，则会发生反硝化反应，造成污泥上浮，使处理水水质恶化。

A/O 工艺在除磷方面的推广受到以下几个因素的制约：第一，生物除磷是将液相中的污染物转移到固相中予以去除。A/O 法的特点之一是泥龄短、污泥量多，剩余污泥含磷率高于传统活性污泥法，污泥在浓缩消化过程中会将吸收的磷释放出来，要彻底去除系统中的磷，还需要增加后续处置设施。当温度低、进水负荷低时，微生物代谢能力减弱，污泥生长缓慢，除非污泥含磷量特别高，否则只排少量污泥，磷的去除率必然很低。第二，厌氧池的厌氧条件难以保证。理论计算认为当污泥龄大于 5 天时，硝化菌便能在系统中停留。当曝气池水力停留时间偏长时，废水中的氨氮在硝化菌的作用下转化成 NO_2^- 和 NO_3^-，回流污泥中就不可避免地混入了 NO_x。原污水和回流污泥混合，反硝化菌优先获得碳源进行脱氮，聚磷菌竞争不到碳源，不能有效释放，因而也不能过量吸收磷，从而使系统的除磷能力下降。第三，受水质波动影响大。磷的厌氧释放分有效和无效两部分，聚磷菌在释磷的过程中同时吸收原污水中的低分子有机物，合成细胞内贮物，我们把这一过程称为有效释磷。聚磷菌只有有效释磷后，才能在随后的好氧段过量摄磷。

当废水中可供聚磷菌利用的低分子有机物量很少时，聚磷菌便发生无效释磷，即在释磷过程中不合成细胞内贮物。无效释放出来的磷在系统中是不能被去除的。因此，A/O 工艺的除磷效果受进水水质影响很大，不够稳定。

传统 A^2/O 工艺是目前普遍采用的同时脱氮除磷和去除有机物的工艺，它是 A/O 工艺的改进，在传统活性污泥法的基础上增加一个厌氧段，将好氧池流出的一部分混合液回流至缺氧池前端，以达到硝化脱氮的目的，使 A^2/O 工艺同时具有去除 BOD_5、SS、N、P 的功能。

在首段厌氧池进行磷的释放使污水中 P 的浓度升高，溶解性有机物被细胞吸收而使污水中 BOD 浓度下降。另外，NH_3-N 因细胞合成而被去除一部分，使污水中 NH_3-N 浓度下降。

在缺氧池中，反硝化菌利用污水中的有机物作为碳源，将回流混合液中带入的大量 NO_3^--N 和 NO_2^--N 还原为 N_2并释放至空气，因此 BOD_5浓度继续下降，NO_3^--N 浓度大幅度下降，但磷的变化很小。

在好氧池中，有机物被微生物生化降解，其浓度继续下降；有机氮被氨化继而被硝化，使 NH_3-N 浓度显著下降，NO_3^--N 浓度显著增加，而磷的浓度随着聚磷菌的过量摄取也以较快的速率下降。

目前，国内外较为流行的 A^2/O 工艺包括：常规 A^2/O 工艺、UCT 工艺、改良 UCT 工艺、分点进水倒置 A^2/O 工艺等。

（1）常规 A^2/O 工艺

A^2/O 工艺是一种典型的脱氮除磷工艺，其生物反应池由 Anaerobic（厌氧）、Anoxic（缺氧）和 Oxic（好氧）三段组成，其典型工艺流程如图 6.28 所示。其特点是厌氧、缺氧、好氧三段功能明确、界线分明，可根据进水条件和出水要求，人为地创造和控制三段的时空比例和运转条件，只要碳源充足（TKN/COD≤0.08 或 BOD/TKN≥4）便可根据需要达到比较高的脱氮率。

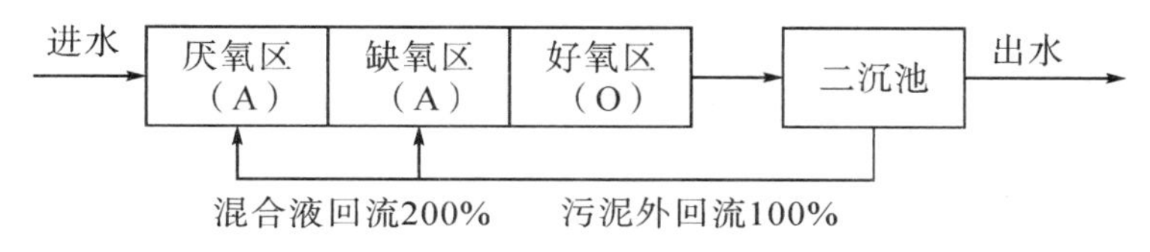

图 6.28　A^2/O 工艺流程图

A^2/O 工艺在系统上是简单的同步除磷脱氮工艺，总水力停留时间小于其他同类工艺，在厌氧（缺氧）、好氧交替运行的条件下可抑制丝状菌繁殖，克服污泥膨胀，SVI 值一般小于 100，有利于进行污水与污泥的分离。运行中，在厌氧和缺氧段内只需轻缓搅拌，运行费用低，由于厌氧、缺氧和好氧三个区严格分开，有利于不同微生物菌群的繁殖生长，因此脱氮除磷效果非常好。目前，该工艺在国内外使用较为广泛。

但总体来说，对于碳源较丰富的情况，这种工艺运转稳定可靠，除磷脱氮程度高，其出水水质很好，在对出水氮磷要求严格时，可采用这种工艺。

（2）UCT 工艺

在常规 A^2/O 工艺中，回流污泥中的硝酸氮会优先夺取污水中容易生物降解的有机物，实现反硝化，对除磷造成不利影响，因此如何降低脱氮对除磷的影响成了一个关键的技术问题。国外经过研究和实践，成功开发了 UCT 工艺，提供了一个较好的解决办法。

UCT 工艺的流程如图 6.29 所示，该工艺与 A^2/O 工艺的区别在于，回流污泥首先进入缺氧段，而缺氧段部分流出混合液再回至厌氧段。通过这样的修正，可以避免因回流污泥中的 NO_3^--N 回流至厌氧段，干扰磷的厌氧释放，而降低磷的去除率。回流污泥带回的 NO_3^--N 将在缺氧段中被反硝化。当入流污水的 BOD_5/TKN 或 BOD_5/TP 较低时，适合采用 UCT 工艺，获得这一效果的代价是增加从缺氧池出流液到厌氧池的回流，增加了电耗。

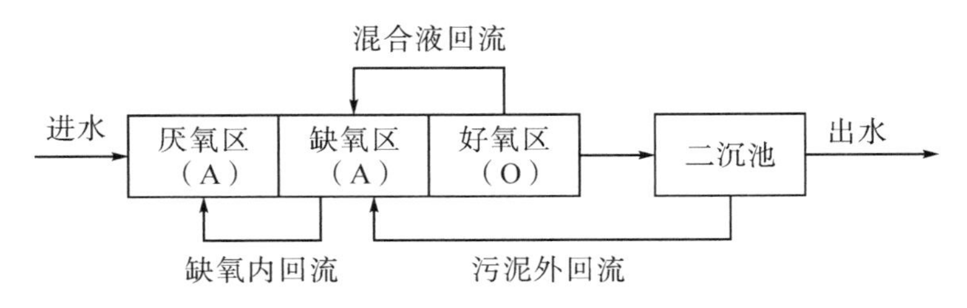

图 6.29 UCT 工艺流程图

（3）分点进水倒置 A^2/O 工艺

分点进水倒置 A^2/O 工艺是 1997 年由“中德合作城市污水脱氮除磷技术研究课题组”最先在我国研究和开发的合作项目，该工艺的流程如图 6.30 所示。为避免传统 A^2/O 工艺回流硝酸盐对厌氧池放磷的影响，通过将缺氧池置于厌氧池前面，来自二沉池的回流污泥和 30%~50%的进水、50%~150%的混合液回流均进入缺氧段，停留时间为 1~3 h。回流污泥和混合液在缺氧池内进行反硝化，去除硝态氮，再进入厌氧段，保证了厌氧池的厌氧状态，强化了除磷效果。

由于污泥回流至缺氧段并且采用两点的进水方式，使得缺氧段污泥浓度可较好氧段高出近 50%。因此，对于一个已知 MLSS 浓度的终沉池，分段进水系统比常规系统具有较多的污泥储量和较长的污泥龄，从而提升了处理能力。另外，单位池容的反硝化速率明显提高，反硝化作用能够得到有效保证。根据不同进水水质、不同季节情况下生物脱氮和生物除磷所需碳源的变化，调节分配至缺氧段和厌氧段的进水比例，反硝化作用能够得到有效保证，系统中的除磷效果也有保证，因此，本工艺与其他除磷脱氮工艺相比具有明显优点。

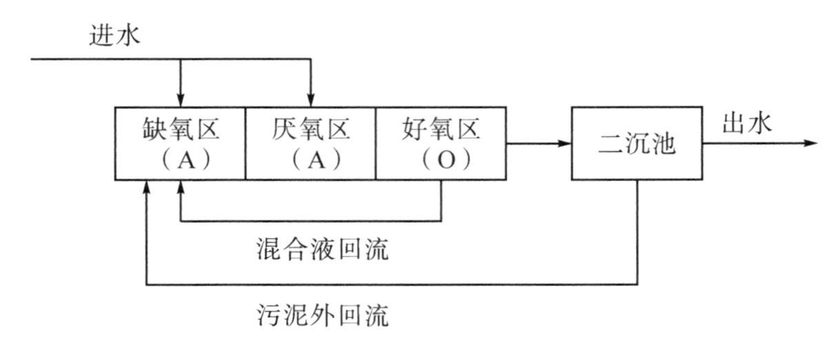

图 6.30 分点进水倒置 A^2/O 工艺流程图

分点进水倒置 A^2/O 工艺采用矩形的生物池，设缺氧段、厌氧段及好氧段，用隔墙分开，为推流式。缺氧段、厌氧段设置水下搅拌器，好氧段设置微孔曝气系统。为能达到硝化阶段，应选择合理的污泥龄。

（4）多级 AO 工艺

多级 AO 工艺也是 A^2/O 工艺的一种，其工艺流程如图 6.31 所示，由于其节省了内回流，降低了传统 A^2/O 工艺的能耗，因此在最近几年受到了广泛关注。

多级 AO 工艺的理念来源于分点进水工艺，从运行模式上看属于几个 AO 工艺的串联，但由于污水分段进入，使得多级 AO 工艺整体污泥浓度较传统 AO 工艺有较大提升，而出水的污泥负荷却没有增加，因此相对于传统 AO 工艺，多级 AO 可有效地减少池容，节省工程投资。此外，由于污水分段进行反硝化，多级 AO 工艺的总体脱氮效率有很大提升，因此很适合应用于对脱氮要求较高的情况，考虑到氮素的去除一直是污水处理厂关注的重点和难点，在对出水氮磷要求严格时，采用这种方法可较大地提高 TN 出水达标率。

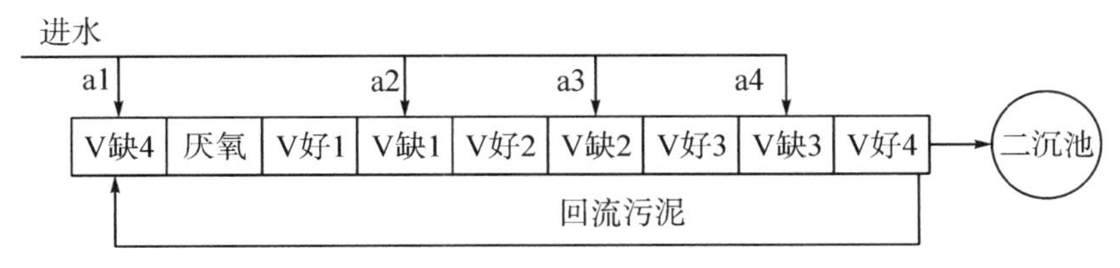

图 6.31　多级 AO 工艺流程图

6.8.2　工艺的适用范围与条件

（1）A/O 工艺

该工艺主要适用于没有可利用的土地或者可利用的土地极少且对出水水质要求较高，实现了污水集中收集的地区。另外，由于该工艺需要定期维护且运行中有能耗，故需要当地居民有一定经济承受能力。它适用于污水量较大、进水浓度较高、处理要求高的项目，可用于对污水中有机物、氮和磷的净化处理。地埋式 A/O 系统适用于处理规模在 20～200 吨/日的污水处理项目；地上式 A/O 系统适用于处理规模在 200 吨/日以上的污水处理项目。

（2）A^2/O 工艺

该工艺适用于出水水质要求较高的农村，如风景区旅游村、湖泊河流沿岸农村等。当处理后的污水排入封闭性水体或缓流水体引起富营养化，从而影响给水水源时，优先采用该工艺。该工艺基本不受地形、区域的影响。其建设规模应综合考虑服务区域范围内的污水产生量、分布情况、发展规划以及变化趋势等因素，并以近期为主、远期可扩建规模为辅的原则确定。

优点：工艺变化多且设计方法成熟，设计参数容易获得；可控性强，可根据处理目的的不同灵活选择工艺流程及运行方式，从而取得满意的处理效果。

缺点：构筑物数量多，流程长，运行管理难度大，运行费用高，不适合小水量处理。

6.8.3 工艺的设计条件与参数

（1）进水 COD_{Cr}、NH_3-N 含量

进入生化池的 COD_{Cr} 含量不宜超过 2 450 mg/L，NH_3-N 含量不超过 150 mg/L，进水碳氮比值即（COD_{Cr}/NH_3-N）≫6。

（2）进水营养盐配比

根据生化要求，C∶N∶P＝100∶5∶1。根据废水特点，碳源、氮源足够，但是适当缺乏 P 源。为保证良好的出水，可在好氧池前适当投加磷酸盐，磷酸盐投加量为 20~50 kg/d，也可根据出水情况确定。

（3）进水水温

一般，来水要达到良好的硝化效率，水温要求为 25~30 ℃；要达到良好的反硝化效率，水温要求为 30~35 ℃。为保证良好的脱氮率，要求冬天最低水温不低于 20 ℃。

（4）溶解氧含量

缺氧池溶解氧控制在 0.2~0.5 mg/L，好氧池溶解氧控制在 3~5 mg/L，调试阶段好氧池要求每天测定溶氧量并进行记录。一般情况下，风机开启两台，初期水量较少时可开启一台。

（5）污泥沉降比（SV%）及污泥指数（SVI）

为防止污泥膨胀，SV%要求控制在 50%~60%，污泥浓度达到 3 500 mg/L 左右。相应的污泥指数（SVI）在 150~200。

污泥龄是指曝气池每天工作着的活性污泥总量与排放后剩余污泥量的比值。一般来说好氧池污泥龄为 20~40 d。

好氧池在运行过程中，需要定期对COD_{Cr}、氨氮、pH 值、温度、SVI、溶解氧、污泥浓度等进行测定，以便对调试方法做出改进。

（6）污染负荷去除率

A/O 和 A^2/O 工艺污染物去除率见表 6.18。

表 6.18　A/O 和 A^2/O 工艺污染物去除率　　单位:%

污水类别	主体工艺	COD_{Cr}	BOD_5	SS	NH_4-N	TN	TP
生活污水	预处理+A/O+二沉池	70~90	90~95	90~95	85~95	60~70	60~85
	预处理+A^2/O反应池+二沉池	70~90	80~95	80~95	80~95	60~85	60~90

（7）工艺参数

厌氧/好氧工艺处理生活污水时，主要设计参数宜按表 6.19 的规定取值。水质与生活污水水质相差较大时，设计参数应通过试验或参照类似工程确定。

表 6.19　厌氧/好氧工艺主要设计参数（水温为 20 ℃）

项目名称		符号	单位	参数值
反应池五日生化需氧量污泥负荷	BOD_5/MLVSS	L_S	kg/(kg·d)	0.30~0.60
	BOD_5/MLSS			0.20~0.40
反应池混合液悬浮固体(MLSS)平均质量浓度		X	g/L	2.0~4.0
反应池混合液挥发性悬浮固体(MLVSS)平均质量浓度		X_v	g/L	1.4~2.8
MLVSS 在 MLSS 中所占比例	设初沉池	Y	g/g	0.65~0.75
	不设初沉池			0.5~0.65
设计污泥泥龄		θ_c	d	3~7
污泥产率系数(VSS/BOD_5)	设初沉池	Y	kg/kg	0.3~0.6
	不设初沉池			0.5~0.8
厌氧水力停留时间		t_p	h	1~2
好氧水力停留时间		t_o	h	3~6
总水力停留时间		HRT	h	4~8
污泥回流比		R	%	40~100
需氧量(O_2/BOD_5)		O_2	kg/kg	0.7~1.1
BOD_5总处理率		η	%	80~95
TP 总处理率		η	%	75~90

缺氧/好氧工艺处理生活污水或水质类似的生活污水时，主要设计参数宜按表6.20的规定取值。水质与生活污水水质相差较大时，设计参数应通过试验或参照类似工程确定。

表6.20　缺氧/好氧工艺主要设计参数（水温为20 ℃）

项目名称		符号	单位	参数值
反应池五日生化需氧量污泥负荷	BOD_5/MLVSS	L_S	kg/(kg·d)	0.07~0.21
	BOD_5/MLSS			0.05~0.15
反应池混合液悬浮固体(MLSS)平均质量浓度		X	g/L	2.0~4.5
反应池混合液挥发性悬浮固体(MLVSS)平均质量浓度		X_v	g/L	1.4~3.2
MLVSS 在 MLSS 中所占比例	设初沉池	Y	g/g	0.65~0.75
	不设初沉池			0.5~0.65
设计污泥泥龄		θ_c	d	10~25
污泥产率系数(VSS/BOD_5)	设初沉池	Y	kg/kg	0.3~0.6
	不设初沉池			0.5~0.8
厌氧水力停留时间		t_p	h	2~4
好氧水力停留时间		t_o	h	8~12
总水力停留时间		HRT	h	10~16
污泥回流比		R	%	40~100
需氧量(O_2/BOD_5)		O_2	kg/kg	1.1~2.0
BOD_5总处理率		η	%	90~95
NH_3-N 总处理率		η	%	85~95
TP 总处理率		η	%	60~85

厌氧/缺氧/好氧工艺处理生活污水或水质类似的污水时,主要设计参数宜按表6.21的规定取值。水质与生活污水水质相差较大时,设计参数应通过试验或参照类似工程确定。

表6.21　厌氧/ 缺氧/好氧工艺主要设计参数(水温为20 ℃)

项目名称		符号	单位	参数值
反应池五日生化需氧量污泥负荷	BOD_5/MLVSS	L_S	kg/(kg·d)	0.07~0.21
	BOD_5/MLSS			0.05~0.15
反应池混合液悬浮固体(MLSS)平均质量浓度		X	g/L	2.0~4.5
反应池混合液挥发性悬浮固体(MLVSS)平均质量浓度		X_v	g/L	1.4~3.2

表6.21(续)

项目名称		符号	单位	参数值
MLVSS 在 MLSS 中所占比例	设初沉池	Y	g/g	0.65~0.7
	不设初沉池			0.5~0.65
设计污泥泥龄		θ_c	d	10~25
污泥产率系数(VSS/BOD_5)	设初沉池	Y	kg/kg	0.3~0.6
	不设初沉池			0.5~0.8
厌氧水力停留时间		t_p	h	2~4
缺氧水力停留时间		t_n	h	1~2
好氧水力停留时间		t_o	h	8~12
总水力停留时间		HRT	h	11~18
污泥回流比		R	%	40~100
需氧量(O_2/BOD_5)		O_2	kg/kg	1.1~1.8
BOD_5总处理率		η	%	85~95
NH_3-N 总处理率		η	%	80~90
TP 总处理率		η	%	60~80

(8) 加药系统

①外加碳源

当进入反应池的BOD_5/总凯氏氮（TKN）小于4时，宜在缺氧池（区）中投加碳源。投加碳源量计算公式如下：

$$BOD_5 = 2.86 \times \Delta N \times Q \tag{6.29}$$

式中：BOD_5——投加的碳源对应的BOD_5量（g/d）；

ΔN——硝态氮的脱除量（mg/L）；

Q——污水设计流量（m^3/d）。

碳源储存罐容量应为理论加药量的7~14 d投加量，投加系统不宜少于2套，应采用计量泵投加。

②化学除磷

当出水总磷不能达到排放标准的要求时，宜采用化学除磷作为辅助手段。最佳药剂种类、投加量和投加点宜通过试验或参照类似工程确定。化学药剂储存罐容量应为理论加药量的4~7 d投加量，加药系统不宜少于2套，应采用计量泵投加。接触铝盐和铁盐等腐蚀性物质的设备和管道应采取防腐措施。

③回流系统

回流设施应采用不易产生复氧的离心泵、混流泵、潜水泵等设备。回流设施宜分别按生物处理工艺系统中的最大污泥回流比和最大混合液回流比设计。回流设备不应少于2台，并应设计备用设备。回流设备宜具有调节流量的功能。

6.9 SBR工艺

序批式活性污泥法（sequencing batch reactor activated sludge process，SBR）最初是由英国学者Ardern和Lockett于1914年提出的，但是鉴于当时曝气器易堵塞、自动控制水平低、运行操作管理复杂等原因，很快就被连续式活性污泥法取代。直至20世纪70年代，随着各种新型曝气器、浮动式出水堰（滗水器）和自动控制监测的硬件设备和软件技术的开发，特别是计算机和工业自控技术的不断完善，对污水处理过程进行自动操作已成为可能，SBR工艺以它独特的优点受到广泛关注，并迅速得到发展和应用，现在世界上已有数百座SBR污水处理厂在成功运行。美国国家环境保护局（EPA）认为SBR工艺是一种低投资、低操作成本及维修费用、高效益的环境治理技术。

SBR工艺运行方式灵活多变，适应性强，为满足不同的水质及实际工程的要求，可对工艺过程进行改进。随着基础研究方面的不断推进以及人们对活性污泥去除污染物质机理的逐渐了解，鉴于经典的SBR工艺在实际工程应用的一定局限，为适应实际工程的需要，SBR工艺逐渐衍生了各种新的形式。为克服SBR工艺的缺点，人们对SBR工艺不断改进，如今出现了多种改进型SBR工艺，主要有连续进水周期循环延时曝气活性污泥法（ICEAS）、连续进水分离式周期循环活性污泥法（IDEA）和不完全连续进水周期循环活性污泥法（CASS、CAST或CASP）、UNITANK工艺等。

6.9.1 普通SBR工艺

SBR工艺属于活性污泥法的一种①，其反应机制及去除污染物的机理

---

① 中华人民共和国环境保护部. 序批式活性污泥法污水处理工程技术规范（HJ 577—2010）[Z]. 2010（10）：7-15.

与传统的活性污泥法基本相同，只是运行操作方式有很大区别。它是以时间顺序来分割流程各单元，整个过程对于单个操作单元而言是间歇进行的。典型SBR系统集曝气、沉淀于一体，不需要设置二沉池及污泥回流设备。在该系统中，反应池在一定时间间隔内充满污水，以间歇处理方式运行，处理后混合液进行沉淀，借助专用的排水设备排除上清液，沉淀的生物污泥则留于池内，用于再次与污水混合处理污水，这样依次反复运行，构成了序批式处理工艺。典型的SBR系统分为进水、反应、沉淀、排水与待机五个阶段运行（见图6.32）。

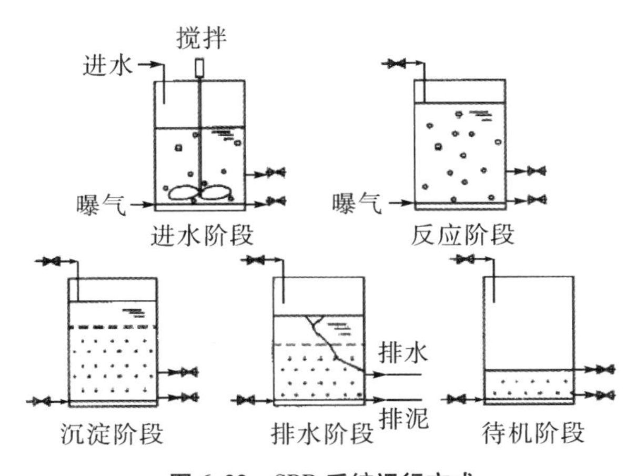

图6.32　SBR系统运行方式

6.9.1.1　反应池设计

（1）反应池的数量不宜少于2个，并且均为并联设计。

（2）反应池水深宜为4.0~6.0 m。当采用矩形池时，反应池长度与宽度之比应满足下列规定：

①间歇进水时宜为1∶1~2∶1。

②连续进水时宜为2.5∶1~4∶1。

（3）限制曝气进水的反应池，进水方式宜采用淹没式入流。

（4）SBR工艺反应池应设置固定式事故排水装置，可设在滗水结束时的水位处。

（5）反应池应采用有防止浮渣流出设施的滗水器。

（6）反应池设计超高一般取0.5~1.0 m。

（7）反应池有效反应容积比宜大于60%。

（8）反应池的非反应容积宜小于传统活性污泥法二沉池的容积。

（9）反应池有效反应容积按下列公式计算：

$$V_R = Q\left(\frac{S_0 - S_e}{1\,000 L_S X}\right) \tag{6.30}$$

式中：V_R——反应池的有效反应容积（m^3）；

Q——设计污水流量（m^3/d）；

S_0——反应池进水五日生化需氧量（mg/L）；

S_e——反应池出水五日生化需氧量（mg/L）；

L_S——反应池的五日生化需氧量污泥负荷[$kgBOD_5/(kgMLVSS \cdot d)$]；

X——反应池内混合液悬浮固体平均浓度（$kgMLVSS/m^3$）。

（10）反应池有效反应时间按下列公式计算：

$$T_{ER} = 24\left(\frac{S_0 - S_e}{1\,000 L_S X}\right) \tag{6.31}$$

式中：T_{ER}——去除污水中污染物的有效反应时间（h）；

S_0——反应池进水五日生化需氧量（mg/L）；

S_e——反应池出水五日生化需氧量（mg/L）；

L_S——反应池的五日生化需氧量污泥负荷[$kgBOD_5/(kgMLVSS \cdot d)$]；

X——反应池内混合液悬浮固体平均浓度（$kgMLVSS/m^3$）。

（11）反应池总容积按下列公式计算：

$$V = Q\left(\frac{t_S + t_D + t_b}{24m} + \frac{S_0 - S_e}{1\,000 L_S X}\right) \tag{6.32}$$

式中：V——反应池的总容积（m^3）；

Q——设计污水流量（m^3/d）；

t_S——反应池的沉淀时间（h）；

t_D——反应池的排水时间（h）；

t_b——反应池的待机时间（h）；

m——反应池的充水比；

S_0——反应池进水五日生化需氧量（mg/L）；

S_e——反应池出水五日生化需氧量（mg/L）；

L_S——反应池的五日生化需氧量污泥负荷[$kgBOD_5/(kgMLVSS \cdot d)$]；

X——反应池内混合液悬浮固体平均浓度（$kgMLVSS/m^3$）。

（12）反应池水力停留时间按下列公式计算：

$$HRT = 24\left(\frac{t_S + t_D + t_b}{24m} + \frac{S_0 - S_e}{1\ 000 L_S X}\right) \tag{6.33}$$

式中：HRT——反应池的水力停留时间（h）；

t_S——反应池的沉淀时间（h）；

t_D——反应池的排水时间（h）；

t_b——反应池的待机时间（h）；

m——反应池的充水比；

S_0——反应池进水五日生化需氧量（mg/L）；

S_e——反应池出水五日生化需氧量（mg/L）；

L_S——反应池的五日生化需氧量污泥负荷[kgBOD$_5$/(kgMLVSS·d)]；

X——反应池内混合液悬浮固体平均浓度（kgMLVSS/m^3）。

（13）反应池有效反应容积比和非反应容积比按下列公式计算：

$$有效反应容积比 = \frac{V_R}{V} = \frac{T_{ER}}{HRT} \tag{6.34}$$

$$非反应容积比 = 1 - 反应容积比 \tag{6.35}$$

式中：V_R——反应池的有效反应容积（m^3）；

V——反应池的总容积（m^3）；

T_{ER}——去除污水中污染物的有效反应时间（h）；

HRT——反应池的水力停留时间（h）。

（14）反应池的非反应容积按下列公式计算：

$$V_{非} = V - V_R = Q\frac{t_S + t_D + t_b}{24m} \tag{6.36}$$

式中：$V_{非}$——反应池的非反应容积（m^3）；

V——反应池的总容积（m^3）；

V_R——反应池的有效反应容积（m^3）；

Q——设计污水流量（m^3/d）；

t_S——反应池的沉淀时间（h）；

t_D——反应池的排水时间（h）；

t_b——反应池的待机时间（h）；

m——反应池的充水比。

6.9.1.2 工艺参数的取值与计算

SBR 工艺处理生活污水或水质类似的污水中的碳源污染物时，主要设计参数宜按表 6.22 的规定取值。水质与生活污水水质相差较大时，设计参数应通过试验或参照类似工程确定。

表 6.22 去除碳源污染物主要设计参数

项目名称		符号	单位	参数值
反应池五日生化需氧量污泥负荷	$BOD_5/MLVSS$	L_S	kg/(kg·d)	0.25~0.50
	$BOD_5/MLSS$			0.10~0.25
反应池混合液悬浮固体(MLSS)平均质量浓度		X	kg/m^3	3.0~5.0
反应池混合液挥发性悬浮固体(MLVSS)平均质量浓度		X_v	kg/m^3	1.5~3.0
污泥产率系数(VSS/BOD_5)	设初沉池	Y	kg/kg	0.3
	不设初沉池			0.6~1.0
总水力停留时间		HRT	h	8~20
污泥回流比		R	%	40~100
需氧量(O_2/BOD_5)		O_2	kg/kg	1.1~1.8
活性污泥容积指数		SVI	mL/g	70~100
充水比		m		0.4~0.5
BOD_5总处理率		η	%	80~95

SBR 工艺处理生活污水或水质类似的污水中的氨氮污染物时，主要设计参数宜按表 6.23 的规定取值。水质与生活污水水质相差较大时，设计参数应通过试验或参照类似工程确定。

表 6.23 去除氨氮污染物主要设计参数

项目名称		符号	单位	参数值
反应池五日生化需氧量污泥负荷	$BOD_5/MLVSS$	L_S	kg/(kg·d)	0.10~0.30
	$BOD_5/MLSS$			0.07~0.20
反应池混合液悬浮固体(MLSS)平均质量浓度		X	kg/m^3	3.0~5.0
污泥产率系数(VSS/BOD_5)	设初沉池	Y	kg/kg	0.4~0.8
	不设初沉池			0.6~1.0
总水力停留时间		HRT	h	10~29
污泥回流比		R	%	40~100
需氧量(O_2/BOD_5)		O_2	kg/kg	1.1~2.0

表6.23(续)

项目名称	符号	单位	参数值
活性污泥容积指数	SVI	ml/g	70~120
充水比	m		0.3~0.4
BOD_5总处理率	η	%	90~95
NH_3-N 总处理率	η	%	85~95

SBR 工艺对生活污水或水质类似的污水进行生物脱氮时,主要设计参数宜按表 6.24 的规定取值。水质与生活污水水质相差较大时,设计参数应通过试验或参照类似工程确定。

表 6.24 生物脱氮主要设计参数

项目名称		符号	单位	参数值
反应池五日生化需氧量污泥负荷	BOD_5/MLVSS	L_S	kg/(kg·d)	0.06~0.20
	BOD_5/MLSS			0.04~0.13
反应池混合液悬浮固体(MLSS)平均质量浓度		X	kg/m^3	3.0~6.0
总氮负荷率(TN/MLSS)			kg/(kg·d)	≤0.05
污泥产率系数(VSS/BOD_5)	设初沉池	Y	kg/kg	0.3~0.6
	不设初沉池			0.5~0.8
缺氧水力停留时间占反应时间比例			%	20
好氧水力停留时间占反应时间比例			%	80
总水力停留时间		HRT	h	15~30
需氧量(O_2/BOD_5)		O_2	kg/kg	0.7~1.1
活性污泥容积指数		SVI	mL/g	70~140
充水比		m		0.30~0.35
BOD_5总处理率		η	%	90~95
NH_3-N 总处理率		η	%	85~90
TN 总处理率		η	%	60~85

SBR 工艺对生活污水或水质类似的污水进行生物脱氮除磷时,主要设计参数宜按表 6.25 的规定取值。水质与生活污水水质相差较大时,设计参数应通过试验或参照类似工程确定。

表 6.25 生物脱氮除磷主要设计参数

项目名称		符号	单位	参数值
反应池五日生化需氧量污泥负荷	BOD_5/MLVSS	L_S	kg/(kg·d)	0.15~0.25
	BOD_5/MLSS			0.07~0.15
反应池混合液悬浮固体(MLSS)平均质量浓度		X	kg/m^3	2.5~4.5
总氮负荷率(TN/MLSS)			kg/(kg·d)	≤0.06
污泥产率系数(VSS/BOD_5)	设初沉池	Y	kg/kg	0.3~0.6
	不设初沉池			0.5~0.8
厌氧水力停留时间占反应时间比例			%	5~10
缺氧水力停留时间占反应时间比例			%	10~15
好氧水力停留时间占反应时间比例			%	75~80
总水力停留时间		HRT	h	20~30
污泥回流比(仅适用于 CASS 或 CAST)		R	%	20~100
混合液回流比(仅适用于 CASS 或 CAST)		R	%	1.2~2.0
需氧量(O_2/BOD_5)		O_2	kg/kg	1.5~2.0
活性污泥容积指数		SVI	ml/g	70~140
充水比		m		0.30~0.35
BOD_5总处理率		η	%	85~95
TP 总处理率		η	%	50~75
TN 总处理率		η	%	55~80

SBR 工艺对生活污水或水质类似的污水进行生物除磷时，主要设计参数宜按表 6.26 的规定取值。水质与生活污水水质相差较大时，设计参数应通过试验或参照类似工程确定。

表 6.26 生物除磷主要设计参数

项目名称	符号	单位	参数值
反应池五日生化需氧量污泥负荷(BOD_5/MLSS)	L_S	kg/(kg·d)	0.4~0.7
反应池混合液悬浮固体(MLSS)平均质量浓度	X	kg/m^3	2.0~4.0
污泥产率系数(VSS/BOD_5)	Y	kg/kg	0.4~0.8
厌氧水力停留时间占反应时间比例		%	25~33
好氧水力停留时间占反应时间比例		%	67~75
总水力停留时间	HRT	h	3~8
需氧量(O_2/BOD_5)	O_2	kg/kg	0.7~1.1

表6.26(续)

项目名称	符号	单位	参数值
活性污泥容积指数	SVI	mL/g	70～140
充水比	m		0.30～0.40
污泥含磷率(TP/VSS)	η	%	0.03～0.07
污泥回流比(仅适用于CASS或CAST)	R	%	40～100
TP总处理率	η	%	75～85

6.9.1.3 供氧系统

(1) 供氧系统需氧量按下列公式计算:

$$O_2 = 0.001aQ(S_0 - S_e) - c\Delta X_{VSS} + b[0.001Q(N_k - N_{ke}) - 0.12\Delta X_{VSS}] - 0.62b[0.001Q(N_t - N_{ke} - N_{oe}) - 0.12\Delta X_{VSS}] \tag{6.37}$$

式中：O_2—— 污水需氧量（kgO_2/d）；

Q —— 反应池的进水流量（m^3/d）；

S_0—— 反应池进水五日生化需氧量（$mgBOD_5/L$）；

S_e—— 反应池出水五日生化需氧量（$mgBOD_5/L$）；

ΔX_{VSS}—— 反应池排出系统的微生物量（kg/d）；

N_k—— 反应池进水总凯氏氮浓度（mg/L）；

N_{ke}—— 反应池出水总凯氏氮浓度（mg/L）；

N_t—— 反应池进水总氮浓度（mg/L）；

N_{te}—— 反应池出水总氮浓度（mg/L）；

N_{oe}—— 反应池出水硝态氮浓度（mg/L）

$0.12\Delta X_{VSS}$—— 排出反应池系统的微生物量中含氮量（kg/d）；

a —— 碳的氧当量，当含碳物质以五日生化需氧量计时，取1.47；

b —— 氧化每千克氨氮所需氧量（kgO_2/kgN），取4.57；

c —— 细菌细胞的氧当量，取1.42。

去除含碳污染物时，反应池曝气时段的污水需氧量也可取0.7～1.2 $kgO_2/kgBOD_5$。

(2) 标准状态（0.1 MPa，20 ℃）下污水需氧量按下列公式计算:

$$O_S = K_0 \cdot O_2 \tag{6.38}$$

$$K_O = \frac{C_S}{\alpha(\beta C_{SW} - C_O) \times 1.024^{(T-20)}} \tag{6.39}$$

式中：O_S—— 标准状态下污水需氧量（kgO_2/d）；

K_0——需氧量修正系数；

O_2——污水需氧量（kgO_2/d）；

C_S——标准条件下清水中饱和溶解氧浓度，取 9.2 mg/L；

α——鼓风曝气 $\alpha=0.85$，机械曝气 $\alpha=0.9$；

β ——鼓风曝气 $\beta=0.9$，机械曝气 $\beta=0.95$；

C_{SW}——清水在 T ℃、实际压力时的饱和溶解氧浓度；

C_O—— 混合液剩余溶解氧，一般取 2mg/L；

T——操作温度（℃）。

（3）标准状态下的鼓风曝气的供气量按下式计算：

$$G_S = \frac{O_S}{0.28E_A} \tag{6.40}$$

$$E_A = \frac{100}{21} \frac{(21 - O_t)}{(100 - O_t)} \tag{6.41}$$

式中：C_S——标准状态下的供气量（m^3/d）；

O_S——标准状态下污水需氧量（kgO^2/d）；

E_A—— 曝气设备的氧利用率；

O_t——曝气后反应池水面逸出气体中氧的体积百分比。

6.9.1.4 反应池的混合搅拌

应根据好氧、厌氧等反应条件选用混合搅拌设备，混合搅拌功率宜采用 2~8 W/m^3。厌氧和缺氧宜选用潜水式推流搅拌器。好氧宜选用潜水式鼓风曝气搅拌器或潜水式射流曝气搅拌器。

6.9.1.5 加药系统

污水经生物除磷不能达到要求时，可采用化学除磷，设置加药系统，药剂种类、剂量和投加点宜根据试验资料确定。化学除磷时，对接触腐蚀性物质的设备和管道应采取防腐蚀措施。硝化碱度不足时，应设置加碱系统，硝化段 pH 值宜控制在 8.0~8.4。

6.9.1.6 剩余污泥量的计算

（1）按污泥泥龄计算的计算公式如下：

$$\Delta X = \frac{V \cdot X}{\theta_c} \tag{6.42}$$

式中：ΔX——剩余污泥量（kgSS/d）；

V——反应池的总容积（m^3）；

X——反应池内混合液悬浮固体平均浓度（gMLSS/L）；

θ_c——污泥泥龄（d）。

（2）按污泥产率系数、衰减系数及不可生物降解和惰性悬浮物浓度的计算公式如下：

$$\Delta X = YQ(S_0 - S_e) - K_d V X_V + fQ(SS_0 - SS_e) \tag{6.43}$$

式中：ΔX——剩余污泥量（kgSS/d）；

Y——污泥产率系数，20 ℃时取 0.4~0.8 kgVSS/kgBOD_5；

Q——设计平均日污水量（m^3/d）；

S_0——反应池进水五日生化需氧量（kg/m^3）；

S_e——反应池出水五日生化需氧量（kg/m^3）；

K_d——衰减系数（d^{-1}）；

V——反应池的总容积（m^3）；

X_V——反应池内混合液挥发性悬浮固体平均浓度（gMLVSS/L）；

f——悬浮物的污泥转换率，宜根据试验资料确定，无试验资料时可取 0.5~0.7 gMLSS/gSS；

SS_0——反应池进水悬浮物浓度（kg/m^3）；

SS_e——反应池出水悬浮物浓度（kg/m^3）。

6.9.2 ICEAS 工艺

ICEAS 工艺（见图 6.33）为间歇式循环延时曝气工艺，是澳大利亚新南威尔士大学与美国 ABJ 公司的 Goronszy 教授合作研究开发的。1976 年建成了世界上第一座 ICEAS 工艺废水处理厂，随后在世界各国得到了广泛的应用。该工艺的特点是在反应器的进水端增加了一个预反应区，运行方式为连续进水、间歇排水，没有明显的反应阶段和闲置阶段。经预处理的废水连续不断地进入反应池前部的预反应区，在该区内污水中的大部分可溶性 BOD_5被活性污泥微生物吸附，并从主、预反应区隔墙下部的孔眼以低速（0.03~0.05 m/min）进入主反应区，在主反应区内按照曝气、沉淀、排水、排泥的程序周期性地运行，使有机废水在交替的好氧—缺氧—厌氧的条件下完成生物降解作用，各过程的历时可由计算机自动控制。

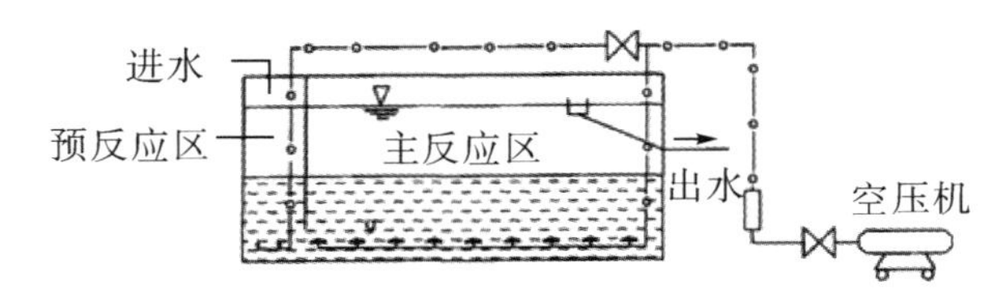

图 6.33　ICEAS 工艺流程示意图

6.9.3　CASS 工艺

CASS 工艺又称为循环式活性污泥法，是由美国 Goronszy 教授在 ICEAS 工艺的基础上研究开发的，它是利用不同微生物在不同的负荷条件下生长速率差异和污水生物除磷脱氮机理，将生物选择器与传统 SBR 反应器相结合的产物。CASS 工艺为间歇式生物反应器，在此反应器中进行交替的曝气—非曝气过程的不断重复，将生物反应过程和泥水分离过程结合在一个池子中完成。CASS 工艺在入口处设置了一个生物选择器，并进行污泥回流，保证了活性污泥不断地在选择器中经历了一个高絮体负荷阶段，从而有利于絮凝性细菌的生长并提高污泥的活性，使其快速地去除废水中的溶解性易降解基质，进一步有效地抑制丝状菌的生长和繁殖。CASS 工艺对水质、水量波动的适应性强，运行操作较为灵活；沉淀性能良好；脱氮除磷效果良好。CASS 工艺由进水/曝气、沉淀、滗水、闲置/排泥四个基本过程组成，图 6.34 为 CASS 工艺流程。

（1）CASS 反应池生物选择区设计

①CASS 反应池生物选择区内的溶解氧浓度≤0.5 mg/L。

②CASS 反应池生物选择区容积占反应池有效容积的 15%~20%。

③CASS 反应池生物选择区内混合液回流比>20%。

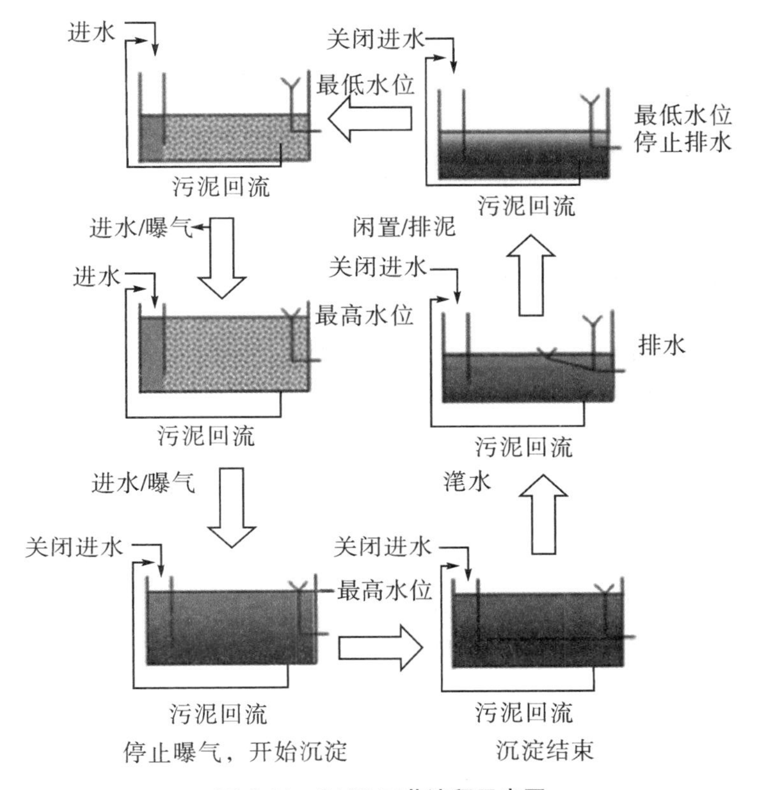

图 6.34　CASS 工艺流程示意图

（2）CASS 反应池主反应区设计

①CASS 反应池主反应区主要设计参数如下：

a. 溶解氧≥2.0 mg/L。

b. 容积宜大于反应池有效容积的 80%。

c. 周期时间为 4 h 或 6 h。

d. 污泥负荷为 0.05~0.20 kgBOD/(kgMLSS · d)。

e. 反应时混合液污泥浓度为 2 000~5 000 mg/L。

f. 活性污泥容积指数为 100~140 mL/g。

g. 混合液回流比为 20%~30%。

②曝气系统的计算及设计参照本章 6.9.1.3 计算。

（3）回流系统设计时，应在反应池末端设置回流泵，将主反应区混合液回流至生物选择区。

（4）一个系统内反应池的个数不宜少于 3 个。

6.9.4 SBR 工艺的其他变形工艺

（1）IDEA 工艺

IDEA 工艺为间歇排水延时曝气工艺，该工艺保持了 CASS 工艺的优点，运行方式采用连续进水、间歇曝气、周期排水的形式。与 CASS 工艺相比，预反应区改为与 SBR 主体构筑物分立的预混合池，部分污泥回流进入预反应池，且采用中部进水。

（2）DAT-IAT 工艺

DAT-IAT 工艺（见图 6.35）为需氧池-间歇曝气池工艺，其反应机理以及污染物去除机制与连续流活性污泥法相同，是依靠活性污泥微生物的活动来净化污水的。

DAT-IAT 工艺的主体构筑物反应池由隔墙分为需氧池（DAT）和间歇曝气池（IAT）串联而成，一般情况下，DAT 池连续进水、连续曝气，其出水进入 IAT 池但间歇曝气，在 IAT 池完成曝气、沉淀、滗水和排剩余污泥的工序。DAT 池相当于一个传统活性污泥曝气池，池中水呈完全混合流态。IAT 池相当于一个传统的 SBR 池，但进水是连续的。

该工艺克服了 ICEAS 工艺进水量小的缺点。与 CASS 工艺相比，DAT 池是一种更加灵活、完备的生物选择器，能够在 DAT 池和 IAT 池内保持较长的污泥龄和较高的 MLSS 浓度，对有机负荷及毒物有较强的抗冲击负荷能力，易达到较好的脱氮除磷效果。

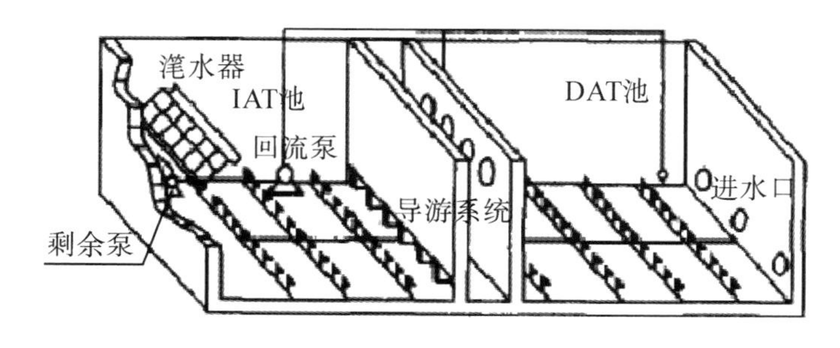

图 6.35　DAT-IAT 工艺流程示意图

（3）UNITANK 工艺

UNITANK 工艺（见图 6.36）是比利时 Seghers 公司提出的一种 SBR 工艺的变形。20 世纪 90 年代初，该公司开发了一种一体化活性污泥法工艺，取名为 UNITANK 工艺，类似三沟式氧化沟工艺，为连续进水、连续出水的工艺。其外形为矩形，里面分割为三个相等的矩形单元池，相邻的单元池之间以公共壁的开孔水力连接，无需用泵输送。

每个池都配有曝气和搅拌系统，外测两池有滗水器以及污泥排放装置，两池交替作为曝气池和沉淀池，污水可以进入三池中任意一个，系统实现连续进水、连续排水。

UNITANK 工艺运行方式灵活，除保持原有的 SBR 工艺自控以外，还具有滗水简单，池子构造简化，出水稳定，不需回流系统，通过进水点的变化达到回流、脱氮除磷的目的的特点，是一种高效、经济、灵活的污水处理工艺。

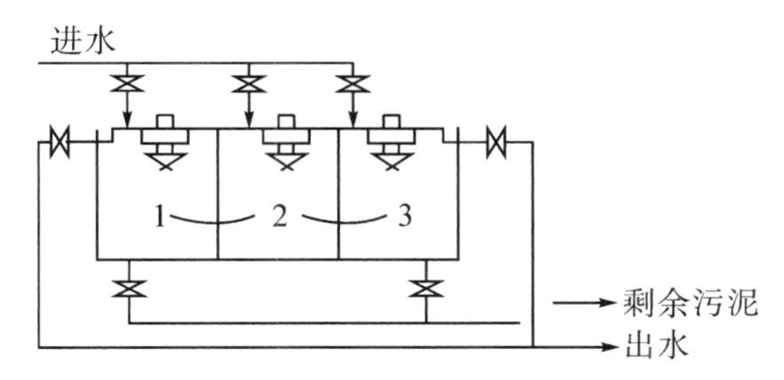

图 6.36　UNITANK 工艺流程示意图

注：图中 1、2、3 代表三个同样的曝气池。

（4）MSBR 工艺

MSBR 工艺（见图 6.37）为改良序批式活性污泥法，MSBR 工艺是 20 世纪 80 年代初期发展起来的污水处理工艺。该工艺实质是 A^2/O 工艺与 SBR 工艺串联而成的。它采用单池多格方式，省去诸多的阀门，增加污泥回流系统，无须设置初沉池、二沉池，且在恒水位下连续运行。如图所示，图中两个 SBR 池功能相同，均起着好氧氧化、缺氧反硝化、预沉淀和沉淀的作用。

MSBR 工艺结构简单紧凑、占地面积小、土建造价低、自动化程度高。它具有良好的除磷脱氮和有机物的降解效果；可以维持较高的污泥浓度，使污泥具有良好的沉降和脱水性能；出水水质好。

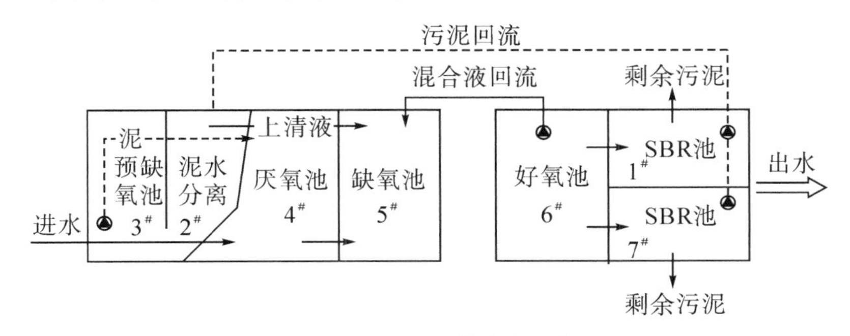

图 6.37　MSBR 工艺流程示意图

6.9.5 SBR 工艺的主要设备

（1）SBR 工艺的排水装置

SBR 工艺排水工程应采用机械化和自动化设备。SBR 工艺反应池的排水装置宜采用滗水器。滗水器的堰口负荷为 20~30 L/(m·s)，最大上清液滗除速率为 30 mm/min，滗水时间宜≤60 min。

SBR 工艺滗水器滗水时不应扰动沉淀后的污泥层，同时挡住水面的浮渣不外溢，应有清除浮渣的装置和良好的密封装置。滗水器应符合《环境保护产品技术要求　旋转式滗水器》（HJ/T 277—2006）的规定。

（2）SBR 工艺的曝气设备

SBR 工艺选用曝气装置和设备时，应根据不同的鼓风设备、曝气装置、机械曝气设备、位于水面下的深度、水温、在污水中氧总转移的特性、当地的海拔高度以及预期生物反应池中溶解氧浓度等因素确定，并将计算的污水需氧量换算为标准状态下的污水需氧量。

同时，应根据 SBR 工艺污水处理厂规模大小及具体条件选择曝气方式。恒水位曝气时，宜选择鼓风式微孔曝气系统，可多池共用鼓风机供气，或采用机械表面曝气。变水位曝气时，鼓风式微孔曝气系统宜采用反应池与鼓风机一对一供气方式，或采用潜水式曝气系统。

单级高速曝气离心鼓风机应符合《环境保护产品技术要求 单级高速曝气离心鼓风机》（HJ/T 278—2006）的规定。罗茨鼓风机应符合《环境保护产品技术要求 罗茨鼓风机》（HJ/T 251—2006）的规定。微孔曝气器应符合《环境保护产品技术要求 中、微孔曝气器》（HJ/T 252—2006）的规定。机械表面曝气装置应符合《环境保护产品技术要求 竖轴式机械表面曝气装置》（HJ/T 247—2006）的规定。潜水曝气装置应符合《环境保护产品技术要求 鼓风式潜水曝气机》（HJ/T 260—2006）的规定。

SBR 工艺反应池宜设置一套备用的供气设备，并且应优先选用低噪声的设备，同时采用噪声控制措施。

6.10 膜生物反应器（MBR）

膜生物反应器（MBR）是近些年才开始广泛应用的新型污水处理工

艺，它将膜过滤和生物反应器有机地结合在一起，发挥了单独的生物反应器或单独的膜过滤不能发挥的功能，对难降解的有机污染物和悬浮物有显著的处理效果。MBR 工艺是在生物反应器中安装膜组件，通过膜过滤把混合液中的水和活性污泥分离，可以得到质量很高的过滤水，而活性污泥仍留在生物反应器中继续发挥生物降解的作用。MBR 工艺的最大特点就是可以将生物反应器中的水力停留时间和污泥龄完全分离，在低停留时间的情况下保证很高的污泥龄，这为有机污染物、氮污染物的降解创造了有利条件。

MBR 工艺占地面积小、处理效果非常好、污泥性质稳定，是《国家鼓励发展的环境保护技术目录（2007 年度）》中针对一级 A 出水唯一的推荐技术。

MBR 工艺在国内外多个工程中都得到成功的应用，国内工程的应用和实践都表明 MBR 工艺具有以下优势：

（1）高品质的出水

MBR 工艺对悬浮固体（SS）浓度和浊度有非常良好的改善效果。由于膜组件的膜孔径非常小（0.01~1 μm），可将生物反应器内全部的悬浮物和污泥都截留下来，其固液分离效果要远远好于二沉池，MBR 工艺对 SS 的去除率在 99%以上。

由于膜组件的高效截留作用，将全部的活性污泥都截留在反应器内，使得反应器内的污泥浓度可达到较高水平，降低了生物反应器内的污泥负荷，提高了 MBR 工艺对有机物的去除效率。

同时，由于膜组件的分离作用，使得生物反应器中的水力停留时间（HRT）和污泥停留时间（SRT）完全分开，这样就可以使生长缓慢、世代时间较长的微生物（如硝化细菌）也能在反应器中生存下来，保证了 MBR 工艺除具有高效降解有机物的作用外，还具有良好的硝化作用。

另外，在 DO 浓度较低时，在菌胶团内部存在缺氧或厌氧区，为反硝化创造了条件。仅采用好氧 MBR 工艺，虽然对 TP 的去除效率不高，但如果将其与厌氧进行组合，则可大大提高 TP 的去除率。

（2）节省土地

由于膜生物反应器工艺采用一个处理构筑物替代了传统污水处理工艺的多个构筑物，因此大大减少了对土地的占用。

膜生物反应器工艺采用膜分离，因此其中的 MLSS 浓度可达 6 000~

15 000 mg/L。在处理相同的污水时，其效率较传统工艺更高，构筑物尺寸更小，占地更小。

（3）抗冲击负荷能力强

MBR 工艺对于污水水质、水量变化较大，有较大的冲击负荷的进水条件有良好的适应能力。

由于膜生物反应器中生物相浓度较高，其抗冲击负荷的能力较强。同时，根据来水的水质、水量变化情况，人为控制污泥浓度，以保证稳定的出水水质。

（4）易于扩展处理能力

由于 MBR 工艺具有很强的模块化特征，因此具有放大效应小的特点，扩容十分方便。

（5）自动化程度高，控制运行稳定

对于含有工业废水的污水处理系统，其稳定运行十分重要，而提高自动化控制水平，减少人为因素干扰，显得尤为重要。

6.10.1 设计水质

MBR 工艺进水应符合下列条件：化学需氧量（COD）≤500 mg/L；五日生化需氧量（BOD_5）≤300 mg/L；悬浮物（SS）含量≤150 mg/L；氨氮含量≤50 mg/L；动植物油（n-Hex）含量≤50 mg/L 且矿物油（n-Hex）含量≤3 mg/L；pH 值在 6～9。对达不到以上水质的原水应进行预处理。

MBR 工艺出水水质应保证对 COD、BOD、SS、氨氮的去除效率分别在 90%、93%、95%及 90%以上。

6.10.2 预处理和前处理

MBR 工艺污水处理工程进水应设置格栅，进入膜池前应设置超细格栅，城镇污水预处理还应设沉砂池。

进水中含有的毛发、织物纤维较多时，应设置毛发收集器或超细格栅。进水中动植物油含量大于 50 mg/L、矿物油含量大于 3 mg/L 时，应设置除油装置。进水的 BOD_5/COD 小于 0.3 时，宜采用水解酸化等预处理措施。进水进入膜反应池之前，须去除尖锐颗粒等硬物。进水的 BOD_5含量大于 1 500 mg/L 时，MBR 系统宜设置厌氧池或缺氧池。

6.10.3　MBR 工艺的运行方式

MBR 工艺分为浸没式膜生物反应器和外置式膜生物反应器两种，基本工艺流程如下：

（1）浸没式膜生物反应器系统基本工艺流程为：污水→预处理→膜生物反应器→后处理→排放或回用。

处理系统由预处理装置、膜生物反应器、后处理装置和控制装置等单元组成，其基本工艺流程如图 6.38 所示。

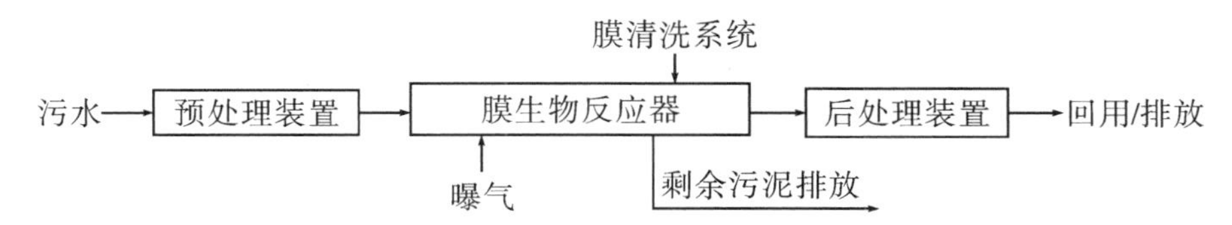

图 6.38　浸没式膜生物反应器系统基本工艺流程示意图

（2）外置式膜生物反应器系统基本工艺流程为：污水→预处理装置→生化处理装置→循环浓缩池→膜组器→清水池→排放或回用或深度处理。

处理系统由预处理装置、生化处理装置、循环浓缩处理装置、膜分离系统、污泥处理装置、动力系统和控制装置等单元组成，其基本工艺流程如图 6.39 所示。

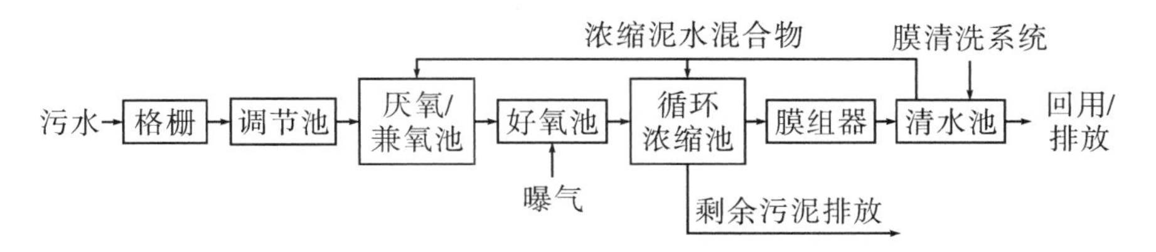

图 6.39　外置式膜生物反应器系统基本工艺流程示意图

6.10.4　反应池设计计算

（1）浸没式 MBR 反应池有效反应容积的计算公式如下：

$$V=\frac{Q(S_0-S_e)}{1\,000L_SX_V} \tag{6.44}$$

$$X=f\cdot X_V \tag{6.45}$$

式中：V——膜生物反应池的容积（m^3）；

Q——膜生物反应池的设计流量（m^3/h）；

S_0——膜生物反应池进水五日生化需氧量（mg/L）；

S_e—— 膜生物反应池出水五日生化需氧量（mg/L）；

L_S—— 膜生物反应池的五日生化需氧量污泥负荷［$kgBOD_5$/（kgMLSS · d）］；

X——膜生物反应池内混合液悬浮固体（MLSS）平均浓度（gMLSS/L）；

f——系数，城镇污水一般取0.7~0.8，工业废水应通过试验或参照类似工程确定；

X_V——膜生物反应池内混合液挥发性悬浮固体平均浓度（gMLVSS/L）。

注：有脱氮要求的生化反应池的容积计算参照《室外排水设计标准》（GB 50014—2021）。

（2）浸没式MBR反应池水力停留时间计算公式如下：

$$t = \frac{24(S_0 - S_e)}{1\,000 L_S X} \tag{6.46}$$

式中：t——水力停留时间（h）。

S_0——膜生物反应池进水五日生化需氧量（mg/L）；

S_e——膜生物反应池出水五日生化需氧量（mg/L）；

L_S——膜生物反应池的五日生化需氧量污泥负荷［$kgBOD_5$/（kgMLSS · d）］；

X——膜生物反应池内混合液悬浮固体（MLSS）平均浓度（gMLSS/L）。

（3）浸没式MBR反应池污泥负荷与污泥浓度等设计参数应由试验确定。在无试验数据时，可按表6.27选取。

表6.27　浸没式MBR反应池处理污水的设计参数

污泥负荷 /$kgBOD_5$ ·（kgMLSS · d）$^{-1}$	混合液悬浮固体浓度（MLSS）/mg · L^{-1}	水力停留时间（HRT）/h	过膜压差（TMP）KPa
0.05~0.15	6 000~12 000	2~5	0~50

（4）浸没式MBR反应池的超高宜为0.5~1.0 m；外置式MBR反应池的超高宜为0.3~0.5 m。MBR反应池的设计水温宜为8~38 ℃，北方地区冬季采取保温或增温措施应符合《室外排水设计标准》（GB 50014—2021）的规定。

（5）曝气系统设计

①生物反应池所需空气由鼓风机提供，通过进气管将空气输入池内曝

气管网。

②浸没式 MBR 反应池宜采用射流曝气与穿孔曝气相结合的曝气方式，也可采用穿孔曝气与微孔曝气相结合的曝气方式。

③曝气管网应均匀布置在膜组件的下方，曝气管应密封连接，管路内无杂物。

④膜表面清洗所需的空气量，应由试验确定。

（6）外置式 MBR 反应池的容积、水力停留时间 HRT、污泥负荷与污泥浓度、曝气系统等设计参数可参照浸没式 MBR 反应池设计，膜系统宜参照下列参数进行设计：

①过滤方式：错流式过滤。

②膜系统正常运行回收率为 10%~15%。

③回流浓水为 85%~90%。

④膜面流速为 3~5 m/s。

⑤膜通量为 40~150 L/(m^2·h)。

⑥操作压力为 0.2~0.4 MPa。

⑦污泥浓度为 10~40 g/L。

（7）外置式 MBR 反应池，应符合下列规定：

①容积应能贮存膜系统正常运行 15 分钟所必需的水量。

②污泥沉淀区，深度应有 0.5~1.5 m，底部设有排泥管。

③进水管和浓水回流管设在上部。

④大流量循环泵进水口应设在池顶-1~-2 m 处。

6.10.5 污泥系统

（1）剩余污泥量计算公式如下：

$$\Delta X = YQL_t - K_d VX \tag{6.47}$$

式中：ΔX——产生的剩余污泥量（kg/d）；

Y——氧化 1 kgBOD 所产生的污泥量；

Q——生物反应池的设计流量（m^3/h）；

K_d——污泥自氧化速率（1/d），可取 0.04~0.075；

V——膜生物反应池的容积（m^3）；

X——生物反应池内混合液悬浮固体平均浓度（gMLSS/L）。

（2）浸没式膜生物反应器应设计污泥回流，当生物处理系统中要求除磷脱氮时，应设计污泥回流，膜生物反应池溶解氧高于 2 mg/L 时，混合液应回流到缺氧池。混合液回流比一般为 100%~300%。

（3）外置式膜生物反应器处理工艺，宜将曝气池混合液直接排入循环浓缩池，并从循环浓缩池底部定期排泥。

（4）剩余污泥的排放在条件允许时可增设流量计、污泥浓度计，用于监测、统计污泥排出量。

（5）污泥处理和处置应符合《室外排水设计标准》（GB 50014—2021）的规定。

6.10.6 后处理

对出水的除臭和脱色有严格要求时，应具有除臭或脱色功能。可采用活性炭吸附或化学氧化处理。

对出水微生物有严格要求时，可采用氯化、紫外线或臭氧消毒。

6.10.7 MBR 特殊工艺

去除碳源污染物的 MBR 工艺流程如图 6.40 所示。

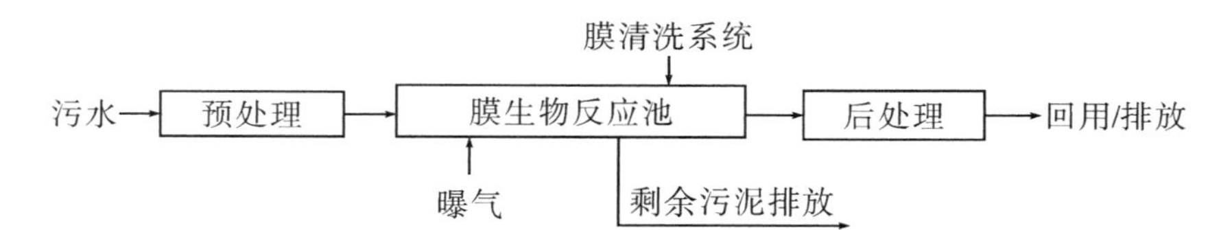

图 6.40 去除碳源污染物的 MBR 工艺流程示意图

以脱氮为主的 MBR 基本工艺流程如图 6.41 所示。

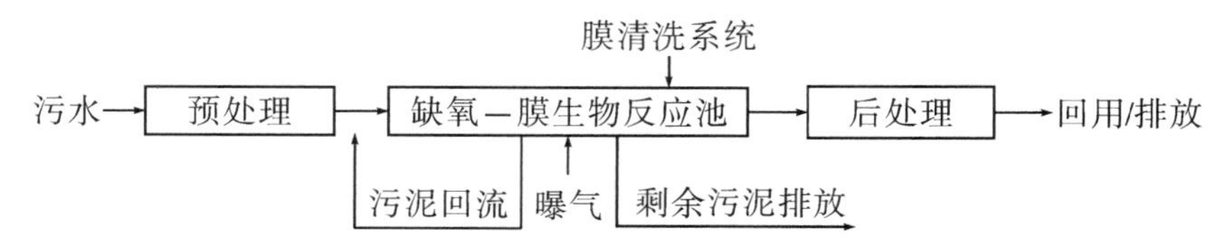

图 6.41 以脱氮为主的 MBR 基本工艺流程示意图

同时脱氮除磷的 MBR 基本工艺流程如图 6.42 所示。

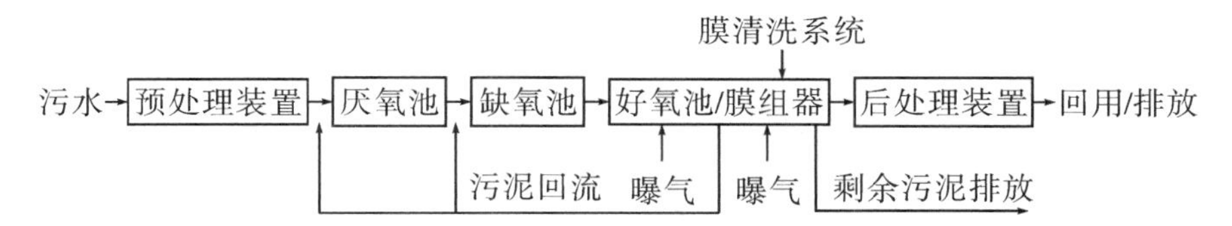

图 6.42　同时脱氮除磷的 MBR 基本工艺流程示意图

6.10.8　主要工艺设备和材料

6.10.8.1　浸没式膜组器

（1）中空纤维膜通常采用帘式或柱式，平板膜通常采用板框式，其膜组器应耐污染和耐腐蚀。膜材料宜选用聚偏氟乙烯（PVDF）或聚乙烯（PE），也可选用聚丙烯（PP）、聚砜（PS）、聚醚砜（PES）、聚丙烯腈（PAN）以及聚氯乙烯（PVC）等。膜的孔径应在 0.01~0.4 μm。在生活污水处理中，使用寿命应在 3 年以上。

（2）选择膜组件应遵循以下原则：

①纯水通量为 60~750 L/(m^2·h)（10 KPa）。

②膜的机械强度好，单丝抗拉强度不小于 3 N。

③膜孔分布均匀，孔径范围窄。

④抗氧化，pH 值范围越宽越好。

⑤对被截留溶质的吸附性小。

⑥机械稳定性好，延伸率小于 10%。

（3）膜的设计通量可按 10~30L/(m^2·h）取值。

（4）膜组器的结构应简单，便于安装、清洗和检修。焊缝检验应符合 GB/T 12469 的规定。膜组器的支撑材料应防腐，宜选用不锈钢或其他耐腐蚀材料。

（5）膜组器布置

①平面布置膜组器应均匀分布于曝气池内，膜组器两边与池壁距离不少于 300 mm。

②高层布置以正常运行时的最低水位为基准，膜组件顶部至水面间距离应不小于 400 mm；散气管（膜组件底部）至曝气池地面间距离应不少于 300 mm；应合理设计膜生物反应池内的水流循环通道，使处理水的流向形成通过膜组件的向上流循环。

（6）膜出水系统

膜组器可采用抽吸水泵负压出水，也可利用静水压力自流出水，但应保持出水流量相对稳定。应本着高效、节能的原则，选配抽吸泵。

①设定膜组器的运行频率，即泵间歇运行的开、停时间（如出水 9 分钟，停止 1 分钟）。开停比应通过试验设定。由此计算出膜组器每天实际运行小时数。

②流量＝膜系统设计流量÷每天实际运行小时数×安全系数（取值 1.2~1.5）。

③吸程应包括最大工作膜压+管路损失+高位差（膜区水面到水泵轴线或管道最高点距离）+水泵系统损失（2~3 m）。

（7）每台抽吸泵可对应 1~8 个膜组器。4 台抽吸泵（含）以下宜备用 1 台泵，4 台以上时宜备用 2 台泵。

（8）小型 MBR 工程宜采用自吸泵，大、中型 MBR 工程宜用真空泵、气水分离罐和离心泵代替。

（9）出水系统应设置在线监测压力表、流量计和浊度仪。

（10）膜清洗系统。

①在线清洗

a. 在线清洗系统包括加药泵、药液罐、管路系统、计量控制系统。

b. 清洗频次：每月不宜少于一次。

c. 在线清洗药剂通常采用 NaClO，药剂用量为 1.0~2.0 L/(m^2·次)，药剂浓度宜为 1‰~3‰。

②离线清洗

a. 离线清洗设备包括清洗槽、吊装设备、曝气系统。

b. 清洗频次：通常半年到一年一次。

c. 离线清洗药剂通常采用 NaClO+NaOH（配合使用）、柠檬酸，药剂浓度宜为 3‰~5‰。

应根据膜的机械性能确定膜组器的反冲洗工艺。

（11）曝气系统

曝气的风量应同时满足生物处理需氧量和减缓膜组器污染的要求，气水比应为 20~30∶1。

曝气设备应兼有供氧、混合等功能，宜选用射流曝气、鼓风潜水曝气等。

射流曝气器应符合 HJ/T263 的规定；鼓风潜水曝气器应符合 HJ/T260 的规定。设计风机台数应考虑备用原则。

（12）排泥系统

排泥管和污泥泵的设计应符合《室外排水设计标准》（GB 50014—2021）的规定。

6.10.8.2　外置式膜组器

（1）由管式膜封装的管式膜组件，壳体一般由不锈钢或 U-PVC 制造；膜材料宜选用聚偏氟乙烯（PVDF），支撑层为聚乙烯（PE）；膜的孔径在 0.03~0.5 μm；最高运行温度为 60 ℃；使用寿命应在 5 年以上。由中空纤维膜封装的管式膜组器，壳体一般由 U-PVC 或 PVC 制造；最高运行温度为 45 ℃；膜组器的出水管应设置化学清洗用的清洗液接口。

（2）增压设备

由管式膜封装的管式膜系统，由大流量循环泵（卧式）推动出水。循环泵的进水流量应为该系统产水流量的 6~9 倍。进水压力宜选择 0.2~0.4 MPa。

由中空纤维膜封装的管式膜系统，进水泵为卧式离心泵。流量为设计进水流量。进水压力宜选择 0.1~0.2 MPa。

（3）膜清洗系统

①清洗系统包括药液泵、药液罐、管路系统、计量控制系统。

②清洗频次，一般 30~120 min 反冲洗一次，每次冲洗时间 20~30 s；化学清洗通常每月不少于一次。

③化学清洗药剂碱清洗通常采用 NaClO+NaOH，碱洗药剂浓度宜 1‰~2‰，酸清洗一般采用盐酸或柠檬酸，盐酸浓度一般为 2‰~3‰，柠檬酸浓度一般为 3‰~5‰。

6.11　VertiCel-BNR 工艺

VertiCel-BNR 工艺是西门子水处理事业部污水处理专利技术，这一工艺具有高效的脱氮功能，在美国已有几十项成功的应用案例。VertiCel-BNR 生物反应池由一个曝气缺氧的 VLR 立环氧化沟和 2 级微孔曝气池组成

(见图 6.43)。

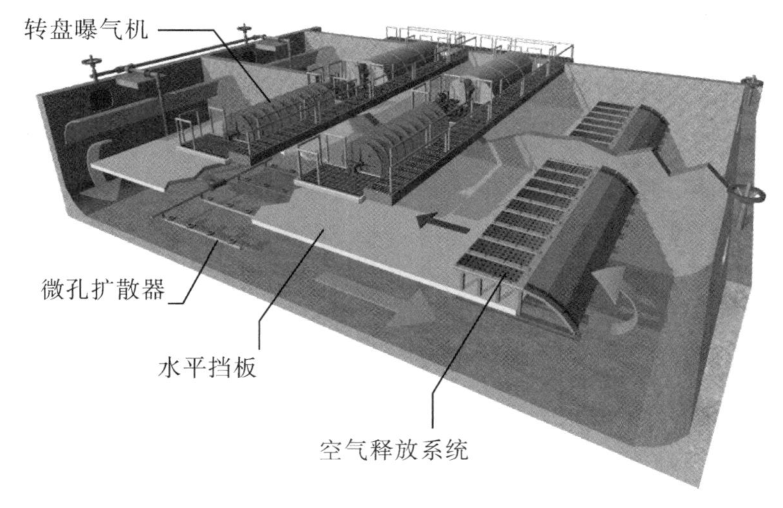

图 6.43　VertiCel-BNR 工艺系统示意图

该工艺把生物处理工序分成了三段，在每一段中保持溶解氧的浓度不同，在不同阶段采用近似的 0、1、2 mg/L 的溶解氧分布。

第一段采用了同步硝化-反硝化的专利技术，即通过控制溶解氧浓度在第一级生物反应池内来完成同步硝化和反硝化，可以提高氮的去除率。

VertiCel-BNR 工艺前半部分采用机械曝气，后半部分采用微孔曝气。这种混合曝气的方式能够最大程度地提高曝气效率，从而节能。其原因在于：微孔曝气在清水中的氧传输效率最高，而在污水中，需要考虑一个小于 1 的修正系数 a。对于微孔曝气，污水中影响 a 系数的主要组分是表面活性剂。表面活性剂对气液两相界面的影响相当大，降低了两相界面的表面张力，使传氧更困难。因此气泡越小，传氧越困难。对于大部分曝气设计，气泡越小，a 系数越低，导致污水中的曝气效率越低。而对于机械曝气，表面活性剂的影响是不同的。表面活性剂帮助其产生更小的水滴，提高氧传输的可利用表面积，提高机械曝气的曝气效率。而随着表面活性剂在活性污泥工艺中被分解，它们的影响也随之减小。因此，微孔曝气之前设置机械曝气的 VertiCel-BNR 工艺在节能方面具有相当大的优势。

VertiCel-BNR 工艺的主要设计理念是缺氧曝气。影响需氧量的关键因素是设计中采用的 DO 值，使得需氧量大大降低，氧传递效率大大提高。另外，对于缺氧曝气，通常人们担心这将降低反硝化能力，但事实相反，通过预反硝化和同时硝化-反硝化，有助于提高反硝化能力。该工艺更多的是同时反应而非循环反应，氨硝化成亚硝酸盐，亚硝酸盐直接反硝化，而省略了转化为硝酸盐，这种短程反应减少了反硝化 1/3 的需碳量，当 BOD：N 较高时，这种短程反应显示不出优越性；但当 BOD：N≤4：1 时，这种短程反应的优势就体现出来了，可以不投加碳源或少投加碳源。

6.12 有机物、氮和磷同步去除技术的运行要点

（1）污泥浓度的控制

活性污泥浓度（MLSS）的数量控制通常以污泥负荷率（NS）来衡量校核。以氧化沟工艺为例，对于脱氮除磷氧化沟来说，污泥负荷率（NS）通常控制在 0.15 $kgBOD_5/(kgMLSS \cdot d)$ 以下，但由于各污水处理厂的运行工况不一样，污泥负荷率没有固定值。同时，由于 BOD 的测定需要 5 d 的时间，其数据对污水处理运行的调控显得有些滞后。为了更好地优化工艺运行，城市污水处理厂根据以往的运行经验采用便于测定的 COD 与 MLSS 的比值来控制氧化沟的污泥浓度。其比值通常控制在 0.07~0.125。夏季比值高一些，一般在 0.12 左右，对应的污泥浓度约为 4 000 mg/L；冬季 COD 与 MLSS 的比值要低一些，一般控制在 0.08，对应的活性污泥浓度在 4 800 mg/L 左右。

不同的脱氮除磷工艺通过调控不同的污泥浓度来保证生物脱氮除磷过程的有序进行。

（2）溶解氧浓度 DO 的控制

城镇污水运行管理中，溶解氧 DO 的控制是一个非常重要的环节。DO 低，硝化将受到抑制。因为硝化菌是专性好氧菌，无氧时即停止生命活动。此外。硝化菌的摄氧速率较分解有机物的细菌低得多，如果不保持充足的溶解氧量，硝化菌将“争夺”不到所需的氧；再者，绝大多数硝化细菌包埋在污泥絮体内，只有保持混合液中较高的溶解氧浓度，才能将溶解氧“挤入”絮体内，便于硝化菌摄取。溶解氧 DO 若过低，还可能引起污泥膨胀。当然，DO 太高也不好，一是浪费电能，二是会引起污泥的过氧化导致活性污泥老化。

溶解氧 DO 的控制可以通过在线溶解氧测定仪实行实时调整，使活性

污泥时刻处于好氧状态。对于污水处理厂而言，一是通过调整曝气机的开启数量来控制溶解氧浓度 DO 的高低；二是通过调低或调高弯道部位的变频曝气机运行频率来微调混合液的溶解氧浓度 DO。为满足污水处理脱氨氮的需要，溶解氧浓度一般控制在 1.5~2.5 mg/L。考虑到降低电力消耗的需要，部分城市污水处理厂通过在好氧区增加潜水推进器，加快了混合液的流动速度，使混合液的充氧频率得到提高。所以，即使将好氧池内的 DO 维持在 1.5 mg/L 左右，也保持了污水中氨氮 88%以上的去除率。

（3）回流的控制

不管哪种脱氮除磷工艺，氮、磷的生物去除与回流控制息息相关。回流分为二沉池浓缩污泥的外回流和混合液的内回流。部分城市污水处理厂的外回流污泥量按进水量的 50%~70%进行调整。内回流量则因功能区的功能不同而不同，以功能区较为复杂的氧化沟工艺为例，预缺氧区主要用来降低外回流污泥的 DO，其内回流比约为 160%；厌氧区主要用于聚磷菌的释磷，内回流比为 200%；缺氧区的主要功能是氧化沟内混合硝化液的脱氮，这个区域的流态较为复杂，包括氧化沟外回流污泥 70%污泥量的外回流、氧化沟内厌氧区 120%进水量的混合液进入流、氧化沟内好氧区硝化混合液 200%进水量的进入流。所以，缺氧区混合液的流态状况一要保证混合液混合均匀，二要保证其溶解氧浓度 DO 低于 0.5 mg/L，为硝化液的脱氮创造有利的环境。为此，必须选择具有强大推流混合能力的潜水推进器，以保证缺氧区 500%左右的内回流比。好氧区的内回流是更为强大的体积流，其流速要大于厌氧区的混合液流速，可采用内回流比（氧化沟截面流量与入流混合液流量之比）600%左右的参数进行调控。

（4）剩余污泥的排放

城镇生活污水处理处理过程会产生新的污泥，使系统内总的污泥量增多。为维持系统的生物量平衡，必须排放一部分剩余污泥，通过调节排泥量，改变活性污泥中微生物种类、增长速度和需氧量，改善污泥的沉降性能，进而优化系统的净化功能。系统剩余污泥的排放要根据进水状况及季节气温变化确定。为了方便及时地调整工艺状况，应利用进水 COD 与 MLSS 的比值来控制排泥，一般比值控制在 0.07~0.125。

7 畜禽养殖污染防治政策与技术

7.1 畜禽养殖产业发展及其污染防治现状

7.1.1 畜禽养殖产业发展现状

畜禽养殖是农业的重要组成部分，随着我国经济持续稳定增长，居民收入水平不断提升，消费能力不断增强，市场对畜产品的需求快速增长，推动我国畜牧业总产值持续上升。现阶段，我国畜牧业已经形成较为完善的产业链，并且有较为充足的供应能力，成为与种植业并列的农业两大支柱产业之一。畜产品的产量及其增长速度是对畜牧业发展状况和结构调整的最直接反应。自改革开放以来，中国畜牧业总产值一直处于增长态势。经过多年的发展，畜牧业从家庭副业逐步成长为农业农村经济的支柱产业。

改革开放以来，畜牧业在1978—1984年为缓解城乡居民“吃肉难”问题阶段；1985—1996年为满足城乡居民“菜篮子”产品需求阶段；1997—2006年为产品结构优化调整阶段；2007年至今为向现代畜牧业转型阶段。向现代畜牧业转型阶段的主要特征表现为，国家政策强力推动畜牧业进入快速转型期及现代畜牧业生产体系逐步建立。畜牧业实现年产值2.7万亿元，从家庭副业一跃成为我国农业重要的支柱产业。

近年来，我国养殖业发展呈现两大趋势：一是在农业总产值中占的比重增大，二是向规模化养殖发展。目前，我国已成为世界最大的肉、蛋生产国，禽肉、猪肉、鸡蛋产量均居世界第一。我国畜产品产量稳步增长，人均肉类占有量超过世界平均水平，人均禽蛋占有量达到发达国家水平，但人均奶类占有量仅为世界平均水平的1/4。从肉类结构变化趋势上看，猪肉从 1985 年的 85.9%下降到 2022 年的 64.4%，降低 21.5%；牛羊肉的比重小幅增长，从 5.6%上升到 12.7%；禽肉的比重稳步增长，从 8.3%上升到 21.1%。我国规模化养殖的步伐日益加快，2022 年 500 头以上生猪规模养殖比重为 39%，奶牛 100 头以上规模养殖比重为 37%，蛋鸡 2 000 只以上规模养殖比重为 65%；2022 年全国家禽业有养殖场 4 000 多万个，从业人员有 7 000 万人，家禽饲养产值达 6 900 亿元，占畜牧业产值的 25%①。

当前，我国畜禽养殖产业发展现状体现出以下几个方面的特征：

（1）畜产品供应能力稳步提升

2020 年，全国肉类、禽蛋、奶类总产量分别为 7 748 万吨、3 468 万吨和 3 530 万吨，肉类、禽蛋产量继续保持世界首位，奶类产量位居世界前列。饲料产量为 2.53 亿吨，连续十年居全球第一。生猪生产较快恢复，牛肉、羊肉和禽蛋产量分别比 2015 年增长 8.2%、10.6%、12.2%，乳品市场供应充足、种类丰富，保障了重要农产品供给和国家食物安全。

（2）产业素质显著提高

2020 年，全国畜禽养殖规模化率达到 67.5%，比 2015 年提高 13.6 个百分点；畜牧养殖机械化率达到 35.8%，比 2015 年提高 7.2 个百分点。养殖主体格局发生深刻变化，小散养殖场（户）加速退出，规模养殖快速发展，呈现龙头企业引领、集团化发展、专业化分工的发展趋势，组织化程度和产业集中度显著提升。畜禽种业自主创新水平稳步提高，畜禽核心种源自给率超过 75%，比 2015 年提高 15 个百分点。生猪屠宰行业整治深入推进，乳制品加工装备设施和生产管理基本达到世界先进水平，畜禽运输和畜产品冷链物流配送网络逐步建立，加工流通体系不断优化，畜牧业劳动生产率、科技进步贡献率和资源利用率明显提高。

（3）畜产品质量安全保持较高水平

质量兴牧持续推进，源头治理、过程管控、产管结合等措施全面推行，畜产品质量安全保持稳定向好的态势。2020 年，饲料、兽药等投入品抽检合格率达到 98.1%，畜禽产品抽检合格率达到 98.8%，连续多年保持较高水平；全国生鲜乳违禁添加物连续 12 年保持“零检出”，婴幼儿配方奶粉抽检合格率达到 99.8% 以上，在国内食品行业中位居前列，规模奶牛场乳蛋白、乳脂肪等指标达到较高水平。

---

① 中华人民共和国农业农村部.“十四五”全国畜牧兽医行业发展规划［Z］. 2021（12）：5-8.

（4）绿色发展取得重大进展

畜牧业生产布局加速优化调整，畜禽养殖持续向环境容量大的地区转移，南方水网地区养殖密度过大的问题得到有效纾解，畜禽养殖与资源环境相协调的绿色发展格局加快形成。畜禽养殖废弃物资源化利用取得重要进展，2020 年全国畜禽粪污综合利用率达到 76%，圆满完成“十三五”规划任务目标。药物饲料添加剂退出和兽用抗菌药使用减量化行动成效明显，2020 年畜禽养殖抗菌药使用量比 2017 年下降 21.4%。

但产业发展在取得成就的同时，所面临的风险也更加凸显，主要体现在：一是资源环境约束更加趋紧。养殖设施建设及饲草料种植用地难问题突出，制约了畜牧业规模化、集约化发展；部分地区生态环境容量饱和，保护与发展的矛盾进一步凸显。种养主体分离，种养循环不畅，稳定成熟的种养结合机制尚未形成，粪污还田利用水平较低。二是发展不平衡问题更加突出。一些地方缺乏发展养殖业的积极性，“菜篮子”市长负责制落实不到位；加工流通体系培育不充分，产加销利益联结机制不健全；基层动物防疫机构队伍严重弱化，一些畜牧大县动物疫病防控能力与畜禽饲养量不平衡，生产安全保障能力不足；草食家畜发展滞后，牛羊肉价格连年上涨，畜产品多样化供给不充分。

7.1.2 畜禽养殖污染防治现状

作为世界第一的畜禽养殖大国，我国养殖污染问题十分严重。据第二次全国污染源普查测算，我国畜禽粪污年产量在 30.5 亿吨，是 2019 年工业固体废物产生量的 0.86 倍。按 70% 的收集系数计算，年需处理畜禽粪污量达 21.35 亿吨。由于畜禽养殖业大多分散于我国广大农村和城镇周围，环境污染比较严重。随着养殖行业集约化程度的提高，下一阶段我国畜禽污染将主要来自集约化养殖场和养殖小区。

规模化畜禽养殖场污染物的排放具有集中度强、排放数量大、污染物浓度高等特点，带来了不容忽视的环境污染问题，并成为阻碍畜禽养殖业持续稳定发展的重要因素。

世界上许多畜牧业发达的国家和地区，都出现了畜禽粪便污染问题①。在畜禽高度密集的地区，畜禽废弃物已成为主要的环境污染源。例如，英

① 闫杰，FE DE BUISONJÉ，MELSE R W. 荷兰经验对中国畜禽粪便治理的启发白皮书［R］. 瓦格宁根：荷兰瓦格宁根畜牧科学研究院，2017.

国每年有 8×10^7 t 畜禽粪便需要处理，其中可回收利用 119 000 t 磷。荷兰南部地区畜牧业密集度最高，结果造成畜禽粪便量大大超过农田畜禽粪便承载量，从而引起粪便硝酸盐污染。据报道，荷兰每年畜禽粪便总产出量为 9.5×10^7 t，其中过剩 1.5×10^7 t；比利时每年畜禽粪便总产出量为 4.1×10^7 t，过剩 8×10^6 t；法国的布列塔尼集中了全国集约化畜牧业的 40%，该地区从 20 世纪 80 年代初只有 1 个地区饮用水硝酸盐含量超过饮用水标准，逐步发展到 2005 年 6 个地区饮用水硝酸盐含量超标，21 个地区接近超标；在美国，畜禽养殖场产生的废弃物是人类生活废弃物的 130 多倍，严重威胁当地的生态环境①。在中国，畜禽粪便堆存量大、环境影响广泛，畜禽粪便利用率低。在我国部分地区，畜禽粪尿污染的影响已超过城乡接合带居民生活、农田氮磷流失等对环境的影响，是造成许多重要水源地、江、河、湖等水体严重污染的主要原因之一。

我国规模化畜禽养殖粪污处理仍以肥料化利用模式为主。从粪便处理结果看，规模化畜禽养殖粪便处理以储存农业利用和生产有机肥为主，粪便生产沼气的方式较少，全国占比在 1%左右。从养殖种类分析，生猪、奶牛、肉牛养殖粪便处理模式以储存农用为主，占比均在 75%以上，而蛋鸡、肉鸡养殖粪便生产有机肥的比例达到 65%左右。这主要是由于生猪、奶牛、肉牛养殖粪便含水率高，生产有机肥成本高、难度大；而养鸡大部分采用笼养，粪便清理难度小，粪便含水率低，便于有机肥的生产。从污水处理结果看，污水处理以还田利用方式为主，全国 35%左右的规模化养殖场均采用储存农业利用的方式，55%左右的规模化养殖场采用厌氧后农业利用的方式，采用污水厌氧+好氧达标排放或循环利用模式的仅占 7%左右，采用生物发酵床养殖的仅占 2%左右②。

参考代思汝对我国畜禽养殖污染防治模式的分区研究③，根据我国农业经济自然条件，结合我国畜禽养殖分布和粪污治理现状，将我国（不包含港澳台、西藏以及南沙群岛）分为 6 个区，分别为东北平原区、中部平原区、南方丘陵区、南方水网区、西部干旱区、西南山区。按分区对规模

---

① 中华人民共和国国家环境保护总局，自然生态保护司．全国规模化畜禽养殖业污染情况调查及防治对策［M］．北京：中国环境科学出版社，2002.

② 宣梦，振成，吴根义，等．我国规模化畜禽养殖粪污资源化利用分析［J］．农业资源与环境学报，2018（3）：126-132.

③ 代思汝．我国畜禽养殖污染防治模式分区研究［D］．长沙：湖南农业大学，2016.

化畜禽养殖粪污治理模式进行统计，统计情况如下：

（1）东北平原区包括辽宁、吉林、黑龙江、内蒙古东部，该区域年均气温低，地势平坦，土地肥沃，集中连片种植面积大。从区域粪污治理模式统计看，该区域粪便以肥料化利用为主，且粪便生产有机肥比例较高，特别是蛋鸡、肉鸡养殖场80%左右采用粪便生产有机肥方式，这主要是由于该区域集中连片的种植面积大、需肥量大，但该区域种植季节短，非施肥间隔期长，粪便生产有机肥便于储存与运输。该区域污水以储存农业利用为主，这主要是由于东北地区地势平坦、集中连片种植面积大，便于污水浇灌，但受气温低的影响，该区域采用厌氧农业利用的比例明显低于全国平均水平。另外，因该区域温度较低，适合生物发酵床养殖，其采用垫草垫料方式养殖的比例明显高于全国平均水平，其中生猪养殖采用生物发酵床方式的占比达到5.99%。

（2）中部平原区包括北京、天津、河北、河南、山西、山东、安徽北部，该区域气温较低、地势平坦、设施化农业种植水平高，是全国棉花、花生、芝麻、烤烟、蔬菜的主要生产基地，也是我国大型规模养殖场分布最多的地区。从区域粪污治理模式统计看，该区域粪便以肥料化利用为主，粪便生产有机肥比例在全国最高，规模化生猪、奶牛、肉牛养殖场粪便生产有机肥的比例达到40%左右，这主要是由于该区域大型规模养殖场多，粪便相对集中，生产有机肥便于储存、降低运输成本。该区域污水以农业利用为主，厌氧后农业利用比较高，采用好氧处理排放或循环利用的比例略高于全国平均水平，这主要是由于该区域内养殖场规模大、配套沼气池比例较高，且区域地势平坦、设施化农业比例高，沼液需求量大、施用方便，而采用好氧处理受温度较低影响，建设成本高、运行维护难度大。

（3）南方丘陵区包括湖南南部、广东、海南、江西、安徽南部，该区域气温较高，河网水系密集，属于亚热带和热带气候，年均温度12 ℃以上，主要种植水稻（2~3季），人均GDP较高，降雨量丰富，奶牛、肉牛养殖量较低。从区域粪污治理模式统计看，该区域粪便以肥料化利用为主，畜禽粪便多采用储存农用模式，主要是由于南方气温较高，粪便在自然储存过程中即可完成厌氧发酵环节，种植间隔期短，粪便储存时间短，相对于生产有机肥来说，储存农业利用成本更低。该区域污水以厌氧农业利用方式为主，规模化生猪养殖场污水厌氧农用模式占比达到75%。采用好氧处理排放或循环利用的比例高于全国平均水平，主要是由于该区域气温较高，适合污水厌氧沼气发酵处理，且国家在农村沼气能源开发利用方面进行了扶植和引导，该地区养殖场大部分已配套有厌氧沼气池。

（4）南方水网区包括浙江、福建、江苏、上海、湖北、湖南北部，该区域环境容量较小，人均土地面积小，人均 GDP 高，相对其他地区，对畜禽养殖污染治理要求更高，主要分布大型规模养殖场。从区域粪污治理模式统计看，该区域粪便以肥料化利用为主，地区规模化养殖场粪便生产有机肥的比例较高，规模化生猪、奶牛养殖场粪便生产有机肥比例分别为 30%与 51%。主要是因为该区域环境容量较小，人均 GDP 水平较高，消纳土地较少。该区域污水处理以厌氧处理为主，采用深度处理排放或循环利用的比例在全国最高，达到 20%左右，主要是由于该地区主要分布大型规模化养殖场，人均耕地面积较少，人均 GDP 高，对畜禽养殖治理模式配套设施建设提供一定的经济支撑，相对于我国其他地区，污水处理力度较大。

（5）西部干旱区包括陕西、甘肃、云南、新疆、宁夏、内蒙古西部，该区域地广人稀、气候干燥、降雨量少，经济相对较落后，区域环境容量较大。区域内规模化畜禽养殖场分布较少，其粪污处理模式以储存农用为主。

（6）西南山区包括四川、重庆、广西、贵州、湖南西部，该区域地形以丘陵高山为主，人均耕地面积少，交通不便。从区域粪污治理模式统计看，该区域粪便以肥料化利用为主，畜禽养殖粪便处理以储存农用为主，规模化生猪养殖场粪便储存农用比例高达 86%。主要是由于该地区主要分布中小型规模化养殖场，且交通不便，多采取就近处理原则。该区域污水处理厌氧农用模式占比在 80%左右，主要是由于该地区人均耕地面积较少，年均温度较高，适合污水厌氧沼气发酵处理，同时该地区政府积极推动畜禽养殖深度处理，规模化养殖场污水处理厌氧—好氧—回用比例达到了 5%左右，略高于全国平均水平。

根据对 2015 年环境统计数据的分析可知，我国 2015 年规模化养殖场共计 138 827 家，其中 38 401 家采用水冲粪的清粪方式，占比达到 27.66%，水冲粪工艺用水量大，不仅造成水资源浪费，而且因污水产生量大，产生的污水中污染物浓度高，处理和利用难度大、成本高。刘永丰等在清粪方式对养猪废水中污染物迁移转化的影响研究中表明，水冲粪工艺进入水体的 COD、总氮、总磷、氨氮的负荷量分别是干清粪工艺的 15.5、5.7、9.5、11.5 倍[①]。调研发现，在南方水网地区采用干清粪工艺的养殖场，30%左右存在用水量严重偏高，超量用水现象普遍。同时，通过对该地区的规模化生猪养殖场的饮水设备进行抽样调查分析发现，采用鸭嘴式和乳头式饮水器的占比高达 81%，该类饮水器一方面造成大量的水资源浪费，增加污水产生量，后期处理难度偏大；另一方面，溢流的水造成圈舍潮湿，易滋生细菌，进而导致生猪免疫力变低[②③]。

7.1.3 畜禽养殖业的环境影响

（1）有效消纳畜禽粪便的农田面积不足

畜禽粪便如不经妥善处理直接排入环境，会对水体、土壤和空气造成严重的污染，并危及畜禽和人体的健康。发达国家发展畜禽养殖业，绝大多数是属于既养畜又种田的模式，并且严格控制养殖场规模，畜禽粪便有充足的土地进行消纳。2001 年，原国家环境保护总局对全国 23 个省（自治区、直辖市）规模化畜禽养殖污染情况的调查显示，大多数规模化畜禽养殖场周边没有足够的耕地消纳畜禽养殖产生的粪便，养殖场单位标准畜禽占有的配套耕地没有达到 1 亩的基本要求，占有配套耕地最少的不足 0.3 亩[④]。

养殖规模的变化导致畜禽养殖粪便与农田的距离拉大，而规模化养猪场常用的水冲式清粪方式，造成猪场的流质厩肥体积庞大而养分含量低，使得将这些粪水运往农田的费用大大增加。一个存栏量为 5 000 头的养猪场，将每年产生的流质厩肥运至周边最近的农田，年运输量为 40 313 吨公里，平均每头猪为 8 吨公里；一个存栏量为 15 000 头的养猪场，年运输量为 208 013 吨公里，平均每头猪为 14 吨公里（见表 7.1）。由于运费高，并且也缺乏运送和施用流质厩肥的专用设施，许多养殖专业户通常用简易

---

① 刘永丰，许振成，吴根义，等. 清粪方式对养猪废水中污染物迁移转化的影响 [J]. 江苏农业科学，2012，40（6）：318-320.

② 王美芝，赵婉莹，吴中红，等. 不同饮水器保育猪用水总量及浪费水量对比试验 [J]. 农业工程学报，2017，33（4）：242-247.

③ 汪勇，邓仕伟，薛春芳. 生长猪和育成猪在乳头式饮水器条件下的日摄水量和浪费水量研究 [J]. 中国猪业，2006（4）：48.

④ 高定，陈同斌，刘斌. 我国畜禽养殖业粪便污染风险与控制策略 [J]. 地理研究，2006（3）：311-319.

的沉淀池将液态粪水排到沟渠中，仅将固体粪肥卖给种植专业户。根据调查和测算，仅液态粪水排放一项，对流域水体氮富营养化的贡献率达到10%~30%，磷达到3%。

表 7.1　各种规模畜禽场吨半径分析

规模(猪存栏头数)/头	最近耕地有效容纳面积半径/米	产生粪水重量/吨	年运输量/吨公里
3 000	1 936	9 675	18 731
5 000	2 500	16 125	40 313
15 000	4 300	48 375	208 013

注：按一头猪年产粪水量 3.225 t，其中总 N 量为 5.5~8 kgN，总 P 量为 5 kg P_2O_5，农田对粪水的有效承载量为 1 公顷耕地可消纳 8 头猪的粪水，相当于每公顷耕地承载的 N、P 养分量分别为 44~64 kgN 和 40 kgP_2O_5。

（2）畜禽粪便量超出环境最大承载负荷

产业带来的发展模式造成养殖专业户集中于某些地区，使得农村一些村、镇本地的人畜禽粪便产生量已经大大超出当地农田可承载的最大负荷。在经济发达的流域，这一问题更为突出。目前，在滇池、太湖流域的一些乡镇，每公顷农田对农村人畜排出有机氮、磷养分承载量已经分别达到 1 000 kg、600 kg，大大超过了许多国家规定的每公顷农田可承载的畜禽粪便的最大负荷（150 kgN/ha）①。在这些乡镇，即便完全不使用氮、磷化肥，本地的农田也不能有效消解当地的畜禽养殖业产生的氮、磷养分，因此这些粪便成为水域的重要污染源。

（3）农村畜禽场贮粪池建设不规范，密封性差、容量小

由于缺少场地，一些小型的家庭养殖场，将畜禽场清出粪便随便堆放。有机肥施用受作物生长季节的限制，在有机肥使用淡季时，贮粪池常溢满外泄。降雨时，堆放和外泄的粪肥冲入河沟，易形成大量氮、磷径流。根据中国农业科学院土壤肥料研究所的初步测算，即使只有 10%的畜禽粪便由于堆放或溢满随场地径流进入水体，对流域水体氮富营养化的贡献率即可达到 10%，磷可达到 10%~20%。

（4）畜禽养殖业的主要环境危害

①污染水质。禽养殖场污水中含有大量的污染物质，其污水生化指标

① 中国农业年鉴编辑委员会. 中国农业年鉴［M］. 北京：中国农业出版社，2003.

极高，如猪粪尿混合排出物的 COD_{Cr}值最高可达 81 g/L，BOD_5为 17~32 g/L，NH_3-N 浓度为 2. 5~4. 0 g/L；1 个采用人工清粪的万头猪场每天产生 16~18 g/L 的 COD_{Cr}达 60 多 t。高浓度畜禽有机污水排入江河湖泊中会造成水体富营养化；畜禽污水排入鱼塘及河流中使对有机物污染敏感的水生生物逐渐死亡，严重威胁水产业的发展。此外，其有毒、有害成分易进入并严重污染地下水，使地下水溶解氧含量减少，水质中有毒成分增多，严重时使水体发黑、变臭，失去其使用价值，而畜禽粪便污染的地下水极难治理恢复，将造成较持久性的污染。

②空气污染。畜禽养殖产生大量恶臭气体，其中含有大量的氨、硫化物、甲烷等有毒有害成分，会污染周围空气，严重影响养殖场工作人员的身心健康和空气质量。日本在《恶臭防止法》中确定了 8 种恶臭物质，其中氨、甲基硫醇、硫化氢、二甲硫、二硫化甲基、三甲胺 6 种与畜牧业密切相关，之后又追加了丙酸、正丁酸、正戊酸、异戊酸 4 种低级脂肪酸，这些物质在畜禽粪便中特别是猪粪中含量极高。

③传播病菌。畜禽粪便污染物中含有大量的病原微生物、寄生虫卵以及滋生的蚊蝇，使环境中病原种类增多、菌量增大，出现病原菌和寄生虫的大量繁殖，造成人、畜传染病的蔓延，尤其是人畜共患病时会发生疫情，给人畜带来灾难性危害。

④畜禽粪便中含有丰富的有机质和氮、磷、钾养分及其他有益矿质元素，是一类具有较高农业利用价值的有机肥料资源。但随着畜禽养殖业的规模化、集约化发展，大量饲料添加剂及抗生素类药物的使用，也导致了畜禽粪便中多种重金属元素、兽药残留及盐分含量超高。规模化养殖畜禽粪便也可以导致土壤和作物的重金属含量水平提高。张树清等的研究发现，55 个猪粪、鸡粪样本中，Cu、Zn、Cr、As 含量变幅分别为 10. 7~1 591 mg/kg、71. 3~8 710 mg/kg、0~688 mg/kg、0. 01~65. 4 mg/kg①，同时多有四环素类抗生素残留；32 个猪粪样本中，土霉素、四环素、金霉素平均含量分别为 9. 09 mg/kg、5. 22 mg/kg、3. 57 mg/kg；23 个鸡粪样本中，土霉素、四环素、金霉素平均含量分别为 5. 97 mg/kg、2. 63 mg/kg、1. 39 mg/kg。按照我国《有机肥料》（NY 525—2012）、《有机无机复混肥料》（GB 18877—2020）的国家标准，通过研究的测定结果比较分析发现，规模化养殖场的

---

① 张树清，张夫道，刘秀梅，等. 规模化养殖畜禽粪主要有害成分测定分析研究［J］. 植物营养与肥料学报，2005（11）：822-829.

猪粪、鸡粪存在一种或多种重金属元素含量超高的问题。再与我国《农用污泥中污染物控制标准》(GB 4284—1984) 中重金属指标比较来看，即使规模化养殖畜禽粪都施用到 pH 值≥6.5 的土壤上，至少有 20%~30%测定样品重金属超标或严重超标。

畜禽粪便中含有大量的病原菌和有害微生物。目前已知，全世界约有“人畜共患疾”250 多种，我国有 120 多种，其主要通过患病动物的排泄物、废水等污染物，对环境造成严重污染。因此，许多国家均将畜禽污染的管理作为环境保护工作的重要内容，并制定法律、法规严加管理。我国畜禽养殖业的环境影响特点之一是，畜禽养殖污染构成目前我国较严重的污染源，据不完全统计，目前我国已有 1 000 头以上的猪场、100 头以上的牛场和 10 万只以上的鸡场 14 800 多个①。

7.2 畜禽养殖污染废水治理技术

7.2.1 相关政策法规和标准

20 世纪 80 年代开始，我国出台《中华人民共和国土地管理法》《中华人民共和国大气污染防治法》《中华人民共和国水法》《中华人民共和国固体废物污染环境防治法》《中华人民共和国食品安全法》等，让农业农村环保工作有法可依。同时，我国颁布各项标准规范生产经营者的行为，如《渔业水质标准》《农田灌溉水质标准》《农药安全使用标准》《农用粉煤灰中污染物控制标准》《城镇垃圾农用控制标准》等。

为了加强畜禽养殖污染防治的规范化、法制化、科学化发展，生态环境部和农业农村部陆续推出一系列政策标准。2001 年发布《畜禽养殖业污染物排放标准》(GB 18596—2001)、《畜禽养殖业污染防治技术规范》(HJ/T 81—2001)。2009 年原环境保护部发布《畜禽养殖业污染治理工程技术规范》(HJ 497—2009)。2010 年发布《畜禽养殖业污染防治技术政策》(环发〔2010〕151 号)、《畜禽粪便还田技术规范》(GB/T 25246—2010)、《畜禽养殖产地环境评价规范》(HJ 568—2010)。2011 年发布《关于征求国家环境保护标准〈畜禽养殖业水污染物排放标准〉(征求意见稿)

---

① 林葆. 化肥与无公害农业 [M]. 北京：中国农业出版社，2003：141-158.

意见的函》（环办函〔2011〕305号）、《关于征求〈畜禽养殖污染防治最佳可行技术指南〉（征求意见稿）意见的函》（环办函〔2011〕532号）。2012年发布《全国畜禽养殖污染防治“十二五”规划》。2013年颁布《畜禽规模养殖污染防治条例》。2014年原环境保护部发布《关于征求国家环境保护标准〈畜禽养殖业污染物排放标准〉（二次征求意见稿）意见的函》（环办函〔2014〕335号）。2016年农业部发布《全国畜禽遗传资源保护和利用“十三五”规划》，原环境保护部办公厅发布《关于征求〈畜禽养殖禁养区划定技术指南（征求意见稿）〉意见的函》（环办水体函〔2016〕917号）。2018年发布《畜禽粪便无害化处理技术规范》（GB/T 36195—2018），原农业部办公厅印发《畜禽粪污土地承载力测算技术指南》。2019年农业农村部办公厅、生态环境部办公厅联合印发《关于促进畜禽粪污还田利用依法加强养殖污染治理的指导意见》（农办牧〔2019〕84号），生态环境部发布《排污许可证申请与核发技术规范 畜禽养殖行业》（HJ 1029—2019）。2020年国务院办公厅发布《关于促进畜牧业高质量发展的意见》（国办发〔2020〕31号）。2021年，生态环境部发布《畜禽养殖污染防治规划编制指南（试行）》和《排污单位自行监测技术指南 畜禽养殖行业（征求意见稿）》。2022年，农业农村部办公厅、生态环境部办公厅发布《畜禽养殖场（户）粪污处理设施建设技术指南》。

7.2.2 畜禽养殖污染防治管理

畜禽养殖污染防治应遵循发展循环经济、低碳经济、生态农业与资源化综合利用的总体发展战略，促进畜禽养殖业向集约化、规模化发展，重视畜禽养殖的温室气体减排，逐步提高畜禽养殖污染防治技术水平，因地制宜地开展综合整治。

畜禽养殖污染防治应贯彻“预防为主、防治结合，经济性和实用性相结合，管理措施和技术措施相结合，有效利用和全面处理相结合”的技术方针，遵循“源头削减、清洁生产、资源化综合利用，防止二次污染”的技术路线。

（1）畜禽养殖污染防治的工作总则

县级以上人民政府环境保护主管部门负责畜禽养殖污染防治的统一监督管理。

县级以上人民政府农牧主管部门负责畜禽养殖废弃物综合利用的指导和服务。

县级以上人民政府循环经济发展综合管理部门负责畜禽养殖循环经济工作的组织协调。

县级以上人民政府其他有关部门依照《畜禽规模养殖污染防治条例》的规定和各自职责，负责畜禽养殖污染防治相关工作。

乡镇人民政府应当协助有关部门做好本行政区域的畜禽养殖污染防治工作。

（2）畜禽养殖污染防治的预防工作

县级以上人民政府农牧主管部门编制畜牧业发展规划，报本级人民政府或者其授权的部门批准实施。畜牧业发展规划应当统筹考虑环境承载能力以及畜禽养殖污染防治要求，合理布局，科学确定畜禽养殖的品种、规模、总量。

县级以上人民政府环境保护主管部门会同农牧主管部门编制畜禽养殖污染防治规划，报本级人民政府或者其授权的部门批准实施。畜禽养殖污染防治规划应当与畜牧业发展规划相衔接，统筹考虑畜禽养殖生产布局，明确畜禽养殖污染防治目标、任务、重点区域，明确污染治理重点设施建设，以及废弃物综合利用等污染防治措施。

禁止在下列区域内建设畜禽养殖场、养殖小区：

①饮用水水源保护区，风景名胜区。

②自然保护区的核心区和缓冲区。

③城镇居民区、文化教育科学研究区等人口集中区域。

④法律、法规规定的其他禁止养殖区域。

（3）畜禽养殖污染防治的综合利用与治理工作

县级以上人民政府环境保护主管部门应当依据职责对畜禽养殖污染防治情况进行监督检查，并加强对畜禽养殖环境污染的监测。

乡镇人民政府、基层群众自治组织发现畜禽养殖环境污染行为的，应当及时制止和报告。

对污染严重的畜禽养殖密集区域，市、县人民政府应当制定综合整治方案，采取组织建设畜禽养殖废弃物综合利用和无害化处理设施、有计划地搬迁或者关闭畜禽养殖场所等措施，对畜禽养殖污染进行治理。

因畜牧业发展规划、土地利用总体规划、城乡规划调整以及划定禁止养殖区域，或者因对污染严重的畜禽养殖密集区域进行综合整治，确需关闭或者搬迁现有畜禽养殖场所，致使畜禽养殖者遭受经济损失的，由县级以上地方人民政府依法予以补偿。

（4）确定畜禽养殖污染防治工作的重点区域

依据各地畜禽养殖总量、主要污染物排放量、环境承载能力、规模化养殖单元生产水平，以及国家水污染防治重点流域和区域分布范围，确定畜禽养殖污染防治重点区域是山东、黑龙江、河北、辽宁、河南、内蒙古、湖南、四川、吉林、广东、安徽、江苏、湖北、江西、山西、云南16个省份和其他省份的畜禽养殖大县（市、区）。

依据畜禽养殖总量、畜禽养殖单元数量、主要污染物排放量、污染防治设施建设情况等，确定畜禽养殖污染防治重点养殖单元是规模化畜禽养殖场（小区）、养殖专业户和畜禽散养密集区域。

（5）完善畜禽养殖污染防治标准体系

环保、农业等有关部门应制定畜禽养殖生产环境安全控制标准，严格控制饲料中抗生素、激素、铜、锌，以及铬、砷等重金属物质的使用量。建立和完善畜禽养殖业污染环境监测技术标准体系。各地要根据国家有关标准和畜禽养殖污染防治工作实际，组织制订地方畜禽养殖污染物排放标准，制（修）订畜禽养殖污染防治有关技术规范。同时，研究制定畜禽养殖环境监测、废弃物综合利用、沼液沼渣利用等技术规范，以及规模化畜禽养殖场（小区）建设项目环境影响评价技术导则等技术文件，从而完善畜禽养殖污染防治有关技术政策。

要在实地调查、监测验证和试验研究的基础上，选取适合本地的畜禽养殖污染减排技术。鼓励规模化畜禽养殖场（小区）采用雨污分流、干湿分离、有机肥生产、污水资源化利用全过程控制的减排措施；新（改、扩）建规模化畜禽养殖场（小区）要积极采取干清粪等有效方式减少污水产生量；引导畜禽养殖专业户向规模化发展，逐步实现畜禽散养密集区域的养殖废弃物统一收集、统一处理。

开展畜禽养殖污染防治技术的筛选和评估。积极探索和总结畜禽养殖污染防治实用技术模式，建立畜禽养殖污染防治技术储备库。

建设畜禽养殖污染防治实用技术示范工程。针对不同自然环境、养殖规模、养殖品种、养殖方式等，结合国家重大科研专项和中央财政有关专项资金项目实施，选取典型区域，集成示范一批低建设成本、低运行费用、易于管理维护的实用技术模式。各地也要根据本地实际，积极建立畜禽养殖污染防治技术示范点。通过试点示范，摸索有效的技术和管理模式，总结经验，为大范围开展畜禽养殖污染防治工作奠定基础。

7.2.3 畜禽养殖污染防治技术路线

（1）畜禽养殖污染防治应遵循的技术原则

①全面规划、合理布局，贯彻执行当地人民政府颁布的畜禽养殖区划，严格遵守“禁养区”和“限养区”的规定，已有的畜禽养殖场（小区）应限期搬迁；结合当地城乡总体规划、环境保护规划和畜牧业发展规划，做好畜禽养殖污染防治规划，优化规模化畜禽养殖场（小区）及其污染防治设施的布局，避开饮用水水源地等环境敏感区域。

②发展清洁养殖，重视圈舍结构、粪污清理、饲料配比等环节的环境保护要求；注重在养殖过程中降低资源耗损和污染负荷，实现源头减排；提高末端治理效率，实现稳定达标排放和“近零排放”。

③鼓励畜禽养殖规模化、粪污利用大型化和专业化，发展适合不同养殖规模和养殖形式的畜禽养殖废弃物无害化处理模式和资源化综合利用模式，污染防治措施应优先考虑资源化综合利用。

④种、养结合，发展生态农业，充分考虑农田土壤消纳能力和区域环境容量要求，确保畜禽养殖废弃物有效还田利用，防止二次污染。

⑤严格环境监管，强化畜禽养殖项目建设的环境影响评价、“三同时”制度、环保验收、日常执法监督和例行监测等环境管理环节，完善设施建设与运行管理体系；强化农田土壤的环境安全，防止以“农田利用”为名变相排放污染物。

（2）清洁养殖与畜禽养殖废弃物收集

畜禽养殖应严格执行有关国家标准，切实控制饲料组分中重金属、抗生素、生长激素等物质的添加量，保障畜禽养殖废弃物资源化综合利用的环境安全。

规模化畜禽养殖场排放的粪污应实行固液分离，粪便应与废水分开处理和处置；应逐步推行干清粪方式，最大限度地减少废水的产生和排放，降低废水的污染负荷。

畜禽养殖宜推广可吸附粪污、利于干式清理和综合利用的畜禽养殖废弃物收集技术，因地制宜地利用农业废弃物（如麦壳、稻壳、谷糠、秸秆、锯末、灰土等）作为圈、舍垫料，或采用符合动物防疫要求的生物发酵床垫料。

不适合敷设垫料的畜禽养殖圈、舍，宜采用漏缝地板和粪、尿分离排放的圈舍结构，以利于畜禽粪污的固液分离与干式清除。尚无法实现干清粪的畜禽养殖圈、舍，宜采用旋转筛网对粪污进行预处理。

畜禽粪便、垫料等畜禽养殖废弃物应定期清运，外运畜禽养殖废弃物的贮存、运输器具应采取可靠的密闭、防泄漏等卫生、环保措施；临时储存畜禽养殖废弃物，应设置专用堆场，周边应设置围挡，具有可靠的防渗、防漏、防冲刷、防流失等功能。

（3）畜禽养殖废弃物的无害化处理与综合利用

应根据养殖种类、养殖规模、粪污收集方式、当地的自然地理环境条件以及废水排放去向等因素，确定畜禽养殖废弃物无害化处理与资源化综合利用模式，并择优选用低成本的处理技术。

鼓励发展专业化集中式畜禽养殖废弃物无害化处理模式，实现畜禽养殖废弃物的社会化集中处理与规模化利用。鼓励畜禽养殖废弃物的能源化利用和肥料化利用。

大型规模化畜禽养殖场和集中式畜禽养殖废弃物处理处置工厂宜采用“厌氧发酵—（发酵后固体物）好氧堆肥工艺”和“高温好氧堆肥工艺”回收沼气能源，或生产高肥效、高附加值复合有机肥。

应收集厌氧发酵产生的沼气，并根据利用途径进行脱水、脱硫、脱碳等净化处理。沼气宜作为燃料直接利用，达到一定规模的可发展瓶装燃气，有条件的应采取发电方式间接利用，并优先满足养殖场内及场区周边区域的用电需要。沼气产生量达到足够规模的，应优先采取热电联供方式进行沼气发电并并入电网。

厌氧发酵产生的底物宜采取压榨、过滤等方式进行固液分离，沼渣和沼液应进一步加工成复合有机肥进行利用。或按照种养结合要求，充分利用规模化畜禽养殖场（小区）周边的农田、山林、草场和果园，就地消纳沼液、沼渣。

中小型规模化畜禽养殖场（小区）宜采用相对集中的方式处理畜禽养殖废弃物，如采用“高温好氧堆肥工艺”或“生物发酵工艺”生产有机肥，或采用“厌氧发酵工艺”生产沼气，并做到产用平衡。

畜禽尸体应按照有关卫生防疫规定单独进行妥善处置。染疫畜禽及其排泄物、染疫畜禽产品、病死或者死因不明的畜禽尸体等污染物，应就地进行无害化处理。

（4）畜禽养殖废水处理

规模化畜禽养殖场（小区）应建立完备的排水设施并保持畅通，其废水收集输送系统不得采取明沟布设，排水系统应实行雨污分流制。

布局集中的规模化畜禽养殖场（小区）和畜禽散养密集区宜采取废水集中处理模式，布局分散的规模化畜禽养殖场（小区）宜单独就地处理废水。鼓励废水回用于场区园林绿化和周边农田灌溉。

应根据畜禽养殖场的清粪方式、废水水质、排放去向、外排水应达到的环境要求等因素，选择适宜的畜禽养殖废水处理工艺；处理后的水质应符合相应的环境标准，回用于农田灌溉的水质应达到农田灌溉水质标准。

规模化畜禽养殖场（小区）产生的废水应进行固液分离预处理，采用脱氮除磷效率高的“厌氧+兼氧”生物处理工艺进行达标处理，并应进行杀菌消毒处理。

（5）鼓励开发应用的新技术

国家鼓励开发、应用以下畜禽养殖废弃物无害化处理与资源化综合利用技术与装备：

①高品质、高肥效复合有机肥制造技术和成套装备。

②畜禽养殖废弃物的预处理新技术。

③快速厌氧发酵工艺和高效生物菌种。

④沼气净化、提纯和压缩等燃料化利用技术与设备。

国家鼓励开发、应用以下畜禽养殖废水处理技术与装备：

①高效、低成本的畜禽养殖废水脱氮除磷处理技术。

②畜禽养殖废水回用处理技术与成套装备。

国家鼓励开发、应用以下清洁养殖技术与装备：

①适合干式清粪操作的废弃物清理机械和新型圈舍。

②符合生物安全的畜禽养殖技术及微生物菌剂。

（6）污染治理设施的建设、运行和监督管理

规模化畜禽养殖场（小区）应设置规范化排污口，并建设污染治理设施，有关工程的设计、施工、验收及运营应符合相关工程技术规范的规定。

国家鼓励实行社会化环境污染治理的专业化运营服务。畜禽养殖经营者可将畜禽养殖废弃物委托给具有环境污染治理设施运营资质的单位进行处置。

畜禽养殖场（小区）应建立健全污染治理设施运行管理制度和操作规程，配备专职运行管理人员和检测手段；对操作人员应加强专业技术培训，实行考试合格持证上岗。

7.3 常用畜禽养殖业污染治理技术

我国畜禽养殖行业规模较大，大规模的畜禽养殖产生的大量废水成为水体污染的重要污染源之一。畜禽养殖废水具有处理难度大、技术工艺要求高等特点，其废水性质可概括为COD、SS、NH_3-N浓度高，可生物处理性和降解性能好，水量大且水质条件恶劣，含有大量的病原菌并伴有恶臭①。畜禽养殖场废水中的污染物质量浓度和pH值如表7.2所示，畜禽养殖主要水污染物产生量及其性质如表7.3所示，畜禽养殖主要固体污染物及其性质如表7.4所示。

表7.2　畜禽养殖场废水中的污染物质量浓度和pH值

养殖种类	清粪方式	COD_{Cr} /mg·L^{-1}	NH_3-N /mg·L^{-1}	TN /mg·L^{-1}	TP /mg·L^{-1}	pH值
猪	水冲粪	21 600	590	805	127	6.3~7.5
猪	干清粪	2 640	261	370	43.5	6.3~7.5
肉牛	干清粪	887	22.1	41.1	5.33	7.1~7.5
奶牛	干清粪	983	51	67.8	18.6	7.1~7.5
蛋鸡	水冲粪	6 060	261	342	31.4	6.5~8.5
鸭	干清粪	27	1.85	4.70	0.139	7.39

数据来源：《畜禽养殖业污染治理工程技术规范》（HJ 497—2009）。

表7.3　畜禽养殖主要水污染物产生量及其性质

养殖种类	清粪方式	日产生量 /千克·头$^{-1}$	COD_{Cr} /mg·L^{-1}	NH_3-N /mg·L^{-1}	TN /mg·L^{-1}	TP /mg·L^{-1}	pH值
猪	水冲粪	20	15 600~46 800	130~1 780	140~1 790	30~290	6.3~7.5
猪	干清粪	10	2 500~2 770	230~290	320~420	35~50	6.3~7.5

---

① 唐凯. 国内畜禽养殖废水处理技术的研究进展［J］. 应用化工，2018（10）：2274-2278.

表7.3(续)

养殖种类	清粪方式	日产生量 /千克·头$^{-1}$	COD_{Cr} /mg·L^{-1}	NH_3-N /mg·L^{-1}	TN /mg·L^{-1}	TP /mg·L^{-1}	pH 值
牛	水清粪	20	6 000~25 000	300~1 400	300~500	35~50	7.1~7.5
	干清粪	50	920~1 050	40~60	57~80	16~20	7.1~7.5
鸡	干冲粪	0.1~0.25	2 740~10 500	70~600	100~750	13~60	6.5~8.5

表 7.4 畜禽养殖主要固体污染物及其性质

养殖种类	日排泄量 /千克·头$^{-1}$	COD_{Cr} /mg·kg^{-1}	NH_3-N /mg·kg^{-1}	TN /mg·kg^{-1}	TP /mg·kg^{-1}	TS/%
猪	1.0~3.0	67 000	5 200	11 000	4 300	10~15
肉牛	15~20	34 000	3 500	4 400	1 400	20
奶牛	20~30					
蛋鸡	0.08~0.15	45 000	4 800	10 000	4 400	25
肉鸡	0.02~0.10					

数据来源：《规模畜禽养殖污染防治最佳可行技术指南（试行）》（HJ-BAT-10）。

针对畜禽养殖废水的处理，国内外都拥有大量的技术手段，大致可归为物理化学处理技术、生物处理技术、自然生态处理技术三类。另外，还有兼顾不同处理技术和工艺的组合工艺，其处理模式主要有三种，分别是工业化处理模式、自然处理模式以及还田利用模式。因未经处理直接还田利用和自然处理，不仅可能造成二次污染问题，还会引发疾病危害，因此工业化处理模式得到不断发展与广泛应用。工业化处理模式包括好氧处理技术、厌氧处理技术以及不同组合处理技术。

（1）好氧处理技术

好氧处理是微生物在有氧气条件下进行生物代谢，将有机物降解的过程。好氧处理的反应速度较快，所需反应时间较短，产生的臭气少，处理效果稳定。好氧处理技术包括自然好氧处理技术和人工好氧处理技术。其中，自然好氧处理技术包括氧化塘、人工湿地等，大多采用重力自流方式，处理过程中能耗和运行成本低，适用于地广人稀且温度变化不大的农村地区；人工好氧处理技术包括活性污泥法、SBR 法（序批式活性污泥法）、生物接触氧化、氧化沟等，该处理技术通过人工增加废水的氧气含量，因而能耗高，投资和运行成本也较高。

（2）厌氧处理技术

厌氧处理技术是在厌氧条件下，废水中的有机物被厌氧细菌转化为无机物的过程。厌氧处理技术因其无须搅拌和供氧，因而能耗较低，同时还能产生大量的富含甲烷的沼气，可用于发电和家庭燃气。该处理技术主要适用于高浓度的有机废水的处理，同时还可对好氧微生物无法降解的一些有机物进行降解，因此同样适用于畜禽养殖废水的处理。厌氧处理技术中COD 的去除率高达 85%~90%，而且可杀灭传统性细菌，为养殖场防疫工作的开展创造良好的条件。

（3）厌氧-好氧组合处理技术

在畜禽养殖废水的处理过程中，采用单一的好氧处理技术或厌氧处理技术均有不足，因此为保证废水出水水质稳定达标，大多采用厌氧-好氧组合处理技术。孙群荣等研究发现，采用氨吹脱-A^2/O 工艺处理畜禽养殖废水，COD 和氨氮的去除率分别为 97.4%和 91.9%，处理后水质良好，达到了排放标准①。韩巍研究发现，采用混凝-UASB-SBR 工艺处理养猪废水，COD 和氨氮的去除率分别为 99%和 98.5%，处理后水质良好，也能达标排放②。该处理技术可以综合厌氧和好氧处理技术的优点，使废水处理中的污染物处理效率更高，成本适中，废水处理负荷大，出水可做到达标排放。

（4）厌氧好氧生态化池塘

目前，我国的畜禽养殖废水处理方式多由一种方法组成，但是单一的处理方法会使畜禽养殖废水修复的灵活性大打折扣。因此，可以用生态概念来处理畜禽养殖废水，该处理方法是建立厌氧好氧生态化池塘。采用生态概念不仅能够治理废水污染，而且还能够利用技术对其生态进行改造，增加生态性，增强其自身净化作用，对环境恢复有很好的效果。

厌氧好氧生态化池塘的工艺过程如图 7.1 所示③。

厌氧好氧生态化池塘的工艺流程介绍如下：

①废水预处理：畜禽养殖场排出的废弃物先经过格栅，进行沉砂后进入集水池。该过程主要是先清除废水中的石块、杂草、塑料袋等较大的杂

---

① 孙群荣，徐彬彬，张雁峰. 氨吹脱-A^2/O 工艺处理高浓度养殖废水［J］. 给水排水，2005，31（3）：55-57.

② 韩巍. 规模化养猪场废水处理的试验研究［D］. 儋州：华南热带农业大学，2006.

③ 冯海强. 畜禽养殖废水处理技术的研究［J］. 湖南有色金属，2018（8）：65-68.

物，再去除废水中较重的砂石，利于后续的固液分离，也减少了管道等的堵塞，保证废水处理过程的通畅性。

②固液分离：进入集水池的废水主要由粪便、尿液以及废水混合而成，经泵泵入固液分离装置后可去除其中混杂的悬浮物。粪渣另经发酵无害化处理后，作为有机肥加以利用。

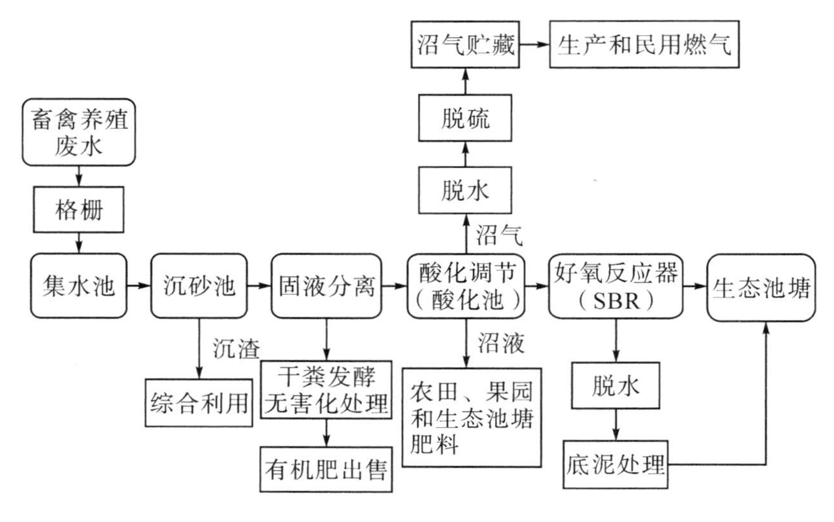

图 7.1　厌氧好氧生态化池塘

③酸化调节：经固液分离后的废水进入酸化池。水解酸化是介于好氧处理和厌氧处理之间的方法，可降低成本、提高处理效率。其目的是将废水中难以生物降解的有机物转变为易生物降解的有机物，提高废水的可生化性。在酸化池中，废水中的高分子有机物，如蛋白质、脂肪、糖类等可水解为氨基酸、脂肪酸等小分子有机物，进而在酸化菌的作用下生成乙酸、丙酸等。该过程的微生物为兼性厌氧菌，需将 pH 值控制在 4.5~6.5。

④厌氧发酵池：酸化后的废水泵入厌氧发酵池。在该过程中利用厌氧微生物的转化作用，将废水中大部分可生物降解的有机物质进行分解，转化为沼气，产生的沼气中甲烷浓度在 70%左右。池中 pH 值控制在 7.5~8.5，并布设温水循环系统维持发酵过程在 36 ℃。

⑤好氧反应器（SBR）：固液分离后的废水分批进入好氧反应器，经活性污泥净化，到净化后的上清液排出池外，完成一个运行周期。每个运行周期可划分为进水期、反应期、沉淀期、排放期和闲置期 5 个阶段，如

图 7.2 所示。废水可以直接排入生态池塘，生态池塘可以反复对废水进行处理。

⑥沼液综合利用：厌氧发酵后的液肥可用于农田灌溉，也可用于生态池塘生物的种植，从而美化并修复附近的生态环境。

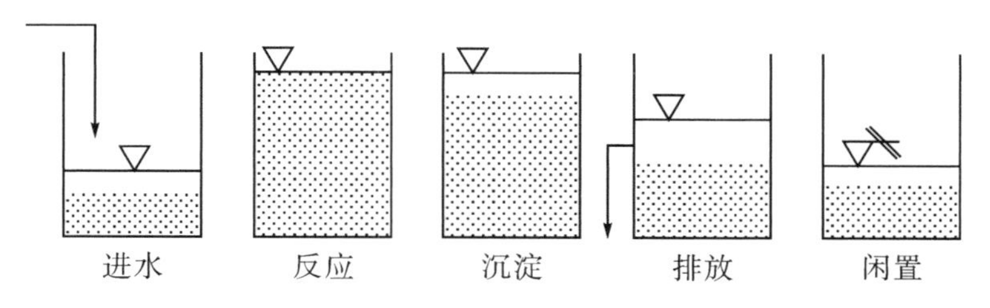

图 7.2 SBR 工艺流程图

⑦生态池塘：畜禽养殖废水处理后，最终排入该池塘。由于废水中有植物、动物生长的 COD 和一些营养物质，因此可以维持生态池塘生物的生长，在池塘中修复植物，既能够改善附近的生态环境，又能增加景观，同时还能够利用环境的自净能力结合和生物修复的方法，进一步对畜禽养殖废水进行处理。

7.4 畜禽养殖业废水处理工艺设计

7.4.1 工艺选择

（1）工艺选择原则：选用粪污处理工艺时，应根据养殖场的养殖种类、养殖规模、粪污收集方式、当地的自然地理环境条件以及排水去向等因素确定工艺路线及处理目标，并应充分考虑畜禽养殖废水的特殊性，在实现综合利用或达标排放的情况下，优先选择低运行成本的处理工艺，并且应慎重选用物化处理工艺。

（2）养殖规模在存栏（以猪计）2 000 头及以下的应尽可能采用模式Ⅰ或模式Ⅱ处理工艺；存栏（以猪计）10 000 头及以上的，宜采用模式Ⅲ处理工艺。

模式Ⅰ处理工艺的基本流程如图 7.3 所示。

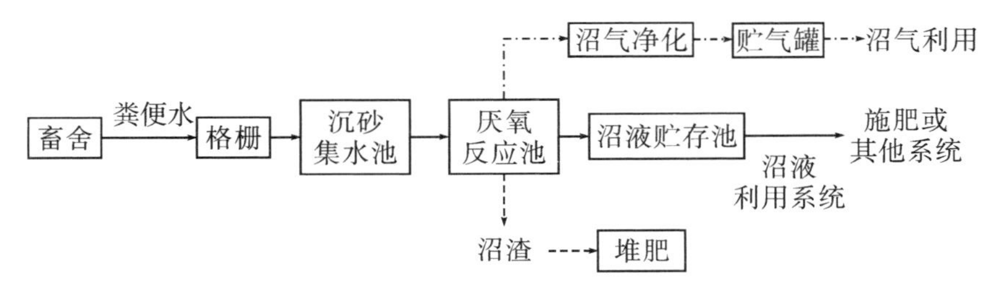

图 7.3　模式Ⅰ处理工艺的基本流程

模式Ⅰ处理工艺以能源利用与综合利用为主要目的，适用于当地有较大的能源需求，沼气能完全利用，同时周边有足够的土地消纳沼液、沼渣，并有一倍以上的土地轮作面积，使整个养殖场（区）的畜禽排泄物在小区域范围内全部达到循环利用的情况。其中，粪尿连同废水一同进入厌氧反应池；未采用干清粪工艺的，应严格控制冲洗用水，提高废水浓度，减少废水总量。

模式Ⅱ处理工艺的基本流程如图 7.4 所示。

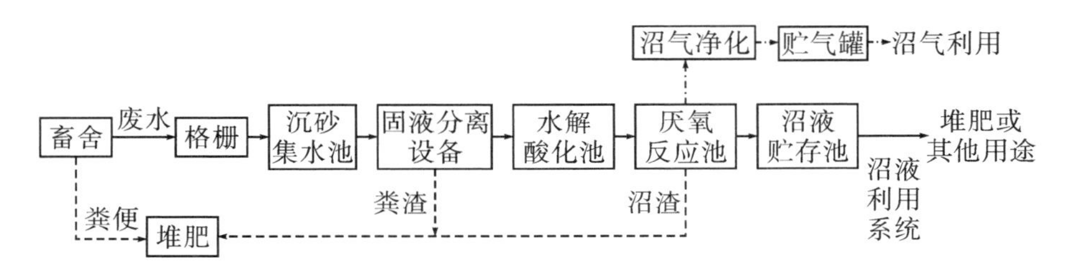

图 7.4　模式Ⅱ处理工艺的基本流程

模式Ⅱ处理工艺适用于能源需求不大，主要以进行污染物无害化处理、降低有机物浓度、减少沼液和沼渣消纳所需配套的土地面积为目的，养殖场周围具有足够的土地面积全部消纳低浓度沼液，并且有一定的土地轮作面积的情况。其中，废水进入厌氧反应池之前应先进行固液（干湿）分离，然后再对固体粪渣和废水分别进行处理。

模式Ⅲ处理工艺的基本流程如图 7.5 所示。

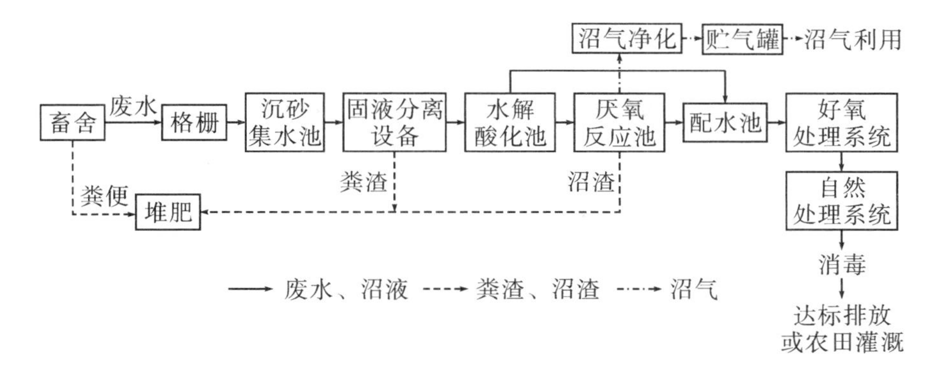

图 7.5　模式Ⅲ处理工艺的基本流程

能源需求不高且沼液和沼渣无法进行土地消纳，废水必须经处理后达标排放或回用的，应采用模式Ⅲ处理工艺。

7.4.2　废水处理

1. 预处理

畜禽养殖场废水处理前应强化预处理，预处理包括格栅、沉砂池、集水池、固液分离系统、水解酸化池等。采用模式Ⅰ处理工艺处理养牛场粪污时，预处理应设有粪草分离、切割和混合装置；处理养鸡场粪污前，应先清除鸡粪中的羽毛。

（1）格栅。废水进入集水池前应设置格栅。当污水量较大时，宜采用机械格栅，栅渣应及时运至粪便堆肥场或其他无害化场所进行处理。格栅的技术要求按《室外排水设计标准》（GB 50014—2021）的有关规定执行。

（2）沉砂池。处理养鸡场或散放式奶牛场的废水时应强化沉砂池设置；其他养殖废水处理可使设置的集水池具有一定的沉砂功能，不单独设置沉砂池。沉砂池的设计参照《城市粪便处理厂（场）设计规范》（CJJ 64—1995）第 3.3 条的有关规定。

（3）集水池。厌氧处理系统前应设置集水池，集水池的容量不宜小于最大日排放量的 50%。集水池的设置应方便去除浮渣和沉渣。处理食草类动物的粪污时，应增加集水池容积，使其具有化粪的功能。

（4）固液分离系统。固液分离设备可选用水力筛网、螺旋挤压分离机等，应根据处理水量、水质、场地、经济情况等条件综合考虑选用，并考虑废渣的贮存、运输等情况。当采用螺旋挤压分离机时，宜在排污收集后

3 h 内进行污水的固液分离。

（5）水解酸化池。进水经固液分离后在进厌氧处理系统前，根据工艺要求宜设置水解酸化池。水解酸化池容积应根据工艺要求确定。进水经固液分离的，水力停留时间（HRT）宜为 12~24 h。

2. 厌氧生物处理

（1）一般规定

厌氧生物处理单元通常由厌氧反应器、沼气收集与处置系统（净化系统、贮气罐、输配气管和使用系统等）、沼液和沼渣处置系统组成。厌氧反应器的类型和设计应根据粪污种类和工艺路线确定。

厌氧反应器的有效容积宜根据水力停留时间（HRT）确定，计算公式如下：

$$V = Q \times \mathrm{HRT} \tag{7.1}$$

式中：V——厌氧反应器的有效容积（m^3）；

Q——设计流量（m^3/d）；

HRT——水力停留时间（d）。

当温度条件不能满足工艺要求时，厌氧反应器宜按下列要求设置加热保温措施：

①宜采用池（罐）外保温措施。

②宜采用蒸汽直接加热，蒸汽通入点宜设在集水池（或计量池）内，也可采用厌氧反应器外热交换或池内热交换。

厌氧反应器的设计还应符合下列规定：

①厌氧反应器、沼气净化利用系统的防火设计应符合《建筑设计防火规范》（GB 50016—2014）中的有关规定。

②厌氧反应器应设有防止超正、负压的安全装置及措施，安全装置的安全范围应满足工艺设计的压力及池体安全的要求。

③厌氧反应器应达到水密性与气密性的要求，应采用不透气、不透水的材料建造，内壁及管路应进行防腐处理。

④厌氧反应器应设有取样口、测温点。

⑤应根据工艺需要配置适用的测定气量、气压、温度、pH 值、粪水量等的计量设备和仪表。

⑥厌氧反应器应设有检修孔、排泥管等。

（2）进水不经固液分离（粪尿全进）的厌氧生物处理

厌氧反应器宜选用全混合厌氧反应器（CSTR）、升流式固体厌氧反应器（USR）和推流式厌氧反应器（PFR）。

宜采用中温（35 ℃左右）或近中温消化，有其他热源利用的可采用高温（55 ℃左右）消化。中温条件下，当总固体含量 w（TS）<3%时，厌氧反应器的水力停留时间（HRT）不宜小于 5 d；总固体含量 w（TS）≥3%时，厌氧反应器的水力停留时间不宜小于 8 d。宜采用一级厌氧消化，根据不同工艺，也可选用二级厌氧消化。

不同厌氧反应器的设计宜满足下列要求：

①全混合厌氧反应器（CSTR）的平面形状宜采用圆形；应设置搅拌系统；搅拌可采用连续方式，也可采用间歇方式。

②升流式固体厌氧反应器（USR）宜采用立式圆柱形，有效高为 6~12 m；应选用合理的布水方式，以保证液体均匀上升，避免短路、勾流。

③推流式厌氧反应器（PFR）宜采用半地下或地上建筑。

（3）进水经固液分离的厌氧生物处理

厌氧反应器宜采用升流式厌氧污泥床（UASB），也可采用复合厌氧反应器（UBF）、厌氧过滤器（AF）、折流式厌氧反应器（ABR）等。

宜采用常温发酵，但温度不宜低于 20 ℃。厌氧反应器的水力停留时间（HRT）不宜小于 5 d。

采用升流式厌氧污泥床（UASB）时，其设计应符合下列规定：

①应根据经济性和场地情况考虑确定反应器的平面形状，宜采用圆形或矩形池。

②应综合考虑运行、经济等情况确定反应器的高度，不宜超过 10 m，反应器有效高度（深度）宜为 7~9 m。

③宜设 2 个以上厌氧罐体，单体体积不宜超过 2 000 m^3；当处理量较大时，宜采用多个单体反应器并联运行。

④进水系统的设计应确保布水均匀，避免出现短路等现象。

⑤三相分离器的设计应确保水、气、泥三相有效分离，出水含泥量少。

3. 沼气的净化、贮存及利用

厌氧处理产生的沼气须完全利用，不得直接向环境排放。经净化处理后的沼气通过输配气系统可用于居民生活用气、锅炉燃烧、沼气发电等。

沼气的净化、贮存按照《规模化畜禽养殖场沼气工程设计规范》（NY/T 1222—2006）第 8.5 条、第 8.6 条的有关规定执行。

4. 沼液、沼渣的处置与利用

沼渣应及时运至粪便堆肥场或其他无害化场所，进行妥善处理。

沼液可作为农田、大棚蔬菜田、苗木基地、茶园等的有机肥，宜放置2~3 d后再利用。

采用模式Ⅰ和模式Ⅱ处理工艺的，沼渣、沼液应全部进行资源化利用，不得直接向环境排放。

5. 好氧生物处理

好氧反应单元前宜设置配水池，使厌氧出水与水解酸化池的一部分污水进行混合调配，确保好氧工艺进水的生化需氧量与化学需氧量的比值 ω（BOD_5/COD）≥0.3。

宜采用具有脱氮功能的好氧处理工艺，如具有脱氮功能的序批式活性污泥法（SBR）、氧化沟法、缺氧/好氧（A/O）等生物处理工艺。

除氨氮时，完全硝化要求进水的总碱度（以 $CaCO_3$ 计）/氨氮的比值宜≥7.14；脱总氮时，进水的碳氮比（BOD_5/TN）宜>4，总碱度（以 $CaCO_3$ 计）/氨氮的比值宜≥3.6。

好氧池的污泥负荷（BOD_5/MLVSS）宜为0.05~0.1 kg/（kg·d），混合液挥发性悬浮固体浓度（MLVSS）宜为2.0~4.0 g/L，其他有关设计、配套设施和设备参考《室外排水设计标准》（GB 50014—2021）及相应的工艺类工程技术规范的规定。

6. 自然处理

（1）一般规定

根据可供利用的土地资源面积和适宜的场地条件，在通过环境影响评价和技术经济比较后，可选用适宜的自然处理工艺。

自然处理工艺宜作为厌氧、好氧两级生物处理后出水的后续处理单元。宜采用的自然处理工艺有人工湿地、土地处理和稳定塘三种。

（2）人工湿地

人工湿地适用于有地表径流和废弃土地，常年气温适宜的地区。

应优化湿地结构设计，慎重选用水平潜流或垂直潜流人工湿地，若需选用，则进水SS宜控制为小于500 mg/L。

人工湿地系统应根据污水性质及当地气候、地理实际状况，选择适宜的水生植物。

表面流人工湿地水力负荷宜为2.4~5.8 cm/d；水平潜流人工湿地水

力负荷宜为 3.3～8.2 cm/d；垂直潜流人工湿地水力负荷宜为 3.4～6.7 cm/d。设置填料时，可适当提高人工湿地的水力负荷。

冬季保温措施可采用覆盖秸秆、芦苇等植物。

（3）土地处理

采用土地处理应采取有效措施，防止污染地下水。土地处理的水力负荷应根据试验资料确定。无试验资料时，可按下列范围取值：慢速渗滤系统水力负荷在 0.5～5.0 m/a，地下水最浅深度不宜小于 1.5 m；快速渗滤系统水力负荷在 5～120 m/a，淹水期与干化期比值应小于 1；地表漫流系统年水力负荷在 3～20 m/a。

土地处理设计时，应根据应用场地的土质条件进行土壤颗粒组成、土壤有机质含量调整等。

（4）稳定塘

稳定塘适用于有湖、塘、洼地可供利用且气候适宜、日照良好的地区。在蒸发量大于降雨量的地区使用时，应有活水来源，确保运行效果。

稳定塘宜采用常规处理塘，如兼性塘、好氧塘、水生植物塘等。塘址的土地渗透系数（*K*）大于 0.2 m/d 时，应采取防渗处理。稳定塘系统设计可参考《污水稳定塘设计规范》（CJJ/T 54—1993）的有关规定执行。

7. 消毒

畜禽养殖废水经处理后向水体排放或回用的，应进行消毒处理。宜采用紫外线、臭氧、双氧水等非氯化的消毒处理措施，不得产生二次污染。

7.5 固体粪便处理

7.5.1 一般规定

畜禽固体粪便宜采用好氧堆肥技术进行无害化处理。不具备堆肥条件的养殖场，可根据畜禽养殖场地理位置、养殖种类、养殖规模及经济情况，选用其他方法对固体粪便进行资源回收利用，但不得对环境造成二次污染。未采用干清粪的养殖场，堆肥前应先将粪水进行固液分离，分离出的粪渣进入堆肥场，液体进入废水处理系统。

堆肥场地的设计应满足下列规定：

①堆肥场地一般应由粪便贮存池、堆肥场地以及成品堆肥存放场地等

组成。

②采用间歇式堆肥处理时，粪便贮存池的有效体积应按至少能容纳 6 个月粪便产生量计算。

③场内应建立收集堆肥渗滤液的贮存池。

④应考虑防渗漏措施，不得对地下水造成污染。

⑤应配置防雨淋设施和雨水排水系统。

7. 5. 2 好氧堆肥

畜禽粪便的好氧堆肥通常由预处理、发酵、后处理、贮存等工序组成。预处理和后处理过程中分选出的玻璃、金属、石头等杂物应进行妥善处理。

畜禽粪便经预处理调整水分和碳氮比（C/N），并应符合下列要求：

①堆肥粪便的起始含水率应为 40%~60%。

②碳氮比（C/N）应为 20∶1~30∶1，可通过添加植物秸秆、稻壳等物料进行调节，必要时需添加菌剂和酶制剂。

③堆肥粪便的 pH 值应控制在 6. 5~8. 5。

好氧发酵过程应符合下列要求：

①发酵过程温度宜控制在 55~65 ℃，且持续时间不得少于 5 d，最高温度不宜高于 75 ℃。

②堆肥时间应根据碳氮比（C/N）、湿度、天气条件、堆肥工艺类型及废物和添加剂种类确定。

③堆肥物料各测试点的氧气浓度不宜低于 10%。

④可适时采用翻堆方式自然通风或设有其他机械通风装置换气，调节堆肥物料的氧气浓度和温度。

发酵结束时，应符合下列要求：

①碳氮比（C/N）不大于 20∶1。

②含水率为 20%~35%。

③堆肥应符合《粪便无害化卫生要求》（GB 7959—2012）中关于无害化卫生要求的规定。

④耗氧速率趋于稳定。

⑤腐熟度应大于等于Ⅳ级。

发酵完毕后应进行后处理，确保堆肥制品质量合格。后处理通常由再干燥、破碎、造粒、过筛、包装至成品等工序组成，可根据实际需要确定。

堆肥制品应符合下列要求：

①堆肥产品存放时，含水率应不高于30%，袋装堆肥含水率应不高于20%。

②堆肥产品的含盐量应在1%~2%。

③成品堆肥外观应为茶褐色或黑褐色、无恶臭、质地松散，具有泥土气味。

堆肥场宜设有至少能容纳6个月堆肥产量的贮存设施。

7.6 病死畜禽尸体的处理与处置

病死畜禽尸体应及时处理，不得随意丢弃，不得出售或作为饲料再利用。畜禽尸体的处理与处置应符合《畜禽养殖业污染防治技术规范》（HJ/T 81—2001）第9章的规定。

因高致病性禽流感疫情导致禽类死亡，死禽尸体的处理与处置应符合《高致病性禽流感疫情应急实施方案（2020年版）》的规定。

7.7 恶臭控制

（1）一般规定

畜禽养殖场的恶臭治理范围应包括养殖场区和粪污处理厂（站）。养殖场区应通过控制饲养密度、加强舍内通风、采用节水型饮水器、及时清粪、绿化等措施抑制或减少臭气的产生。粪污处理各工艺单元宜设计为密闭形式，减少恶臭对周围环境的污染。密闭化的粪污处理厂（站）宜建恶臭集中处理设施，各工艺过程中产生的臭气应集中收集处理后排放，排气筒高度不得低于15 m。在集中式粪污处理厂的卸粪接口及固液分离设备等位置宜喷淋生化除臭剂。畜禽养殖场恶臭污染物的排放浓度应符合《畜禽养殖业污染物排放标准》（GB 18596—2001）的规定。

（2）物理除臭

可采用向粪便或舍内投（铺）放吸附剂减少臭气的散发，宜采用的吸附剂有沸石、锯末、膨润土以及秸秆、泥炭等含纤维素和木质素较多的材料。

（3）化学除臭

可向养殖场区和粪污处理厂（站）投加或喷洒化学除臭剂以消除或减少臭气的产生。宜采用的化学除臭剂有高锰酸钾、重铬酸钾、双氧水、次氯酸钠、臭氧等。

（4）生物除臭

宜采用的生物除臭措施有生物过滤法和生物洗涤法等。

8 农业面源污染防治技术

8.1 农业面源污染现状

8.1.1 农业面源污染排放现状

农业面源污染主要由种植过程的化学物资投入和养殖过程的粪便排放造成。农业面源污染分为广义和狭义两种：广义的农业面源污染是指人们在农业生产和生活过程中产生的、未经合理处置的污染物对水体、土壤和空气及农产品造成的污染；狭义的农业面源污染是指在农业生产活动中，氮素和磷素等营养物质、农药及其他有机或无机污染物，通过农田的地表径流、农田排水和地下渗漏形成的水环境的污染，主要包括化肥污染、农药污染和集约化养殖业污染。根据美国清洁水法修正案的定义，所谓面源污染是指，进入地表及地下水体的，并以广域、分散和微量的形式存在的一种污染物。农业面源污染已经成为水体污染的重要来源之一。Haregeweyn等研究发现，埃塞俄比亚高原接近一半的水土流失来自农田①。因此，我国学者将农业面源污染定义为，因种植业的化肥、农药等要素的过量施用以及养殖业畜禽粪便的乱排乱放，超过了农田的养分负荷，出现了氮、磷、钾等养分的过剩，这些遗留在土壤中的过剩养分在雨水等作用下进入水体，从而产生了地表水的污染②。

---

① HAREGEWEYN N, YOHANNES F. Testing and evaluation of the agricultural non-point source pollution model (AGNPS) on Augucho catchment, western Hararghe, Ethiopia [J]. Agriculture Ecosystems and Environment, 2003, 99 (17): 201-212.

② 张淑荣，陈利顶，傅伯杰. 农业区非点源污染敏感性评价的一种方法 [J]. 水土保持学报，2001 (2): 56-59.

农业面源污染中主要污染物有 COD、DDT、氨氮、六六六、有机磷、重金属、硝酸盐、病原微生物、寄生虫和塑料增塑剂等。有关资料证实，世界范围内的地表水和地下水都受到面源污染，而其中多数都是由农业面源污染造成的。从全球范围来看，有的地球表面已受到面源污染的影响，并且在全世界不同程度退化的耕地中，很大一部分是由农业面源污染引起。

2020 年，全国废水中化学需氧量排放量为 2 564.8 万吨。其中，工业源废水中化学需氧量排放量为 49.7 万吨，占总排放量的 1.9%；农业源化学需氧量排放量为 1 593.2 万吨，占总排放量的 62.1%；生活源污水中化学需氧量排放量为 918.9 万吨，占总排放量的 35.8%；集中式污染治理设施废水（含渗滤液）中化学需氧量排放量为 2.9 万吨，占总排放量的 0.11%。全国废水中氨氮排放量为 98.4 万吨。其中，工业源废水中氨氮排放量为 2.1 万吨，占总排放量的 2.13%；农业源氨氮排放量为 25.4 万吨，占总排放量的 25.8%；生活源污水中氨氮排放量为 70.7 万吨，占总排放量的 71.8%；集中式污染治理设施废水（含渗滤液）中氨氮排放量为 0.2 万吨，占总排放量的 0.20%①。

2021 年，在《排放源统计调查制度》确定的统计调查范围内，全国化学需氧量排放量为 2 531.0 万吨。其中，工业源（含非重点）废水中化学需氧量排放量为 42.3 万吨，占 1.7%；农业源化学需氧量排放量为 1 676.0 万吨，占 66.2%；生活源污水中化学需氧量排放量为 811.8 万吨，占 32.1%；集中式污染治理设施废水（含渗滤液）中化学需氧量排放量为 0.9 万吨，占 0.04%。全国氨氮排放量为 86.8 万吨。其中，工业源（含非重点）氨氮排放量为 1.7 万吨，占 2.0%；农业源氨氮排放量为 26.9 万吨，占 31.0%；生活源氨氮排放量为 58.0 万吨，占 66.8%；集中式污染治理设施废水（含渗滤液）中氨氮排放量为 0.1 万吨，占 0.1%。全国总氮排放量为 316.7 万吨。其中，工业源（含非重点）总氮排放量为 10.0 万吨，占 3.2%；农业源总氮排放量为 168.5 万吨，占 53.2%；生活源总氮排放量为 138.0 万吨，占 43.6%；集中式污染治理设施废水（含渗滤液）中总氮排放量为 0.2 万吨，占 0.1%。全国总磷排放量为 33.8 万吨。其中，工业源（含非重点）总磷排放量为 0.3 万吨，占 0.9%；农业源总

① 中华人民共和国生态环境部. 2020 年中国生态环境统计年报［Z］. 2021.

磷排放量为 26.5 万吨，占 78.4%；生活源总磷排放量为 7.0 万吨，占 20.7%；集中式污染治理设施废水（含渗滤液）中总磷排放量为 52.1 吨，占 0.02%。

从上述数据可以看出，农业源排放的 COD 占全国总排放量的 66.2%，农业源排放的氨氮占全国总排放量的 31.0%，农业源排放的总氮占全国总排放量的 53.2%，农业源排放的总磷占全国总排放量的 78.4%，是水环境污染的主要来源。

8.1.2 农业面源污染排放特征

农业面源污染的排放特征与工业污染的排污口直接和水体相连不同，农业行为绝大多数在土地上发生，其污染排放也首先发生在土壤上，通过雨水淋溶才能进入水体。因此从对水体环境的影响来看，农业面源污染与工业点源污染有三个本质区别：一是排放形式，面源污染为分散排放，点源污染为集中排放，面源污染的污染“密度”远远低于点源污染；二是污染物的形态，农业排放的主要污染物是氮磷，工业排放的污染物则五花八门，有些会对人体造成严重损害；三是进入环境的过程，点源污染通过排污口直接进入水体，面源污染则先经过土壤的缓冲，再由地表径流或雨水淋溶进入水体。农业面源污染的排放特征具体表现在以下几个方面：

（1）污染源具有隐蔽性和分散性

农业面源污染与点源污染的集中性相反，面源污染具有分散性的特征，它随流域内土地利用状况、地形地貌、水文特征、气候、天气等的不同而具有空间异质性和时间上的不均匀性。排放的分散性导致其地理边界和空间位置不易识别。此外，污染源的分散性造成污染物排放的分散性，致使其空间位置和涉及范围难以确定。如城市生活污水主要是通过统一排污口集中排放，可在排污口进行污水处理，以减轻其污染。而农村面源污染源在降水或融雪的冲刷作用下，将会流向不特定的土地、水体等，造成的污染范围之广是难以估测的。

（2）具有随机性和不确定性

大部分的农业面源污染的发生受环境影响，出现随机变量和随机影响的可能性非常的大。因为农业面源的污染物受降雨时间的影响较大，污染物受雨水冲洗后，通过径流渗透到土壤并污染水体。农业面源污染的发生同时也具有较大的不确定性。例如，农作物在生产过程中会受到自然气候的影响，化肥和农药等化学品直接受降雨量的大小和密度、气温、湿度的影响从而发生不同的化学反应。

（3）具有广泛性和不易监测性

由于面源污染涉及多个污染者，在某个特定的区域内它们之间相互排放时存在着相互交叉的可能性，不同的地理位置、气候温度、水文条件对污染物的迁移转化会产生很大影响，因此对具体监测到的单个污染者的排放量难以估计。随着科学技术的不断发展与进步，可以对面源污染做出具体识别和监测，但目前信息和管理成本过高。近年来，通过使用高新技术可以对面源污染进行模型化描述和模拟，如地理信息系统、遥感技术，均可以对农业面源污染进行监控、预测和检验，并提供有力的数据支持。

（4）防治具有困难性

农业面源污染发生过程中由于污染物自身具有复杂性，其防治的难度很大。这些溶解的污染物和固体的污染物在降水或融雪的冲刷作用下，将会流向不特定的土地、水体等，在这个过程中，各种污染物发生混合，有可能通过物理、化学、生物等作用，而产生更复杂的新污染物，对环境造成二次污染，甚至多次污染。由于其污染的范围广泛，具有不确定性和随机性，从而加大了对农业面源污染的防治难度。

从排放主体动机来看，农业面源污染与工业点源污染也有本质区别。一方面，工业点源污染排放的是生产末端所产生的废物，处理起来需要增加费用。工业企业具有偷排、超排的动力；而农业排放则多为生产原料（如农药、化肥等），农业排放隐含着排放主体（农户）生产成本的增加。另一方面，农业污染首先发生在农村地区，与农户生境息息相关，农户虽然是排放主体，同时也是排放结果的直接受害者。因此，从理性的角度来讲，如果不是技术所限，农户没有排放动机。

农业面源污染并不是我国独有的问题，在世界范围内都具有普遍性。例如，Dennis 在 1998 年的研究中就称 30%~50%的地球表面已受到面源污染的影响。在美国，农业面源污染是其河流和湖泊污染的第一大污染源，导致约 40%的河流和湖泊水体水质不合格（USEPA，2003；Brian M Dowd，2008）。在瑞典，来自农业的氮占流域总输入量的 60%~87%（Lena BV，1994）。在荷兰，农业面源污染提供的总氮、总磷分别占环境污染的 60%、40%~50%（Boers，1996）。在爱尔兰，大多数富营养化的湖泊流域内并没有明显的点源污染（Foy RH，1995）。目前，在国际范围内针对农业面源污染的防治并没有太多的成功经验。

农业面源污染的本质是，为了满足不断增长的人口数量所带来的农产品需求增加，农业生产在追求短期高产出的过程中使用大量化学投入品所带来的负面影响。2020 年关于排放源调查的统计数据显示，全国环境污染治理投资总额为 10 638.9 亿元，占国内生产总值（GDP）的 1.0%，占全社会固定资产投资总额的 2.0%，低于那些走“先污染后治理”道路的发达国家 2% 的水平。

到目前为止，我国环境保护工作的主要对象仍然是城市和工业领域，农业农村环境保护在政策安排、机构设置、资金投入等各方面都较为薄弱。

8.2 农业面源污染造成的危害

8.2.1 土壤退化

尽管化肥的施用使农作物产量大幅增长，但是由于化肥养分不齐全且成分单一，我国农业生产中过度依赖化肥和长期过量不合理施用化肥，严重地破坏了土壤的理化性状，致使土壤板结化，造成土壤退化。据统计，各种作物对化肥的平均利用率的大小排序依次为氮、磷、钾。研究表明，长期施用氮肥可使土壤发生酸化，土壤酸化会溶解土壤中的营养物质，在降雨和农田灌溉后，向下渗透补给地下水，致使营养成分流失，导致土地贫瘠化。化肥使用过多，会使大量的氨离子、钾离子和土壤胶体吸附的钙、镁等阳离子发生交换，从而使土壤胶体分散，土壤结构被破坏，导致土壤板结。大量使用化肥，会造成土壤有机质下降，进一步影响土壤微生物的生存，降低土壤微生物量和活性，造成土壤退化。

全国每年农药使用量多达 145.6 万吨（折百原药为 48 万吨），在农药喷洒过程中，除被作物吸收外，相当一部分直接或间接落入土壤，或者通过大气沉降、灌溉水和动植物残体而进入土壤中，使全国很多耕地遭受了不同程度的污染。由于我国农药利用率较低，大部分的农药残留在土壤中，并且农药的化学成分复杂，会对土壤造成污染。美国环境保护局国家农药调查项目的结果表明，土壤中农药的种类及其降解的衍生物有很多种。目前，农用地膜应用广泛，农用地膜使用量呈逐年上升趋势，给土壤造成严重的污染。农用地膜主要是难降解的聚乙烯化合物，可残存数年以上，残留在土壤中并破坏耕层结构，降低土壤的渗透功能，减少土壤的含水量，造成土壤板结。此外，农田秸秆在焚烧过程中会破坏土壤有机质，火烧过后的土地发硬、发干或形成板块状土壤板结，对农业种植造成影响。

8.2.2 水质恶化

农药对我国水体的污染危害性较大，农业生产者在使用农药的过程中，由于目前喷施技术水平有限，部分农药直接散落进入农田水体中，其附着在农作物上的部分农药淋落于土壤，通过土壤渗透到地下水，对地下水造成污染，或者在喷洒时随风散发到大气中最后落入水体，对农田周围的水体产生污染，导致水质恶化。农田中的农药被冲刷到江河湖海中，造成大范围的水体污染。近些年随着水产养殖业的发展，水体也受到了农药的直接污染。现代畜禽养殖业从分散的农户养殖转向集约化、工厂化养殖，导致畜禽粪便污染大幅度增加。如养殖牛产生并排放的废水超过个人生活产生的废水，而养殖猪产生的污水相当于个人生活产生的废水。全国大中型畜禽养殖场已达 4 万多家，每年排放的粪水及粪便总量超过亿吨。一些大中型畜禽养殖场处理能力有限，经常出现将粪便倒入河流或随意堆放的现象，这些粪便倒入河流或渗入浅层地下水后，不但污染了水源，还大量消耗水中的氧气，使水中的其他微生物无法存活，从而产生严重的有机污染，造成水质恶化。养殖场的污水排放量一般是其排粪量的近一倍，这些污水不经处理，含有大量的病原微生物，直接排向河流将造成水源污染，还会引起水体的富营养化。在黄浦江流域，畜禽粪便中总磷、总氮等污染占了全流域污染物总负荷的36%以上。长期堆放闲置的秸秆经过日晒雨淋、沤泡后，引起霉变、腐烂，产生的污水通过土壤的渗透，造成地下水的污染。农村生活垃圾量迅速增加，每年产生约亿吨，由于部分农村地区基础设施落后，垃圾未能得到及时有效的处理，几乎全部露天堆放，脏乱差现象严重。生活污水的产量每年超过万吨，垃圾在雨水或冰雪的冲刷后，流入江河或者通过土壤渗透到地下水，对周围河流、湖泊和地下水的污染加重。

8.2.3 污染大气，破坏臭氧层

过量的化肥农药使用会造成大气污染。相关调查研究表明，氮肥从地

下到空中的立体污染会造成大气污染，影响空气质量，产生的氧化氮，其单位分子量的增温潜能是温室气体二氧化碳的数倍，还会破坏臭氧层。目前，我国农药的使用主要通过喷洒的方式，这种农药使用方式大大降低了农药的有效利用率，喷施中只有一部分的农药能够附着在植物体上，其余部分农药直接降落于农田中，还有一些农药在施用过程中随风飘浮于空中，造成大气污染。

广大农村对秸秆的处理仍主要采用焚烧的方式，秸秆焚烧属于生物物质燃烧。在秸秆燃烧的过程中，烟尘弥漫，浓烟滚滚，释放出大量的悬浮颗粒物和一些有机烃类及有毒有害物质。其中，悬浮颗粒物主要是碳黑、金属氧化物、碳酸盐类有机物，这些有害物质同时还会产生破坏臭氧层的温室气体。

8.2.4 破坏生态平衡，威胁生物多样性

农田中有多种害虫和天敌，在自然环境条件下，它们相互制约，处于相对平衡状态。当今，农药在消灭病虫害中充当着重要角色，农药的大量使用严重破坏了农田生态平衡，并导致害虫的抗药性增强。在农作物发生病虫害期间，大量使用农药、杀虫剂等可以杀死害虫天敌。但当害虫被杀死的同时，也会对以害虫为食物的益虫造成杀伤，甚至对益鸟禽兽也产生不同程度的伤害，使自然生态平衡受到破坏。同一地区长期使用同一种农药，会使部分害虫产生耐药性，农业生产者不得不提高农药使用量才能达到病虫害防治的目的，进而提升了农药的投入量。农药的过量使用不但污染环境，危害农业生态系统，破坏生物多样性，对整个生态系统都会产生严重的损害后果。农药的过度使用会引发野生动物中毒死亡，导致野生动物的数量下降。过量使用农药、杀虫剂破坏了有益的昆虫及其生存条件，导致有益昆虫和其他动物的消失，破坏动物的整个食物链，危害农业生态平衡，造成病虫害和鼠害猖獗，并给农生产带来难以估量的损失。农业面源污染产生的污染物流入水中，不仅会造成水体污染，破坏水生物及鱼类的生存环境，还会造成大量水生物及鱼类死亡，甚至有的物种濒临绝境。化肥的过量使用，不仅会导致水体氮、磷营养化问题急剧恶化，部分地区的水质持续下降，还会导致河流与湖泊出现富养化，破坏水生生物的生存环境和水生生态系统平衡。农业的发展对湿地水体的影响很大，来自农田施肥等过量营养物质的排入，会导致湿地天然水体中由于过量营养物质主

要是指氮、磷等的输入，引起各种水生生物、植物异常繁殖和生长，产生水体富营养化现象。湿地水体富营养化，可导致湿地动植物生存环境的改变和破坏，改变区域生态系统的自然属性，使湿地功能严重受损，而且适合野生动植物生存的自然生境缩小，致使野生动植物种群数量减少，越来越多的生物物种，特别是鹤类等珍稀物种因失去生存空间而逐渐处于濒危或灭绝状态，区域生物多样性急剧下降。

8.2.5 危害农产品质量安全

农产品质量安全问题关系到全国人民群众的生活质量、生存质量，影响着社会经济发展，也直接影响到了和谐社会的全面建设。由于农药、化肥的大量不合理使用，严重影响了农产品质量，近年来农产品安全问题特别突出，尤其是农产品残留的超标问题，如今已成为广大城乡居民普遍关注的热点问题。目前，影响我国农产品安全的主要问题是农药、兽药残留，重金属残留和硝酸盐污染。频繁使用化肥，特别是氮肥，会使水果、蔬菜中的硝酸盐和亚硝酸盐含量严重超标，影响农产品质量。长期的农药不合理使用，会导致作物抗病虫害能力减弱，害虫抗药性增强，从而不得不加大用药量和用药强度，致使农药在农产品中出现残留。农药在喷洒过程，不但对大气产生污染，飘散在空气中的农药一部分散落在农产品作物的叶、根茎等部位，这些含有硝酸盐等有害物质的农药残留在水果、蔬菜上，致使农产品品质下降，硝酸盐残留量超标较严重，有的甚至酿成恶性中毒，直接威胁人们的身体健康。当土壤中农用残膜数量超过土壤的自然容量时，将降低土壤的水分传导、贮存以及毛细管的功能，从而影响植物根系的生长发育、水肥吸收，并导致作物减产、农产品品质下降。

8.2.6 危害人身健康安全

农业面源污染的日益严重，不但对环境造成巨大影响，还危害到人们的身体健康。近年来，农业环境污染造成人身健康受损的问题频繁发生，仅饮水一项全国每年都会发生中毒事件。这些由农业面源污染而引发的问题，已引起国家政府的高度重视和广大人民群众的普遍关注。化肥、农药的过度使用及人畜粪便处理不当，致使其中的有机物、无机养分及其他污染物经淋溶作用进入地下水体，或经地表径流进入饮用水源区，导致饮用水源的污染，从而影响人体健康。

随着农村环境污染的日益严重，现有的研究监测资料表明，目前全国居民恶性肿瘤的发病率和死亡率总体呈上升水平，水体污染、土壤污染和大气污染是主要原因。长期微量食入受到农药污染的农产品，虽然不能导致直接的伤害，但残留在体内的农药可以诱发基因产生突变，致使癌变、畸形的比例和可能性增大。磷肥和钾肥过多施用，使金属离子渗入水中后，会使无机盐浓度增高，造成水体污染，饮用这些水会引起消化器官疾病。化肥在土壤表面的过量施用易挥发成气体，污染大气，会侵害人和动物的呼吸道组织。农药使用时还有部分药剂落到土壤中，残留在土壤的农药分解中间产物和衍生物也具有毒性，例如草枯醚、氟乐灵等在土壤中，特别是在淹水的土壤中可产生苯胺类物质，该物质会导致癌症的发生。此外，据卫计委提供的消息，近年来，由于农药残留引起的食物中毒事件在食物中毒总数中占有较大比例，且死亡率极高。国际癌症研究机构根据动物实验证实，广泛使用的农药具有明显的致癌性。饮水或食物中含过量的硝酸等污物，可能造成癌症或呼吸器官等疾病，含过量的硝酸盐会引起体内血红蛋白氧化，造成急性中毒亚硝酸盐在肠道内与气类结合，容易形成致癌物质，导致胃癌。

8.3 农业面源污染防治

8.3.1 农业面源污染防治工作的进展及存在的主要问题

“十三五”以来，生态环境部、农业农村部大力实施《农业农村污染治理攻坚战行动计划》《打好农业面源污染防治攻坚战的实施意见》等系列攻坚行动，全国化肥农药使用量持续减少，三大粮食作物化肥农药利用率分别达到40.2%和40.6%；农业废弃物资源化利用水平稳步提升，畜禽粪污综合利用率达到75%；秸秆综合利用率、农膜回收率分别达到86.7%、80%。全国地表水优良水质断面比例提高到83.4%，同比上升8.5个百分点；劣V类水体比例下降到0.6%，同比下降2.8个百分点。

但是，我国农业面源污染防治工作存在以下问题：一是源头防控压力大。相比于工业、城市污染治理，农业面源污染防治起步晚、投入少、历史欠账多，面临着既要还旧账、又不欠新账的双重压力，农业面源污染防治工作的形势依然严峻。二是法规标准体系不完善。农业面源污染相关统计数据分散，调查、评估和监测等技术规范尚不健全，污染治理设施建设、验收、运维等规范管理工作有待加强。三是环境监测基础较为薄弱。农田尺度面源污染监测网络虽已建成运行，但流域—区域尺度监测网络尚未形成，无法及时掌握农业面源污染状况和变化情况。四是监管能力亟待提升。监督指导农业面源污染治理工作的机构还不健全，人才队伍建设欠缺，专业支撑保障能力薄弱，缺乏科学评估及可量化、可操作的考核体系。

8.3.2 农业面源污染防治工作的原则与目标

农业面源污染防治工作应遵循统筹推进、突出重点，试点先行、夯实基础，分区治理、精细监管，政策激励、多元共治的基本原则。一是深入推进重点区域农业面源污染防治，以化肥农药减量化、规模以下畜禽养殖污染治理为重点，因地制宜建立农业面源污染防治技术库；二是完善农业面源污染防治政策机制，健全法律法规制度，完善标准体系，优化经济政策，建立多元共治模式；三是加强农业面源污染治理监督管理，开展农业污染源调查监测，评估环境影响，加强长期观测，建设监管平台，逐步提升监管能力。

到 2025 年，重点区域农业面源污染得到初步控制。农业生产布局进一步优化，化肥农药减量化稳步推进，规模以下畜禽养殖粪污综合利用水平持续提高，农业绿色发展成效明显。试点地区农业面源污染监测网络初步建成，监督指导农业面源污染治理的法规政策标准体系和工作机制基本建立。到 2035 年，重点区域土壤和水环境农业面源污染负荷显著降低，农业面源污染监测网络和监管制度全面建立，农业绿色发展水平明显提升。

8.3.3 农业面源污染的形成机制分析

梁流涛等提出了农业面源污染形成机理的分析框架（见图 8.1）[①]。

① 梁流涛，冯淑怡，曲福田. 农业面源污染形成机制：理论与实证［J］. 中国人口·资源与环境，2010（4）：74-80.

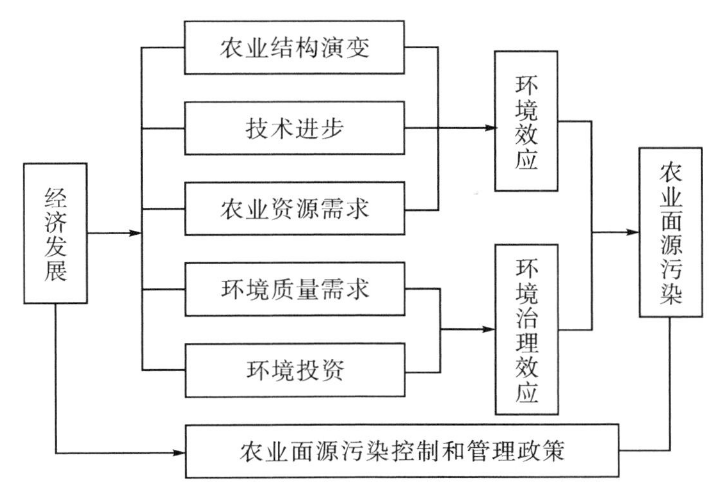

图 8.1　农业面源污染形成机理的分析框架

（1）产业结构对农业面源污染的影响

经济作物在种植业中的比重的提高，在一定程度上加重了农业面源污染，也就是说，目前我国种植结构的调整更多地表现为负面效应。传统的粮食作物施肥量稳步增长的同时，很多新兴的经济作物（如菜果花等新型产业）的化肥施用也达到很高的水平，已经成为化肥消费的主体和化肥消费增长的主要推动力。相关研究表明，化肥施用水平和化肥流失率具有正相关性，可见，种植结构演变在一定程度上可能增加了农业面源污染产生的潜在危险。农业结构变动另一个明显的趋势是畜牧业所占的比重迅速增加，带来了畜禽养殖污染问题，由于设备落后不能及时、合理地对畜禽养殖固体废弃物和废水进行处理，造成大量养分流失，带来严重的环境压力，并且具有影响范围广、持续时间长的特点。这表明随着农业结构中畜牧业比重的提高，农业面源污染也呈现增加的趋势。综上，我国目前经济增长中农业结构的变动更多地表现为负面影响。

（2）技术进步对农业面源污染的影响

我国农业生产中，新技术的采用能够降低农业生产对生态环境的负面影响。管理效率的提高和生产经验的积累在我国农业生产中已经发挥了作用，能够提高资源利用效率，减少农业面源污染，但规模效率对农业面源污染的影响总体上不显著，与预期不一致，这可能与我国目前农业生产总体规模小、规模效率没有充分发挥有很大的关系。综上，技术进步的三个层面对农业面源污染的影响不尽相同，科技进步率和纯技术效率能够减少农业面源污染的产生，而规模效率对农业面源污染的影响不显著。目前，技术进步在农业面源污染控制和管理中发挥的作用还是比较有限的，必须加大技术进步在农业生产中的作用。

（3）人均经营耕地面积对农业面源污染的影响

耕地资源禀赋对农业面源污染的影响比较显著，在5%的显著水平下通过了检验，也就是说农业资源丰富的地区其农业面源污染的压力较小，主要原因是农地资源丰富的地区对土地的集约化经营程度不高，能够减少对农业面源污染的负面影响。但从目前我国的现实来看，我国土地经营规模普遍偏小，并且人为划分为若干小块，为了满足社会对农产品的需求，就会加大对土地的集约化程度，大量使用化肥等致污性投入在很大程度上加重了农业面源污染。

（4）环境管理制度对农业面源污染的影响

制度因素对农业面源污染的影响较为显著，这与我们的预期不一致。可能的解释是，我国的环境制度与农业面源污染特征的不适应性、农业面源管理制度不健全等在很大程度上限制了其正面效应的发挥。农业面源污染具有不同于城市和工业污染的特点，如排放主体的分散性和隐蔽性、污染发生的随机性、机理过程的复杂性、污染负荷的时空差异性等。而我国的环境管理体系主要是针对城市和工业污染的防治而建立的，主要是“重末端治理、轻源头防治”的污染控制模式，这就造成水污染管理政策与农业面源污染特征的不适应性，不利于农业面源污染的控制和治理。我国农业面源污染长期处于“没法（律）管”“没人管”“没人能管”“没钱管”的局面，主要表现在农业面源污染相关管理制度的不健全，农业面源污染管理缺乏明确、权威的机构，地方政府以及各职能部门、农户之间的权利与义务较为模糊，政府用于农业面源污染治理的投资也有限等方面，并且一些农业面源管理制度也以管制制度为主，缺少激励性的政策措施，这些都可能导致农业面源污染控制和管理效率不佳。因此，农业面源污染管理制度改革的重点是逐步完善农业面源污染管理体制，综合运用多种政策工具，重视激励政策工具的作用。

8.3.4 农业面源污染规模化防控政策机制

8.3.4.1 健全和完善农业生态环境管理政策机制

在农业面源污染管控方面，制定区域内农业面环境管控政策，尤其注意完善区域内农药化肥、各废弃物排放管理的政策法规，重点把控畜禽规模化生产排泄物对养殖环境的污染控制。完善农业环境管理政策立法，引导、规范农户生产经营行为，推进农业生产生活废弃物的资源化利用，完善各项资源循环化利用的优化方案，有效实现农业面源污染控制目标。以立法形式明确农业面源污染控制各主管部门的职责，建立农业、环保、水土等部门的综合协调机制，以提升农业面源污染治理的管理效率。

在污染源管控成本方面，考虑到推进环境友好型农业生产模式，明显存在生产成本高、前期竞争力低的问题，政府应在相关问题上加强政策引导。比如：规模化畜禽养殖治污成本高，政府除贴息部分养殖成本外，还可以通过调整银行政策，尝试以无息或低息措施减轻农业面源污染治理压力。针对畜禽养殖污染区，可以生态补偿政策为引导，鼓励老百姓在适栽区种植强养分吸收的植物，以增加单位面积内农业面源污染的容量。针对适栽区调整而受经济折损的老百姓，应给予一定的经济补偿。相关的政策法规中，要明确补偿主体、对象和依据，严格资金管理办法程序和机制。治污社会氛围浓重的地区，建议小范围内成立农业面源污染治理团体，通过政府性奖励激励老百姓主动参与农业面源污染治理。

在重点管控对象上，政策调控对象应以化肥、农药等的污染调控以及畜禽养殖污染源的控制为主。考虑到两大污染效应鉴别难度大，政策调控务必要把控在源头控制。前些年，有提议以征收农药、化学税为调控手段。但是作为收入薄弱群体，增加税赋显然与为农民增收相悖。在此，可转化思路，对施用农家有机肥、绿色生态农药的户主进行惠民补贴，而对依然施用化肥、高毒农药的农民进行象征性征税，以反差助推发展生态绿色农业经营模式。而针对畜禽养殖污染的控制，则重点放在末端，以交易排污权、行政许可排污等措施，实现对畜禽养殖污染源的控制。

8.3.4.2 完善农业面源污染防控政策支持体系

农业面源污染规模化防控工作本身具有系统性、复杂性、综合性等特点。但是，我们不可否认，国内农业面源污染防控基础设施较为薄弱的现状。所以，在调整政策配建硬件建设的基础上，还需要健全相应的政策体系，完善管理机制政策保障，督促各项政策的执行与落实。实际上，从国外农业面源污染治理工作来看，工作开展离不开软环境的支撑。而国内政策软环境包括政府、农业科研、农业环境监督、农民四个大的方面，不同层面的政策配合执行能力不同，只有配合密切、相互协作，才能将作用发挥到最大。而农业面源污染的治理不能略过增加老百姓收入、减少贫困的核心问题，只有老百姓的收益有保障，其农业面源污染治理的积极性才不会消减。在此，要重点强化各级层在农业面源污染治理中的环境管理职能，重点做好农村地区农业面源污染状况的测报工作，建立健全农业环保融资建设的综合性融资机制，以配套完善农业面源污染规模化防控政策支持体系，为做好农业面源污染规模化防控工作保驾护航。

8.3.4.3　*体现可持续发展的农业面源污染控制政策执行宗旨*

体现可持续发展的治污理念，是农业面源污染控制政策执行的根本宗旨。由此，在宏观政策制定上，各级政府部门要体现可持续发展的战略思路。要以配套产业规划发展政策、政府性各项行动计划为行动宗旨，逐渐督促执行到具体的行动措施上。要以可持续发展作为涉农部门管理行为、决策执行的价值基础，重点督促地方政府形成农业可持续发展的价值观。要以可持续发展为行动路线，大力推进农业洁净生产，构建环境优化生态型农业。要以农业标准化生产为基准，加大优良耕作技术的研发，扩大农业标准化生产的影响面。要以科技创新为政策导引主线，支持农业部门研发低毒、低残留、安全高效的农药、兽药、肥料等，加快研制安全、无污染的新饲料添加剂，推进测土配方精准施肥技术。要以土地规模化经营为战略出发，本着“自愿、有偿、依法”的原则，加快土地使用权转让，健全完善土地股份合作制，以便于发展各种适度规模经营的农业生产活动，同时也便于推进集中治污、发展高效生态农业，进而大大提升农业面源污染治理的效益。

8.3.4.4　*农业面源污染防治技术*

（1）农业非点源污染立体化削减体系

国内学者在系统分析了农业非点源污染的特点，对比了非点源污染与点源污染的特点后，构建了包括控制类型、控制环节、控制手段三个层面的农业非点源污染的立体化削减体系，提出了相应的削减策略。具体地，在控制类型层面，通过调整土地利用方式、提高化学品利用率、改变灌溉方式来实现对种植型非点源污染的控制；通过推行清洁养殖、制定水产养殖容量、防治普遍性污染等措施控制养殖型非点源污染；通过建立生活、生产废弃物分类处理和回收点，完善管道设施，实行径污分流来控制生活型非点源污染。进而实现对农业非点源污染多角度的控制与防治。

在控制环节层面，实行产前减少面源污染的产生量；产中减少面源污染的排放量；产后，通过建立缓冲带、生物篱埂、前置库等技术减少非点源污染的赋存量。

在控制手段层面，从行政、经济、法律、教育、规划、技术等方面进行综合治理。国内学者还从空间角度定义了农业立体污染，涵盖了农业生产中的点源污染和非点源污染，并认为，农业立体污染的主要防治技术应是包括防治与降解新材料技术、废弃物资源化技术、立体污染阻控技术、无害化和污染减量化生产技术以及关键工艺与工程配套技术等在内的以生物技术为主的高新技术。并且有针对性地提出了应用于稻田、棉田的防治立体污染的配套技术。

（2）农业非点源污染防治技术

①科学施肥、施药技术

合理施用化肥可以有效地减少污染来源。氮磷钾肥混施可以减少营养元素的渗漏损失量；配施有机肥可以有效降低营养元素的淋失率，减少元素从土壤中渗漏损失的数量；有机肥经过氧化分解处理后也可以降低营养元素的淋失率。因此，施用有机肥能明显提高土壤有机质的含量，并随施用量的增加而呈上升的趋势。因而，科学施肥提倡有机、无机肥料配合施用。农药的化学特性是影响农药渗漏最重要的因素，在生产中应尽量选用被土壤吸附力强、降解快、半衰期短的农药，减少对土壤和地下水的污染风险。在农药施用时应尽量减少直接施到土壤表面。在解决过量施肥导致的污染威胁方面，测土施肥、变量施肥、配方施肥等技术的研究已较为成熟，实现了因地制宜地根据每个网格的农田土壤特征和农作物生长状况进行施肥用药，包括施肥的时间、方式、肥料的种类、施肥比例等都实现精细操作。

基于“源头治理”的思想，环境友好的、符合现代生态要求的微生物农药以及无毒、低毒、低残留农药的开发研制已成为当前国内外研究的热点。目前，国际市场已有 30 种商品微生物农药，且相关研究还在继续。

此外，膜控制释放技术（MCR）是科学施肥技术研究中的新方向。MCR 技术是指在膜的作用下，在规定的时间间隔和指定的局部区域按一定的速度释放活性物质（如药物、肥料、香料等）的技术。该技术既支持规定剂量的化肥和农药在指定区域的快速释放，也可以通过膜扩散速度控制有效成分逐渐释放。它实际上是一种控制非点源排放的方法。该技术起步较晚，但进展较快。MCR 技术应用于化肥的方式有聚合物包膜、无机物包膜、肥料包肥料；应用于农药的方式有微胶囊、塑料层压、吸收混合、种子包衣、高分子载体等。

硝化抑制剂是目前国际上正在热切关注的一项研究。硝化抑制剂可以抑制土壤 NH_4^+-N 向 NO_3^--N 氧化，减少土壤 NO_3^--N 累积，从而减少氮肥以 NO_3^--N 形式淋溶损失，提高氮肥的利用率，缓解氮肥流失对土壤、水体造成的污染。硝化抑制剂在美国、日本等国已得到推广，但在大多数国家还处在试验阶段。

②缓冲带防治技术

缓冲带，全称为保护缓冲带（conservation buffer strips），是指利用永久性植被拦截污染物或有害物质的条带状、受保护的土地。缓冲带能有效过滤从农田流失的沉积物、营养物质和杀虫剂，能够通过泥沙沉降、反硝化、植物吸收等作用对地表径流起到阻滞作用，调节入河洪峰流量，同时有效减少地表和地下径流中固体颗粒的养分含量，对农业非点源污染的扩散起到缓冲和调节的作用。缓冲带在控制非点源污染的同时，还可以增加生物多样性和提高植被覆盖率，提高邻近水域溶解氧含量，从而改善区域环境。

缓冲带可分为缓冲湿地、缓冲林带和缓冲草地带。缓冲带的防污治污效果取决于其规模、位置、植被、水文条件和土壤类型等因素，因此，在缓冲带的设计中应综合考虑这些因素。此外，缓冲带成熟后才能发挥营养物质的运移功能，从种植到成熟的时间间隔问题也不容忽视。国外在非点源污染治理中将缓冲湿地、缓冲林带和缓冲草地带有机结合起来，以增强防治效果。

③农业污染处理和防治技术

现已展开研究和投入应用的农业污染处理和防治技术包括：村镇生活污水及农田排灌水氮磷污染控制技术（如筑建截污沟和泄洪沟，运用土壤—植物—微生物系统，综合处理污水）；暴雨径流、农村固体废物无害化处理技术（如用建“三位一体”农村户用沼气池的方法处理粪便，在农村建垃圾收集坑、生物净化厕所等）；农业废弃物的资源化技术（如秸秆还田技术、利用畜禽粪便生产沼气等）；快速修复技术；生物篱等地表径流及渗漏的生态拦截技术等。为了减少农用地膜的污染，可借鉴美国的技术和经验，推广玉米淀粉膜进行覆盖，进而通过技术引领，从源头上防治农业非点源污染。

④发展生态农业

发展生态农业的核心是在满足现代社会高产出、高效益的基础上，强化复合生态系统的内循环，即加强人与土地利用相互循环，辅以必要的催化增强物质，尽量减少产出后向环境的排放。基于生态农业的社会效益和环境效益，其相关措施在美国等发达国家已广泛使用。如秸秆收割时碎断后覆盖还田，或编织草绳网覆盖在土壤表层，以保持水土、减少污染。国内学者以循环经济理论为指导，对生物物种共生型、综合开发复合型等多种生态农业系统进行了研究，并提出具有农业经济和生态环境效益“双赢”的稻—鱼—萍、禽—鱼—蚌、桑—蚕—鱼等模式，将农业生产过程中产生的非点源污染最大限度地在生产系统内部转化和消化，减少其对外界环境造成的负面影响。

⑤保护性耕作技术

农业生产中，采用不同的耕作方式，对土壤养分的利用、化肥农药流失的控制有显著影响。实施保护性耕作可以有效地防治水土流失。保护性耕作措施包括免耕、少耕、间套复种技术等。免耕、少耕法可大大减少土壤侵蚀和土壤有机碳的流失，亦相应地减少了氮和磷的流失量。间套复种技术的使用，可以利用不同作物对营养物质需求比例的差异，充分利用土壤养分，减轻养分残余对周围水体造成的富营养化程度，调节土壤中各养分的比例，避免土地板结和盐碱化。等高线条带种植技术，以及在坡面地区实施横坡耕作也可有效减少污染物向受纳水体运移。

⑥科学灌溉技术

研究发现，灌溉方式与盐分、化肥、农药的流失程度密切相关，当水田灌溉用量减少 31%～36%时，地表排水量减少 78%～90%，氮负荷减少 76%～80%，渗漏水氮负荷减少 34%～40%。可见，科学的灌溉方式在减少农业非点源污染的同时，还提高了水资源的利用率，缓解了水资源的供需矛盾。具体的技术措施包括：通过对渠道进行防渗衬砌处理、将明渠改为管道，来减少渠道渗漏和提高输水效率；在平田整地、格田建设的基础上发展畦田灌溉，改大畦为小畦，严格控制畦田的宽度和长度，因为小畦灌溉与漫灌相比，灌溉定额可以降低一半，产量可以提高二成；重点发展喷灌、微灌和滴灌技术，将节水与增效相结合，实现节水、节地、节工、增产。通过以上措施减少因传统的漫灌造成的养分流失和非点源污染。除此之外，通过合理灌溉进行水域控制也是减少地区污染的关键因素。研究表明，在灌溉深度减少50%、氮施用量减少50%的同时农作物产量可以提高。合理灌溉是农民生产和畜禽废弃物处理要求与节约用水、保护环境之间最好的均衡。农作中营养元素的淋失一般随着农田水分渗漏强度的增加而增加。在农业生产中采用科学灌溉方法，可以控制水分的渗漏强度，延缓和减少由于灌溉超渗所产生的农业化肥、农药及田间土壤有机质的淋失，减少农业非点源污染的生成和扩散。

9 农村环境问题对策研究——以湖南省为例

“三农”问题是关系国计民生的根本性问题。没有农业农村的现代化，就没有国家的现代化。当前，我国发展不平衡不充分问题在农村较为突出。党的十九大提出实施乡村振兴战略，把乡村振兴作为推进城乡社会高度融合、解决我国新时期社会基本矛盾的重要战略。党的二十大报告也指出，全面建设社会主义现代化国家，最艰巨最繁重的任务仍然在农村。农村环境保护是事关广大群众“米袋子”“菜篮子”“水缸子”安全的重大民生问题。近年来，我国农村环境问题日益凸现，农村地区主要污染物排放已经占到全国的“半壁江山”，成为保障国家和区域、流域环境安全的薄弱环节。

湖南位于长江中游以南，属中亚热带季风气候，水热资源丰沛，河川径流丰富，但地貌类型复杂多样，区域内发展不平衡，平原区域土质肥沃，山区经济发展相对滞后，“七山一水二分田”的地理特点造成湖南省农业发展较长江中下游区域的省份还有一定差距。正因如此，湖南作为国家重要的粮食、生猪和水产养殖生产基地，粤、港、澳主要生鲜食品供应基地，由农业大省到农业强省还有较大的发展空间。

9.1 湖南农村环境现状与问题

9.1.1 农业资源环境形势严峻

我国人均耕地面积为 1.52 亩，不足世界人均水平的 45%。湖南人均耕地面积由 20 世纪 50 年代初的 1.65 亩降至 0.9 亩，仅为全国人均耕地面积的 59.2%，不到世界人均水平的 20%。随着城镇化、工业化的推进，湖南省耕地面积还在以每年 600~700 万亩的数量减少。加上复种指数高，利用强度大，长期的过度开发和消耗导致耕地质量下降的问题日益严重。湖南中低产田面积占耕地总面积的 67.7%，比全国均值低 8%。全省土地面积 47.2%的农业生态系统已受到严重威胁，11.5% 的农业生态系统已严重退化。从耕地的质量来看，总体上呈下降趋势，主要表现在 19.1%的耕地缺乏有机质，基本农田中有 34%的缺钾、47%的缺磷。同时，以化学污染为主要特征的化学退化类型，与水涝导致的以潜育化为特征的物理退化类型并存。

国家统计局统计数据表明，2016 年全国总用水量 6 040.2 亿立方米，其中占社会各业用水份额最大的是农业用水量 3 769.1 亿立方米，占 62.4%。灌溉水有效利用系数是衡量灌溉水利用效率水平的重要指标，目前，我国灌溉水有效利用系数为 0.53，比发达国家平均水平低 0.26，差距较大，一些地方仍存在大水漫灌的现象，水资源不足与灌溉用水浪费并存。湖南省全年用水总量为 317.2 亿立方米，其中农业用水量为 222.4 亿立方米，占 70.1%，农田灌溉水有效利用系数为 0.542。湖南省农业在一般干旱年缺水量为 43.7 亿立方米，在大旱年缺水量达 77 亿立方米。目前，湖南省农田灌溉水有效利用系数灌区只有 30%~40%，较全国平均值低 0.142~0.242。井罐区也只在 60%左右，差距较大，这与“两型”社会要求的现代农业发展方式差距较大。湖南省季节性缺水、区域性缺水、水质性缺水、工程性缺水问题仍较为突出。

9.1.2 农村环境污染仍未得到有效遏制

当前湖南省农业点源污染与面源污染共存，生活污染和工业污染叠加，工业和城市污染向农村转移。第一次全国污染源普查结果显示，湖南省各类废水排放总量为 176.54 亿吨，主要污染物 COD 排放量为 171.56 万吨，总氮排放量为 21.89 万吨，总磷排放量为 2.06 万吨。其中，农业源 COD 排放量为 64.58 万吨，占 37.6%；农业源总氮排放量为 12.76 万吨，占 58.3%；农业源总磷排放量为 1.41 万吨，占 68.4%。农业源中以种植业的氮磷流失和畜禽养殖业的氮磷排放尤为突出。

（1）农业生产污染

湖南省化肥施用量从 2000 年的 695.4 万吨到 2015 年的 839.5 万吨，每年以 9.61 万吨的速度递增。2015 年，湖南省化肥施用量占全国施用量 6 022.6 万吨的 13.9%，全省单位耕地播种面积化肥施用量为 64.2 kg，是全国单位耕地面积化肥施用量 24.1 kg 的 2.7 倍。在化肥施用中，各种化肥类型的施用比例以氮肥所占比例最大，达 43.9%，磷肥所占比例为 22.6%，钾肥占比为 10.4%，复合肥占比为 20.2%，施用化肥的氮、磷、钾比例为 1∶0.48∶0.22，即湖南省化肥施用中，氮肥偏多。根据作物养分吸收的原理，磷、钾养分偏少会影响作物对氮的吸收。氮、磷、钾在粮食作物上的当季利用率分别仅有 29%、13%和 33%，而发达国家化肥利用率达到 50%~60%。化肥利用率低的原因是：①施肥技术水平不高，很少采用包膜技术、缓释技术、复合配方等；②氮磷钾施肥比例不合理；③中国化肥生产的品种结构不合理，氮肥产量占化肥总产量的 80%，而浓度低、易挥发的碳铵（NH_4HCO_3）占氮肥总产量的 50%以上。

化肥被作物利用得越少，流失到环境中的就越多，会造成水污染、大气污染。化肥对环境的影响主要体现在：①对地表水的污染。各种形态的氮肥施入土壤后，在微生物的作用下，通过硝化作用形成硝态氮（NO_3^-）。因 NO_3^-不能被土壤胶体吸附，易通过径流、侵蚀等汇入地表水，污染池塘、湖泊、河流、水库和近海。湖泊的污染和富营养化的重要原因之一是农田氮、磷化肥流失到湖泊。②对地下水的污染。经土壤微生物的硝化作用转化成的硝态氮很容易淋失到地下水体，对地下水造成硝酸盐污染。有研究指出，土壤氮淋溶量与施肥量呈近似线性的正相关关系（$Y=-7.333+0.215X$，$R^2=0.95$）。③对大气的污染。主要是氮肥中的 NH_3 挥发和反硝化作用产生的 N_xO 对大气的污染。其中，N_2O 既是温室气体，又是消耗臭氧的物质。④对土壤的污染。主要是因为某些生产磷肥的磷矿中重金属特别是镉含量过高。磷肥中还可能含有另外一种杂质，即三氯乙醛，主要是因为这些磷肥是用含有三氯乙醛的废硫酸生产的，三氯乙醛及其在土壤中的转化物三氯乙酸对植物会产生很大的毒害，由此造成的作物大面积受害情况屡有发生，其中万亩以上的污染事故在山东、河南、河北等地多次发生，损失极大。⑤对蔬菜的污染。过量使用氮肥易导致蔬菜中硝酸盐积累，而硝酸盐在蔬菜运输、储藏、加工中容易被还原为亚硝酸盐，亚硝酸盐会与食物中的某些成分作用生成亚硝铵，亚硝铵是致癌物质，会对人体健康产生不可逆的影响。

湖南省农药使用量从2000年的8.56万吨增加到2015年的12.2万吨，每年以243 kg的速度递增。农作物药物吸附率只有30%～40%，在使用的农药品种中，生物农药仅占使用量的5.6%。农药对环境的影响主要体现在，施用后能作用于害虫等目标的量很小，大部分飘散于非目标物，进入大气并落在植物体上，或进入土壤、流入地表水、渗入地下水。同时，农药在喷洒过程中对作业人员的身体健康会造成很大损害。农药对农产品的污染日益严重，蔬菜的农药污染使食用者中毒的事例已有很多报道，并引起了广泛关注。

湖南省农用薄膜使用量从2000年的4.044 6万吨增加到2015年的8.398 9万吨，每年以2 902.9 kg的速度递增。2014年全国农用薄膜产量达219.17万吨，地膜覆盖面积近3亿亩，地膜使用量为144.15万吨；同期，湖南省地膜面积为10 756.5亩，地膜使用量为5.59万吨，占3.88%，使用量排名第八位。长期存留于土壤的残膜会影响作物根系的发育和水肥运动，使作物减产。耕层中的残存地膜可使作物减产5%～10%。有研究表明，地膜残存量越高，作物减产越多。

（2）畜禽养殖污染

根据原环保部调查统计，我国畜禽粪便产生量为19亿吨，其中，主要污染物年产生量分别为总氮1 753.7万吨、总磷399万吨、COD 7 030万吨、BOD_5 928万吨。同期工业固体废物产生量为7.8亿吨，畜禽粪便产生量是工业固废产生量的2.4倍，湖南省这一比例达到了4倍。湖南省2015年COD排放量为120.77万吨，其中农业COD排放量为54.39万吨，占45.04%，按畜禽养殖排放COD占农业COD排放量的96%计，畜禽养殖排放量占43.23%。

畜禽养殖污染体现在：①未经处理的养殖废水的COD含量达8 000～10 000 mg/L，NH_3-N浓度为2 500～4 000 mg/L，且处理难度大、处理成本高，会造成环境水质不断恶化。同时，高浓度的N和P是造成水体富营养化的主要因素。②畜禽粪便污染物中含有大量的病原微生物、致病菌、寄生虫卵以及滋生的蚊蝇，使环境中病原菌和寄生虫大量繁殖，导致人和牲畜传染病的蔓延。③养殖场恶臭中含有大量的氨、硫化物、甲烷等有毒有害污染物，严重影响空气质量，也增加了温室气体的排放。

（3）农村生活污染

2015 年，湖南省 4.42 万个行政村、15 万个自然村中，年产生垃圾 163.4 万吨，年排放生活污水 15.2 万吨，其中相当一部分污染治理还处于空白。据住房和城乡建设部调查，89%的村庄将垃圾堆放在房前屋后、坑边路旁甚至水源地、泄洪道、池塘而未经收集，即使有少量生活垃圾得到收集，也是采用敞开式收集、人力车或农用车等非专用垃圾车辆运输、就近堆放、填坑填塘、露天焚烧、简易填埋等方式进行处置。据调查，大部分生活污水未经处理直接排放，农村生活污水就近入河的约占 45%，洒在地面的占 15%，排入下水道经初级处理再入河的占 35%。农村生活污水和村落地表径流中，氮和磷对水体污染的贡献率分别占 29%、34%。小城镇和农村聚居点建设缺少整体规划，房屋建设较为随意，造成农村呈现出布局混乱以及比较严重的“脏、乱、差”现象。

9.1.3 城市污染向农村转移的态势加剧

城郊接合部成为城市生活垃圾、建筑垃圾和工业固体废物的堆存地；污水灌溉和工业企业废气排放对周边农村区域造成污染；大量掠夺式采石开矿、挖河取沙、毁田取土、陡坡垦殖、围湖造田、毁林开荒等造成农村土壤污染加剧、农村景观和生态系统受到严重破坏，威胁食品与国家环境安全。

9.2 湖南农村环境的关键影响因素分析

“重城市、轻农村，重工业、轻农业，重点源、轻面源”的环保城乡差距依然比较突出，农村环保历史欠账较多，在管理体制、法规标准、资金投入、科技支撑、监管能力等方面总体上仍然较为滞后。湖南农村环境的关键影响因素如下：

（1）农村发展投入少，表现在基础公共产品供给不足，乡镇和农村聚居点整体规划和配套基础设施缺失，环境污染治理设施投入少，基础设施建设和环境管理较落后于经济和城镇化发展水平。

（2）我国环境管理体系是以工业和城市污染防治为基础建立的，现行的环境保护法律、法规和标准，虽然涉及农村环保的部分领域，但总体上针对性不强，可操作性有待提高，特别是部分重要的农村环保法规标准仍属空白。湖南省农村环境管理体系存在立法缺位、机构缺位、职责权限与污染性质协调性不够等问题。

（3）农村污染治理体系尚不完善。长期以来，湖南省环境治理投入以工业和城市为主，从治理投入上，农村基础设施和污染治理更需要依赖财政资金，但乡县两级政府普遍财源不足。同时，农村污染治理市场机制却因缺乏政策、资金和人才的扶持难以建立。在治理政策方面，对城市和规模以上工业企业污染治理制定了很多优惠政策，但对农村环境污染缺乏相应优惠政策；在能力建设方面，农村地区环境监管能力不足，部分乡镇没有专门的环保机构和人员，无法有效开展工作；在治理模式和技术方面，农村环保科技支撑力量较为薄弱，应用研究不足，缺乏成熟并可推广应用的适合湖南省农村环境污染的治理模式、环保先进技术和装备。

9.3 解决湖南农村环境问题的对策建议

9.3.1 强化认识，深刻理解绿色发展在实施乡村振兴战略中的重大意义

坚持农业农村优先发展。在要素配置上优先满足，在资金投入上优先保障，在公共服务上优先安排，加快补齐农业农村发展与环境保护的短板。在中国社会经济发展到一定高度的今天，环境问题本质上就是发展问题。乡村振兴战略将会带来乡村发展方式、发展质量的深层变革和乡村环境风貌的重大变化。生态宜居是乡村振兴的重要标志，也是以绿色发展引领生态振兴的关键所在。大力推进乡村绿色发展，建立以绿色为导向的优质化、特色化、品牌化农业生产体系，加强农业绿色生态、清洁生产、提质增效技术的研发应用，大力发展绿色生态健康养殖。

9.3.2 完善农村环境保护政策法规体系

深化以政府为主导的农村环保投入机制，推进工业反哺农业战略，制定持续稳定的农村环境补贴、税费等经济政策扶持环境友好的农业生产方式。尽快制定有关化肥农药税、有机肥补贴、秸秆和畜禽粪便等农村废弃物综合利用、有机农产品发展的财政扶持政策。在法律修订中补充完善关

于农村环境保护的针对性条文，制定湖南省畜禽养殖污染防治、防止城市和工业污染向农村转移等环保法规。针对农村污染问题突出的地区开展集中整治。围绕“以奖促治”工作，开展配套政策、规划的研究和制定。

9.3.3 严格农村环境监管执法，强化能力建设

在管理制度建设中，加强环保机构的能力建设，完善农村环境管理基础体系建设，积极推动环保机构向县以下延伸，乡镇和村一级配备专兼职环境管理专业人员。加强环境质量目标责任考核，加大环境监督执法力度，强化日常督查。利用全社会尤其是民间环保组织和公众及网络力量，解决公众参与机制的匮乏导致的环境管理工作缺乏有效的外部监督、管理效率低下的问题，明确公众参与的范围、程序以及公众参与的物质保障。建立和完善城乡环境监测体系，加强农村饮用水水源地、人口稠密地区和基本农田等重点区域的环境监测。

9.3.4 规划先行，加强乡镇和村庄规划、绿色农业规划、环境保护规划、人文景观规划

以生态红线和“三线一单”为底线，坚持保护优先、自然恢复为主的方针，统筹山水林田湖草系统治理，实施重要生态系统保护和修复工程。加快农村环保基础设施建设，对于污染治理设施建设在建设用地上的，应按照社会事业性质建设用地，以成本价格进行划拨。在农村聚居点和工业园区新建污水集中处理工程时，减免相应的建设规费等。以规划引导，有效规范农村房屋建设，提高水、路、电、气、环卫等各类设施建设的综合效益。同时，以大力推进小城镇建设来消除城乡二元化结构，缓解农村环境恶化带来的压力，保障农村人居环境有序改善。

9.3.5 以科技创新为指引，以技术进步为支撑，坚持走农业可持续发展的道路

借鉴江浙地区通过城乡一体化发展，实现城市和农村环境设施共享、探索运用市场化机制推进农村污染治理的经验，加强各类垃圾和生活污水治理模式和经济实用、简明有效、切实可行、因地制宜的农村环境治理技术的研究与创新。对于农村聚居点，由于规模限制和资金不足，照搬城市污水、垃圾的处理办法显然是不现实的，必须针对农村地区的资源与环境

条件，开发推广成本较低的污水处理技术。例如，在水污染治理中，应根据不同的天然水环境状况，结合农村地区人口分布和污染排放的特点，采用工程措施和非工程措施结合的办法来解决农村聚居点水污染问题，如采用沼气池加人工湿地的工艺流程来处理生活污水等。

9.3.6 加强农村突出环境问题综合治理

加强农业面源污染防治，开展农业绿色发展行动，实现投入品减量化、生产清洁化、废弃物资源化、产业模式生态化。推进有机肥替代化肥、畜禽粪污处理、农作物秸秆综合利用、废弃农膜回收、病虫害绿色防控。加强农村水环境治理和农村饮用水水源保护，实施农村生态清洁小流域建设。推进重金属污染耕地防控和修复，开展土壤污染治理与修复技术应用试点。

9.3.7 推进现代生态循环农业建设

大力倡导循环经济发展模式，在生态布局方面，按照主体功能区、农业“两区”建设规划和农牧结合、循环利用要求，在种养业空间及产业内部实行生态化布局，形成产业循环。在肥药控减方面，强化全省氮肥使用量、化学农药使用量、农作物秸秆综合利用率硬约束。加大畜禽养殖排泄物、农作物秸秆、食用菌种植废弃物，以及沼液、沼气资源的开发利用，大力推广废弃物循环利用模式。推进集约化畜禽养殖与生态农业农牧一体化发展，用沼气综合利用设施治理污染，沼渣、沼液就地转化为肥料利用，统筹解决农村资源、能源、环境问题。

9.3.8 深化农村生态示范建设，实行“以奖代补”

进一步深化特色小镇、环境优美乡镇、生态村建设工作，完善工作机制，发挥示范作用，对经过建设，生态环境达到标准的村镇，实行“以奖代补”。

9.3.9 加强宣传引导，营造社会氛围

加强环境伦理、生态文化、绿色消费宣传和广泛培训，形成由政策法规、能力建设、动态监督与重点监察相结合，清洁生产、绿色农业、治理模式与技术、宣传教育培训和公众参与互为支撑的完善的农村污染防控体系。

10 农村生活污水治理对策建议——以湖南省为例

湖南具有“一湖三山四水”的地貌特征，构成了以湖泊、山脉、水系为骨干，以洞庭湖为中心，以湘江、资江、沅江、澧水为脉络，以罗霄—幕阜、武陵—雪峰、南岭山脉为自然屏障的自然生态体系。截至2022年12月31日，全省共有122个县级行政区划，辖422个街道办事处、1 134个镇、388个乡。

随着我国环境保护工作进入攻坚阶段，蓝天碧水成为人民的基本诉求，这也对环境保护提出了更高要求。长期以来，由于农村环境保护制度体系缺失、管理不力，生活污水未经处理就地排放，生活垃圾随意堆放，农村环境脏乱差的问题日益凸显，水环境污染日益严重。按2016年农村人口统计，全国农村生活污水排放量约为2 300×10^4 t/d，生化需氧量(BOD_5)排放量为530×10^4 t/d，化学需氧量（COD）排放量为860×10^4 t/d，总氮排放量为96×10^4 t/d，总磷排放量为14×10^4 t/d。《中国城乡建设统计年鉴2016》数据显示，截至2016年底，全国对生活污水进行处理的建制镇比例约为28.02%，对生活污水进行处理的乡比例仅为9.04%。

10.1 湖南农村生活污水治理的现状与问题

10.1.1 农村生活污水处理设施分布及规模

2017年的统计数据显示，湖南省农村人口有4 839.39万人，占全省总人口数的66.33%，根据本书的调研数据，农村人均生活污水产生量按100

L/d 计，全省农村生活污水产生量为 17.66×10^8 t/a；COD_{Cr} 按 300 mg/L 计，其产生量为 52.98×10^4 t/a；氨氮按 50 mg/L 计，其产生量为 8.83 t/a；总磷按 6 mg/L 计，其产生量为 1.06×10^4 t/a。全省共有农村生活污水处理设施 1 410 家，设计规模达 6.495×10^4 m^3/d。

湖南省农村生活污水处理设施处理规模及污水设计处理量如表 10.1 所示。从规模看，10~500 m^3/d 处理规模的农村生活污水处理设施中，10~20 m^3/d 处理规模的占比最大，为 28.71%；其次是 30~50 m^3/d 规模的占 23.63%，20~30 m^3/d 规模的占 19.73%，50~100 m^3/d 规模的占 12.71%，100~500 m^3/d 规模的占 15.21%。农村生活污水处理设施数量排前三位的城市分别为郴州市（41.84%）、长沙市（14.33%）、怀化市（13.69%）。大部分地区的农村生活污水处理设施以小型（处理水量为 0~5 m^3/d）为主；10 m^3/d 以上处理规模的农村生活污水处理设施中，长沙市 30~50 m^3/d 处理规模的污水处理设施占比最大，郴州市、永州市和衡阳市 10~20 m^3/d 处理规模的占比最大。在所有农村生活污水处理设施中，各地具有相同的特点，即处理规模集中在 0~5 m^3/d、5~50 m^3/d、50~500 m^3/d。根据调研结果，湖南省农村生活污水处理系统可分为三类：

第Ⅰ类：单户与小型分散处理系统，水量<5 m^3/d，服务人口小于 50 人，不大于 10 户居民。

第Ⅱ类：分散处理系统，5 m^3/d≤水量<50 m^3/d，服务人口为 50~500 人，服务居民 10~100 户。

第Ⅲ类：集中处理系统，50 m^3/d≤水量<500 m^3/d，服务人口为 500~5 000 人，服务居民 100~1 000 户。

表 10.1　湖南省农村生活污水处理设施处理规模及污水设计处理量

地区	污水处理设施数量/座	污水处理设施数量/座								设计污水处理量/10^4 $m^3\cdot d^{-1}$
		规模<5 m^3/d	5 m^3/d≤规模<10 m^3/d	10 m^3/d≤规模<20 m^3/d	20 m^3/d≤规模<30 m^3/d	30 m^3/d≤规模<50 m^3/d	50 m^3/d≤规模<100 m^3/d	100 m^3/d≤规模<200 m^3/d	200 m^3/d≤规模<500 m^3/d	
长沙市	202	12	13	46	29	49	23	12	18	1.090
株洲市	9	3		0	0	0	2	3	1	0.080
湘潭市	19	1		2	2	4	4	3	3	0.170
衡阳市	79	3	5	27	16	16	10	2	0	0.175
邵阳市	40	7		5	10	2	0	14	2	0.300
岳阳市	42	4		0	6	9	12	9	2	0.269
常德市	53	9		1	1	8	10	14	10	0.599

表10.1(续)

地区	污水处理设施数量/座	污水处理设施数量/座								设计污水处理量/10^4 $m^3 \cdot d^{-1}$
		规模<5 m^3/d	5 m^3/d≤规模<10 m^3/d	10 m^3/d≤规模<20 m^3/d	20 m^3/d≤规模<30 m^3/d	30 m^3/d≤规模<50 m^3/d	50 m^3/d≤规模<100 m^3/d	100 m^3/d≤规模<200 m^3/d	200 m^3/d≤规模<500 m^3/d	
张家界市	2			0	0	0	0	1	1	0.040
益阳市	33	1		1	1	3	12	9	6	0.379
郴州市	590	33	21	203	133	128	32	27	13	1.808
永州市	106	3		47	22	19	9	6	0	0.264
怀化市	193	7		33	33	56	34	23	7	1.010
娄底市	14	3	1	0	0	5	0	3	2	0.155
湘西土家族苗族自治州	28	2		3	0	4	15	3	1	0.156
合计	1 410	88	40	368	253	303	163	129	66	6.495

10.1.2 农村生活污水处理设施排水去向类型分析

湖南省 10 m^3/d 以下处理规模的农村生活污水处理设施 90%以上采用就地消纳的方式，即农田灌溉、排入附近的池塘、地渗；处理规模在 10 m^3/d 以上的农村生活污水处理设施排水去向如表 10.2 所示。从排水去向看，直接排入江、河、湖、库、塘等环境水体的占 51.95%；其次为灌溉农田，占 29.80%。

表 10.2 农村生活污水处理设施排水去向

排水去向类型分布	直接排入江、河、湖、库、塘等环境水体	进入城市下水道（再入江、河、湖、库）	灌溉农田	进入地渗或蒸发地	其他	总计
处理厂数/座	666	48	382	124	62	1 282
占比/%	51.95	3.74	29.80	9.67	4.84	100

10.1.3 农村生活污水处理设施处理工艺概况

湖南省农村生活污水处理工艺主要有人工湿地、稳定塘、厌氧生物处理（含三格净化和四格净化）、物理处理（含沉淀、过滤和上浮）、物理化学处理、A/O 工艺、A^2/O 工艺、MBR、SBR、生物接触氧化、生物滤池、生物转盘和氧化沟 13 类工艺，工艺分布如图 10.1 所示。主体处理工艺以不耗电的自然处理为主，不同主体工艺应用占比从大到小的排序为：厌氧生物处理（44.04%）>人工湿地（22.12%）> 稳定塘（15.25%）>物理处理（12.27%），前四种工艺占比为 93.68%。

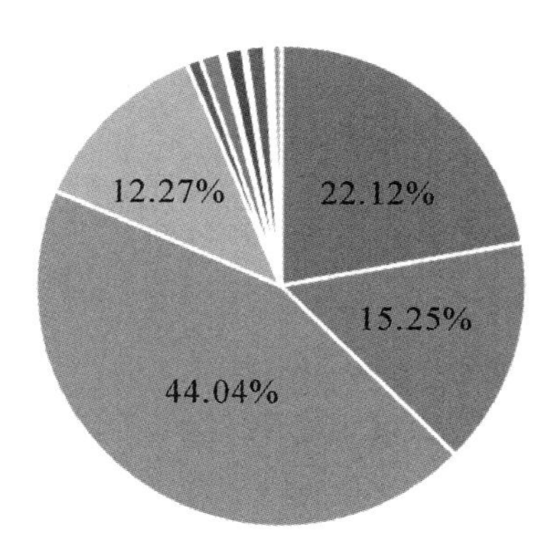

图 10.1　湖南省农村生活污水处理设施处理工艺分布图

10.1.4　农村生活污水处理存在的问题

（1）政策法律滞后，管理能力不足

农村环保工作起步较晚，基础较弱，针对农村环境污染问题的法律法规较少，现行法律中的相关规定针对性较弱，执法机制不太健全；县级环保部门工作基础较为薄弱，资源不足，乡镇没有专门的环境保护机构和编制，缺乏治理设施运维管理的专业队伍，造成农村环境管理监管能力不足。湖南省农村环境管理的机构、人员、资金、技术问题没有得到有效解决，致使在污水处理设施设计、施工、验收、监管等方面存在一些困难，管理上缺乏污水处理设施长效维护机制，污水处理系统成效难以得到有效保障。

（2）投资主体不明，有效运行模式尚未建立

从目前农村生活污水治理看，建设经费主要靠国家补贴和“以奖代补”政策支持，运营经费没有资金来源，而湖南省县区财力普遍较弱，用于农村人居环境整治方面的财政资金有限，社会融资能力较弱，由于缺乏

稳定的资金筹措机制，农村生活污水处理靠政府财政投入，社会资本参与的积极性不高。同时，农村生活污水排放的分散性、小型化和数量大的特征，使专业的维护管理企业涉足的意愿不足，也给农村生活污水治理的管理带来了很大问题，“重建轻管”“建而不转”的问题较为突出，导致目前通过政策补贴已建的大量处理设施成为“晒太阳”工程，造成较为严重的资源浪费和对环境的二次污染，并且直接影响后续环境保护。

（3）农村生活污水排放标准缺失，导致标准导向的治理技术与管理滞后

目前，湖南省村镇生活污水排放标准执行的是《污水综合排放标准》和《城镇污水处理厂污染物排放标准》，这两项标准对于农村生活污水排放来说，强制性和针对性不够，执行起来问题较多。同时，标准的缺失导致标准导向作用没有得到发挥，村镇地区的污水处理技术、运行管理水平及监测手段等都落后于城市。小型化处理技术五花八门，准入门槛低，各类技术的处理效果和适用性评估尚未规范，一体化设备生产企业众多，其处理装备的效果检测规范性、权威性不够，处理工艺选择前期调研把关不严，后期验收不细不实，使污水处理设施难以达到预期处理效果，甚至无法正常运行。

（4）建设的技术标准滞后，设施建设不规范，验收把关不严

村镇农村生活污水处理设施的建设出现仅仅为了完成任务而建的现象，对项目的必要性和价值认识不足，很多工程在规划、设计、施工中规范性不够，甚至没有设计施工图，施工过程的监理缺位，导致土建、设备及材料质量不过关。例如，污水收集管网铺设不规范，检查井设置不足，因检查井井盖标高过低而使周边雨水汇入；处理系统中的农户化粪池建设不规范，三格式化粪池不做池底、接口破损等导致管道内接不到污水；填料安装不当、池容不足等工程建设的细节没有得到监管；验收的关键指标不明确，验收流于形式，影响后期的运行管理。

（5）治理设施产权不明确，“谁投资”和“谁运营”等一系列问题尚未解决

农村生活污水治理设施的建设和监管涉及多个部门，农村环境综合整治建设项目的牵头单位为生态环境部门，美丽乡村建设项目——“农村双改三年行动计划”“农村人居环境整治三年行动实施方案”的牵头单位是省住房和城乡建设厅，而从调研现状看，湖南省农村生活污水处理设施以

建设为主，省、市级层面没有明确提出具体的可操作的加强管理的政府文件，使得治理设施的产权所有者和责任主体不明确，农村生活污水有效的运营模式还没建立，造成后期的运行管理责任不明。

（6）农村生活污水处理设施建设重厂轻网，总体效能低

农村生活污水处理设施建设资金主要来源于政策性财政补贴，地市配套投入不足，在有限的资金投入下，各地更加重视污水处理设施的建设，建设规模普遍偏大，而配套的污水管网建设普遍滞后，厂网配套严重不足，导致污水收集率低，进水水质浓度低，有的设施进水 COD 浓度仅为 10~60 mg/L，实际处理规模远低于设计规模，有的仅达到设计规模的 50%~70%，甚至更低。

（7）农村环境宣传教育缺失，村民环境意识较为淡薄

湖南省农村环境保护工作滞后于城市，村民的环境意识较为薄弱、环境素养不高。部分村民对生活污水治理的主体意识不强，仍坚守传统的农村生活方式，厨房污水和洗涤污水直排现象突出，人工湿地或处理池边被随意堆放垃圾。部分村民认为污水治理是政府的事，其生活污水治理的主观需求不高，参与整治的自觉性和主动性不够。

10.2 湖南农村生活污水治理的瓶颈

资金筹措机制、投资与运营模式和污水排放标准与技术体系缺失仍然是湖南省农村生活污水治理的三大制约因素。国家和省先后出台了农村环境整治的文件，但对于上述三个问题尚没有明确的解决方案，需要在实践中不断探索。具体的瓶颈如下：

（1）市场化程度不高，融资渠道单一。农村生活污水治理的关键问题之一是资金投入与来源。农村生活污水处理设施数量小而多，建设资金需求量大，但村镇污水处理市场化程度不高，缺乏多元化融资机制，设施建设一般为政府部门通过专项经费，当地自营，投资结构单一。由于农村经济条件不同、村民居住环境禀赋各异，并且村庄人口聚集程度、污水产生规模、排放去向和人居环境改善需求差异较大，农村生活污水具有量少、分散、远离排污管网、治理技术标准引导不够、技术路线不清晰、管理模式差异大、管理水平低等特点，污水收费机制难以构建，导致社会资本参

与积极性不高。

（2）体制不畅，投资与运营模式亟待解决。调查显示，湖南省农村生活污水处理设施的建设主体涉及乡镇、住建、环保、水利等政府部门，由于责任主体的多样化，在建设中，工艺随建设主体的不同差异较大，随意性强且施工质量良莠不齐，监督管理责任不清，验收标准不严，设施的产权不明。同时，由于处理技术差异大，运行维护的要求不同，管理模式不同，使得管理水平参差不齐，建设成本也千差万别。在设施的运行方面主要有三类运管模式：村委会（村民）自管；乡镇政府或县相关运管；市场化运管。其中，以乡镇政府自管为主，以市场化运管效果最佳。三种模式的运营费来源主要有县（乡、镇）财政资金、生态补偿转移资金、村自筹等。

（3）技术遴选机制尚未建立，缺乏严格准入标准，工艺与设施维护管理方面缺乏有效的技术规范引导。当前，湖南省农村生活污水处理的工艺多样，这些工艺何种情况下适应于不同区域不同条件尚没有系统的技术标准，如何根据污水水质水量不同、排放要求不同、当地经济水平、地理地貌特点以及运行管理能力，筛选合适的污水处理技术和运管模式，是亟待系统研究和规范的问题。

10.3 湖南农村生活污水治理的对策建议

（1）做好顶层设计，注重规划先行。全省应结合乡村振兴计划，做好农村环境保护的制度设计，深化农村环境保护体制改革和机制建设，促进农村基础设施建设深入推进。在农村生活污水治理方面需要明确湖南省农村生活污水治理技术路线，探索投资运行管理模式，尽快出台系列标准，规范设施建设各个环节的工程实施，明确验收目标和内容。

（2）探索建立多元化资金筹措机制，推行 BOT 及衍生运营模式。如采取政府购买服务、与社会资本合作等方式缓解政府财政资金压力，发挥政府投资的撬动作用，引导和鼓励社会资本参与，制定农村生活污水收费标准和收费模式，提高资金使用效率。可以分析总结桑德国际中标长沙县 18 个乡镇污的水处理集约化、区域联治模式的成功经验以及运行管理中存在的问题，对成功经验加以推广。也可以借鉴首创股份与余姚城投集团签署合作协议，打包运营全市22个乡镇街道、166个行政村、14.7万户农户生活污水的治理经验。除区域打包之外，在一些核心建设环节，鼓励厂网一体化，统一招标，统一以县域打包的形式来治理污水，这样更有利于推进农村生活污水治理市场的标准化、规模化发展。

（3）评估湖南省农村环境综合整治和美丽乡村建设等项目取得的成效，梳理存在的问题，总结经验和不足，形成调研报告，为农村环境综合整治和农村污染攻坚战提供借鉴。

（4）进一步明确湖南省农村生活污水治理思路，即根据农村的地形地貌、环境敏感程度及其达标要求、村庄人口数量、经济发展程度、污水产生规模，选择集中与分散建设模式和处理工艺。积极推广低成本、低能耗、易维护、高效率的污水处理技术。加强生活污水源头减量和尾水资源化利用。充分利用现有的沼气池等粪污处理设施，强化改厕与农村生活污水治理的有效衔接，严禁未经处理的厕所粪污直排环境。

（5）因地制宜，选取农村生活污水治理技术。一方面，在山区和丘陵且居住分散地区，采用分散式以户为基础的生活污水处理模式，冲厕水即黑水经三格化粪池处理后与其他洗涤废水混合，经氧化塘、湿地、快速渗滤等自然处理技术处理后用于农田灌溉或排入就近水体。另一方面，在人口密集并建有完善排水体制的村乡，采用连片收集处理，冲水厕所水仍采用三格化粪池处理后与其他洗涤废水混合经活性污泥法（包括氧化沟、SBR）、生物膜法等处理技术处理后排入水体或回用。

（6）加强技术遴选和评估。有关部门要针对目前这一市场技术装备良莠不齐，管理一定程度上失控的状态，加强农村生活污水处理技术优选和设备产品标准制定与产品检验。农村生活污水治理现状表明，面对量大、面广的农村生活污水治理市场，不能完全依靠市场竞争解决技术选择问题，还是要借助政府的严格标准和遴选加以引导和规范。

（7）规范施工，严格督查，加强农村生活污水治理设施建设工程管理。进一步规范工程招投标行为；进一步规范施工图纸的设计，加强工程质量管理，实施全程跟踪，每一个环节都严格按图纸施工；加大施工节点的督查力度，在隐蔽工程、关键环节的施工时，必须加强现场督查；预留部分工程款作为保证金；及时发现质量不合格、偷工减料的工程并责令返工，追究责任。

（8）大力推进互联网+传统农村生活污水处理技术。利用大数据、物联网、云平台等技术，收集、整合和展示区域内农村环境治理设施运维管理的各环节数据，包含远程监控、运维监督、故障统计、治理报表、统计分析、考核填报、监察巡检、信息公开等，实现智能手机客户端的管理监控，以解决行业痛点，节约运维成本。

（9）一级标准推荐达标工艺：农村生活污水经化粪池处理后可采用预处理+有脱氮除磷功能的生物法+生态法+消毒；二级标准推荐达标工艺：农村生活污水经化粪池处理后采用预处理+有脱氮除磷功能的生物法+生态法；三级标准推荐达标工艺：农村生活污水经化粪池（或沼气池）预处理后，采用生物法或生态法。

（10）在新农村建设中，环境教育不可缺位。留住乡音、乡愁、乡情、乡景是构建我们精神家园的核心内容。加强村镇的环境伦理教育，保护我们乡村的一山一水一草一木，将环境文化、生态文化融入乡村振兴文化建设。充分利用现代技术，创新丰富多彩、形式多样的宣传教育模式，使环境保护意识进村入户、入脑入心。

参考文献

谷林，2018. 农村污水治理市场的四个发展趋势［J］. 中国水网（4）：3.
湖南省农业资源与环境保护管理站，2017. 湖南省农业资源环境现状与保护对策分析［M］//湖南省人民政府发展研究中心，两型社会与生态文明协同创新中心，卞鹰，唐宇文. 2017 年湖南两型社会与生态文明建设报告. 北京：社会科学文献出版社：57-63.
湖南省统计局，2016. 湖南省统计年鉴—2016［M］. 北京：中国统计出版社.
湖南省统计局，国家统计局湖南调查总队，2018. 湖南省统计年鉴—2018［M］. 北京：中国统计出版社.
黄道友，彭廷柏，陈惠萍，等，2000. 关于湖南省生态环境建设的思考［J］. 生态农业研究，8（4）：83-86.
孙蕾，2018. 湖南农村环境问题与防治对策建议［M］//湖南省人民政府发展研究中心，两型社会与生态文明协同创新中心，卞鹰，唐宇文. 2018 年湖南两型社会与生态文明建设报告. 北京：社会科学文献出版社：328-336.
王虹扬，王立刚，2011. 湖南省农村生态环境问题分析及对策［J］. 中国农业资源与区划，32（5）：5.
武璐，王浙明，何志桥，等，2015. 浙江省农村生活污水处理设施运行管理长效机制研究［J］. 环境科学与管理，40（10）：4.
许明珠，王浙明，武璐，等，2015. 浙江省农村生活污水处理设施水污染物排放标准制订研究［C］//化学物质环境风险评估与基准/标准国际学术研讨会，中国毒理学会环境与生态毒理学专业委员会第四届学术研讨会暨中国环境科学学会环境标准与基准专业委员会 2015 年学术研讨会.
钟春节，2011. 上海郊区农村生活污水处理系统的成效评估及适应性管理研究［D］. 上海：华东师范大学.